本书第 1 版被列入

普通高等教育“九五”教育部重点教材

本书第 1 版荣获 2002 年

教育部全国高等学校优秀教材二等奖

内 容 提 要

本书系作者在近年来为北京大学本科生开设的"数学模型"课程所用讲义基础上,经补充、修改编写而成.全书共分十五章,分别介绍线性及整数规划、图论、计算机成像、密码学、统计分类、神经网络、相变模型、排队论、化学反应速率与模拟退火、生物进化、混沌、传染病的发生与防治、幻视、格气等多种成功模型及应用数学方法,各章独立成篇.本书内容充实,结构合理,选材适当,其中包括了一些较新的材料.在叙述上,既注重建模方法,又注意理论与应用并重,强调对问题的理解,力求有尽可能广的适用范围.

本书是第2版,此次修订是在第1版内容的基础上增加了第一章附录:二人矩阵零和博弈与线性规划的关系;第八章:伊辛模型;第十三章:有关传染病发生与防治的几个模型;第十四章:关于"幻视"的数学讨论。新增加的内容侧重于统计物理和生物医学方面的成功模型,反映了当今时代数学与数学模型在这些领域的重大进展.

本书可作为综合大学及师范类院校理工各系科"数学模型"教科书,或者用做学生参加数学建模竞赛的辅导材料,也可供高等院校师生及各类工程科技人员工作时参考.

普通高等教育"十一五"国家级规划教材

数学模型讲义

(第2版)

雷功炎　编著

北京大学出版社
PEKING UNIVERSITY PRESS

图书在版编目(CIP)数据

数学模型讲义/雷功炎编著. —2版. —北京:北京大学出版社,2009.6

ISBN 978-7-301-06403-0

Ⅰ.数… Ⅱ.雷… Ⅲ.数学模型-高等学校-教材 Ⅳ.O22

中国版本图书馆CIP数据核字(2009)第084305号

书　　名:**数学模型讲义**(第2版)

著作责任者:雷功炎　编著

责 任 编 辑:刘　勇

标 准 书 号:ISBN 978-7-301-06403-0/O・0571

出 版 发 行:北京大学出版社

地　　址:北京市海淀区成府路205号　100871

网　　址:http://www.pup.cn

电　　话:邮购部 62752015　发行部 62750672　编辑部 62752021
出版部 62754962

电 子 邮 箱:zpup@pup.pku.edu.cn

印 刷 者:北京大学印刷厂

经 销 者:新华书店

890×1240　A5　12印张　280千字

1999年4月第1版　2009年6月第2版

2013年3月第2次印刷(总第8次印刷)

印　　数:27001—30000册

定　　价:20.00元

第 2 版前言

这是本书的第 2 版，除了少量文字上的修改和纠正几处已发现的排印错误之外，第 1 版原有内容除编排外基本保持不变. 书既然已经发行，有相当多的读者已经或正在使用，那么无论好坏也都已属于“历史”，无须进一步修饰.

这一版主要的变化在于以下几点：首先为第一章增写了一个附录，概要介绍线性规划与二人矩阵零和博弈的内在联系，目的是使线性规划一章的理论更为完整，同时也因为博弈论理应在讲授数学模型的书中占有一席之地；除此之外还增添了三章新内容：新的第八章介绍“伊辛模型”，此模型是统计物理的重要章节，选入本书的原因在于它本身就是一个极其成功的数学模型，而且对今日之理论及应用数学产生了重大影响，笔者认为，数学模型工作者理应对其有必要的了解；当然本书采取的叙述方式不同于标准的物理学. 其他两章分别是：第十三章“有关传染病发生与防治的几个模型”、第十四章“关于幻视的数学讨论”；这两章都属于数学生物学与医学的内容，入选本书的原因是为了反映当今时代数学与数学模型在此领域的重大进展. 这两章内容都涉及非线性微分方程，严格的数学讨论是困难的，处理此类问题的一个通行的重要手段是在线性化分析基础上的数值模拟，我们在叙述上也遵循这一途径，它也反映了数学模型在理论和应用中的独特地位.

还应说明的一点是：本书第 1 版以 1985 至 1998 年美国大学生数学建模竞赛(MCM)的试题作为附录，供使用本书者参考；现在十年过去了，理论上似乎应在第 2 版问世时补足这期间新增的内容；然而十年来这一国际竞赛的内容和方式都已发生了重大变化，不仅题目类型扩大了，而且使用了网络技术，有些问题数据量极大，增添十年间的新内容既无可能也无必要．因此唯一的选择是维持原貌．

最后向所有阅读、使用和关心本书的读者、教师同行与其他同志们表示衷心的感谢，特别要感谢邓明华同志在第2版新增图件绘制上的帮助．

雷功炎

2008年12月

序

整个数学发展的历史，贯穿着理性探索与现实需要这两股推动力，贯穿着对真善美与对功利用的两种追求.当今的数学已经渗透到社会生活的方方面面，数学技术已成为高技术的核心成分.传统的只强调演绎推理的数学教学，显然已不能满足时代的要求.因此产生了“数学模型”这门课程，以帮助学生领会数学方法的威力，鼓励他们以后创造性地运用数学.这门课也反映出校园里理论联系实际的新风尚.

数学模型的思想，由来已久.光辉的先驱，是坐标方法-空间关系的数量模型，从此人类得以精确地描述位置和运动.如果说这还只是数学内部的模型，那么最辉煌的数学模型应该说是牛顿力学在微积分基础上的创立.牛顿力学在工业革命中的丰功伟绩决定了微积分在数学中的中心地位，尽管其逻辑基础一个半世纪以后才得以奠定.然而数学模型之大行其道，则有赖于计算机的发展，强大的计算能力使数学模型得以转化为现实生产力.数学模型已经成为科学研究和技术开发的一种基本方法.

雷功炎同志在北京大学开设“数学模型”近十年，极受欢迎.他的课不仅是提供一组案例，一些技巧，而且着眼于传播一种思想方法，一种观点、态度.学生跟着他敞开了思路，加深了对数学的理解，也提高了解决实际问题的能力.他的这本教材反映了他的想法、经验和风格，很有分量，很有见解.特此向读者推荐.

姜伯驹

1999年1月

第 1 版前言

20 世纪 80 年代以来，由于萧树铁先生的积极倡导，汲取发达国家经验，作为数学教育改革的一部分，国内高校数学与应用数学诸系相继开设了“数学建模”课程. 这一课程以及同一名称的国内外大学生竞赛，在我国高等数学教育中产生了越来越大的影响，这已是不争的事实.

这一改革所以被迅速而广泛地接受，就笔者个人看来，主要由于以下两方面原因：首先，世界发展到今日，随着计算机技术的迅速普及与发展，数学已被用于生产过程及社会生活的各个方面，它已成为关系国民经济技术基础与国防，关系国家实力的重要学科. 今日之数学已不仅仅是纯粹的理论，同时还是一种普遍可行的关键技术；而在数学向现代技术转化的链条上，数学建模和在模型基础上进行的计算与模拟，处于中心环节. 这一看法已被各界人士所认同. 另一方面，随着时代的变迁，数学思想，数学研究的内容和方法，都在悄然发生变化，这一点必然引起数学教育的变革. 然而数学教育如何变革，则存在多种不同，甚至截然相反的理解.

对数学教育改革认识上的差异自然反映在“数学建模”课程的设置上，实际上在同一课程名目下，存在着极为不同的指导思想与做法. 只要对国内外出版的有关书籍稍加浏览，就可明白这一点. 一种最为普遍的看法是，把建模课程的目的理解为训练学生用数学语言表述及解决实际问题，特别是非传统数学物理问题的能力，所强调的是数学知识及方法的应用，这样的教材主要由数学各分支的不同应用实例所组成；与此相反的风格则是以某一数学分支的内容和方法为主线，建模只是提供了某种背景，或者起着实例的作用，其侧重是在讲数学. 还有若干出版物，主要讨论数学建模的方法论或者其直接目的是指导学生如何参加建模竞赛. 对于数学建模的不同理解是很正常的，这既反映了建模课程本身内涵之丰富，也说明这一课程正处于发展建设之中.

眼前的这本教材，是笔者近年来在北京大学为本科生讲授“数学建模”的讲义. 从它的酝酿到定稿，虽已过了近十年的时间，但其中仍多有令人不满意之处，它的出版既是为了便于教学，更是为了听取批评指导，以利修订.

几年来的教学实践使笔者逐渐领悟到，作为一门高等数学教育的改革课程，其成败的关键首先在于弄清它的指导思想，即开设这门课的目的是什么？它与传统数学课程的根本差别在哪里？只有回答了这一根本问题之后，才可明白什么是恰当的教材和教法.

为回答数学建模与传统数学课程在指导思想上的差异，必然要涉及数学是什么，数学的本质，以及认识论，方法论，理论与实践的关系等一系列重大哲学问题，这似乎超出了讨论范围，也大大超过了笔者的知识与能力. 然而，任何人做任何事，无论自觉与否，必然持有一定的哲学观点，这是无法避免的. 因此，把个人对有关问题的一些零碎想法加以整理，引起讨论，就教于大方，也并非全无意义. 罗素说过，哲学史不过告诉人们，过去曾经有人提出过什么样的问题，并且给出过什么样的答案. 这不应当妨碍后来人探讨亲身感受到的同样问题.

数学哲学有各种流派，逻辑主义，直觉主义，形式主义，集合论公理化主义，以及历史更为悠久的柏拉图主义和经验主义，等等. 流派纷呈反映了数学与现实世界的关系. 客观世界是丰富多彩的，人类实践是多种多样的，观察认识问题的角度、深度各不相同，因而意见不同. 各种观点似乎都有其合理的一面，过分强调任何片面都会导致谬误. 对上述各个流派此处不可能，也无须一一讨论. 为说明影响数学教育的哲学思想，下面仅以一种模型化的方式，对数学哲学作一极为简单、漫画式的描述. 我们描述两种相互对立的观点，分别采用理性主义和经验主义的称谓. 从专家看来，这是学龄前儿童的图画，是名词的滥用，对此我只好请求原谅. 请把所用两个名称仅仅看做代号，它们既不表示哲学上原来赋予的含意，也不表示任何褒贬. 它更像一个识字无几的家长，把子女起名为阿福与阿宝.

就一个持理性主义观点的数学工作者看来，数学有如下特征：首先，数学是基础学科. 其具体含义是：数学是宇宙间最基本、最普遍的规律. 这种看法起源于毕达哥拉斯与柏拉图. 毕达哥拉斯学派认为万物皆数，数是真实物质对象的终极组成部分. 而柏拉图学派更试图通过数的语言来理解世界. 在他们看来，上帝是数学家，他是按照数学原则创造万事万物的. 美学中的黄金分割，音调，弦长与调和级数的关系，都是这一观点的生动例证. 进而，数学甚至被赋予了道德内涵，既然真理的本质是通过数学概念表达的，那么，数学知识越多也就越接近"善". 类似的观点一直持续到近代，怀特海认为数学与"宇宙背景的本质"相联系；而理论物理学家则始终在探求由完美数学形式表达的基本粒子规律. 把数学视为基础学科还有另外的含义，即学科是有等级顺序的，这一顺序是：数学，物理，化学，生物和社会科学. 顺序在前的学科可以解释，但不依赖于后面的学科，反之则不然. 数学雄踞序列的首位，它独立于任何学科之外，它不必也不允许引证其他学科，反之，它是其他一切学科的基础.

上述观点的一个自然引申是：既然数学是宇宙的基本规律，那么数学便不是"创造"出来的. 数学研究只能是"发现"与"认识"先验地处于"绝对"地位的真理. 这样的性质也就决定了数学的研究方法，它应当从公理开始，继之以一系列的定义与定理，所有的结论都应是逻辑演绎的结果. 它强调纯粹的思维，反对使用工具，从欧几里得几何限定圆规直尺作图，直到现代某些数学家对四色问题计算机证明的责难，同出一辙. 在这种哲学思想指导下，数学研究的目的是构造一个包罗万象、自封的完美体系. 这样的哲学观念形成了自己的审美观，理性主义数学家认为，上帝不会以一种丑恶的方式构造世界，由此对终极与完美的追求就成了其内在发展的动力. 与这种对美的追求相适应，数学概念要求清晰、确定；所使用的语言必须简洁、准确、通用、完善；纯粹数学的论文从不使用"世俗"语言，对与现实世界有关的概念稍加解释，一切表达在严格定义的符号体系之中.

在此，让我们暂时脱离主题，附带讨论一个与数学表达有关的问题. 在外文数学书籍与论文中，定义的叙述通常采用如下方式，即“称A为B，如果……”. 当一些中文译本照此直译时，常被批评为外国式句法. 笔者认为，这种批评似值得商榷. 事实上，这种表达，首先不是一个语言习惯问题，而是一种思维方式. 此时定义的目的，是在介绍一个已经存在的客体，所以开门见山，立即把读者吸引到所论对象上，然后才是对象本身的界定. 这就如同带领儿童游览动物园，家长一定是先指着某种怪兽，说出它的名字，再让儿童注意它的毛色、爪牙和其他特点. 反之，习惯的中文说法把条件放在前面，然后定义概念，所表达的是一种归纳逻辑，这与理性主义的数学观点是不甚一致的.

理性主义观点数学家推崇理论研究，把应用视为第二等级的事情. 他们认为应用数学离不开纯粹数学，而纯粹数学则可不考虑应用数学而生存. 应用数学至多不过影响纯粹数学各研究领域的人数与热情，最好的比喻是食蚁兽与蚂蚁的生态学关系. 有些纯粹数学家甚至认为只有摆脱了现实世界的负累，数学思想才能得以升华.

另一种与此对立的数学观点，无妨称之为经验主义的. 经验主义与现代数学的关系也十分密切，它起源于文艺复兴时期，或许还可上溯到印度与阿拉伯人主宰数学的时代. 这种观点不关心“数学是什么”，而更关心“数学做什么”. 它不把数学科学视为一项成品，不把数学结论视为支配世界的绝对的先验规律，而主张数学是对外部世界的一种近似，一种描述. 研究对象是数学与外部世界的联系，而不是作为基础概念的数学本身. 也正因此，经验主义的数学求助于外部世界，所使用的假设是外部条件的数学归纳，甚至是实验性的；所有的方法与结论都具相对性，一切因问题而异. 经验主义的数学以实用为目的，不追求体系与形式的完美，不排斥使用工具，从函数表到计算机，所有能够带来实际好处的都在欢迎之列. 经验主义的数学家认为，数学是人创造出来的，因此不保证是天然正确的. 数学的真理只在于它有用，而不一定是逻辑的结果，因此必须由实践来检验. 只有“做”才能增进“知”，重要的是用数学去解决各种各样的实际问题. 经验主义数学家把数学视为一种工具，一种技巧. 在解决实际问题时，数学的计算与变换只是一些中间阶段，只起一套规则的作用，不认为其本身含有什么更深刻的意义.

上面我们漫画式地罗列了两种对立的数学观点，现实情况远较这一描述复杂，存在有各种各样的中间形态，两种极端或许反而是特例.然而，这两种观点绝非杜撰，稍加思考便会发现，二者都对今天的高等数学教育产生了不可忽视的影响.或许，对一些理科院校数学系，理性主义的影响更为深远，而在一些工科的数学教学中，起主导作用的则是经验主义.

问题在于，作为一项改革措施，数学建模应该遵循的指导思想是什么？答曰：它既不应是纯粹理性主义的，也不应是完全经验主义的，让我们按照本来的面貌讲授数学.

经验是自然界可靠知识的唯一源泉，自伽里略时代以来这一观点日益深入人心，并已占据了统治地位.事实上，数学也不例外，数学的发展从未脱离外部世界.就主流而言，一部数学史雄辩地说明，数学与现实世界一直是紧密联系、相互作用的，从阿基米德、牛顿、高斯，直到希尔伯特、冯·诺伊曼，统统既是理论上的大师，又都热衷于应用领域的研究.另一方面，我们不否认学科发展的相对独立性，不否认学科内在的发展动力.强调知识的经验起源并不贬低“理性思维”的作用.数学概念与规律不仅仅是眼前经验的综合，而是来自于更广泛的一般模式.一项好的数学工作必须具有“内在的完备性”——这意味着它是以最自然，最严格的方式从普遍规律中导出的，也就是说，它是从人类知识的全部“历史”中导出的；同时，这一工作又必须有“外部的证实”——即它必须经受实践的检验，我们提倡的是“内在完备”与“外部证实”的统一，数学工作者必须承认绝对化了的数学概念，又必须理解数学概念、方法与结论的相对性.

就笔者个人看来，建模课程的直接目的，自然是要通过介绍若干有代表性的数学模型及成功的应用数学方法，培养学生用数学语言描述及解决实际问题的能力；但这仅仅是问题的一方面，本课还应力图使学生正确把握数学与现实世界的关系.既要认识到数学是人类观察与认识世界的一种独特方法，它为创造性地研究自然和社会的各种问题提供了基础与指导；也要理解外部世界为数学提供了原始课题、启示和动力. 只有全面地认识这两个方面，才是正确的观点.

为达到建模课程的目的，必须认真选择教材. 讲授的内容不能简单地仅以“数学模型”这样的用语来概括. 事实上，任何数学或物理课程都在讲授某种模型. 纯粹数学讲授的是更基本，更抽象，因而也更一般的模型，例如函数、向量、导数、微分、积分、线性空间、流形等. 而数学建模，则应选择更现实，更具体，与自然科学或社会科学诸领域关系直接，同时有重大意义的模型与问题. 这样的题材能够更有说服力地揭示数学问题的起源，数学与现实世界的相互作用，体现数学科学的不断发展，激发学生参与探索的兴趣. 应当力图使学生理解，大量重要的数学问题，是从具体的实际需要引起的，并非心灵的自由创造，或者仅只是逻辑的需要. 当然也应使学生懂得，数学科学不仅仅是为了技术而存在. 事实上，数学是一种精神，一种彻底的理性精神，它对人类社会的物质生产，道德和文化具有广泛而深远的影响，从某种意义上来说，数学必然影响人们世界观的形成.

建模课程应当力图从实际问题中归纳出所要采用的假设以及解题的线索，试验各种可能的途径，预测可能的结果；尽量引用物理的、化学的、生物学以至社会学的有关结论. 这些做法的目的在于向学生展示一种有别于传统数学课程单纯逻辑推理的思维方式，使学生理解外部启示对数学思维的重大作用. 建模课程还应尽量引用实际资料检测数学结果，以使学生懂得，模型只是问题在一定条件下的近似描述，是主观和客观的结合，它不是先验的，唯一的，结论也只是相对的. 应当说明在客观实际与数学简化之间选择恰当的平衡点，是建模成功与否的关键，它体现了建模工作的想象力和创造性. 作为一门数学课程，建模还应利用一切可能的机会，加深学生对数学概念及定理本质的“直观”理解，使学生看到数学与现实密切相关，极其生动活泼的一面. 专门数学知识及特殊技巧的讲授则不是本课的直接目的.

在某种意义上，数学建模应当是一门“综合”课程. 让我们引用柯朗在《数学物理方法》一书德文版序言中的一段话对此加以阐明. 柯朗写道：“从 17 世纪以来，物理的直观，对于数学问题和方法是富有生命力的根源. 然而近年来的趋向和时尚，已将数学与物理学间的联系减弱了；数学家离开了数学的直观根源，而集中在推理精致和着重于数学的公设方面，甚至有时忽视数学与物理学以及其他科学领域的整体性. 在许多情况下，物理学家也不再体会数学家的观点. 这种分裂，无疑地对于整个科学是一个严重的威胁；科学发展的洪流，可能逐渐分裂成为细小而又细小的溪渠，以至干涸. 因此，有必要引导我们的努力转向于将许多有特点的和各式各样的科学事实的共同点及其相互关联加以阐明，以重新统一这种分离的趋向."（译文引自该书中译本）或许，我们今天所应做的，正是柯朗早已指出的事.

在数学建模课程中，应当允许使用"不严格"的数学. 这不仅仅是出于实际可能的考虑，无须为此而不安. 事实上，数学史中有大量的生动实例，说明许多重大数学概念与结论，包括无理数、虚数、无穷小概念、广义函数等等，开始都是不严格的. 不恰当的严格要求将会扼杀可贵的创造欲望，事实上，理想化的绝对严格从未存在也不可能存在. 然而，必须指出，允许不严格，不等于允许不正确；无依据或逻辑混乱. 在无法进行严格的数学推理时，必须代之以对问题本身的分析、归纳、类比、猜测、尝试、事后检验等等. 应当强调对问题数学本质的"理解"，以此取代形式严密，但掩盖了思想本质的证明. 这实际对课程提出了更高的要求.

数学建模给予学生的是一种综合训练. 为了成功地解决任何建模问题，参与者必须对问题本身有足够的知识，并有将其抽象成数学问题，并以恰当形式表述的能力. 有解题所需要的数学素养，能够熟练使用计算机，还要有一定的语言表达能力. 具有一定规模的建模问题一般都不能由个人独立完成，因此还要求参加者具有组织、协同的素养. 通过完成适当数量的课外练习，学生可以在上述诸方面都得到一定训练. 因此，在课堂讲授之外，必须强调实际动手之重要. 学生只有完成足够数量的建模练习，才会真正有所收获. 但应明确，全面素质的提高，绝非一门课程，一朝一夕之事. 切勿对课程的效果预期过高.

数学建模课程中，在强调重视实际的同时，要使学生理解：数学绝不仅仅是工具.要从所做的数学推导和所得到的数学结论中,指出所包含的更一般更深刻的内在规律,指出从具体问题进一步抽象化、形式化,上升到更一般规律性认识的必要与可能.使学生理解,好的数学工作是如何源于现实而又高于现实的.数学建模课程应当更加恰当地对待理论和应用.我们不应仅以培养应用工作者为目标,我们还应希望培养出揭示基本自然规律的大师,如果我们贬低理论思维,这一目标决不可能实现.

简言之,数学建模作为一项教学改革课程,其最主要之点是课程指导思想的改革,它应当更全面地体现数学科学与现实世界的关系,更均衡地对待理论和应用;它应当不仅对面向应用的学生有益,也应对学习纯粹数学的学生有益.它应有利于学生开阔眼界,开阔思路,养成正确的思维方式,对数学本质有更全面完整的理解,有利于学生综合能力的提高.

就笔者的理想而言,应当编出一本充分体现上述思想的教材.它应包括一系列精选的典型课题,涵盖尽可能广的理论与应用领域,深入浅出地讲授有关的数学建模问题.既介绍问题的背景与起源,也讨论有关的数学表达与演绎;既叙述问题的历史和现状,也指出尚待解决的课题与前景;既深入讨论某一途径的思想与方法,也介绍解决同类问题的其他处理;它不仅考虑应用数学专业的需要,也对学习纯粹数学的学生有益;它是一本真正作到将理论与应用有机结合起来的教材.笔者自知他本人远不具备为达到这一理想所必须的学识与能力,现在的这本教材便是明证.然而笔者坚信,上述设想是合理的,它应该实现,而且可能实现.也正因此,他才不揣冒昧,写下了这样一篇不合常规的前言,其目的在于抛砖引玉,使对数学建模课程的讨论深入一步,吸引学有专长的专家学者关心数学建模的课程建设,早日产生更为理想的教材.至于笔者所编写的这本讲义,如果能有三年寿命,则已是大喜过望了.

本书各章主要内容均有所本,每章后列出的只是编写时所依据的主要文献,实际上所涉及的书籍与论文远不止此,由于本书的性质,故未将它们一一列出.我的工作主要在于材料的选择与整理上.

另外,在某些内容的叙述方式上,作了些许尝试.

本书将内容上有关联的章节连续编排,但各章均可独立讲授.各章所需的学时也有较大的灵活性,一方面它取决于学生的知识水平;另一方面也取决于教员所选择的讲授方法:详细讲授还是讲座式的概要介绍.对于愿意尝试使用这本教材的同行,请将本书仅仅视为一个"纲要",一个"建议"或"提示",而不将其视为最终的"演出本".对于使用本书的同学,我希望他们将重点放在对问题的整体把握上,用理解取代一时未能弄懂的数学细节.在阅读的同时要积极独立地进行思考,不要把书中的内容视为不可移易的唯一正确表述.事实上,限于作者的水平,书中定有许多处理不当以至错误之处,衷心地欢迎一切读者批评指正.

书后将美国大学生数学建模竞赛(MCM)历年试题作为附录,可供学生课外练习之用.在将这些题目收入本书时,参考叶其孝、谭永基以及姜启源诸先生的译文,重新做了翻译.我国历年大学生建模竞赛题目也是学生练习的极好材料,但因易于获取,且限于本书篇幅,未予收录.

本书在编写过程中自始至终得到了以姜伯驹先生为首的数学科学院各级领导的关怀和支持,姜先生还在百忙之中为本书写了序;高立、程乾生、王杰、钱敏平、黄文灶、朱照宣、徐树方和应隆安诸位先生给予了诸多指导和帮助;叶其孝与滕振寰先生对原稿进行了审阅,提出了许多中肯且有益的修改意见;责任编辑刘勇先生为本书的出版付出了辛勤的劳动,在此一并表示诚挚的谢意.

雷功炎

1999年1月

目　录

第一章　线性规划模型与单纯形法

线性规划是科学与工程领域广泛应用的数学模型. 它研究一个线性函数,在一组由线性等式或不等式组成的约束条件下的极值. 最早研究此类问题的是苏联数学家康托洛维奇(Канторович Л. В.),他于 1939 年发表的《生产组织与计划中的数学方法》是有关线性规划最早的文献;此后美国数学家也对此进行了研究,特别是二次世界大战期间,迫切需要有效解决各种规划、生产、运输等方面的问题,在此背景下,乔治·丹契克(G. Dantzig)于 1947 年提出了线性规划的一般性模型及理论,同时提出了求解这一模型的有效算法——单纯形法,奠定了有关理论发展的基石. 随着电子计算机的普及,线性规划模型的应用日益广泛,时至今日,它已是一个理论完备,方法成熟,具有多种应用的有效数学模型. 下面我们首先讨论一个实际问题.

§1　从一个林场经营的数学模型谈起

1.1　问题

考虑一座林场,其中的树木按高度划分成不同等级,当树木被采伐出售时,不同等级有不同的经济价值. 取某一适当时间做初始时刻,此时所有树木的高度给出一个分布,称之为初始分布. 经过一个生长周期后,树木按高度的分布不同了,然而为了使林场能持续存在,要求经过采伐与栽种,树木高度恢复成原有的初始分布. 我们将会看到,为满足这一要求,可采用多种不同方案,我们希望找出既不破坏森林资源,又能给出最优收益,即总经济价值最高的持续采伐方案.

1.2 持续采伐模型

假设林场种植的是枞树，每年十二月采伐，作为圣诞树出售. 每伐掉一棵，立即在原地栽一棵新苗. 按照这种方式，树木总数是不变的. 在简化的模型中，不考虑树木的自然死亡，即假设每棵树苗都能存活，且生长到被采伐为止. 设树木按不同高度，从低到高依次划分为 n 组，第 i 组树木所对应的高度区间是 $[h_{i-1}, h_i)$，且规定 $h_0=0$，$h_n=\infty$；又第 i 组每株树木的价值为 p_i，而 $p_1=0$，即树苗无出售价值. 以 $x_i(i=1,2,\cdots,n)$ 表示第 i 组树的株数，那么对于一个持续采伐方案而言，每次采伐并栽种新苗之后，x_i 的值应保持不变，即等于初始分布中的值. 将初始分布用向量 $\boldsymbol{x}=(x_1, x_2, \cdots, x_n)^{\mathrm{T}}$ 表示，称之为未采伐向量. 我们的第一个问题是：求出所有可能的未采伐向量 $\boldsymbol{x}$.

由于林中树木总数不变，易知诸 x_j 满足的第一个条件是

$$x_1 + x_2 + \cdots + x_n = s, \tag{1}$$

此处 s 是一个由林地面积和树木生长条件所决定的常数. 为得到一个确切的数学模型，还需对树木生长作如下假定：假设在每一生长周期中，原来属于第 i 类的树木，只能生长到上一类别，即第 $i+1$ 类中去，不可能长得更快，但可能由于生长迟缓，仍留在原来的高度类别中. 为描述这一假设，令 g_i 表示在一个生长季节中，由第 i 类长入第 $i+1$ 类高度的树木占原 i 类总数的百分比，显然，$1-g_i$ 则是留在原来类别的百分比. 记

$$G = \begin{bmatrix} 1-g_1 & 0 & 0 & \cdots & 0 \\ g_1 & 1-g_2 & 0 & \cdots & 0 \\ 0 & g_2 & 1-g_3 & \cdots & 0 \\ \vdots & \vdots & \vdots & & \vdots \\ 0 & 0 & \cdots & 1-g_{n-1} & 0 \\ 0 & 0 & \cdots & g_{n-1} & 0 \end{bmatrix},$$

由此，经过生长季节之后，不同高度树木的数量分布可由向量 $G\boldsymbol{x}$ 表示，G 称为生长矩阵. 令 $y_i(i=1,2,\cdots,n)$ 表示每年收获时第 i 类树

木被采伐的株数，记 $\boldsymbol{y}=(y_1,y_2,\cdots,y_n)^{\mathrm{T}}$，称之为采伐向量. 由前述可知，$y_1+y_2+\cdots+y_n$ 既是每年采伐的树木总数，也是每年新栽幼苗的数目. 令

$$R=\begin{bmatrix}1 & 1 & 1 & \cdots & 1\\ 0 & 0 & 0 & \cdots & 0\\ \vdots & \vdots & \vdots & & \vdots\\ 0 & 0 & 0 & \cdots & 0\end{bmatrix},$$

易知，$R\boldsymbol{y}$ 表示每次收获后所种树木按高度的分布. 为保持林场持续产出，以上定义诸量应满足如下代数方程组，即

$$G\boldsymbol{x}-\boldsymbol{y}+R\boldsymbol{y}=\boldsymbol{x},$$

或可等价地表示为

$$(I-R)\boldsymbol{y}=(G-I)\boldsymbol{x}. \tag{2}$$

上式称之为持续采伐条件. 任何一组非负向量 $\boldsymbol{x},\boldsymbol{y}$ 只要满足条件(1)和(2)，都表示一个持续采伐方案，当然由题意显然还应有 $y_1=0$. 将(2)所表示的代数方程组展开，有

$$\begin{aligned}
y_2+y_3+\cdots+y_n&=g_1x_1,\\
y_2&=g_1x_1-g_2x_2,\\
y_3&=g_2x_2-g_3x_3,\\
&\cdots\cdots\\
y_{n-1}&=g_{n-2}x_{n-2}-g_{n-1}x_{n-1},\\
y_n&=g_{n-1}x_{n-1}.
\end{aligned}$$

上述方程组中各方程并不独立，第一个方程是其余方程的和. 由这一方程组和 $y_i\geqslant 0$，易于看出有如下条件成立，即

$$g_1x_1\geqslant g_2x_2\geqslant\cdots\geqslant g_{n-1}x_{n-1}\geqslant 0.$$

这一条件与(1)合起来，就是一个非负向量 $\boldsymbol{x}$ 可作为未采伐向量，维持林区长期开采的充分必要条件. 其必要性是显然的，我们只需论证其充分性. 事实上，如果非负向量 $\boldsymbol{x}$ 满足上述条件，则令 $y_1=0$，$y_i(i=2,3,\cdots,n)$ 由如上方程组定义，即可得到满足条件(2)的采伐向量.

1.3 最大经济效益模型

上文已经假设,第 i 类高度的树每株价值为 p_i,那么对任意一个采伐向量 $\boldsymbol{y}$,所得到的收益是

$$\text{yld} = p_2 y_2 + p_3 y_3 + \cdots + p_n y_n.$$

利用持续采伐条件,上式化为

$$\text{yld} = p_2 g_1 x_1 + (p_3 - p_2) g_2 x_2 + \cdots + (p_n - p_{n-1}) g_{n-1} x_{n-1}. \quad (3)$$

至此,寻求最佳持续采伐方案的问题归结为如下的数学模型,即:求一组非负常数 $x_1, x_2, \cdots, x_n$,使(3)式达到极大,而且,所得到的解应满足约束条件

$$x_1 + x_2 + \cdots + x_n = s,$$

$$g_1 x_1 \geqslant g_2 x_2 \geqslant \cdots \geqslant g_{n-1} x_{n-1} \geqslant 0.$$

此处,需要对以上模型作两点简单说明:首先,该模型依赖若干参数,诸如 g_i, p_i 等;这里认为它们已经给定;然而,对很多实际问题而言,参数值的选取是极端困难的,其本身就是一项需要研究的课题.再者,按照如上问题的实际意义,诸 x_i 及 y_i 只应取整数值,但为了处理方便,假设它们取实数值,在树木株数足够大时这是允许的;一般而言不能这样做,这在下一章将有进一步说明.

如上的问题是很有一般性的,其特点是:在一组线性约束条件下,求一个线性函数的极值.不同领域的众多实际问题均可归结为此类提法,数学上称之为线性规划问题.下面一节将概括介绍线性规划的理论和解法,在此之前,让我们先利用由一般理论导出的一个结论,求解上述最佳采伐方案问题.这一结论是:"对最佳持续采伐模型说来,最大经济效益由仅仅采伐某一特定类别的全部树木而达到".在懂得了下一节内容之后,这一结论是显然的,我们暂时将其作为一个遗留问题.利用这一结论,可用如下的特殊方法,得到所要的采伐方案.令 yld_k 表示由砍伐所有第 k 类树木,但不采任何一株其他树木所得到的收益.那么,对 $k=2,3,\cdots,n$ 而言,yld_k 的最大值即是最大持续采伐收益.

现在我们按照上述想法,对问题求解.在每年伐光第 k 类树木,

而不采伐其他类别的情况下,不难知道：$y_2=y_3=\cdots=y_{k-1}=y_{k+1}=\cdots=y_n=0$ 以及 $x_k=x_{k+1}=\cdots=x_{n-1}=x_n=0$,后一列等式的理由是在每年伐光第 k 类的条件下,不可能有更高的树木存在. 将这些值代入方程组(2),得到

$$\begin{aligned} y_k&=g_1x_1,\\ 0&=g_1x_1-g_2x_2,\\ 0&=g_2x_2-g_3x_3,\\ &\cdots\cdots\cdots\cdots\cdots\cdots\\ 0&=g_{k-2}x_{k-2}-g_{k-1}x_{k-1},\\ y_k&=g_{k-1}x_{k-1}. \end{aligned}$$

由此,$x_i=g_{i-1}x_{i-1}/g_i\ (i=2,3,\cdots,k-1)$,将这些值代入式(1)有

$$x_1=\frac{s}{1+g_1/g_2+g_1/g_3+\cdots+g_1/g_{k-1}}.$$

容易算出

$$\boldsymbol{x}=\frac{s}{1/g_1+\cdots+1/g_{k-1}}[1/g_1,\cdots,1/g_{k-1},0,0,\cdots,0]^{\mathrm{T}}.$$

而相应的经济效益是

$$\begin{aligned} \mathrm{yld}_k&=p_2y_2+p_3y_3+\cdots+p_ny_n\\ &=p_ky_k=p_kg_1x_1\\ &=\frac{p_ks}{1/g_1+1/g_2+\cdots+1/g_{k-1}}. \end{aligned}$$

为求得问题的解,只需对 $k=2,3,\cdots,n$ 计算上式,选取达到最大值的指标 k 即可.

需要说明的是：若仅采伐第 k 类,从 $x_k=0$,利用前述约束条件,可以导出 $x_{k+1}=x_{k+2}=\cdots=x_{n-1}=0$,但得不到 x_n 是零,然而 x_n 不为零的持续采伐方案一定不是最优的. 因为,这相当于缩小了林地面积.

上述讨论除了告诉我们为达到最佳经济效益及持续采伐的目的,初始向量 $\boldsymbol{x}$ 及采伐向量 $\boldsymbol{y}$ 应如何选取外,还使我们了解到：

1. 为达到最佳经济效益,不仅需要考虑各类树木的单价,还应

考虑各类别的不同生长率；

2. 未采伐向量由不同类别树木的生长率，特别是由这些量的比值所决定.

§2 线性规划的一般理论

2.1 线性规划问题的标准形式

由上节所述，我们知道，所谓线性规划问题，即是在一组线性约束条件下，求一个线性函数的极大或极小. 这一函数通常称之为目标函数，一般可表示为

$$Z = c_1x_1 + c_2x_2 + \cdots + c_nx_n.$$

在数学讨论中，上式中的 $c_i(i=1,2,\cdots,n)$ 是已知常数. 当把一个实际问题表述为线性规划模型时，这些常数的确定往往是需要考虑的核心问题. 变量 $x_i(i=1,2,\cdots,n)$ 需要满足的约束条件一般可表示为：

$$a_{i1}x_1 + a_{i2}x_2 + \cdots + a_{in}x_n = (\text{或} \geqslant \text{或} \leqslant) b_i, \quad i = 1,2,\cdots,m,$$

其中 $\{a_{ij}\}$ 及 $\{b_i\}$ 是已知常数. 此外，还要假定 $x_j \geqslant 0(j=1,2,\cdots,n)$，这后一组条件称之为非负约束，而其余的条件则简单地称之为约束条件.

为便于数学讨论，将上述一般形式的问题，通过如下两个步骤，化为标准形式，即：

1. 首先将问题均化为求目标函数的极大；

2. 除非负约束外，约束条件一律化为取等号形式.

为今后讨论的需要，我们规定步骤 2 按如下标准手续实现：先将约束条件中的不等号一律化为 $\leqslant$，然后再在不等式左端引入新的取非负值的变量，称之为松弛变量，这样，即可使不等式约束化为等式约束. 在经过这些步骤后，利用矩阵和向量记号，任一线性规划问题均可表示成如下标准形式：

求向量 $\boldsymbol{x}=(x_1,x_2,\cdots,x_n)^{\mathrm{T}}$，使目标函数 $Z=\boldsymbol{c}^{\mathrm{T}}\boldsymbol{x}$ 达到极大，其

中 $\boldsymbol{c}=(c_1,c_2,\cdots,c_n)^{\mathrm{T}}$ 是已知向量，同时要求解 $\boldsymbol{x}$ 满足约束方程组 $A\boldsymbol{x}=\boldsymbol{b}$ 及非负约束 $\boldsymbol{x}\geqslant\boldsymbol{0}$，此处 $A=(a_{ij})$ 是已知的 $m\times n$ 矩阵，$\boldsymbol{b}=(b_1,b_2,\cdots,b_m)^{\mathrm{T}}$ 是已知向量. 而一个向量大于等于零向量，是指它的每一个分量大于等于零.

下面我们转向讨论线性规划问题的求解方法.

2.2 求解线性规划问题的基本思想

一个向量 $\boldsymbol{x}=(x_1,x_2,\cdots,x_n)^{\mathrm{T}}$ 如果满足所有的约束条件，则称之为线性规划问题的一个可行解，全部可行解所构成的集合称之为可行解集；使目标函数达到极大的可行解称为最优解.

容易理解，对于一个线性规划问题，逻辑上可能发生如下三种情况：(i) 约束条件彼此不相容，可行解集是空集，因而问题无解；(ii) 可行解集是一个无界集合，而且随着点 $\boldsymbol{x}$ 趋向无穷，目标函数可取任意大的值，此时不存在有限的最优解；(iii) 至少存在一个最优解. 对于多数情况，特别是一个正确表述的实际问题，一般是情况(iii)发生. 为讨论线性规划问题解的性质，我们需要如下定义：

定义 2.1 设 S 是 $\boldsymbol{R}^n$ 中的一个向量集合，若对于任意的 $\boldsymbol{x},\boldsymbol{y}\in S$ 及任意的 $t\in[0,1]$，有 $\boldsymbol{z}=t\boldsymbol{x}+(1-t)\boldsymbol{y}\in S$，则称 S 是一个**凸集**. 若 S 是一凸集，$\boldsymbol{z}\in S$，但对任意的 $\boldsymbol{x},\boldsymbol{y}\in S$，$\boldsymbol{x}\neq\boldsymbol{y}$，$\boldsymbol{z}\neq\dfrac{\boldsymbol{x}+\boldsymbol{y}}{2}$，则称 $\boldsymbol{z}$ 是凸集 S 的一个顶点.

利用如上定义，不难得到以下结论：(i) 标准线性规划问题的可行解集是一闭凸集. 这一点容易从闭凸集定义和约束的线性性质得到；(ii) 如果可行解集是非空和有界的，那么，目标函数的极大值一定在该集合的一个顶点上达到. 这是因为，在有限维空间的任一有界闭集上，连续函数一定达到其极大值；再利用目标函数是线性函数，以及可行解集中的任何一点均可表示为顶点的凸组合，则不难证明，极大值至少在一个顶点上达到；(iii) 如果可行解集无界，那么，目标函数可能达到也可能达不到极大值；然而，如果能够达到其极大值，这一极大值一定可以在一个顶点上达到. 由前述，这是不难说明的.

从上述可知，为求得一个线性规划问题的最优解，只需在可行解集的所有顶点上依次检查目标函数的值；所谓的单纯形法就是这样的一个算法，它从可行解集的某一顶点出发，转移到一个使目标函数值上升（至少不减）的相邻顶点，不断重复这一步骤，最终导致一个最优解.

2.3 单纯形法介绍

为将上述思想转化成一个可行的算法，还必须解决两个问题：其一是如何用代数语言刻画凸集的顶点，或者说，一个顶点的代数特征是什么；其二是何为相邻的顶点，如何决定从一个顶点到下一个顶点的转移方式. 此处我们只给出有关问题的一个梗概，严格的数学讨论可见讲述线性规划的多种不同书籍，例如本章的主要参考书 Saul L. Gass 所著的《Linear Programming》，此书已经出了第五版，是一本不错的参考读本.

以下考虑线性代数方程组 $A\boldsymbol{x}=\boldsymbol{b}$，$A$ 为 $m\times n$ 矩阵，$m\leqslant n$，且 A 的秩是 m. 这里实际考虑的是约束方程组，为使问题有解，约束的数目自然应当小于等于未知数个数，且当约束彼此独立时，方程组必然是行满秩的.

定义 2.2 如果代数方程组 $A\boldsymbol{x}=\boldsymbol{b}$ 的解向量 $\boldsymbol{x}=(x_1,x_2,\cdots,x_n)^{\mathrm{T}}$ 有 $n-m$ 个分量是零，其余 m 个分量对应了 A 的 m 个线性无关列，则称 $\boldsymbol{x}$ 是方程组的一个**基本解**；其中 $n-m$ 个取零值的分量称为**非基本变量**，其余 m 个分量称为**基本变量**.

定义 2.3 在一个线性规划问题中，如果一个可行解也是约束方程组的基本解，则称为**基本可行解**.

下面的定理可以认为是线性规划理论的一个基本定理.

定理 2.1 一个向量 $\boldsymbol{x}$ 是线性规划问题可行解集的一个顶点，当且仅当它是约束方程组的一个基本可行解.

证明 首先说明任何一个基本可行解 $\boldsymbol{x}$ 必然是一个顶点，即它不能表示成任何其他两个不相等的可行解 $\boldsymbol{y},\boldsymbol{z}$ 的凸组合. 无妨设 $\boldsymbol{x}=(x_1,x_2,\cdots,x_m,0,\cdots,0)^{\mathrm{T}}$，如果 $\boldsymbol{x}=\alpha\boldsymbol{y}+(1-\alpha)\boldsymbol{z}$，由 $\alpha,1-\alpha>0$，

及可行解的非负性质，由 $\boldsymbol{x}$ 的后 $n-m$ 个分量为零，推出 $\boldsymbol{y},\boldsymbol{z}$ 也应有此结构. 但 $\boldsymbol{x}$ 的非零分量对应了约束方程组系数矩阵 A 的 m 个线性无关列，故 $\boldsymbol{y},\boldsymbol{z}$ 亦如此，又它们均为可行解，所以由 $A\boldsymbol{x}=A\boldsymbol{y}=A\boldsymbol{z}=\boldsymbol{b}$，可推出 $\boldsymbol{x}=\boldsymbol{y}=\boldsymbol{z}$，即 $\boldsymbol{x}$ 是一顶点.

其次说明如果 $\boldsymbol{x}=(x_1,x_2,\cdots,x_n)^{\mathrm{T}}$ 是一个顶点，那么与所有正 x_i 相对应的 A 的列一定是线性无关的. 假设 $\boldsymbol{x}$ 中有 k 个非零项，无妨认为是前 k 个，将矩阵 A 中相应的列记为 $A_j(j=1,2,\cdots,k)$，则

$$x_1A_1+x_2A_2+\cdots+x_kA_k=\boldsymbol{b}. \tag{4}$$

若 $A_1,A_2,\cdots,A_k$ 线性相关，必有不全为零的系数 $c_i(i=1,2,\cdots,k)$，使

$$c_1A_1+c_2A_2+\cdots+c_kA_k=0.$$

取任意常数 $d>0$ 乘上式，与(4)式相加及相减，有

$$(x_1+dc_1)A_1+(x_2+dc_2)A_2+\cdots+(x_k+dc_k)A_k=\boldsymbol{b},$$
$$(x_1-dc_1)A_1+(x_2-dc_2)A_2+\cdots+(x_k-dc_k)A_k=\boldsymbol{b}.$$

由此对于充分小的 d，我们得到两个不同的可行解：

$$\boldsymbol{y}=(x_1+dc_1,x_2+dc_2,\cdots,x_k+dc_k,0,\cdots,0)^{\mathrm{T}},$$
$$\boldsymbol{z}=(x_1-dc_1,x_2-dc_2,\cdots,x_k-dc_k,0,\cdots,0)^{\mathrm{T}},$$

容易看出 $\boldsymbol{x}=\frac{1}{2}(\boldsymbol{y}+\boldsymbol{z})$，那么 $\boldsymbol{x}$ 将不是顶点，矛盾. 定理证毕.

上述定理建立了可行解集顶点与约束方程组系数矩阵列向量集合间的关系. 确切地说，$\boldsymbol{x}=(x_1,x_2,\cdots,x_n)^{\mathrm{T}}$ 是一个顶点的充分必要条件是：所有正 x_j 是向量等式

$$x_1A_1+x_2A_2+\cdots+x_nA_n=\boldsymbol{b}$$

中一组独立向量 $\{A_j\}$ 的系数. 下面我们可以来说明什么是可行解集的相邻顶点.

定义 2.4 如果一个线性规划问题的基本变量数是 m，而两个基本可行解有 $m-1$ 个相同的基本变量，则称它们所代表的顶点是**相邻的**.

在建立了如上概念之后，我们通过一个例子，说明利用单纯形法求解线性规划问题的一般步骤.

例 2.1 一家具公司生产桌子和椅子，用于生产的全部劳力共计 450 个工时，原料是 400 个单位的木材. 每张桌子要使用 15 个工时的劳力，20 个单位的木材，售价为 80 元. 每张椅子使用 10 个工时，用材 5 个单位，售价 45 元. 问为达到最大收益，应如何安排生产.

这是一个相当典型的线性规划问题. 令 x_1 表示应当生产的桌子数，x_2 为椅子数，则问题归结为求函数

$$Z = 80x_1 + 45x_2$$

在约束条件

$$\begin{aligned} 20x_1 + 5x_2 &\leqslant 400, \\ 15x_1 + 10x_2 &\leqslant 450, \\ x_1 \geqslant 0,\ x_2 &\geqslant 0 \end{aligned}$$

下的极大值.

首先引入松弛变量，将问题化为标准形式，即化为寻求函数

$$Z = 80x_1 + 45x_2 + 0x_3 + 0x_4$$

在约束条件

$$\begin{aligned} 20x_1 + 5x_2 + x_3 \qquad &= 400, \\ 15x_1 + 10x_2 \qquad + x_4 &= 450, \\ x_1, x_2, x_3, x_4 &\geqslant 0 \end{aligned}$$

下的极大值.

把上述问题进一步表述为：求 x_1, x_2, x_3, x_4 和 Z，使满足方程组

$$\begin{aligned} 20x_1 + 5x_2 + x_3 \qquad\qquad &= 400, \\ 15x_1 + 10x_2 \qquad + x_4 \qquad &= 450, \\ -80x_1 - 45x_2 \qquad\qquad + Z &= 0, \end{aligned}$$

且要求 $x_i(i=1,2,3,4)$ 非负，Z 的值尽可能大. 这样处理的优点在于把 Z 和诸 x_i 同等看待，使目标函数的地位等同于一个约束方程，由此带来很多方便. 由前述可知，求解的关键在于，找出与达到目标函数极大值的顶点所对应的，约束矩阵列向量集合的极大无关组. 为此按下述步骤进行，首先将方程组写成如下表格形式：

x_1	x_2	x_3	x_4	Z	右端
20	5	1	0	0	400
15	10	0	1	0	450
−80	−45	0	0	1	0

由上表易于看出，若取 $x_1=x_2=0$，则有 $x_3=400$，$x_4=450$，$Z=0$. 这是令 x_3，x_4 为基本变量时的基本可行解. 为得到最优解，考虑改变基本变量的选择，即从 x_3，x_4 中除去一个基本变量，代之以 x_1 或 x_2，从而使 Z 的值上升，这一手续意味着移动到一个目标函数值更高的相邻顶点. 为达到这一目的，在上表的最后一行，或称之为目标行中，挑选最负的元素，即 −80，它所对应的变量 x_1，就是新入选的基本变量. 如此选择的原因下文自明. 此时我们还需要考虑从原有的基本变量 x_3，x_4 中除去一个. 为此以上表中 x_1 所在的列，即新入选的基本变量列中的所有正系数，去除它所在行的右端项，在上例中即是计算 $400/20=20$，$450/15=30$，在所有的商中选择最小的一个，即 20，这一选择意味着 x_3 将从基本变量集合中除去，为何如此请看下面的作法.

我们利用求解线性代数方程组最常用的方法，即主元素消去法来求约束方程组的一组新解. 主元素由上表目标行中 −80 所在的列及商 20 所在的行决定，也就是说将上表中第一行第一列的 20 取做主元. 用主元除上表第一行，再利用这一行将第二行及目标行的第一列消为零，则有

x_1	x_2	x_3	x_4	Z	右端
1	1/4	1/20	0	0	20
0	25/4	−3/4	1	0	150
0	−25	4	0	1	1600

此时得到了一组新的解：$x_1=20$，$x_4=150$，$x_2=x_3=0$，$Z=1600$. 对上述计算过程稍加分析，不难看出如上选取主元方法的理由. 只要除目标行外，原来的右端都是正的，而且当以新入选的基本变量列之正元素除右端，商极小的行唯一时，上述方法保证 Z 值一定上升，且新

的右端还是正的，后一点又保证新的基本变量取正值. 按照以上方法继续进行，下一步取上表中的 25/4 为主元素，得到第三个表格：

x_1	x_2	x_3	x_4	Z	右端
1	0	2/25	−1/25	0	14
0	1	−3/25	4/25	0	24
0	0	1	4	1	2200

此时，目标行中不再有负系数，计算过程终止，我们得到了上述问题的最优解，即 $x_1=14$，$x_2=24$，$Z=2200$.

如上形式的单纯形法不适用于一般情况，它的成功使用要求约束方程组的右端必须是正向量，即 $\boldsymbol{b}$ 的每一个分量都大于零. 请注意上文所规定的将约束化为标准形式的步骤，这一步骤要求每一不等式约束均先化为≤形式，因而显然不是任何一个线性规划问题都满足右端为正的条件，然而对多数实际问题而言，它是成立的. 由于这一原因我们将算法简单归纳如下：

1. 列出初始表格. 这相当要求从一个已知的基本可行解开始计算.

2. 检验目标行除右端外的所有元素，如果它们都是非负的，则已经达到最优解. 否则

3. 将右端项除外，选择目标行最负项所在列作为主元素所在列. 当最负的项有多个时，可任选一个，这没有任何妨碍. 这一列的选定决定了新进入基本变量集合的解分量.

4. 用主元素列目标行外的所有正项去除相应的右端，选择商最小的行作为主元素所在的行. 这一行的选定决定了离开基本变量集合的解分量.

5. 作主元素消去法，得到一组新的解，回到 2.

对上述算法中的第 4 步，有如下的补充说明：在选择主元素所在行时，如果有不止一行的商同取最小值，在理论上可以引起目标函数值不变的死循环，但实际计算可不予考虑. 这是因为，由于舍入误差的缘故，这一循环总会被打断. 目前已有克服循环的算法，但其实

际意义不大.又，如果主元素所在的列，约束方程组系数无正项，则无法选出主元素，不难说明此时问题对应无界的解，读者可自行验证.

如上方法称做**列表单纯形法**，从计算量的观点看来，它并不是最好的；实际计算的程序包往往使用**修正单纯形法**(Revised Simplex Method)，这是依据计算效率及存储方便的考虑，从数学上对单纯形法进行加工后的算法.

下面让我们对适用于一般情况的单纯形法作一简单介绍，同时导出一个下文所需要的最优解所应满足的条件.设约束矩阵仍为 $A_{m\times n}$，对应于可行解集某一顶点的向量 $\boldsymbol{x}$ 有 m 个基本变量，将这些分量所构成的子向量记为 $\boldsymbol{x}_B$，其他 $n-m$ 个取零值的非基本变量构成子向量 $\boldsymbol{x}_N$.矩阵 A 与 $\boldsymbol{x}_B$ 对应的列构成一方阵 B，无妨设 B 恰由 A 的前 m 列所组成，而将 A 的其余部分记为矩阵 N.按照类似的方式将目标函数系数所构成的向量 $\boldsymbol{c}=(c_1,c_2,\cdots,c_n)^{\mathrm{T}}$ 划分为子向量 $\boldsymbol{c}_B$ 和 $\boldsymbol{c}_N$.在如上符号下，约束方程组表示为如下形式：

$$A\boldsymbol{x}=[B,N]\begin{bmatrix}\boldsymbol{x}_B\\ \boldsymbol{0}\end{bmatrix}=\boldsymbol{b}.$$

由此 $\boldsymbol{x}_B=B^{-1}\boldsymbol{b}$，当 $\boldsymbol{x}$ 确实为一可行解集顶点时，有 $\boldsymbol{x}_B\geqslant\boldsymbol{0}$，相应的目标函数值为 $\boldsymbol{c}_B^{\mathrm{T}}B^{-1}\boldsymbol{b}$.假设单纯形法的求解过程从这样一个顶点开始，且约束方程组已化为以下形式：

$$[I,B^{-1}N]\begin{bmatrix}\boldsymbol{x}_B\\ \boldsymbol{0}\end{bmatrix}=B^{-1}\boldsymbol{b}.$$

现在的问题是如何选择一个与 $\boldsymbol{x}$ 相邻的顶点，使转移到这一顶点时目标值上升.与前面已叙述过的算法相似，适用于一般情况的单纯形法仍然是在适当安排的表格上，利用消去法实现从一个已知顶点到相邻顶点的转移，关键是在一般情况下如何选择主元素.类似于前，主元素由在计算的每一步进入与离开基本变量集合的解分量所决定，因而问题归结为如何决定进入与离开的变量.

新进入的变量当然要从 $\boldsymbol{x}_N$ 的分量中选择，为此我们看一看当 $\boldsymbol{x}_N$ 从零向量变为非零(正)向量时目标值如何变化.对于非零的 $\boldsymbol{x}_N$，为满足约束方程组，$\boldsymbol{x}_B$ 的值必须改变为由 $\boldsymbol{x}'_B$ 表示，而

$$\boldsymbol{x}_B' = B^{-1}\boldsymbol{b} - B^{-1}N\boldsymbol{x}_N = \boldsymbol{x}_B - B^{-1}N\boldsymbol{x}_N,$$

相应的目标函数值变为

$$\boldsymbol{c}^{\mathrm{T}}\boldsymbol{x} = \boldsymbol{c}_B^{\mathrm{T}}(\boldsymbol{x}_B - B^{-1}N\boldsymbol{x}_N) + \boldsymbol{c}_N^{\mathrm{T}}\boldsymbol{x}_N = (\boldsymbol{c}_N^{\mathrm{T}} - \boldsymbol{c}_B^{\mathrm{T}}B^{-1}N)\boldsymbol{x}_N + \boldsymbol{c}_B^{\mathrm{T}}\boldsymbol{x}_B.$$

由此可知，当 $\boldsymbol{x}_N$ 的某一分量由零变为取正值时，目标函数值上升还是下降，取决于向量 $\boldsymbol{r}^{\mathrm{T}} = \boldsymbol{c}_N^{\mathrm{T}} - \boldsymbol{c}_B^{\mathrm{T}}B^{-1}N$ 同一分量是正还是负. 如果 $\boldsymbol{r}$ 的所有分量小于等于零，即 $\boldsymbol{r} \leqslant \boldsymbol{0}$，那么现在的顶点 $\boldsymbol{x}$ 已经给出了最优解，$\boldsymbol{x}_N = \boldsymbol{0}$ 使目标函数达到极大；反之，$\boldsymbol{r}$ 中只要有一个分量为正，令相应的 $\boldsymbol{x}_N$ 分量取正值，则目标函数值上升. 单纯形法的每一步选择 $\boldsymbol{r}$ 最大的正分量，在下一步将相应的 $\boldsymbol{x}$ 分量取为基本变量. 为下文需要，此处将这一变量记为 x_{in}. 在选定下一步新进入的基本变量后，还必须决定把原有 $\boldsymbol{x}_B$ 的哪一个分量从基本变量中除去. 为说明这一点，将 $B^{-1}N$ 与 x_{in} 对应的列记为 $\boldsymbol{v}$，则约束方程组等价于：

$$\boldsymbol{x}_B + \boldsymbol{v}x_{in} = B^{-1}\boldsymbol{b}.$$

考虑属于 $\boldsymbol{x}_B$ 的任何一个基本变量 x_j，从上式可知当 x_{in} 从零上升到 $x_{in}^j = (B^{-1}\boldsymbol{b})_j / v_j$ 时，x_j 将下降到零. 在所有的基本变量中，考虑 x_{in}^j 最小的一个，它就是单纯形法下一步要从基本变量集合中除去的变量，我们将其记为 x_l. 当进入与离开基本变量集合的两个分量 x_{in} 与 x_l 确定之后，即可求出与下一个顶点对应的解，对此不再详述.

下面让我们把上文中极大问题最优解所满足的条件 $\boldsymbol{r} \leqslant \boldsymbol{0}$ 形式上表述得更为一般. 仍假设最优解中的基本变量组成向量 $\boldsymbol{x}_B$，其诸分量所对应的约束方程组系数矩阵的列组成方阵 B，记 $D_{m\times n} = B^{-1}A$，若将向量 $\boldsymbol{c}$ 的所有 n 个分量包括在内时，易于看出，条件 $\boldsymbol{r} \leqslant \boldsymbol{0}$ 可等价地表示成：

$$\boldsymbol{c}_B^{\mathrm{T}} D_{m\times n} - \boldsymbol{c}^{\mathrm{T}} \geqslant \boldsymbol{0},$$

对于极小问题的最优解上式反号. 请注意，除最优解 $\boldsymbol{x}_{\mathrm{opt}}$ 外，$D_{m\times n}$ 的信息也保留在单纯形法的计算表格上，下文将说明这些信息可以用来讨论解的灵敏度.

还应指出，定理 2.1 的一个直接推论是：线性规划解的非零分量数不能超过约束的数目；利用这一性质，便可解决林场经营模型中的遗留问题. 事实上，在林场模型中可将采伐向量 $\boldsymbol{y}$ 作为未知量，它的诸分量除非负约束外，只需满足一个约束，即将(1)式中的 $\boldsymbol{x}$ 诸分量用 $\boldsymbol{y}$ 的表达式替代后的关系式，因此最优解中 $\boldsymbol{y}$ 只能有一个分量异于零，这就说明了 1.3 节中算法的合理性.

§3　与线性规划模型有关的几个问题

3.1　灵敏度分析及参数规划

在线性规划问题的表述中包括若干常数，这些常数可以是目标函数的系数，也可以是约束方程组的系数及右端. 这些常数要由测量或估计给出，因而往往是有误差的，或者具有多个可能的值. 因而必须研究当这些常数改变时，最优解是否会随之变化，也就是研究解的灵敏度问题. 在讨论这一类问题时，最简单的方式是，假定所研究的系数是某一参数的线性函数，讨论参数取值与最优解的关系. 这一类问题称为参数线性规划. 此处我们只讨论目标函数系数随一个参数线性变化所带来的影响. 这类问题的实际意义是很明显的，仍以前面讲过的家具生产问题为例，假设桌椅的价格发生了某些变化，生产商很关心的一个问题即是生产安排是否应随之改变. 在最简单情况下，价格随一个参数 λ 的线性变化归结为如下表述，即对参数的不同取值，试图使目标函数

$$Z = (80+\lambda)x_1 + (45+\lambda)x_2$$

极大，而约束条件仍然是

$$\begin{gathered} 20x_1 + 5x_2 \leqslant 400, \\ 15x_1 + 10x_2 \leqslant 450, \\ x_1 \geqslant 0,\ x_2 \geqslant 0. \end{gathered}$$

首先要问，当 $\lambda=0$ 的最优解已知时，对 λ 的哪些非零值原来的解仍然是最优的. 这相当于对新的目标函数系数 $c_1=80+\lambda, c_2=45+\lambda$，问上节最后所给出的最优解条件 $\boldsymbol{c}_B^{\mathrm{T}}D_{m\times n}-\boldsymbol{c}^{\mathrm{T}}\geqslant\boldsymbol{0}$ 在什么样的参数范围内仍然成立. 为此考虑如下的联立不等式：

$$(80+\lambda)\times\frac{2}{25}+(45+\lambda)\times\left(-\frac{3}{25}\right)=1-\frac{1}{25}\times\lambda\geqslant 0,$$

$$(80+\lambda)\times\left(-\frac{1}{25}\right)+(45+\lambda)\times\frac{4}{25}=4+\frac{3}{25}\times\lambda\geqslant 0.$$

它是上述最优解条件的具体化，所用到的 $D=(d_{ij})$ 的数值均可从前面的计算表格中找到. 已知这组不等式在 λ 为零时成立，因而它们一定是相容的，即有公共解. 容易得到，当 $-100/3\leqslant\lambda\leqslant 25$ 时，上述两个不等式同时成立，也就是说，原来的解仍保持最优. 对这一结果可有如下的几何解释：从图 1.1 中易于看出，当 $\lambda=-100/3$ 时，目标函数 $Z=140x_1+35x_2$ 所代表的直线族平行于可行解集的一条边界直线 $20x_1+5x_2=400$；$\lambda=25$ 时，$Z=105x_1+70x_2$ 所表示的直线族平行于另一边界直线 $15x_1+10x_2=450$. 显然这里讨论的是两个临界值，对介于二者之间的 λ，最优解对应的顶点不变. 如上的 $\lambda=-100/3$ 及 $\lambda=25$ 称为所讨论的参数规划问题的特征值，与之相应的最优解称为**特征解**. 上例的方法及结果是有一般性的，事实上，我们不难想象与理解以下结论：

1. 只要对单纯形法做适当的变化，就可以系统研究与求解单参数目标函数问题.

2. 从一个给定的最优解出发，可对所有可能的参数值确定特征解集合及有关的特征值.

3. 任何一个特征解在参数 λ 的一个闭区间上保持最优.

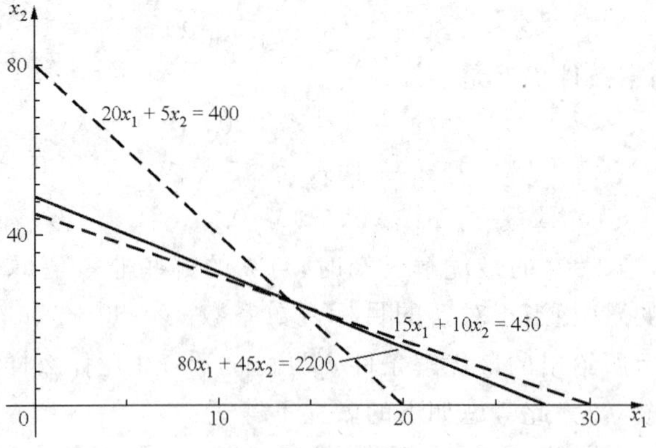

图 1.1

4. 最优解存在的参数集合是闭的和连通的.

参数变化时解保持稳定是有实用价值的，从上例就可知道，当桌椅价格变化时，并非一定要立即改变生产方案.对约束方程组系数及右端的变化同样可进行讨论，此处不再叙述，读者可参阅有关的教科书，例如本章参考文献[2].一般线性规划软件包均可在计算最优解的同时，给出有关目标函数系数及约束方程右端变化的稳定范围，供使用者参考.

3.2 对偶问题及其有关理论与应用

为说明什么是对偶问题，继续考虑前面一节提到的，家具公司用一定数量木材与劳力生产桌椅，追求最大收益的例子.这一问题已经表述为求目标函数

$$Z = 80x_1 + 45x_2$$

在约束条件

$$\begin{gathered} 20x_1 + 5x_2 \leqslant 400, \\ 15x_1 + 10x_2 \leqslant 450, \\ x_1 \geqslant 0,\ x_2 \geqslant 0 \end{gathered}$$

下的极大.现在设想具有同等条件的另一家企业，该企业为了吸引顾客，决定以一种不同的方式经营，即直接将原料与劳力出售给顾客，依顾客喜欢的式样加工成桌椅.为此需要为木材与劳力定价.设单位木材价格为 y_1，单位劳力价格为 y_2，由于市场竞争的原因，经营者希望尽可能将 y_1, y_2 降低，但这一降低不是无限度的，它至少应使企业得到在同等条件下加工成桌椅后出售的收入.上述考虑在数学上表述为求目标函数

$$Z_1 = 400y_1 + 450y_2$$

在约束条件

$$\begin{gathered} 20y_1 + 15y_2 \geqslant 80, \\ 5y_1 + 10y_2 \geqslant 45, \\ y_1 \geqslant 0,\ y_2 \geqslant 0 \end{gathered}$$

下的极小.如上两个线性规划问题表述方式不同，但它们是密切相关

的.极大问题目标函数系数所构成的向量是极小问题约束方程组的右端;而极大问题约束方程组的右端则成了极小问题目标函数的系数向量,而且两个问题约束方程组的系数矩阵互为转置,不等号反向.两个问题的这种对应,使得从任何一个问题出发,可以容易地得到另一问题,它们互为**对偶**.实际上,下文将会说明,两问题之间有更为深刻的联系.

为理解与对偶有关的理论及应用,下面以一般形式表示一个线性规划问题及其对偶问题.将原来的线性规划问题取做极小形式,即求函数

$$f(\boldsymbol{x}) = \boldsymbol{c}^{\mathrm{T}}\boldsymbol{x}$$

在约束条件

$$A\boldsymbol{x} \geqslant \boldsymbol{b},$$
$$\boldsymbol{x} \geqslant \boldsymbol{0}$$

下的极小.这一问题的对偶问题是,求函数

$$g(\boldsymbol{w}) = \boldsymbol{w}^{\mathrm{T}}\boldsymbol{b}$$

在约束条件

$$\boldsymbol{w}^{\mathrm{T}}A \leqslant \boldsymbol{c}^{\mathrm{T}},$$
$$\boldsymbol{w} \geqslant \boldsymbol{0}$$

下的极大.对偶问题中的任何一个变量 w_i 与原问题中的一个约束,即由 b_i 表征的约束对应,称 $w_i(i=1,2,\cdots,m)$为**对偶变量**.请特别注意两个问题表述方式上的对称性,因而所谓对偶是相互的,即二者中的任何一个均可被认为是原问题,而另一个则是它的对偶.如下定理揭示了线性规划问题及其对偶间的关系.

定理 3.1(对偶定理) 互为对偶的两个线性规划问题,若其中之一有有穷的最优解,则另外一个也有有穷的最优解,且最优值相等,即 $f(\boldsymbol{x}_{\mathrm{opt}})=g(\boldsymbol{w}_{\mathrm{opt}})$.如果二者之一有无界的最优解,则另外一个没有可行解.

如上定理的主要部分是易于理解的.仍考虑前面的例子:由于市场竞争的原因,出售家具的公司与出售木材与劳力的公司收益必然相等.然而要严格证明定理,则需利用单纯形法的知识.下面给出

这一证明的梗概.

首先容易知道,极大问题任一可行解的目标值一定小于等于极小问题任一可行解的目标值,这是因为

$$g(\boldsymbol{w}) = \boldsymbol{w}^{\mathrm{T}}\boldsymbol{b} \leqslant \boldsymbol{w}^{\mathrm{T}}A\boldsymbol{x} \leqslant \boldsymbol{c}^{\mathrm{T}}\boldsymbol{x} = f(\boldsymbol{x}).$$

其次考虑极小问题的最优解.引入松弛变量 $\boldsymbol{z}=A\boldsymbol{x}-\boldsymbol{b}$,则约束方程组可以表示为

$$[A, -I]\begin{bmatrix}\boldsymbol{x}\\ \boldsymbol{z}\end{bmatrix} = \boldsymbol{b}, \qquad \begin{bmatrix}\boldsymbol{x}\\ \boldsymbol{z}\end{bmatrix} \geqslant \boldsymbol{0}.$$

单纯形法的每一步,要从矩阵$[A,-I]$中选择 m 个线性无关列,与其相应的$[\boldsymbol{x}^{\mathrm{T}},\boldsymbol{z}^{\mathrm{T}}]$的 m 个分量是基本变量.为方便起见,我们将这 m 个列置换到前面,则约束方程组系数矩阵化为$[B,F]$,相应的基本可行解为$[(B^{-1}\boldsymbol{b})^{\mathrm{T}},\boldsymbol{0}^{\mathrm{T}}]$,而包括了松弛变量的目标函数之系数向量则由$[\boldsymbol{c}^{\mathrm{T}},\boldsymbol{0}^{\mathrm{T}}]$化为$[\boldsymbol{c}_B^{\mathrm{T}},\boldsymbol{c}_F^{\mathrm{T}}]$.假设这一置换给出了最优解,那么由前一节讨论可知,对极小问题最优解有

$$\boldsymbol{c}_B^{\mathrm{T}}B^{-1}F - \boldsymbol{c}_F^{\mathrm{T}} \leqslant 0,$$

而目标函数的最优值为

$$\begin{bmatrix}\boldsymbol{c}_B\\ \boldsymbol{c}_F\end{bmatrix}^{\mathrm{T}}\begin{bmatrix}B^{-1}\boldsymbol{b}\\ \boldsymbol{0}\end{bmatrix} = \boldsymbol{c}_B^{\mathrm{T}}B^{-1}\boldsymbol{b}.$$

如果能够求得极大问题的一个可行解 $\boldsymbol{w}$,且使相应的目标函数取值 $\boldsymbol{c}_B^{\mathrm{T}}B^{-1}\boldsymbol{b}$,定理即证明了.为此将原极大问题的两组约束表示成

$$\begin{bmatrix}A^{\mathrm{T}}\\ -I^{\mathrm{T}}\end{bmatrix}\boldsymbol{w} \leqslant \begin{bmatrix}\boldsymbol{c}\\ \boldsymbol{0}\end{bmatrix}.$$

当极小问题约束方程的系数矩阵重新排列时,作为对偶问题的极大问题,如上约束相应化为

$$\begin{bmatrix}B^{\mathrm{T}}\\ F^{\mathrm{T}}\end{bmatrix}\boldsymbol{w} \leqslant \begin{bmatrix}\boldsymbol{c}_B\\ \boldsymbol{c}_F\end{bmatrix}.$$

当取 $\boldsymbol{w}=(B^{\mathrm{T}})^{-1}\boldsymbol{c}_B$ 或 $\boldsymbol{w}^{\mathrm{T}}=\boldsymbol{c}_B^{\mathrm{T}}B^{-1}$ 时,容易得到极大问题的目标函数值为

$$\boldsymbol{w}^{\mathrm{T}}\boldsymbol{b} = \boldsymbol{c}_B^{\mathrm{T}}B^{-1}\boldsymbol{b} = \boldsymbol{c}^{\mathrm{T}}\boldsymbol{x}_{\mathrm{opt}},$$

而且这一解满足约束方程:前 m 个约束条件化为等式,而后 $n-m$

个条件为

$$F^{\mathrm{T}}\boldsymbol{w}=F^{\mathrm{T}}(B^{\mathrm{T}})^{-1}\boldsymbol{c}_B\leqslant\boldsymbol{c}_F,$$

这正是极小问题最优解所满足的条件.

至此我们简略地证明了定理的第一部分，而定理的第二部分是易于说明的，此处不再赘述. 下面讨论另一个重要定理.

定理 3.2（互补定理） 对于互为对偶的两个线性规划问题的最优解而言，如果一个问题的任一约束不等式严格成立（即松弛变量为正），则相应的对偶变量必为零；而与任何一个解的正分量相应的对偶约束必为等式（即松弛变量为零）.

证明 对原问题和对偶问题的约束条件 $A\boldsymbol{x}\geqslant\boldsymbol{b}$ 与 $A^{\mathrm{T}}\boldsymbol{w}\leqslant\boldsymbol{c}$ 分别引入 m 维与 n 维松弛变量，依次记做

$$\boldsymbol{s}_x=(x_{n+1},x_{n+2},\cdots,x_{n+m})^{\mathrm{T}},$$
$$\boldsymbol{s}_w=(w_{m+1},w_{m+2},\cdots,w_{m+n})^{\mathrm{T}},$$

使之化为两组等式约束：

$$A\boldsymbol{x}-\boldsymbol{s}_x=\boldsymbol{b},$$
$$A^{\mathrm{T}}\boldsymbol{w}+\boldsymbol{s}_w=\boldsymbol{c}.$$

设 $\boldsymbol{x},\boldsymbol{w}$ 是两个问题的最优解，由对偶定理，有

$$\begin{aligned}0&=\boldsymbol{c}^{\mathrm{T}}\boldsymbol{x}-\boldsymbol{w}^{\mathrm{T}}\boldsymbol{b}=\boldsymbol{c}^{\mathrm{T}}\boldsymbol{x}-\boldsymbol{w}^{\mathrm{T}}A\boldsymbol{x}+\boldsymbol{w}^{\mathrm{T}}\boldsymbol{s}_x\\&=\boldsymbol{c}^{\mathrm{T}}\boldsymbol{x}-(\boldsymbol{c}^{\mathrm{T}}-\boldsymbol{s}_w^{\mathrm{T}})\boldsymbol{x}+\boldsymbol{w}^{\mathrm{T}}\boldsymbol{s}_x=\boldsymbol{s}_w^{\mathrm{T}}\boldsymbol{x}+\boldsymbol{w}^{\mathrm{T}}\boldsymbol{s}_x\\&=w_{m+1}x_1+\cdots+w_{m+n}x_n+w_1x_{n+1}+\cdots+w_mx_{n+m}.\end{aligned}$$

由 $\boldsymbol{w},\boldsymbol{x}$ 之非负性，得到所要结论. 定理证毕.

如上两个定理告诉我们，互为对偶的两个问题的解密切相关，显然这一性质可以在计算上加以利用，对此我们不多加叙述. 下面通过一个例子，主要说明由对偶产生的概念如何用于实际问题.

例 3.1 假设一个工厂可生产五种产品，分别以 P_1,P_2,P_3,P_4,P_5 代表，其单价依次为 550，600，350，400，200. 每件产品均需经过研磨及钻孔两道工序，由于产品种类不同，所需工时也不同，不同种类的每件产品所需的研磨工时依次是 12，20，0，25，15；钻孔工时依次是 10，8，16，0，0. 此外，任何一件产品均需要 20 小时的装配工时，而工厂在一个生产周期内的总生产能力限制为：研磨 288 工时，钻

孔 192 工时，装配 384 工时. 首先要问，怎样安排生产可得到最大收入. 为此，令 $x_i(i=1,2,3,4,5)$ 表示第 i 类产品的件数，求解以下线性规划问题，即使函数

$$Z=550x_1+600x_2+350x_3+400x_4+200x_5$$

在约束条件

$$12x_1+20x_2+0x_3+25x_4+15x_5\leqslant 288,$$
$$10x_1+8x_2+16x_3+0x_4+0x_5\leqslant 192,$$
$$20x_1+20x_2+20x_3+20x_4+20x_5\leqslant 384,$$
$$x_1,x_2,x_3,x_4,x_5\geqslant 0$$

下，达到极大. 容易解得 $x_1=12,x_2=7.2,x_3=x_4=x_5=0$，而最大收入 $z=10920$. 从这一结果还可知道，按上述方式安排生产，钻孔能力有余，而研磨及装配能力用尽. 然而，我们还希望进一步回答下述有关经济分析的问题，它们是：

1. 如果增加研磨、钻孔及装配的生产能力，那么每种能力的单位增长，会带来多少价值.

2. 从上述结果可以合理地认为，与 P_1,P_2 相比，P_3,P_4,P_5 定价低了；问价格提到什么程度，它们才是值得生产的.

为回答这两个问题，需要求解原问题的对偶，令对偶变量是 $w_j(j=1,2,3)$，容易得到 $w_1=6.25,w_2=0,w_3=23.75$.

现在看第一个问题，由对偶定理可知，当以最佳方式安排生产时，

$$Z_{\text{opt}}=w_1b_1+w_2b_2+w_3b_3=6.25\times b_1+23.75\times b_3,$$

因而，可以认为一个单位的研磨能力带来的收入是 6.25，一个单位的装配能力带来的收入是 23.75，$w_2=0$ 则反映了在目前的安排下，钻孔能力有余. 这些数据可以用于投资决策，即决定首先扩大何种生产能力是最有利的. 当然这只能提供一种参考，因为只有当约束右端变化较小，对偶问题的解保持不变时，上述分析才是可靠的.

再来看第二个问题. 为后三种产品决定提价幅度的方法是一样的，故此处只讨论 P_3 的合理价格. 由互补定理，在最优生产安排中所以 $x_3=0$，是因为与之相应的对偶问题中的约束严格不等式成立，

即 $0\times6.25+16\times0+20\times23.75=475>350$，如果 x_3 不是零，那么相应的约束是等式；注意到 350 是一件 P_3 带来的收入，若把 w_i 的值看做相应约束所代表的某种资源的单位价值，则 $475>350$ 时，$x_3=0$ 无非是说总成本超过了价格，所以该产品不值得生产；而为了生产该类产品，至少应提价 $475-350=125$. 在某种情况下，一些产品必须亏本生产，此时由上述方法得到的提价幅度，代表了生产一件产品所带来的损失，或者是政府部门应给的补贴.

与对偶变量取值有关的量，在涉及经济学的不同问题中有多种应用与解释，因而也有不同的名称，例如：影子价格（shadow prices），会计价值（accounting values），边际价值（marginal values），成本下降（reduced cost），机会成本或选择代价（opportunity cost）等等，都是有关的名词，具体应用时请参阅有关书籍.

3.3 多目标问题

在利用线性规划模型处理实际问题时，往往会遇到所要考虑的目标函数不止一个的情况，例如在考虑国民经济发展时，既要以经济效益最大为目标，又要注意社会稳定，失业人数极小. 这类问题称为多目标问题. 严格说来，多目标问题在数学上一般是无解的，因为不可能指望一个满足约束条件的解，会使含意截然不同的多个目标函数同时达到极值. 因此，所谓的求解多目标问题，本质上是用某种相对合理的方式"定义"一个解，因此可以有不同的处理方式. 例如：以不同的权重系数将多个目标函数加以组合，产生一个目标函数，化为一般的线性规划问题；还可进一步用参数规划对不同权重系数所对应的特征解加以选择，以得到最满意的解. 此处我们叙述另外一个处理方法. 先看一个用一般的线性规划模型处理数据拟合问题的例子，然后再考虑多目标问题.

例 3.2 已知量 y 依赖量 x，且已测得它们的 n 组观测值 $\{x_i, y_i, i=1,2,\cdots,n\}$. 要求(i) 求拟合直线 $y=ax+b$，使绝对偏差之和最小. (ii) 仍然是求拟合直线，但目标是使最大绝对偏差最小.

下面考虑这一问题的解法. 显然上述问题中 a，b 是要求的未知数，为使用线性规划，它们必须满足非负约束；但是 a,b 是拟合直线的参数，应由原始数据决定，实际上完全可能取负值；此外，拟合直线的误差也是既可能正，也可能负，事先无法决定，这涉及松弛变量的表达方式. 为克服这一困难，可采用如下技巧：引入非负变量 a_1,a_2,b_1,b_2，令 $a=a_1-a_2$，$b=b_1-b_2$，对每一个数据点 i 也引入两个非负松弛变量 u_i,v_i，将每一对观测值给出的约束条件写成如下形式：

$$(a_1-a_2)x_i+b_1-b_2+u_i-v_i=y_i,\quad i=1,2,\cdots,n.$$

在约束方程组的系数矩阵中，a_1,a_2 的列线性相关，因而，它们不可能同时作为基本变量，故此实际起作用的永远只有一个，即它们不会同时取正值；同理，b_1,b_2 以及每一个约束中的 u_i,v_i 也是如此，这就解决了上述困难. 如上问题第一问的解答是使目标函数：

$$\sum u_i+\sum v_i$$

达到极小. 而对第二问则需再引入一个变量 z 和附加的两组约束，即 $z-u_i\geqslant 0$，$z-u_i\geqslant 0\ (i=1,2,\cdots,n)$，问题的最优解是使变量 z 在上述所有约束下，达到极小. 这样，我们便利用线性规划方法解决了如上函数拟合问题.

上述处理问题的方法可以用于多目标问题，设第 k 个目标函数是 $\boldsymbol{c}_k^{\mathrm{T}}\boldsymbol{x}\ (k=1,2,\cdots,p)$，此处 $\boldsymbol{c}_k=(c_{k1},c_{k2},\cdots,c_{kn})^{\mathrm{T}}$. 对每一个目标函数事先给定一个目标值 $b_k^*\ (k=1,2,\cdots,p)$，这些值可以理解为诸目标的“理想值”，我们希望多目标问题的解在某种意义上，尽可能接近这些理想值. 为此，对任何一个可行解 $\boldsymbol{x}$，将第 k 个目标函数取值与给定值的偏离表示成 $y_k'-y_k''=b_k^*-\boldsymbol{c}_k^{\mathrm{T}}\boldsymbol{x}$，其中 $y_k',y_k''\ (k=1,2,\cdots,p)$ 是非负变量. 此时原来的多目标问题可由以下的数学表示确定，即使函数

$$\sum_{k=1}^{p}(y_k'+y_k'')$$

在约束条件

$$\boldsymbol{c}_k^{\mathrm{T}}\boldsymbol{x}+y_k'-y_k''=b_k^*,\quad k=1,2,\cdots,p,$$

$$A\boldsymbol{x}=\boldsymbol{b},$$

$$\boldsymbol{x}\geqslant\boldsymbol{0},\quad y_k',y_k''\geqslant 0$$

下达到极小. 在目标函数中，还可以对不同的指标 k 使 y'_k，y''_k 有不同的权重，这相当考虑了不同目标要求的不同重要性；这一点还可用下述方式处理，即首先将所有目标函数按照重要性由大到小的顺序排列，或者说，按照优先级排列，然后先对 $p=1$ 求解以上问题，得到第一个目标函数的最优值，记为 z_1^*，然后将 $\boldsymbol{c}_1^{\mathrm{T}}\boldsymbol{x}=z_1^*$ 加入到约束方程中去，再对第二个目标函数求解. 如此继续，就可得到多目标问题的最终解答.

在结束本章之前，让我们简单的概括一下讲述过的内容.

线性规划模型是在一组线性约束与非负约束下，优化一个线性目标函数. 当问题的最优解存在且有限时，它一定在由约束方程所限定的凸集合，即可行解集的一个顶点处达到. 这类问题的一个有效算法是单纯形法. 出现在问题中的参数变化时对解所产生的影响，即灵敏度的讨论，可由参数规划来处理. 对任何线性规划问题，都存在一个与之相应的，或称互为对偶的另一同类问题，二者有限的最优解同时存在或不存在；当有限最优解存在时，二者的最优值相等，且任一问题最优解变量取值与对偶问题相应约束的松弛变量存在某种互补关系，由此所提供的信息可用于对实际问题的解释工作. 线性规划的一种特殊形式称为目标规划，它和参数规划均可用于解决多目标决策问题.

最后，我们对线性规划问题的计算与应用简单地说几句话. 就理论上说来，单纯形方法不是一个多项式时间的算法，即用该方法解决线性规划问题所需的最大时间，不能由表征问题规模之参数的任何多项式来限定. 也就是说，可能有这样的问题，单纯形法所需要的计算时间实际上是无法承受的. 针对这一缺陷，人们不断研究新的方法. 1979 年，哈奇扬(Л. Г. Хачиян)证明了一种名为椭球体算法的方法在理论上是多项式时间算法，但该方法实际表现令人失望；1984 年，卡马卡(N. Karmarkar)提出了另一多项式算法——投影算法，在理论和计算上都引起各方面关注，与此有关的内容可参见本章所附参考文献[5]. 但至今说来，单纯形法仍是一个广泛流行的算法，它的能力是十分惊人的，在 IBM 3033 上使用以单纯形法为核心的程序系统 MPS-3，求解一个有 4426 行约束（不包括非负约束），10918 个变量的线性规划问题，只需 27.48 秒. 据称，该系统对于包括 16000 个约束和几十万个变量的问题，可以在合理的时间内解决；此外，对于某些特殊类型的线性规划问题，还存在有效率更高的专门解法. 特别应当指出，尽管单纯形法不是多项式时间算法，但是斯梅尔(S. Smale)已经证明，当目标函数与约束条件中的参数满足一定概率分布时，在一定意义下，单纯形法的平均运算次数是变量数的多项式. 这不仅从理论上对单纯形法的有效性给出了令人信服的论证，而且开辟了从概率统计观点研究算法有效性的新途径. 斯梅尔的论证可见本章所附文献[4].

线性规划模型已被广泛应用到多种领域，诸如石油、化工、制造、能源、运输、采矿、食品、仓储等工业部门，以及农业、国防、财政金融、卫生保健、国民经济计划、污染控制等重大问题上，并已取得了重大的经济效益. 然而，使用线性规划解决实际问题，特别是那些事关国计民生的重大问题，绝非是一件简单的套用标准程序的事. 事实上能否把一个新的实际问题纳入线性规划模型的框架，是一个需要创造性的、反复实践与探索的过程.

第一章附录　二人矩阵零和博弈与线性规划的关系

本附录概要介绍二人矩阵零和博弈的基本概念，说明它与线性规划问题的内在联系. 从中可以进一步体会数学模型与数学抽象形式间的关系. 在叙述主要内容之前，先来记述一个与此有关的趣闻.

乔治·丹契克在研究线性规划的过程中希望能获得冯·诺伊曼的指点，故专程拜访了这位大数学家. 当他满怀热情地向冯·诺伊曼报告自己已取得的进展时，后者要求他简要一点，这使丹契克内心有些不快，因为他认为他所报告的内容是新的发现与发明，于是丹契克草草结束了自己的讲述，回到了座位上. 此时冯·诺伊曼走上讲台，开始滔滔不绝地反过来向丹契克讲述有关问题，这使丹契克大为惊异，因为他深信自己的研究结果不可能是已有的. 最后，冯·诺伊曼消除了丹契克的疑虑.他说道,你不要以为我所讲述的内容是魔术师从帽子里变出的兔子,我之所以能反过来向你讲述是因为我不久前研究过二人矩阵零和博弈中的极大化极小值与极小化极大值问题,这与你的叙述有联系,所以可以向你介绍有关内容.这则逸闻不仅说明了二人矩阵零和博弈与线性规划的密切关系,也向我们展示了数学抽象形式的意义,同时告诉我们像冯·诺伊曼这样的大数学家是如何把握数学的.首先介绍二人矩阵零和博弈的有关概念.

1. 二人矩阵零和博弈的概念和例子

我们利用一个简单的例子辅助说明什么是二人矩阵零和博弈.设有两个博弈游戏参加者,或称两位"局中人",分别记为 A 与 B,玩一种类似我们多数人从童年起就熟悉的称为"石头、剪子、布"的游戏,即二人同时独立地从伸出拳头、食指和中指、手掌三种手势中选择一种,三种手势分别代表石头、剪子和布.二位局中人各自可有的三种选择称为他们各自可选择的三种策略,分别记为 A_1,A_2,A_3 和 B_1,B_2,B_3.二人的每一次出手,构成博弈的一局,不同的一对选择 $(A_i,B_j)(i,j=1,2,3)$决定了每局的不同输赢,每次输赢的不同由以下的矩阵 $E=(e_{ij})$表示:

$$E=\begin{bmatrix} 3 & 4 & 6 \\ -1 & 10 & -8 \\ 2 & 3 & -1 \end{bmatrix}.$$

矩阵元素 e_{ij} 表示 A 选择策略 A_i,B 选择策略 B_j;取正数表示相应情况下 A 获胜,取负数表示 B 获胜,绝对值表示获胜者得分与失败者失分的数值;上述矩阵定义了这一游戏每局的输赢,称为此游戏的**支付矩阵**.上述规则表明:在每一局游戏中,一方之所得恰为另一方之所失,得失代数和为零,故称**零和博弈**;在一般情况下,当每个局中人均只有有限种策略可供选择时,每局的胜负均可由相应的支付矩阵给出;一般而言,支付矩阵不一定是方阵.这种类型的博弈游戏统称为**二人矩阵零和博弈**.

任何一个给定的支付矩阵完全刻画了一个博弈,问题是如何通过支付矩阵分析这一博弈，即局中人 A 与 B 为在博弈中获胜，各自应如何选择自己的策略？

首先讨论最简单的情况，即博弈只进行一局，或者说局中人只允许采用一种选定的单一策略不得更改时，他们的最佳选择是什么？单一策略又可称为**纯策略**. 基本假设是博弈双方都是足够聪明理智的，任何时候都在寻求如何使自身效益达到极大化. 据此通过对博弈过程的分析，自然导致局中人的如下行为原则：永远是从最不利的情况出发，追求最好的结果. 也就是说：A 的方针应当是在 B 力求使 A 赢得最小的条件下，探求使用何种单一策略赢得最大. B 的方针则是在 A 力图使其损失最大的条件下，选择损失最小的单一策略. 此处我们把 A 的得失称为"赢得"，B 的得失称为"损失". 所以利用这样不同的说法是相对支付矩阵元素取正值或负值的意义而言的，无论"赢得"还是"损失"都可以有正有负. 在上例中，A 可供选择的单一策略有三个，无论选择任何一个，B 的选择一定是使 A 赢得最小，即 A 三种不同单一策略的赢得分别是

$$\min\{e_{11}, e_{12}, e_{13}\} = \min\{3,4,6\} = 3;$$

$$\min\{e_{21}, e_{22}, e_{23}\} = \min\{-1,10,-8\} = -8;$$

$$\min\{e_{31}, e_{32}, e_{33}\} = \min\{2,3,-1\} = -1;$$

按照前面已经叙述的原则，A 最终选择的单一策略是达到 $\max\{3,-8,-1\}$ 的策略，即使用 A_1. 类似的讨论可以对 B 进行，注意到 A 对 B 各种策略所能造成的最大损失是

$$\max\{e_{11}, e_{21}, e_{31}\} = \max\{3,-1,2\} = 3;$$

$$\max\{e_{12}, e_{22}, e_{32}\} = \max\{4,10,3\} = 10;$$

$$\max\{e_{13}, e_{23}, e_{33}\} = \max\{6,-8,-1\} = 6;$$

B 必然选择达到 $\min\{3,10,6\}=3$ 的策略，即 B_1.

在如上 A,B 的选择分别为 A_1, B_1 之下，依据支付矩阵的规定，A 在一局游戏中的收入至少为 $V_A = \max\limits_i \min\limits_j e_{ij} = e_{11} = 3$；而 B 的损失至多为 $V_B = \min\limits_j \max\limits_i e_{ij} = e_{11} = 3$. A_1, B_1 分别称为局中人 A 与 B 的最优策略；在本例中 $\max\limits_i \min\limits_j e_{ij} = \min\limits_j \max\limits_i e_{ij} = e_{11}$，这一元素既是

支付矩阵每行极小值中的极大，又是同一矩阵每列极大值中的极小；数学上一个二元函数具有如上性质的点称为“**鞍点**”．而 $V_A=V_B=3$ 称为如上规定下博弈的值．注意：在只允许使用一个固定策略的假定下，并非所有支付矩阵都存在鞍点，也就是说，不能保证 $V_A=V_B$；上面的支付矩阵只是一个特例，如果将 e_{11} 改为 5，鞍点即不存在．更重要的是：只允许唯一的纯策略是不符合实际的，它只是讨论的入门，目的在于引入局中人、策略、支付矩阵等二人矩阵零和博弈的基本概念．

具有典型意义的情况是博弈进行多次，局中人每次可以使用不同的策略．显然，每次使用的策略，不能有固定顺序，否则明智的对手对此很容易地就会找到最佳的应对方式．不同策略的使用顺序一定是随机的，唯一不变的是每个策略使用的概率．在我们的例子中，设局中人 A,B 使用策略 A_i,B_j 的概率分别为 $p_i,q_j\,(i,j=1,2,3)$．那么令 $\boldsymbol{p}=(p_1,p_2,p_3)^{\mathrm{T}}$，$\boldsymbol{q}=(q_1,q_2,q_3)^{\mathrm{T}}$，两个向量分别称为 A 与 B 的混合策略，记

$$e(\boldsymbol{p},\boldsymbol{q})=\sum_{i,j}p_ie_{ij}q_j=\boldsymbol{p}^{\mathrm{T}}\boldsymbol{E}\boldsymbol{q}$$

为 A 与 B 在此一组概率表示的混合策略下的期望赢得或损失．对于所进行的博弈而言，对于给定的支付矩阵，局中人 A 所采取的最佳策略应使期望赢得最大，而 B 所采取的最佳策略应使期望损失最小，即二者分别可以表示为

$$v_A=\max_{\boldsymbol{p}}\min_{\boldsymbol{q}}e(\boldsymbol{p},\boldsymbol{q}),\quad v_B=\min_{\boldsymbol{q}}\max_{\boldsymbol{p}}e(\boldsymbol{p},\boldsymbol{q}).$$

事实上，上面的讨论可以对一般的二人矩阵零和博弈进行，支付矩阵甚至可以不是方阵．无妨设局中人 A 有 m 个纯策略，B 有 n 个纯策略，m,n 均为有限数，上述的向量 $\boldsymbol{p},\boldsymbol{q}$ 以及 $e(\boldsymbol{p},\boldsymbol{q})$，$V_A$ 和 V_B 完全可以类似定义，只不过下标 i,j 的取值范围要做相应改变．对此采用混合策略的一般情况，冯·诺伊曼证明了如下定理：

极小化极大值定理　对于如上一般定义的二人矩阵零和博弈，一定存在由两个概率分布定义的混合策略 $\boldsymbol{p}^*,\boldsymbol{q}^*$，使得对任意的混合策略 $\boldsymbol{p},\boldsymbol{q}$ 有

$$e(\boldsymbol{p}^*,\boldsymbol{q}) \geqslant e(\boldsymbol{p}^*,\boldsymbol{q}^*) \geqslant e(\boldsymbol{p},\boldsymbol{q}^*).$$

根据上式，称 $\boldsymbol{p}^*,\boldsymbol{q}^*$ 分别为局中人 A 与 B 的**最优策略**，$e(\boldsymbol{p}^*,\boldsymbol{q}^*)$称为**博弈的值**，$(\boldsymbol{p}^*,\boldsymbol{q}^*,e(\boldsymbol{p}^*,\boldsymbol{q}^*))$称为此**博弈的解**；注意对于一个支付矩阵而言，$\boldsymbol{p}^*,\boldsymbol{q}^*$ 不一定唯一，$(\boldsymbol{p}^*,\boldsymbol{q}^*)$称为此**博弈的平衡对**. 这是因为局中人 A 可以公开选择 $\boldsymbol{p}^*$，B 也只能选择 $\boldsymbol{q}^*$；反之亦然.

在二人矩阵零和博弈中，平衡对与最优策略一定是一致的，非零和博弈则不然，对此不再详述. 下面转向定理的证明.

2. 主要定理的证明

上述定理在二人矩阵零和博弈的理论中处于核心地位，请读者注意它与线性规划理论中对偶定理的类似之处. 事实上尽管二人矩阵零和博弈与线性规划是独立发展起来的，但两个定理实际是等价的. 对此我们不作详细的论述，下面仅从对偶定理作为已知前提出发，证明极小化极大值定理，大体上显示二者的关系.

借助矩阵和向量的表示方法，极小化极大值定理证明的核心在于说明

$$\max_{\boldsymbol{p}} \min_{\boldsymbol{q}} \boldsymbol{p}^{\mathrm{T}} E\boldsymbol{q} = \min_{\boldsymbol{q}} \max_{\boldsymbol{p}} \boldsymbol{p}^{\mathrm{T}} E\boldsymbol{q}.$$

易于说明：上式左端一定小于等于右端. 这是因为

$$\begin{aligned}\max_{\boldsymbol{p}} \min_{\boldsymbol{q}} \boldsymbol{p}^{\mathrm{T}} E\boldsymbol{q} &= \min_{\boldsymbol{q}} \boldsymbol{p}^{*\mathrm{T}} E\boldsymbol{q} \leqslant \boldsymbol{p}^{*\mathrm{T}} E\boldsymbol{q}^* \\ &\leqslant \max_{\boldsymbol{p}} \boldsymbol{p}^{\mathrm{T}} E\boldsymbol{q}^* \\ &= \min_{\boldsymbol{q}} \max_{\boldsymbol{p}} \boldsymbol{p}^{\mathrm{T}} E\boldsymbol{q}.\end{aligned}$$

但这并未完成定理的证明，冯·诺伊曼的贡献是证明了等式成立. 下面引述的不是冯·诺伊曼原来的方法，而是一个可用以说明矩阵博弈与线性规划理论关系的途径.

注意对任意的下标 $p_i \geqslant 0, \sum_i p_i = 1; q_j \geqslant 0, \sum_j q_j = 1$. 这表明以混合策略进行博弈的解满足线性规划的非负约束. 此时我们无妨假设支付矩阵 E 的所有元素均取正值；这是因为如果不然，我们可以考虑新的支付矩阵

$$E' = E + \alpha \begin{bmatrix} 1 \\ 1 \\ \vdots \\ 1 \end{bmatrix} (1,1,\cdots,1),$$

其中 α 是一个足够大的正数,保证 E' 的所有元素大于等于零;E' 与 E 的每一个元素均差同一个常数,容易看出以 E' 与 E 分别定义的零和博弈应有同样的最优策略,极小化极大值与极大化极小值也相差常数 α. 以下为了符号简单,仍以 E 表示元素皆为正的支付矩阵. 令 $\boldsymbol{c}=(1,1,\cdots,1)^{\mathrm{T}}$, $\boldsymbol{b}^{\mathrm{T}}=(1,1,\cdots,1)$分别表示由 m 和 n 个 1 组成的列与行向量, $\boldsymbol{p},\boldsymbol{q}$ 分别为 m 与 n 个非负实数组成的(未知)一维概率分布向量,考虑如下的一组线性规划对偶问题:

$$\begin{cases}\text{minimize } \boldsymbol{p}^{\mathrm{T}}\boldsymbol{c}, \\ \text{subject to } \boldsymbol{p}^{\mathrm{T}}E \geqslant \boldsymbol{b}^{\mathrm{T}}, \boldsymbol{p} \geqslant \boldsymbol{0};\end{cases} \qquad \begin{cases}\text{maximize } \boldsymbol{b}^{\mathrm{T}}\boldsymbol{q}, \\ \text{subject to } E\boldsymbol{q} \leqslant \boldsymbol{c}, \boldsymbol{q} \geqslant \boldsymbol{0}.\end{cases}$$

由线性规划对偶定理,存在最优解 $\boldsymbol{p}^*,\boldsymbol{q}^*$,使得 $\boldsymbol{p}^{*\mathrm{T}}\boldsymbol{c}=\boldsymbol{b}^{\mathrm{T}}\boldsymbol{q}^*$,这意味着 $\sum p_i^* = \sum q_j^*$;如果这一和为 S,用 S 除,可以把两个和都化为 1,那么 $\boldsymbol{p}^*/S$ 和 $\boldsymbol{q}^*/S$ 构成 E 所定义的博弈中的两个混合策略将是最优策略. 其说明如下:

考虑 A 与 B 的任何两个其他混合策略 $\boldsymbol{p}$ 与 $\boldsymbol{q}$,由 $E\boldsymbol{q}^*\leqslant\boldsymbol{c}$,得到 $\boldsymbol{p}^{\mathrm{T}}E\boldsymbol{q}^*\leqslant\boldsymbol{p}^{\mathrm{T}}\boldsymbol{c}=1$;由 $\boldsymbol{p}^{*\mathrm{T}}E\geqslant\boldsymbol{b}^{\mathrm{T}}$ 得到 $p^{*\mathrm{T}}E\boldsymbol{q}\geqslant\boldsymbol{b}^{\mathrm{T}}\boldsymbol{q}=1$. 也就是说:当 B 使用混合策略 $\boldsymbol{q}^*/S$ 时,A 的赢得无论如何不会超过 $1/S$;当 A 使用混合策略 $\boldsymbol{p}^*/S$ 时,B 的损失不可能少于 $1/S$. 因此 $\boldsymbol{p}^*/S$ 与 $\boldsymbol{q}^*/S$ 是 A,B 分别应当采取的最佳策略. 二人矩阵零和博弈的主要定理证毕.

在结束这一附录之前,简单地对博弈论给予一点评论.

博弈论不仅可应用于自然科学,同时可以用于经济学、政治学、伦理学等社会科学的研究之中;博弈论不仅是一门应用数学,不仅是一种方法,还是关于人类理性选择行为的实质性理论. 曾有学者指出,人的任何行为均可视为两个相继的过滤过程的结果;第一次过滤是通过一组结构上的约束,把众多抽象可能的行为减少为可行的行动集合;第二次过滤则是通过理性选择在可行集合中确定一种将要采取的行动.事实上上述说法对线性规划和博弈论都是恰当的,而博弈论正是理性选择理论最为重要的一部分,因为它研究的是在考虑到对方理性选择的情况下,当事人的理性选择,即理性选择的相互依赖性.

参考文献

[1] Rorres C and Anton H. Applications of Linear Algebra. New York: John Wiley & Sons, 1984.

[2] Gass S L. Linear Programming. New York: McGraw-Hill Inc., 1985.

[3] Strang G. Linear Algebra and Its Application. New York: Academic Press, 1976.

[4] Smale S. On the Average Speed of the Simplex Method of Linear Programming // Bachem A, Grötschel M, Korte B. Mathematical Programming: The State of the Art. Berlin: Springer-Verlag, 1983.

[5] 张建中,许绍吉.线性规划.北京:科学出版社,1990.

[6] 基斯·德夫林.数学:新的黄金时代.李文林,袁向东,李家宏等译.上海:上海教育出版社,1997.

第二章　整数规划与动态规划模型

本章可视为第一章的续篇，它包括整数线性规划和动态规划两部分，二者都是重要的数学模型，不仅在实际中被广泛应用，而且含有丰富的理论内容，此处只是有关材料的一个简要介绍.

§1　整数线性规划模型

1.1　什么是整数线性规划

一个线性规划问题，如果除要求其可行解满足约束条件外，还要求解的所有分量取整数值，则称之为**整数线性规划**(integer linear programming)，英文缩写为 ILP；若只限定部分分量取整数值，则称之为**混合整数规划**(mixed integer linear programming)，英文缩写为 MILP. 下面先看几个实例.

例 1.1　集合覆盖问题. 设有一集合 $S=\{1,2,3,4,5\}$，另有 S 的一个子集类 $\phi=\{\{1,2\},\{1,3,5\},\{2,4,5\},\{3\},\{1\},\{4,5\}\}$，令 ϕ 中的每个元素，即 S 的每一特定子集，对应一确定的数值，称为该元素的费用. 要求选出 ϕ 中的一些元素，使之覆盖了 S，且使所选元素的费用之和最小.

如上问题有两方面特点：一方面，数学上，显然可以将其叙述得更一般；另一方面，即以现在的形式而言，就可把众多实际问题纳入其框架. 例如：(i) 某企业有 5 种商品需要存放，由于商品的不同性质，它们不能放在一座仓库内，但其中一些子类可以放在一起. 然而，随商品组合方式不同所需费用也不同. 问费用最低的存储方案是什么. (ii) 某航空公司在不同城市间开辟有五条航线，一个航班可飞不同的航线组合，但组合不同所需成本也不同. 问如何安排，使开通所有航线的总费用最小.

下面我们来说明,如何对上述问题建立数学模型.为简单,假设ϕ中每个元素的费用彼此相等,这一假设对问题没有实质影响.注意到集合ϕ中共有6个元素,首先对每个元素按照下述方式定义一个整数变量δ_i,

$$\delta_i = \begin{cases} 1, & \text{如果 } \phi \text{ 中第 } i \text{ 个元素包含在覆盖内}, \\ 0, & \text{其他}, \end{cases}$$
$$i = 1,2,3,4,5,6.$$

为得到集合覆盖问题的解,只需求解目标函数

$$Z = \delta_1 + \delta_2 + \delta_3 + \delta_4 + \delta_5 + \delta_6$$

在约束条件

$$\begin{aligned} \delta_1 + \delta_2 + \delta_5 &\geqslant 1, \\ \delta_1 + \delta_3 &\geqslant 1, \\ \delta_2 + \delta_4 &\geqslant 1, \\ \delta_3 + \delta_6 &\geqslant 1, \\ \delta_2 + \delta_3 + \delta_6 &\geqslant 1 \end{aligned}$$

下的极小值.此外还应注意,$\delta_i (i=1,2,3,4,5,6)$只能取0或1两个值.以上约束的意义是清楚的,例如第一个约束表明,为覆盖1,ϕ中的第一、第二或第五个元素至少要有一个被选中.其他约束有类似意义.在这一问题中,未知量只取0,1两个值,故又称之为0-1规划.对一般的整数规划问题,未知量当然不限定只取0,1两个值,但任何一个变量只取有限个整数值的问题,通过引入新变量,均可归结为0-1规划.这一点留做思考题.

例1.2 供货问题.一家公司,生产某种商品,可在m个不同地点设厂供货.现有n个顾客,第j个顾客的需要量是b_j,这一需求可由任何一个或几个工厂来满足.若在地区i设厂的费用为d_i,该厂的供货能力是h_i.由设在i地的厂向顾客j供应单位数量货物的费用是c_{ij},问如何设厂与供货使总费用最小.

以下讨论上述问题的数学表达.令x_{ij}表示由设在i地的工厂向第j个顾客供货的数量;以$y_i=1$或0表示在或不在i地设厂.那么

如上问题可以表述为：求线性函数

$$\sum_{i=1}^{m}\left(\sum_{j=1}^{n}c_{ij}x_{ij}+d_iy_i\right)$$

在约束条件

$$\sum_{i=1}^{m}x_{ij}=b_j,\quad j=1,2,\cdots,n,$$

$$\sum_{j=1}^{n}x_{ij}-h_iy_i\leqslant 0,\quad i=1,2,\cdots,m,$$

$$x_{ij}\geqslant 0,\quad y_i=0\text{ 或 }1$$

下的极小.这是一个混合整数规划问题.这两个例子告诉我们，整数约束不一定是由变量的性质决定的，更多地是由逻辑关系引进问题的.

1.2 整数线性规划问题的求解

先来看一个例子.求函数 x_1+x_2 在约束条件

$$-2x_1+2x_2\geqslant 1,$$
$$-8x_1+10x_2\leqslant 13,$$
$$x_1,\ x_2\geqslant 0$$

下的极大值.作为一般线性规划，上述问题的解是 $x_1=4,x_2=4.5$；如果将解舍入到最近整数，读者可以自行验证，无论 $x_2=4$ 或 5 均不满足约束条件.事实上，如上问题作为整数规划的解，应当是 $x_1=1$，$x_2=2$.这一例子表明，整数规划问题需要专门的解法.然而在某些特定情况下，整数规划可由一般的单纯形法处理，此时所得到的解自然满足整数约束.这就是下面首先讨论的情况.

1.2.1 一类可由单纯形法求解的问题

定义 1.1 如果一个整数元素的方阵 B，其行列式绝对值为 1，即 $D=|\det B|=1$，则称 B 是**幺正模矩阵**；一个整数矩阵 $A_{m\times n}$，如果它的每个非奇异方阵都是幺正模的，则称之为**完全幺正模的**.

当一个线性规划问题所有约束条件相互独立，且约束方程组系数矩阵 A 满足完全幺正模条件时，列向量的每一组基对应一个幺正

模矩阵 B，$B^{-1}=B^{+}/(\det B)$，此处伴随矩阵 B^{+} 是整数矩阵，即它的每一个元素均是整数，而 $\det B=\pm 1$，故 B^{-1} 也是整数矩阵. 由此，当向量 $\boldsymbol{b}$ 的每个分量都是整数时，$B^{-1}\boldsymbol{b}$ 仍是整数向量. 这样，我们可有如下的定理，即

定理 1.1 若一个线性规划问题有约束条件 $A\boldsymbol{x}=\boldsymbol{b}$，及 $\boldsymbol{x}\geqslant\boldsymbol{0}$，而 A 和 $\boldsymbol{b}$ 分别是整数元素矩阵和整数元素向量，如果所有约束条件相互独立，且 A 是完全幺正模的，那么线性规划问题的每一个基本解都是整数解.

显然如上定理的条件虽然充分但不是必要的. 更为便于应用的是如下定理.

定理 1.2 一个矩阵 $A=(a_{ij})$，如果它的元素只取 $0,\pm 1$ 三个不同的整数值，那么，当下列条件成立时，它是完全幺正模的. 这些条件是：

1. 任何一列有不多于两个的非零元；

2. 矩阵 A 的行可划分为两个子集 Q_1 和 Q_2，这一划分满足条件：(i) 如果一列有两个取同样符号的非零元，则 Q_1，Q_2 各含其一个行指标；(ii) 如果一列中的两个非零元符号相异，则两行指标同属 Q_1 或 Q_2.

证明 使用数学归纳法. 显然当矩阵只含一个元素时结论成立；由此设结论对 A 的 $k-1$ 阶子矩阵成立，考虑 A 的 k 阶子矩阵 C. 如果 C 有一列为零，则 $\det C=0$，结论成立；如果 C 有一列仅含一个非零元，问题归结为 $k-1$ 阶子矩阵，利用归纳法假设，结论成立；如果 C 每一列都有两个非零元，由定理条件 2 可知

$$\sum_{i\in Q_1}a_{ij}=\sum_{i\in Q_2}a_{ij},\quad j=1,2,\cdots,k.$$

令 $\boldsymbol{r}_i$ 表示 C 的第 i 行，则由前式可知

$$\sum_{i\in Q_1}\boldsymbol{r}_i=\sum_{i\in Q_2}\boldsymbol{r}_i,$$

即 C 的行线性相关，$\det C=0$. 证毕.

由于矩阵转置时行列式的值不变，故上述定理叙述中“行”与“列”的位置可以交换，结论仍然不变. 如上定理说明，在一些特殊情

况下，直接使用单纯形法即可得到整数解.这些情况中有些是很重要的实际问题.请看下面与例1.2相似的一个例子.

设有三个工厂，生产同样产品，单位时间的生产能力分别为 $h_i(i=1,2,3)$. 另有三个不同的顾客，同样时间内的需求分别是 $b_j(j=1,2,3)$. 为简单，假设总生产能力与总需求是相等的. 由工厂 i 对顾客 j 运送单位产品的费用是 $c_{ij}(i,j=1,2,3)$，问什么样的供货方案总运费最省.

假设产品数量只能用整数来表示，易知这是一个整数规划问题，它的目标函数及约束条件均不难写出，此处我们感兴趣的是约束条件的形式. 假设由工厂 i 运往顾客 j 的产品数量是 x_{ij}，那么相应的约束条件是：

$$
\begin{aligned}
x_{11} \qquad\qquad + x_{21} \qquad\qquad + x_{31} \qquad\qquad &= b_1, \\
x_{12} \qquad\qquad + x_{22} \qquad\qquad + x_{32} \qquad &= b_2, \\
x_{13} \qquad\qquad + x_{23} \qquad\qquad + x_{33} &= b_3, \\
x_{11} + x_{12} + x_{13} \qquad\qquad\qquad\qquad &= h_1, \\
x_{21} + x_{22} + x_{23} \qquad\qquad &= h_2, \\
x_{31} + x_{32} + x_{33} &= h_3.
\end{aligned}
$$

不难看出，此处约束方程组的系数矩阵满足前面的定理，这只需令前三行属于集合 Q_1，后三行属于 Q_2 即可. 因此当 $h_i, b_j(i,j=1,2,3)$ 均为整数时，即使考虑整数约束，也只须使用单纯形法. 实际上，这一例子代表一类重要问题，即运输问题，该类问题的约束条件有相似的矩阵结构. 对于运输问题有专门的有效解法. 此处引入这一例子的目的在于说明，存在有那样的整数规划问题，对它们单纯形法是可以使用的.

在上面的例子中，为简单，我们假设总生产能力与总需求相等，实际上这并不是必须的. 当然，应假设总生产能力大于等于总需求，此时，情况无本质变化.

以下介绍整数线性规划问题的两种求解方法，一是割平面法，一是分支定界法. 前一方法似乎在数学上更有内容，然而实际效果并不理想，因此，此处只对其基本思想做一大致介绍. 现在有很多程序包是按分支定界法编制的，在使用这些程序包时，要求对所处理的问题本身有较深刻的理解，这直接关系到求解效率甚至求解能否成功，关于这一点，下文还会说明. 此处着重指出的是：整数线性规划的求解比起线性规划问题要困难得多，求解包括几千个变量的线性规划模型现在已毫无问题，而对同样规模的整数线性规划问题则仍然是困难的. 原因在于整数线性规划实际是"非线性"的，请注意，它的可行解集不是一个线性集合，两个整数坐标点的任意凸组合不一定有整数坐标.

1.2.2 割平面法基本思想

割平面法可用于求解一般的整数规划问题. 这一方法的基本思想如下：计算时首先不考虑整数约束，像对待一般线性规划问题一样地用单纯形法进行求解，如果所得到的最优解恰好满足整数条件，那么问题已解决；如果得到了非整数解，则考虑由所得到的解增加额外的约束，将相应的非整数顶点从可行解区域中除去，使可行解区域缩小，再次利用单纯形法计算一个新的解，这个新解仍然可能不满足整数条件，那么再次增加额外约束，重复以上步骤. 如此一步步进行，最后或者得到了所要的最优解，或者表明问题无解.

以下对如何增加额外约束做一简略说明. 所考虑的问题是求 $\boldsymbol{x}\in S=\{\boldsymbol{x}\mid A\boldsymbol{x}=\boldsymbol{b},\boldsymbol{x}\geqslant\boldsymbol{0}\}$，使函数 $\boldsymbol{c}^{\mathrm{T}}\boldsymbol{x}$ 达到极大，$\boldsymbol{c},\boldsymbol{x}$ 均为 n 维向量，A 是 $m\times n$ 矩阵，$\boldsymbol{b}$ 是 m 维向量. 设在计算过程的某一步，单纯形法所得到的基本变量对应于 A 的 m 个线性无关列，这 m 个列按顺序排成矩阵 B，与 B 第 i 列相应的基本变量记为 x_{B_i}，同时以 R 表示此时非基本变量的下标集合. 记 $D=(d_{ij})=B^{-1}A$，$\boldsymbol{b}'=B^{-1}\boldsymbol{b}$，回忆上一章所述单纯形法的计算过程，利用上述记号不难知道：

$$x_{B_i}+\sum_{j\in R}d_{ij}x_j=b_i',\quad i=1,2,\cdots,m. \tag{1}$$

由于 $\boldsymbol{x}$ 的分量必须满足非负约束，令 $d_{ij}=[d_{ij}]+f_{ij}$，其中$[d_{ij}]$表示小于等于 d_{ij} 的最大整数，由此必有 $f_{ij}\geqslant 0$，将 d_{ij} 的这一表达代入(1)式，则可得到如下一组不等式：

$$x_{B_i}+\sum_{j\in R}[d_{ij}]x_j\leqslant b_i'.$$

对整数规划问题而言，$\boldsymbol{x}$ 的诸分量必须是整数，这样由上式又可得到：

$$x_{B_i}+\sum_{j\in R}[d_{ij}]x_j\leqslant[b_i'].\qquad(2)$$

由(1)式减(2)式，得到

$$\sum_{j\in R}f_{ij}x_j\geqslant b_i'-[b_i']\equiv f_{B_i},$$

或等价地

$$s_i=-f_{B_i}+\sum_{j\in R}f_{ij}x_j\geqslant 0,\quad i=1,2,\cdots,m.\qquad(3)$$

对于整数线性规划问题，上式中的每一 s_i 又必须是整数，这是因为由(1)式：

$$\begin{aligned}x_{B_i}&=b_i'-\sum_{j\in R}d_{ij}x_j\\&=[b_i']+f_{B_i}-\sum_{j\in R}([d_{ij}]+f_{ij})x_j\\&=\Big([b_i']-\sum_{j\in R}[d_{ij}]x_j\Big)-\Big(-f_{B_i}+\sum_{j\in R}f_{ij}x_j\Big),\end{aligned}$$

上式左端及右端第一项都是整数，故第二项，即 s_i 也必须是整数. 在用单纯形法求解时，非基本变量取零值，故由(1)式 $x_{B_i}=b_i'$，如果此时得到的解不是整数向量，则有 $f_{B_i}>0$，由此(3)式不满足；然而当解的各个分量均为整数时，对任意的 i，(3)式成立，并不构成特殊限制；这样实质上(3)式可作为附加约束，用以排除非整数解. 这就是割平面法的基本思想.

1.2.3 分支定界法

该方法本质是穷举法，思想极为简单，以致有的数学书籍甚至不予介绍. 但该方法实际效果较好，故为很多程序包所使用，它可用于求解混合整数规划. 若与割平面方法相比较，分支定界法可能是更有意义的. 以下通过一个简化的例子说明其步骤及使用要点.

例 1.3 考虑一个求目标函数极大的混合整数规划问题，其中涉及 20 个取 0 或 1 两个值的整数变量，设为 δ_{ij} ($i=1,2,3,4$; $j=1,2,3,4,5$). 其求解过程说明如下，并请参阅所附的图示 2.1.

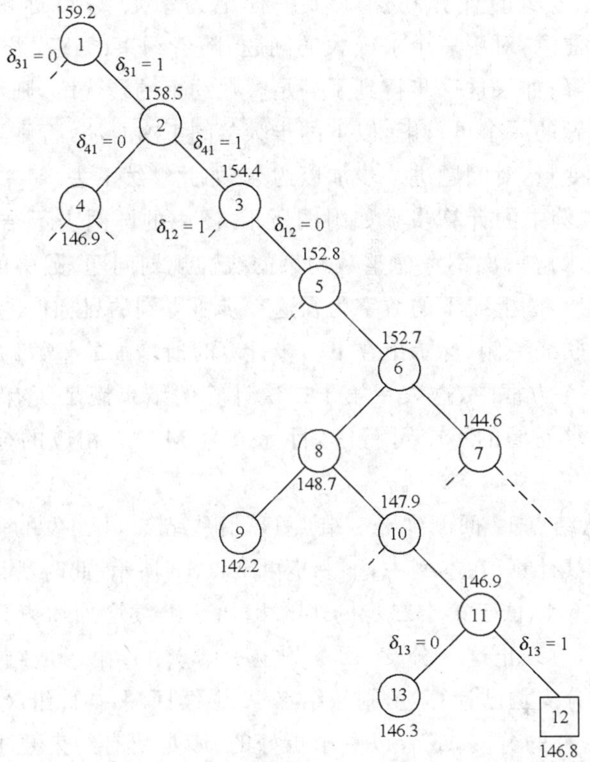

图 2.1

1. 首先放弃整数约束,求解一个一般的线性规划问题.若所得到的最优解恰好满足所需要的整数条件,则问题已解决;若某些应取整数的变量取非整数值,则必须执行步骤 2.这一步在附图上标记为结点 1,数字 159.2 是该步计算所得到的目标函数值.

2. 选定一个应取整数值的变量加以约束,即人为限定该变量取 0 或 1,称这个变量为分支变量.在本例中取 δ_{31} 为分支变量,这样在结点 1 处,即形成了分别对应 δ_{31} 取 0 或 1 的两个分支.选定一个分支,例如 $\delta_{31}=1$ 进行计算,即在 $\delta_{31}=1$ 条件下求解无整数约束的线性规划问题;同时对未考虑的分支,此处是 $\delta_{31}=0$ 加以标记,称之为待检验的分支,它们在图中以虚线表示.

3. 上一步的计算在图 2.1 中标记为结点 2，目标函数值是 158.5. 请注意，对于一个求极大的问题，随着约束的逐次添加，目标值必然下降；如果这一步得到了满足整数约束的最优解，则得到了整数规划问题的一个可行解，以下的步骤参阅下文自明. 否则再选择第二个分支变量，对问题进一步加以约束. 如此继续下去.

4. 本例中的计算步骤如附图所示. 图中的圆圈表示结点，每个结点代表求解一次不考虑整数约束的线性规划问题. 圆中的数字表示计算顺序，圆上或下的数字为在这一步所得到的目标值. 在从每个圆出发的联线一侧，标示出在下一步计算时所增加的整数约束. 数字 12 括在一个方框中，这表示第十二次计算的结果满足所有的约束，因而是所求问题的一个可行解，目标值为 146.8，相应的分支到此终止.

5. 从结点 12 回溯到上一结点 11，沿从结点 11 出发的另一待检验分支继续计算. 在本例中，下一步由结点 13 所示. 此时所得到的目标值为 146.3，低于第十二步的 146.8；由于继续增加约束只会使目标值下降，故终止这一分支. 回溯到上一结点 11. 由于从结点 11 出发的两个分支均已计算过，则从结点 11 继续回溯，如此继续.

6. 所有的分支，或者以一个更好的、满足所有约束要求的可行解结束；或者以一个较已达到的目标值更坏的值结束. 一直搜索到不再有待检验分支为止，显然此时可以确定问题的最优解.

如上算法在实现时有很大的灵活性，计算能否成功以及计算的效率在很大程度上取决于对问题的处理方式. 需要指出的是：分支变量的选择顺序对工作量的影响极大，因而，要根据对问题本身的理解，优先考虑那些“关键”的变量分支；在求极大的问题中，就是要优先考虑那些使目标函数值有显著增长的变量分支，尽早得到一个“好”的目标值，可以使许多分支提前终止，从而大大降低工作量. 对目标值有一个好的估计，也起同样作用. 因而，在使用分支定界法时，要求使用者对问题有较深刻的理解与把握，而不仅仅是依赖数学方法.

1.3 应用举例

在这一小节中，给出用整数规划处理问题的四个典型例子，希望读者能从中体会到更一般的方法.

例 1.4 露天采矿问题. 一家公司获准对一块面积为 200 m×200 m 的矿场进行露天开采. 为防止崩塌，采场的边坡角不能超过 45 度. 由地质勘探已经获得了矿区不同地点不同深度的矿石品位(即有用矿物的百分含量)，为简单，我们略去具体的数值. 已知开采所得收益与矿石品位成正比，每采出体积为 $50\times50\times25(\mathrm{m}^3)$，品位 100% 的矿石，收入 2000000 元. 而开采成本则随采矿深度加大而增加，若自地表开始，以 25 m 为间距向下分层，如上体积矿石的采出费用由浅至深依次是：30000，60000，80000 及 100000 元. 露天开采不考虑更深部的矿体. 试构造一个数学模型，决定最佳开采方案，使纯收入最大.

以下讨论此问题的数学模型. 根据一般露天采矿的实际方法，首先按照选定的坐标系，将开采范围划分为若干矩形块，每块水平面积 $50\times50\ \mathrm{m}^2$，垂直厚度 25 m，它们在垂直方向上的彼此关系如图 2.2 所示；就空间而言，除第一层外，如上划分的每一下层块体，上面压着四个同样大小的上层块体. 这种划分方式是为了满足边坡角的要求，若要采出某一块体，必须先开采它上面的四块. 所有被采出的矩形块，将构成一类似倒金字塔的形状.

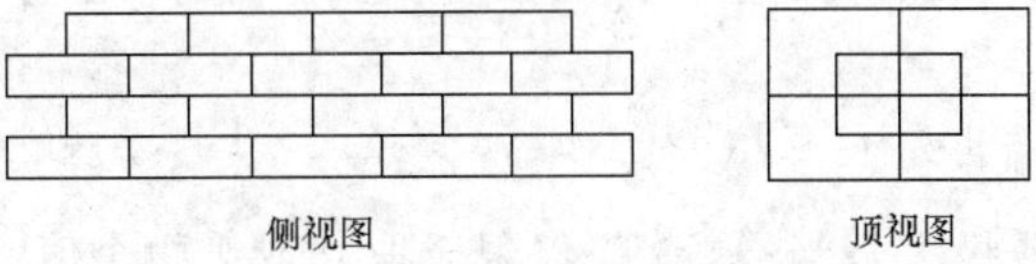

图 2.2

根据已知的勘探数据，可知每一块体的矿石品位，因而可以算出开采该块体的纯利润，即该块体的收益减去开采成本. 将所有的块体编号，记第 i 块的纯利润为 I_i，定义一组取 0 或 1 两个值的整数变量 $\delta_i(i=1,2,\cdots,n)$，n 为块体总数，令

$$\delta_i = \begin{cases} 1, & \text{如果第 } i \text{ 块被开采}, \\ 0, & \text{其他}. \end{cases}$$

由此，最优采矿方案可由如下数学模型决定，即求目标函数 $\sum I_i\delta_i$ 的极大值，诸 δ_i 只能取 0 或 1 两个值，且要满足一组约束条件，这组条件表示如果一下层块被开采，那么它上面的四个块也必须开采. 这些条件可按下述方式写出：假设编号为 2,3,4,5 的块恰在块 1 之上，那么约束方程组中必须包含如下一组不等式，即

$$\delta_2 - \delta_1 \geqslant 0, \quad \delta_3 - \delta_1 \geqslant 0, \quad \delta_4 - \delta_1 \geqslant 0, \quad \delta_5 - \delta_1 \geqslant 0.$$

除第一水平的块体之外，类似的约束条件应对每一个可能的块体写出. 这样，如上的露天采矿问题，在数学上便化为了一个整数规划问题.

例 1.5　二次指派问题. 为理解二次指派问题，先要说明什么是**指派问题**. 指派问题的数学提法是这样的：集合 T 与 S 有相同数量的元素，与 T 中的任何一个元素 i 和 S 中的任何一个元素 j 相对应，有一个非负实数 c_{ij} 称为费用. 要求在 T 与 S 之间建立起一个一一对应关系，使与这一对应相应的费用之和达到最小(或最大).

用整数规划模型求解上述指派问题是不难的，只需定义取 0,1 两个值的整数变量

$$\delta_{ij} = \begin{cases} 1, & \text{当指定 } T \text{ 的元 } i \text{ 与 } S \text{ 的元 } j \text{ 相对应}, \\ 0, & \text{其他}. \end{cases}$$

由此问题可以表述为：求目标函数 $\sum_{i,j} c_{ij}\delta_{ij}$ 在约束条件

$$\sum_{j=1}^{n} \delta_{ij} = 1, \quad i = 1,2,\cdots,n, \quad \sum_{i=1}^{n} \delta_{ij} = 1, \quad j = 1,2,\cdots,n$$

下的极小(或极大)；当然，诸 δ_{ij} 仅限于取 0 或 1 两个值.

如上的数学提法包括了范围广泛的实际问题. 例如：要在 m 个地点设立 m 个不同种类的工厂，同一工厂的不同选址会有不同的费用，问什么是最佳方案. 又如，有 m 个人分配 m 个不同工作，每个人对不同工作的适应能力是不同的，问如何分配使总适应情况最好. 诸如此类的问题尚可举出许多. 还应注意的是，如上问题的约束矩阵满

足幺正模条件,这对求解可能带来方便.

为说明什么是二次指派问题,先看如下的例子.类似于指派问题,考虑两个集合间的对应.假设 S 是 n 个工厂的集合,T 是 n 个城市的集合,要在每个城市建立一座工厂,工厂之间的通讯或运输费用不仅与城市间的距离有关,而且还依赖二个工厂间的联系程度.问怎样安排才能使总通讯费用或运输费用最低.再如,要把 n 个元件布置在仪器底板的 n 个位置上,元件间的连线长度不仅取决于元件位置,还取决于二个元件之间要求连多少条线.问如何设计,使连线总长度最短.上述两个例子均可类似指派问题予以处理,但是现在的目标函数有如下形式,即

$$\sum c_{ijkl}\delta_{ij}\delta_{kl},$$

其中 δ_{ij},δ_{kl}($i,j,k,l=1,2,\cdots,n$)的定义方式同前.与普通指派问题不同,现在的目标函数中,整数变量是以非线性的二次形式出现的;而且,目标函数中的系数依赖四个指标,即 i 与 j,k 与 l 两组对应.

目标函数的非线性是求解二次指派问题的困难所在,这一点可由引入新变量的方法来解决,令

$$\Delta_{ijkl}=\begin{cases}1, & \text{如果 } \delta_{ij}\times\delta_{kl}=1,\\ 0, & \text{其他},\end{cases}$$

这样目标函数化成了线性函数;而为使 Δ_{ijkl} 按上述规定取值,只需利用如下一组约束,即

$$\Delta_{ijkl}\leqslant\delta_{ij},\quad \Delta_{ijkl}\leqslant\delta_{kl},\quad \Delta_{ijkl}\geqslant\delta_{ij}+\delta_{kl}-1.$$

这实际是用一组约束表达了逻辑运算“与”的功能.

例 1.6 旅行推销员问题.在组合优化问题中,旅行推销员问题倍受关注,它的表述非常简单,然而求解极为困难,是一类最难解问题的典型代表.此处介绍该问题的目的有二:一是说明对整数线性规划问题,约束条件的表达是需要小心考虑的;二是为与今后用其他方法求解同一问题进行对比.

所考虑的问题是这样的:一个推销员从公司所在城市(记为 0)出发,要访问顾客所在的 n 个不同城市(分别记为 $1,2,\cdots,n$),然后

返回公司所在地. 请安排一个顺序,使每个城市只访问一次,且总路程最短. 这里,城市 i 与城市 j 间的距离 c_{ij} 是已知的,且 $c_{ij}=c_{ji}$. 这是旅行推销员问题最直观最简单的一种表述;事实上,在如上框架下,可以考虑多种不同问题,例如: 运货车辆的日程安排,机器人手臂的运动,打孔机加工一块线路板的程序,等等;在一般问题中,c_{ij} 并不一定为欧氏距离,也不一定有 $c_{ij}=c_{ji}$,甚至可以不满足三角不等式.

下面就来建立上述问题的整数线性规划模型. 定义取 0 与 1 两个值的整数变量

$$\delta_{ij} = \begin{cases} 1, & \text{如果推销员从城市 } i \text{ 直接到城市 } j, \\ 0, & \text{其他,} \end{cases}$$

$$i,j = 0,1,2,\cdots,n; \quad i \neq j.$$

由此问题可以表述成: 求目标函数 $\sum c_{ij}\delta_{ij}$ 在约束条件

$$\sum_{i,i\neq j}\delta_{ij} = 1, \quad j = 0,1,2,\cdots,n,$$

$$\sum_{j,j\neq i}\delta_{ij} = 1, \quad i = 0,1,2,\cdots,n$$

下的极小. 这两组约束保证从一个城市出发,一定到达且只到达另外一个城市. 细心的读者立刻会发现,对上述问题而言,仅仅这样两组约束是不够的;因为,这不足以保证旅行路线的连续性. 这只要看一下图 2.3 所示 $n=7$ 的简单例子即可明白. 图中的箭头表示旅行方向.

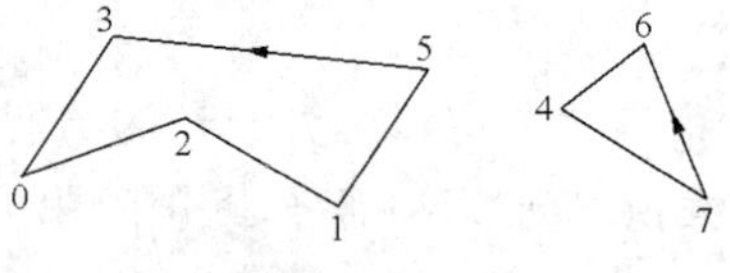

图 2.3

为使旅行路线连续,必须排除子圈,下面介绍一种可行的方法. 引入新变量 $u_i(i=1,2,\cdots,n)$,它们可被视为连续变量,但实际只需取整数值. 利用这些新变量,对问题添加如下一组约束

$$u_i - u_j + n\delta_{ij} \leqslant n-1, \quad i,j = 1,2,\cdots,n;\ i \neq j.$$

特别注意,上述约束不涉及城市 0. 下面我们仍然利用图 2.3 所示的

$n=7$ 的例子给出两点说明：(i) 如上的一组约束排除了子圈；(ii) 这组约束不排除正确的可行解. 这一说明实际是有一般性的. 把所增加的约束对图 2.3 中涉及城市 4,6,7 的子圈写出，则约束中有如下不等式：

$$u_6 - u_4 + 7\delta_{64} \leqslant 6,$$
$$u_7 - u_6 + 7\delta_{76} \leqslant 6,$$
$$u_4 - u_7 + 7\delta_{47} \leqslant 6.$$

若上图所示的情况能够实现，则 $\delta_{64}=\delta_{76}=\delta_{47}=1$，三式之和将给出 $21\leqslant 18$，这显然是荒谬的，因此任何不包含城市 0 的子圈必然被类似的一组约束所排除. 对同一个例子考虑如图 2.4 所示的可行解，令 u_i 的值等于被访问城市的顺序数. 如图所示的情况则有 $u_2=1, u_1=2, u_4=3, \cdots, u_3=7$. 显然可见，在这样的一组值下，所添加的任何一个约束均能被满足，这一论证适用于任何一个可行解. 这样我们就得到了对旅行推销员问题的完全描述.

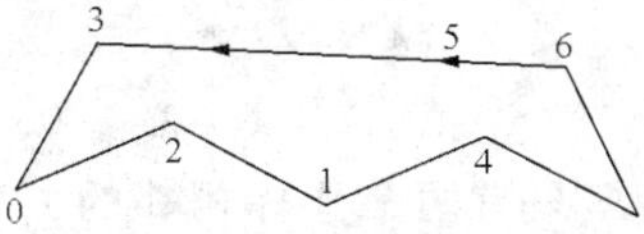

图 2.4

需要指出，对于旅行推销员问题整数规划模型实际是不适用的，这是因为如此得到的问题规模过大. 假设城市数为 $n+1$，那么，整数变量 δ_{ij} 将有 $n\times(n+1)$ 个，u_i 有 n 个，表示从一个城市必须到达且只能到达一个城市的约束有 $2\times(n+1)$ 个，而无子圈约束达 $n\times(n-1)$ 个. 如果有 100 个城市，约束总数超过 10000. 对于整数规划的求解说来，这个数目太大了. 而对于其他某些方法，求解包含数百个城市的问题已毫无困难.

例 1.7　非线性优化问题的线性近似. 在很多实际问题中，目标函数或约束条件往往是非线性的，它们是非线性优化问题. 显然，关于非线性优化的理论和方法将更为复杂. 此处仅通过一个简单的例子，说明在适当情况下，可以用混合整数规划近似非线性问题. 所讨论的具体问题是：求目标函数

$$x_1^2 - 4x_1 - 2x_2$$

在约束条件

$$x_1 + x_2 \leqslant 4,$$
$$2x_1 + x_2 \leqslant 5,$$
$$-x_1 + 4x_2 \geqslant 2,$$
$$x_1,\ x_2 \geqslant 0$$

下的极小. 这一问题的可行解区域以及目标函数等值线如图 2.5 所示. 目标函数中的 x_1^2 是非线性项,由非负约束及第二个约束条件可知,$0 \leqslant x_1 \leqslant 2.5$,因而可在这一区间内用分段线性函数近似 x_1^2. 为简单,我们只把区间分为三段,如图 2.5 所示. 用折线函数 y 代替 x_1^2,函数 y 和 x_1^2 的关系可通过一组非负参数表示如下,即

$$x_1 = 0 \times \lambda_1 + 1 \times \lambda_2 + 2 \times \lambda_3 + 2.5 \times \lambda_4,$$
$$y = 0 \times \lambda_1 + 1 \times \lambda_2 + 4 \times \lambda_3 + 6.25 \times \lambda_4,$$
$$\lambda_1 + \lambda_2 + \lambda_3 + \lambda_4 = 1,$$
$$\lambda_1,\ \lambda_2,\ \lambda_3,\ \lambda_4 \geqslant 0.$$

逻辑上还必须要求最多只有两个下标相邻的 $\lambda_i (i=1,2,3,4)$ 非零. 此时参数 λ_i 的意义是十分清楚的,它们决定了函数 y 的取值点. 由此,上例中的非线性问题可近似化为求目标函数

$$Z = y - 4x_1 - 2x_2$$

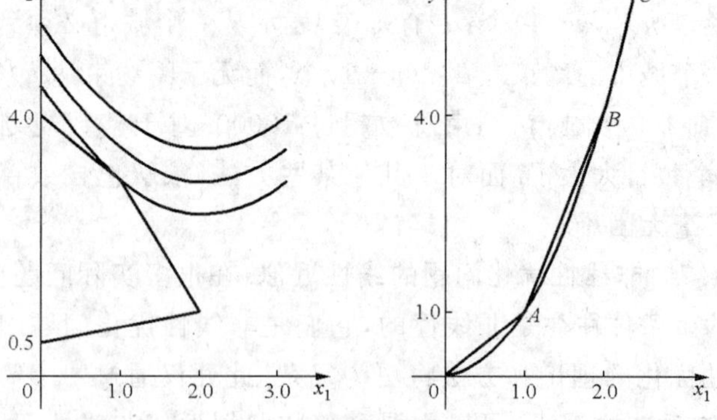

图 2.5

在约束条件

$$x_1 + x_2 \leqslant 4,$$
$$2x_1 + x_2 \leqslant 5,$$
$$-x_1 + 4x_2 \geqslant 2,$$
$$-x_1 + \lambda_2 + 2\lambda_3 + 2.5\lambda_4 = 0,$$
$$-y + \lambda_2 + 4\lambda_3 + 6.25\lambda_4 = 0,$$
$$\lambda_1 + \lambda_2 + \lambda_3 + \lambda_4 = 1,$$
$$y, x_1, x_2, \lambda_1, \lambda_2, \lambda_3, \lambda_4 \geqslant 0$$

下的极小.逻辑上还应要求最多有两个下标相邻的参数 $\lambda_i(i=1,2,3,4)$非零,但对于如上的具体问题,这一点实际不必考虑,原因在于:对于不满足此条件的一组 λ_i,计算出的 y 值必在折线函数之上,因而不会使目标函数极小.这与近似 x_1^2 的折线之凸性有关.如果对于另外的问题,这一条件必须在约束中明确写出时,那也是容易实现的.仍以上例说明,此时只需引入三个取 0,1 值的变量,记为 $\delta_1,\delta_2,\delta_3$,同时引入如下一组约束:

$$\begin{aligned}
\lambda_1 \quad\quad\quad & -\delta_1 && \leqslant 0,\\
\lambda_2 \quad\quad & -\delta_1-\delta_2 && \leqslant 0,\\
\lambda_3 \quad & -\delta_2-\delta_3 && \leqslant 0,\\
\lambda_4 & -\delta_3 && \leqslant 0,\\
\lambda_1+\lambda_2+\lambda_3+\lambda_4 & && = 1,\\
& \delta_1+\delta_2+\delta_3 && = 1
\end{aligned}$$

即可.此处引入附加变量及约束的技巧是值得学习的.

在转向讨论下个题目之前,让我们对上述有关整数线性规划的内容做一小结.当线性规划问题的可行解集限定为整数坐标点时,问题化为整数线性规划,仅部分变量限定取整数值的线性规划问题称为混合整数规划.这两类问题往往由在模型中引入了逻辑变量而得到.由于整数坐标点集不具有线性性质,因而整数线性规划和混合整数规划的求解较之线性规划要困难得多.当约束矩阵满足完全幺正模条件,约束方程右端为整数向量时,利用求解一般线性规划问题的单纯形法，所得到的解自然满足整数约束. 求解整数线性规划的一般方法有割平面法和分支定界法，后者还可用于混合整数规划；分支定界法被一些程序包广泛采用，在使用这一方法时，要求使用者对问题本身有较深刻的理解，要充分发挥自身的智力，这样才能有较高的效率. 对于某些特殊类型的问题，例如运输问题，存在有专门解法. 大量的实际问题可纳入整数线性规划或混合整数规划的框架，甚至某些非线性问题也可由混合整数规划近似求解.

§2　动态规划模型

2.1　什么是动态规划

在很多实际问题中，常常需要在不同时刻，或者不同地点，不同层次上，按照一定顺序，对一大系统的各个组成部分逐个作出某种决策. 这种问题称为顺序决策问题，也称多阶段决策问题. 动态规划就是可用于多阶段决策问题的一种数学工具.

更准确地说，一个多阶段决策过程是由一系列单一决策连接起来的，前一阶段的决策结果，即前一阶段的输出，是相继下一阶段决策时所要考虑的先决条件，即下一阶段的输入. 这些过程按顺序从头连接到尾，但不构成回路. 还应指出：标志不同阶段的参数可以取离散值也可取连续值，我们首先考虑由有限个阶段组成的多阶段决策过程.

例如，按照一定储水量，设计一座水塔，要求费用最小. 整个水塔由三部分组成：储水罐，支柱，地基. 每一部分都可有不同的材料与形状，因而有不同的造价与自重. 由于重力作用，下一部分的设计必须考虑上一部分所选择的方案，而不可孤立决策. 一个造价低廉的储水罐会有大的自重，因而不可避免地加大支柱和地基的费用. 支柱与地基的关系也是类似的. 整个水塔设计方案的确定就是一个多阶段决策问题.

又如，一艘货船准备装载 n 种货物，第 i 种货物每件重量为 w_i，

价值为 $c_i(i=1,2,\cdots,n)$. 船的最大载重量为 w,货物必须整件装载. 要求在这一限制之下,设计出使装载货物价值最大的方案. 这不是一个明显的多阶段决策问题. 然而,我们可以把装货过程视为 n 个连续阶段,每一阶段对应一种货物的装载,每种货物的装载量将影响在它之后装载的其他货物的可能数量,这样就把问题纳入了多阶段决策框架.

2.2 多阶段决策过程的表示方法

首先让我们说明几个有关概念,即什么是阶段、状态、决策、效益、策略和子策略. 图 2.6 上部所示的是一个单一决策过程,例如水塔设计中储水罐的选择.

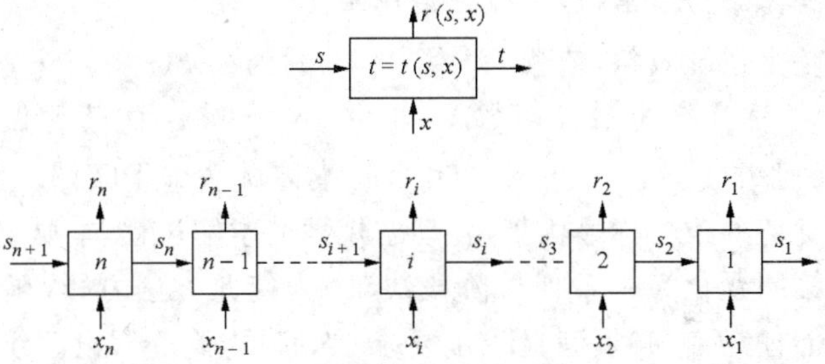

图 2.6

左端箭头上的字母 s 是输入参数,也称输入状态变量,例如在设计储水罐时,它表示对储水量的要求. 需要指出的是,随问题不同,输入参数不一定是标量. 方框下面的字母 x 称为决策变量,它的不同取值代表不同的决策方案. 例如在选择储水罐时,x 的不同取值代表混凝土、不锈钢、玻璃钢等不同材料与方罐、圆罐、六角形罐等不同形状的各种组合. 右端箭头上的字母 t 称为输出状态变量,或简称输出变量,它是输入参数 s 及决策变量 x 的函数,一般记为 $t=t(s,x)$. 在设计储水罐的问题中,它代表由储水量要求及水罐选型所决定的,储满水时的水罐总重. 方框上面的字母 r 称为效益指标或目标函数,它同样是输入变量及决策变量的函数,即 $r=r(s,x)$,这一函数度量了不同决策的不同效果.在我们的例子中它表示相应于储水量 s,采用决策方案 x 时的水罐所需费用.

至于一个多阶段决策过程,则如图 2.6 下部所示,可视为一系列前后连接的单一决策过程,每个单一过程称为一个阶段;前一阶段的输出变量就是下一阶段的输入参数.由此,在如图所示的情况下,$s_i=t_i(s_{i+1},x_i)$,$r_i=r_i(s_{i+1},x_i)$,式中 s_{i+1},x_i,t_i,r_i 依次表示第 i 个阶段的输入参数、决策变量、输出变量及目标函数.此时函数关系 $s_i=t_i(s_{i+1},x_i)$ 称为状态转换方程,又称决策方程.注意图中各阶段序号排列的顺序,对应到水塔设计的例子,水罐决策相当 $n=3$ 的阶段,支柱决策相当 $n=2$ 的阶段,而基础的选择对应 $n=1$.所以这样安排的理由下文自明,这在表达上可带来一些方便.

求解多阶段决策过程,就是求一组决策变量 $x_1,x_2,\cdots,x_n$,使某个表示整个系统效益,依赖 $r_1,r_2,\cdots,r_n$ 的函数 $f(r_1,r_2,\cdots,r_n)$ 达到最优值,f 称为系统目标函数.一组 $x_1,x_2,\cdots,x_n$ 的值称做一个**策略**,而任何一组 $x_1,x_2,\cdots,x_k$,$k<n$ 的值称做一个**子策略**.使函数 f 达到最优值的策略称**最优策略**.动态规划的求解过程,本质上是将多阶段决策问题化为一系列单阶段决策.为使此方法可行,函数 f 的形式不能任意,它必须满足一定要求,为简单,此处假设系统目标函数为诸阶段效益指标之和,即

$$f=\sum_{i=1}^{n}r_i(s_{i+1},x_i).$$

记 $f_k=\sum_{i=1}^{k}r_i(s_{i+1},x_i)(k=1,2,\cdots,n-1)$,对给定的 s_{k+1},使 f_k 极小的子策略 $x_k,x_{k-1},\cdots,x_1$ 称**最优子策略**.为给定一个动态规划问题,还需要一定的附加条件,由附加条件的不同,问题的提法可有以下三种类型:

1. 初值问题,即给定整个系统的输入状态变量.在图 2.6 所示情况,即是给定 s_{n+1}.

2. 终值问题,即给定整个系统的输出状态变量.在图 2.6 所示情况,即是给定 s_1.

3. 边值问题，即整个系统的输入与输出状态均给定. 在图 2.6 所示的情况，即是既给定 s_{n+1} 又给定 s_1.

应当说明的是，在一定条件下，初值与终值问题可以相互转化. 例如，当 $s_i=t_i(s_{i+1},x_i)$ 有反函数 $s_{i+1}=\widetilde{t}_i(s_i,x_i)$ 时，$r_i=r_i(s_{i+1},x_i)=r_i(\widetilde{t}_i,x_i)=\widetilde{r}_i(s_i,x_i)$，由此诸阶段间的关系反向，终值问题化成了初值问题.

2.3 最优化原理

在多阶段决策问题中，为便于求解，我们希望把问题分成许多较小的，可以独立考虑的部分，逐次优化，用以代替一次优化整个系统. 显然这种分解必须满足整体优化的逻辑要求. 例如，在水塔设计过程中，无论储水罐还是支柱，均不能作为独立的子系统加以优化；最节省的水罐或支柱，可能会要求系统的其他部分格外牢固，因而有极为昂贵的费用. 反之，基础本身或支柱加上基础作为子系统，则可独立加以考虑. 这一点是容易理解的，在一个其组成部分构成序列的系统中，如果一个成分影响位于其下游的组成单元，则不能不计它对下游的影响，而将其作为子系统独立优化；然而对最后的组成部分，当假设输入已知时，任何决策所造成的输出不影响其他部分，因而可以独立考虑；事实上，任何数目的尾部组成部分，在假设输入变量已知时，均可作为一个子系统独立进行优化. 由此不难理解如下的最优化原理.

最优化原理 一个最优策略具有这样的性质：无论初始阶段的状态与决策如何，对于前面决策所形成的状态而言，余下的所有决策必然构成一个最优子策略.

依据最优化原理，数学上可以得到一个极有用的递推关系. 假设某个动态规划问题已给定，即要求得到一组策略 $x_1,x_2,\cdots,x_n$，使函数

$$f=r_n(s_{n+1},x_n)+r_{n-1}(s_n,x_{n-1})+\cdots+r_1(s_2,x_1)$$

达到极小，式中 $s_i=t_i(s_{i+1},x_i)(i=1,2,\cdots,n)$，指标 1 表示最后一个阶段. 由前述可知，阶段 1 可作为一个子系统独立考虑优化. 也就是

说，为了使整个系统优化，对于阶段 1 的任何输入 s_2，必须选取 x_1，使 $r_1(s_2,x_1)$达到极小值(即最优值). 将这一最优值记为 $f_1^*(s_2)$，我们有

$$f_1^*(s_2)=\mathrm{opt}_{x_1}[r_1(s_2,x_1)],$$

式中 s_2 视为一个参数，符号 opt 表示对下标所示变量取方括号内函数的最优值.

下一步考虑由最后两个阶段所构成的子系统. 以 $f_2^*(s_3)$表示相应于 s_3 给定后的子系统最优值，由最优化原理，有

$$\begin{aligned}f_2^*(s_3)&=\mathrm{opt}_{x_2,x_1}[r_2(s_3,x_2)+r_1(s_2,x_1)]\\&=\mathrm{opt}_{x_2}[r_2(s_3,x_2)+f_1^*(s_2)]\\&=\mathrm{opt}_{x_2}[r_2(s_3,x_2)+f_1^*(t_2(s_3,x_2))].\end{aligned}$$

由此可知，对给定的 s_3，子系统的最优值是被 x_2 的适当选取唯一决定的；由于优化只对一个变量考虑，相对说来问题被化简了. 类似地不难得到：

$$\begin{aligned}&f_i^*(s_{i+1})\\&=\mathrm{opt}_{x_i,\cdots,x_1}[r_i(s_{i+1},x_i)+r_{i-1}(s_i,x_{i-1})+\cdots+r_1(s_2,x_1)]\\&=\mathrm{opt}_{x_i}[r_i(s_{i+1},x_i)+f_{i-1}^*(s_i)]\\&=\mathrm{opt}_{x_i}[r_i(s_{i+1},x_i)+f_{i-1}^*(t_i(s_{i+1},x_i))],\\&\qquad i=1,2,\cdots,n.\end{aligned}$$

这就是由最优化原理导出的递推关系，它是求解动态规划问题的基础.

2.4 实例与解法

在这一小节中，我们叙述两个动态规划问题的实例及其求解，其目的一方面在于进一步说明最优化原理，一方面在于介绍求解动态规划问题的表格法.

例 2.1 一家具公司签定了一项合同. 合同要求在第一个月月底之前，交付 80 把椅子，第二个月月底之前交付 120 把椅子. 若每月生产 x 把时，成本为 $50x+0.2x^2$(元)；如第一个月生产的数量超过

订货数，每把椅子库存一个月的费用是 8 元. 公司每月最多能生产 200 把椅子. 求完成以上合同的最佳生产安排.

这个例子相对说来是简单的. 家具公司的总成本是生产费用与库存费用之和. 以 x_2 记第一个月生产的椅子数，x_1 记第二个月生产的椅子数. 请注意这里下标的排列方式，它与上一小节是一致的. 这是一个二阶段决策问题，我们的目的是使函数

$$f(x_2,x_1)=(50x_2+0.2x_2^2)+(50x_1+0.2x_1^2)+8(x_2-80)$$

在约束

$$x_2\geqslant 80,\quad x_1+x_2=200,\quad x_1,x_2\geqslant 0$$

下达到极小. 实际上，这一问题可化为对一个变量的函数求极小. 由题意，应有 $x_1=200-x_2$，由此

$$f(x_2,x_1)=f(x_2,200-x_2)=0.4x_2^2-72x_2+17360.$$

这个二次函数的极小点在 $x_2^*=90, x_1^*=110$ 达到，这组解满足约束条件，f 的极小值是 14120 元.

例 2.2 一架飞机从 A 地经 B,C,D,E 飞往 F，飞行员只可能在这些点上决定到达下一点时的飞行高度，在这些点上飞行高度均以千米为单位，任意连续两点间的距离均为 200 km，按不同高度飞行时油耗不同，在适当的单位下，所需油耗如下表所示. 表中第一列各行标出的是飞机在前一点的高度，第一行各列为到达下一点的高度，行列交叉处为相应的油耗，“——”表示从 0 m 高度到 0 m 高度的飞行是不可能的.

高度	0 m	1000 m	2000 m	3000 m	4000 m	5000 m
0 m	——	4000	4800	5520	6160	6720
1000 m	800	1600	2600	4000	4720	6080
2000 m	320	480	800	2240	3120	4640
3000 m	0	160	320	560	1600	3040
4000 m	0	0	80	240	480	1600
5000 m	0	0	0	0	160	240

请依据以上数据，决定一个飞行方案，使总油耗最低.

这是一个边值问题，因为在 A 及 F 两点高度只能是 0. 将在 A，B，C，D，E 五点上的决策视为五个阶段，每阶段的输入变量是到达该点的高度，输出变量是到达下一点的高度；为简单，每点的决策变量也以到达下一点的高度表示，相应的目标函数则是两点间的油耗. 下面用表格法求解这一问题，它本质上是穷举法. 根据最优化原理，从最后一个阶段，即在 E 点的决策开始考虑. 在 E 点飞机可以有除 0 m 外的任何允许高度，但到达 F 时必须降到 0 m，考虑所有可能的情况，将它们列于表 1.

表 1 第一行表示 E 点的所有可能输入及对应的最佳决策(此处只有一种决策可能，即到 F 时降到 0)，第二行为相应的油耗. 现在考虑由 D 经 E 到 F 的所有可能. 只要 D 点的输入取定，考虑所有可能的决策，再利用表 1，不难得出相应这一输入的最佳决策及到达终点的最小油耗. 例如，如果到达 D 的高度是 0 m，即输入为 0 时，若决定到 E 时爬升到 1000 m，这一段飞行的油耗是 4000，从表 1 可知，到达终点还要消耗 800，故这一决策的消耗合计是 4800；类似地，对于固定的输入高度 0，可以对在 D 的任何决策进行计算. 在考虑了所有可能之后，知道当 D 点输入变量为 0 时，最佳策略为到 E 时升到 1000 m，最佳油耗为 4800，对 D 点所有可能的输入加以考虑，将结果列于表 2. 第一行表示输入变量取值及与之相应的从 D 到 E 的最佳决策. 第二行表示对应这一决策的到达终点的最佳油耗.

类似地得到表 3，表 4，表 5，它们依次是对从状态 C，B，A 开始的子系统计算的结果. 表 3，表 4 的第一行诸项表示所有可能的输入参数值及相应的到达下一点的最优决策，下面的一行列出此决策对应的到达终点的油耗. 由于在 A 处必须从地面起飞，所以表 5 的输入参数只有一个. 从表 5 可知，对于所讨论的问题，最小油耗是 7200，达到这一最小油耗的飞行路径有两条，它们可反向由表 5 到表 1 查出. 例如从表 5 可知，其中一条路径由 A 到 B 的飞行高度是 0 到 3000 m，而表 4 告诉我们，输入 3000 m 所对应的最佳决策也是 3000，利用表 4 所得到的决策 3000 m 作为输入，再查表 3 相应的项，如此继续，最终得到所有各点上的高度. 其结果是：0 m～3000 m～

3000 m～3000 m～3000 m～0 m. 使用同一方法,可以得到另一条路径: 0 m～5000 m～5000 m～5000 m～3000 m～0 m.

表 1　从点 *E* 到 *F*

1000～0	2000～0	3000～0	4000～0	5000～0
800	320	0	0	0

表 2　从点 *D* 经 *E* 到 *F*

0～1000	1000～1000	2000～2000
4800	2400	1120

3000～3000	4000～3000	5000～3000
560	240	0

表 3　从点 *C* 经 *D*,*E* 到 *F*

0～2000	1000～2000	2000～2000
5920	3720	1920

3000～3000	4000～4000	5000～5000
1120	720	240

表 4　从点 *B* 经 *C*,*D*,*E* 到 *F*

1000～2000	2000～2000	3000～3000	4000～4000	5000～5000
4520	2720	1680	1200	480

表 5　从点 *A* 经 *B*,*C*,*D*,*E* 到 *F*

最佳决策 1　0～3000	最低油耗　7200
最佳决策 2　0～5000	最低油耗　7200

上述问题的解法显然是有一般性的,它适用于一切包括有限阶段,每阶段有有限种可能决策的多阶段问题.它的局限性也是明显的,由于实际上是穷举法,当问题规模较大时,计算十分困难甚至是不可能的.事实上,只有小规模的多阶段决策问题才是实际可解的.

2.5　动态规划与线性规划的关系

下面我们通过一个简单的例子,说明如何将一整数线性规划问题化为一动态规划问题.

例 2.3 设有 n 种不同类型的科学仪器希望装在登月飞船上，令 $c_j>0(j=1,2,\cdots,n)$ 表示每件第 j 类仪器的科学价值；$a_j>0$ $(j=1,2,\cdots,n)$ 为每件第 j 类仪器的重量. 每类仪器件数不限，但装载件数只能是整数，飞船总载荷不得超过整数 b. 请设计一种方案，使被装载仪器的科学价值之和最大.

上述例子是统称为"背包问题"的一类问题中的代表，它可由整数线性规划求解. 限定解分量取整数值在这类问题中有关键意义，因为若无此限制，则只需全部装载价值最大的物品即可达到最优. 令 $x_j(j=1,2,\cdots,n)$ 表示第 j 类仪器的装载数，则问题可表示为求目标函数

$$Z=\sum_{j=1}^{n}c_jx_j \tag{4}$$

在约束

$$\sum_{j=1}^{n}a_jx_j\leqslant b$$

下的极大值，要求 $x_j(j=1,2,\cdots,n)$ 是整数. 从上述表述可知，这类问题只有一个约束，利用这一特点，可以设计出相当有效的算法. 令 $f_k(y)(k=1,2,\cdots,n;y=1,\cdots,b)$ 表示当只考虑前 k 种仪器，而飞船总载荷限定为 y 时，目标函数所能达到的最大值，易知 $f_n(b)=f^*$ 是式(4)的最优值. 对于固定的 k 和 y，问题归结为求整数 $x_j\geqslant 0$ $(j=1,2,\cdots,k)$，使函数

$$f_k(y)=\max\sum_{j=1}^{k}c_jx_j$$

在约束

$$\sum_{j=1}^{k}a_jx_j\leqslant y$$

下达到极大. 不难看出如上函数 $f_k(y)$ 可等价地表示为

$$f_k(y)=\max\{c_kx_k+f_{k-1}(y-a_kx_k):x_k=0,1,\cdots,[y/a_k]\}. \tag{5}$$

注意到 $f_0(y)=0(y=0,1,\cdots,b)$，那么

$$f_1(y) = \max\{c_1 x_1 : x_1 = 0,1,\cdots,[y/a_1]\} = c_1[y/a_1],$$
$$y = 0,1,\cdots,b.$$

这表明,式(5)可以对指标 k 与整数变量 y 递推地进行计算.

稍加观察便知,(5)式属于 2.3 节最优化原理导出的递推关系;也就是说,如上的整数规划问题化为了动态规划.此时,每一类可被装载的仪器,即每一个变量 $x_j(j=1,2,\cdots,n)$ 对应多阶段决策问题的一个阶段;原问题只包括一个约束,这相当于多阶段决策的每一阶段只有一个输入与一个输出状态变量;$[y/a_j](j=1,2,\cdots,n)$ 给出每阶段可能的决策数.显然上述对应对一般整数线性规划问题也是成立的.一个有 n 个变量、m 个约束的整数线性规划问题,可化为 n 个阶段、m 个状态变量的动态规划问题.

如上的对应,当限定每类可装载的科学仪器只有一件,即当考虑所谓的简单背包问题时具有特殊的意义.此时可以导出一种比较有效的专门算法.对这一类问题,$x_k(k=1,2,\cdots,n)$ 只能取 0 或 1 两个值.如在(5)式所表达的最优解中 $x_k=0$,则 $f_k(y)=f_{k-1}(y)$;反之,若 $x_k=1$,那么 $f_k(y)=c_k+f_{k-1}(y-a_k)$.由此有递推关系

$$f_k(y) = \max\{f_{k-1}(y); c_k + f_{k-1}(y-a_k), a_k \leqslant y\},$$
$$f_0(y) = 0, \quad y = 0,1,\cdots,b; \quad k = 1,2,\cdots,n.$$

由上式计算简单背包问题有较高的效率,但这并不意味着它可用于求解任意规模的问题.上文已经提到,由于整数线性规划的固有特点,大规模问题的求解至今仍是困难的.

2.6 连续动态规划

前面讨论的多阶段决策问题只包含有限个阶段.如果一个多阶段决策问题,表示不同阶段的参数在某一区间上连续取值,那么这就是一个连续动态规划问题.较离散问题而言,这类问题是更复杂的.实际上,它们与变分法、控制论等其他数学领域有关.此处,我们仅用一个简单的例子,说明它们与前文所述有限阶段问题的关系.

例 2.4 一个工厂严格按需求生产某种产品,以 $p=p(x(t),t)$ 表示需求率,那么,它也就是生产率,其中 t 表示时间,$x(t)$ 是 t 时刻

的广告费用. 由生产率及其导数所决定的单位时间生产成本记为 $c=c(p,\mathrm{d}p/\mathrm{d}t)$. 每件产品的价格 s 也是生产率(即需求)的函数,其形式为 $s=s(p)=a+b/p$,其中 a,b 是已知正常数. 问题是: 求最佳广告策略 $x(t)$,使在时间段 $[t_1,t_2]$ 内的利润最大.

以下讨论问题的求解. 由上述条件,容易写出所考虑时间间隔内的总利润:

$$f=\int_{t_1}^{t_2}\left[p\left(a+\frac{b}{p}\right)-c\left(p,\frac{\mathrm{d}p}{\mathrm{d}t}\right)-x(t)\right]\mathrm{d}t.$$

注意到对任何时刻 t,上式中的 p 由 $x(t)$ 唯一确定,所以问题归结为: 求函数 $x(t)$ 使上述积分达到极大. 在数学上,如上形式的问题称为变分问题,即泛函的极值问题. 此处不拟对变分问题进行深入讨论,我们所要说明的是: 将上述问题适当加以离散,则可化为一离散动态规化问题,因而,原则上可由表格法近似求解.

为便于说明,考虑如下一般形式的简单问题,即求满足条件 $y(a)=\alpha,y(b)=\beta$ 的函数 $y(x)$,使

$$f=\int_a^b R\left(\frac{\mathrm{d}y}{\mathrm{d}x},y,x\right)\mathrm{d}x$$

达到极小. 取 Δx 足够小,令

$$x_i=a+(i-1)\Delta x,\quad i=1,2,\cdots,n+1;\quad \Delta x=(b-a)/n.$$

设 y_i 为 $y(x_i)$ 的近似值,用 y_i 的向前差商近似 $y(x)$ 的一阶导数,即对任意的结点 $x_i(i=1,2,\cdots,n)$ 以 $(y_{i+1}-y_i)/\Delta x$ 近似 $\dfrac{\mathrm{d}y}{\mathrm{d}x}(x_i)$. 由此,将求解如上连续变分问题,近似为求一组离散值 $y_i(i=1,2,\cdots,n+1)$,其中 $y_1=\alpha,y_{n+1}=\beta$,使黎曼和

$$\widetilde{f}=\Delta x\sum_{i=1}^{n}R((y_{i+1}-y_i)/\Delta x,y_i,x_i)$$

达到极小. 令

$$\begin{aligned}f_i^*(\theta)&=\min_{\substack{y_{i+1},\cdots,y_n\\ y_i=\theta}}\Delta x\sum_{k=i}^{n}R((y_{k+1}-y_k)/\Delta x,y_k,x_k)\\&=\min_{y_{i+1}}\{R((y_{i+1}-\theta)/\Delta x,\theta,x_i)\Delta x+f_{i+1}^*(y_{i+1})\},\end{aligned}$$

$$i = 1,2,3,\cdots,n-1,$$

其中 θ 表示 $y_i(i=1,2,\cdots,n+1)$可能取的参数值.再注意到,当参数 θ 已知时,$f_n^*(\theta)=R((\beta-\theta)/(\Delta x),\theta,x_n)$可直接计算,而黎曼和的极小值由 $f_0^*(\theta=\alpha)$决定.由此,所考虑的问题可以递推求解.令参数 θ 取离散值,适当估计其可能的取值范围,则可利用前面介绍过的表格法.当然,这不是求解如上问题的一个好方法,它只在原则上是可行的.此处的目的在于说明变分问题与动态规划问题的关系.

下面,让我们对本节内容作一小结.动态规划涉及有序结构的决策优化问题.它可有初值、终值及边值问题的不同提法.求解此类问题的一个有力工具是最优化原理,这一原理给出一个可用于计算的递推关系.对于一个有限阶段的决策过程,当每一阶段的决策数也有限时,表格法可用于求解,但当问题规模过大时,实际是不可行的.一个整数线性规划问题可以化为一个动态规划问题;特别是由此可以对简单背包问题导出一个处理方法.连续动态规划问题是本章所述内容的进一步发展,有关模型涉及更为复杂的数学内容,此处不予考虑.

参考文献

[1] Garfinkel R S and Nemhauser G L. Integer Programming. New York: John Wiley & Sons, 1972.

[2] William H. Model Building in Mathematical Programming. 3rd ed. New York: John Wiley & Sons, 1990.

[3] Rao S. Optimization Theory and Applications. New Delhi: Wiley Eastern Limited, 1984.

[4] 伦·库珀,玛丽·库珀.动态规划导论.张有为译.北京:国防工业出版社,1985.

第三章　与图论有关的几个模型

图论是一个有丰富内容的数学分支，很多数学模型使用这一工具. 本章不可能对图论模型作全面的介绍，我们只限于讨论以下内容：(i) 网络分析中的最大流及最小费用流问题；(ii) 在大型工程项目中广泛应用的关键路径分析和计划评审技术；(iii) 介绍一个综合使用图论方法及线性规划理论的实际问题，即污水处理厂的选址问题.

§1　网络流模型

网络流属于图论的研究内容，大量的运筹问题可以利用网络流模型加以解决. 一个最为直接的例子是道路网上的交通与运输问题，此外，很多直观上似乎与网络无关的问题，诸如生产计划、投资预算、设备更新、项目安排等也可由网络分析解决. 对一给定的道路网，求出从一给定出发点到一给定目的地，在单位时间内所能运输的某种货物最大数量，就是最大流问题. 若希望运输商品总量最大而使运输费用最小，就要讨论最小费用最大流问题. 下面对有关概念及方法做一概要叙述.

1.1　若干基本概念

定义 1.1　一张**有向图** $G=(N,A)$ 由两部分组成，其中 $N=\{n_1,n_2,\cdots,n_p\}$ 为一组给定结点；A 表示由 N 中元素构成的若干有序点对 (n_i,n_j) 的集合，A 的元素称为**弧**，其方向从 n_i 指向 n_j，这两点依次称做弧的起点和终点. 进而，若令 G 的每段弧 (n_i,n_j) 均对应一非负实数 $c(n_i,n_j)$，称之为此段弧的**容量**，则图 G 又称为**网络**.

网络可以由一张图直观表示. 用平面上的点表示结点，结点间的有向线段表示弧，其方向由所附箭头指示. 这样的有向图可以是多种不同实际事物的抽象. 它的结点与弧既可代表城镇及道路，也可代表泵站及输油管；既可代表污水处理厂和下水道，也可代表若干台中心处理机及它们间的信息传输通道. 甚至某些非实体的要素也可作为图的结点，而弧的连接方式则表示这些要素彼此间的关系.

定义 1.2 一个有向弧序列，如果每段弧的终点恰为与之相继的下一弧的起点，则称为一条**路径**.

定义 1.3 一个有向弧序列，如果每段中间的弧一个端点与前面的弧相连，另一端点与相继的弧相连，则称之为**链**. 当从链的起始点移动到另一端时，如果一段弧按其取向通过，则称此弧为向前的弧，否则称为向后的弧.

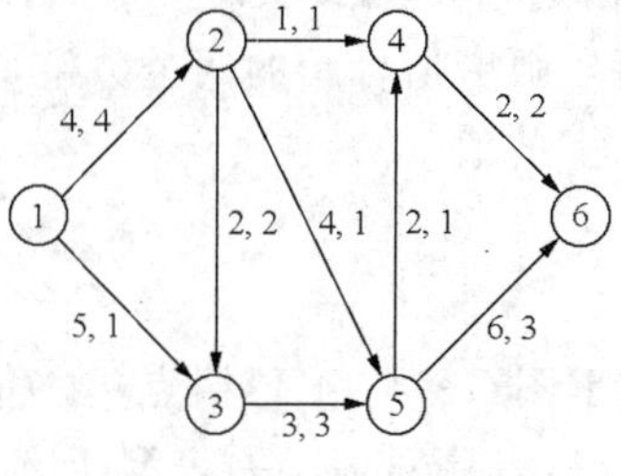

图 3.1

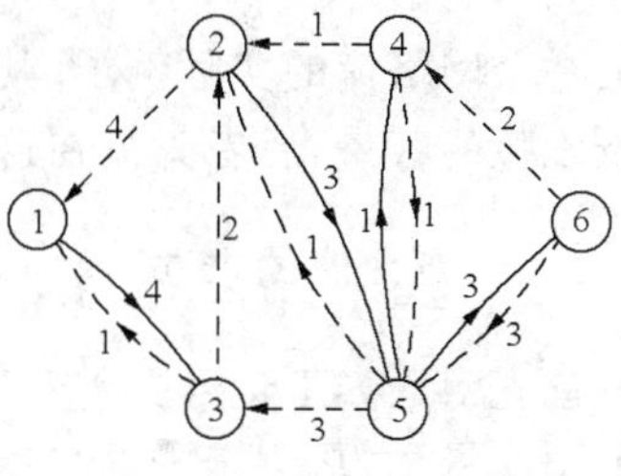

图 3.2

图 3.1 是一网络实例. 图中弧序列(n_1, n_2)，(n_2, n_3)，(n_3, n_5)，(n_5, n_6)是一条路径，而序列(n_1, n_2)，(n_2, n_4)，(n_5, n_4)，(n_3, n_5)则是链. 为第三节的需要，此处给出“树”的定义.

定义 1.4 **树**是一张图，其路径不构成环路；图中一个特定结点称为根，没有以根为起点的路径，但从根以外的每个结点出发，有且只有一条路径指向根.

如前所述，实际应用中常涉及一个网络两结点间的最大流量问题. 为说清楚这一点，首先需要在数学上严格定义有关概念.

定义 1.5 令 $G=(N, A)$是一网络，$c(n_i, n_j)$为弧(n_i, n_j)的容量；G 的一个结点称为**源**，记为 n_s，另一结点称为**汇**，记为 n_t. 从源到汇的一个取值为 ν 的网络流是一个把 A 映到非负实数的映射 ϕ，它满足以下条件：

$$\phi(n_i,n_j) \leqslant c(n_i,n_j), \quad \forall (n_i,n_j) \in A. \tag{1}$$

$$\sum_{(n_i,n_j)\in A_i^+} \phi(n_i,n_j) - \sum_{(n_j,n_i)\in A_i^-} \phi(n_j,n_i) = \begin{cases} \nu, & \text{如果 } n_i = n_s, \\ 0, & \text{如果 } n_i \neq n_s, n_t, \\ -\nu, & \text{如果 } n_i = n_t. \end{cases} \tag{2}$$

其中，A_i^+ 表示所有以 n_i 为起点的弧所构成的集合，A_i^- 表示所有以 n_i 为终点的弧所构成的集合. 从 n_s 到 n_t 的最大流是满足如上条件(1)和(2)的网络流中使 ν 取最大值的一个.

如上定义的实际意义是清楚的. 流的值 ν 表示源的净流出量，从源流出的所有流量必须流入汇，任何中间结点的流入流出之和为零. $c(n_i,n_j)$则表示与该段弧有关的运输通过能力或其他限制. 图 3.2 也是一个网络流的实际例子. 其中每段弧旁所标示的两个数字，前者为该段弧的容量，后者为流在这段弧上的值.

1.2 最大流的求法

首先引入如下记号：令 P,Q 表示图 $G=(N,A)$结点集 N 的两个不相交子集，$\bar{P}$ 表示 P 对 N 的补集，有序对(P,Q)表示所有起点在 P 终点在 Q 的弧之集合. 在以下讨论中，假设任何一段弧的容量均为整数. 为了叙述方便，仍然需要定义几个概念.

定义 1.6 令

$$\phi(P,Q) = \sum_{\substack{n_i\in P,\\ n_j\in Q}} \phi(n_i,n_j), \quad c(P,Q) = \sum_{\substack{n_i\in P,\\ n_j\in Q}} c(n_i,n_j),$$

$\phi(P,Q)$和 $c(P,Q)$依次称为集合 P 与 Q 之间的**流与容量**.

定义 1.7 任何一个弧集合$(P,\bar{P})$，若使 $n_s\in P, n_t\in \bar{P}$，则称为分离源与汇的一个**分割**. 称 $c(P,\bar{P})$为分割的容量.

由上述定义显而易见，若把一个分割中的弧全部除去，则切断了从源到汇的一切路径. 作为一个例子，我们来考察一下图 3.1 所示的网络. 令 $P=\{n_1,n_2,n_3,n_4\}$，$\bar{P}=\{n_5,n_6\}$，则弧集合$(P,\bar{P})=\{(n_2,n_5),(n_3,n_5),(n_4,n_6)\}$；特别注意的是$(n_5,n_4)\in(\bar{P},P)$，不属于$(P,\bar{P})$，即$(P,\bar{P})$中的元是有序点对.

以下说明一个网络的最大流所应满足的条件，并由此导出最大流的求法. 沿用前面的记号，以G表示一张图，n_s表示源，n_t表示汇，$(P,\bar{P})$是分离n_s与n_t的一个分割. 将式(2)对一切$n_i\in P$求和，得到

$$\nu=\phi(P,\bar{P})-\phi(\bar{P},P). \tag{3}$$

上式左端为ν是容易理解的，所以得到右端表达式，是因为只有分割上的流未抵消的缘故. 由于$\phi(\bar{P},P)\geqslant 0$，$\phi(P,\bar{P})\leqslant c(P,\bar{P})$，我们得到

$$\nu\leqslant c(P,\bar{P}). \tag{4}$$

上式表明，对任意的流和分割，流的值ν小于等于分割的容量. 由此得到一个重要结论：如果我们能找到一个流ϕ与一个分割$(P,\bar{P})$，使得ϕ的值等于$(P,\bar{P})$的容量，则可断言，ϕ必是一最大流. 相应地$(P,\bar{P})$则是最小容量分割.

以下给出一个构造性算法，求出一个最大流，即实际找到一个流ϕ和一个分割$(P,\bar{P})$，使得(4)式等号成立.

定义 1.8 对网络$G=(N,A)$的任意一个流ϕ，可确定一个网络$G'(\phi)$，称为与ϕ相应的G的**伴随增量网络**. $G'(\phi)$与G有相同的结点集，它的弧按如下方式确定：对每一段弧$(n_i,n_j)\in A$，考虑如下两种情况：(i) 若对G而言，$\phi(n_i,n_j)<c(n_i,n_j)$，$\phi(n_j,n_i)=0$(或$(n_j,n_i)\notin A$)，则$G'(\phi)$有一条弧(n_i,n_j)，其容量为$c'(n_i,n_j)=c(n_i,n_j)-\phi(n_i,n_j)$. 这样的弧称做**正向的弧**. (ii) 若对G而言，$\phi(n_i,n_j)>0$，则$G'(\phi)$有一条弧(n_j,n_i)，且$c'(n_j,n_i)=\phi(n_i,n_j)$. 这样的弧称做**反向的弧**.

在上述定义中请注意两点：首先，情况(i)中要求$\phi(n_j,n_i)=0$的条件总是可以设法满足的. 这是因为如果对于连接结点n_i与n_j的弧，$\phi(n_i,n_j)$，$\phi(n_j,n_i)$均大于零，只需对流在这段弧上的值稍加修改，即令$\phi(n_i,n_j)$与$\phi(n_j,n_i)$均减去它们中间小的一个，即满足要求；这一要求的目的在于消除流的不确定性. 其次，$G'(\phi)$的每一段弧均与G的弧相联系. 正向与反向的不同叫法，反映这段弧的取向与在G中相比，是相同还是相反. 作为一个例子，与图3.1中的流相应

的伴随增量网络如图 3.2 所示.其中,实线表示正向的弧,虚线表示反向弧,箭头是弧的取向.

假设在伴随增量网络 $G'(\phi)$ 上存在一条从 n_s 到 n_t 的路径 μ,在组成这一路径的所有弧中,最小的弧容量是 ε. μ 在原来的网络 G 上对应了一条链 γ. μ 的每条弧或者对应 γ 上向前的弧或者对应向后的弧.利用上述对应关系,可以在 G 上得到一个新的流,这可按以下手续实现:在 γ 每一条向前的弧上将 ϕ 的值增加 ε,在每一条向后的弧上减少 ε.由伴随增量网络定义可知,新得到的流不违反各条弧上的容量约束,同时不改变源与汇之外任一结点的净输出;与流 ϕ 比较,新的流在 n_s 的净流出增加了 ε,在 n_t 的流入增加了同样的值,即流的值增加了 ε.作为上述内容的一个解释,看图 3.2 所示的例.图 3.2 中有一条从源到汇的路径 $\mu=(n_1,n_3),(n_3,n_2),(n_2,n_5),(n_5,n_6)$.对这一路径而言,$\varepsilon=2$.按照前述方法,所得到的新的网络流示于图 3.3.

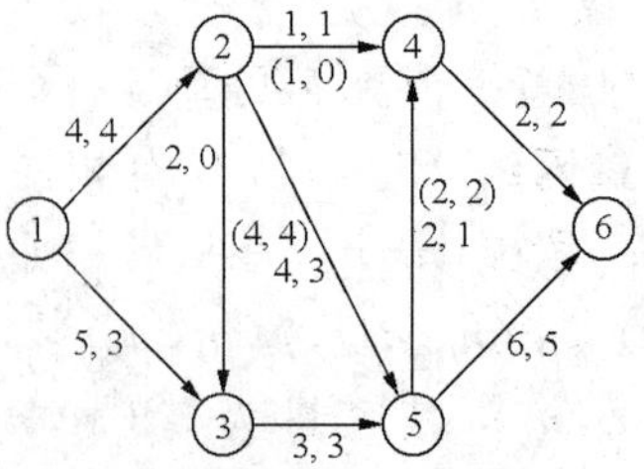

图 3.3

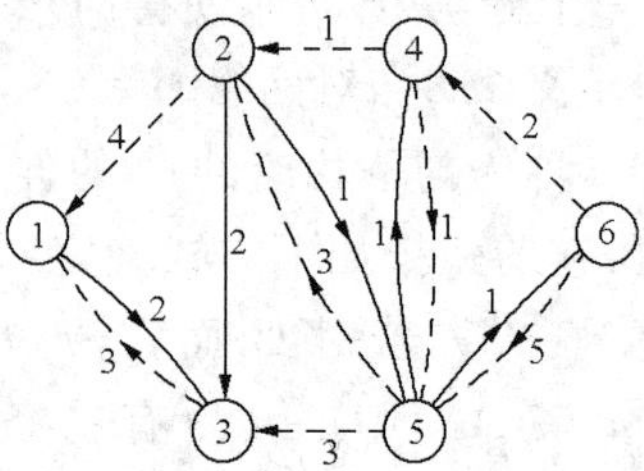

图 3.4

当在伴随增量网络 $G'(\phi)$ 上不存在任何从 n_s 到 n_t 的路径时,令 P 是 N 的一个子集,它包括 n_s 及 $G'(\phi)$ 上一切由 n_s 可达的结点.因为 $n_s \in P, n_t \in \bar{P}$,所以 $(P,\bar{P})$ 是分离源和汇的一个分割.下面进一步说明在此情况下成立的两个事实:

1. 在图 G 上,对于 $(\bar{P},P)$ 的每一段弧 (n_i,n_j),流 $\phi(n_i,n_j)=0$.否则,由定义 $G'(\phi)$ 将包含一条从 n_j 到 n_i 的反向弧,使从 n_s 出发,$n_i \in \bar{P}$ 可达,矛盾.

2. 在图 G 上,对每一段弧 $(n_i,n_j) \in (P,\bar{P})$ 必有 $\phi(n_i,n_j)=$

$c(n_i,n_j)$. 否则，由定义 $G'(\phi)$包括一段正向弧(n_i,n_j)，使从 n_s 出发，$n_j \in \bar{P}$ 可达. 矛盾.

以上论证表明，$\phi(\bar{P},P)=0$，$\phi(P,\bar{P})=c(P,\bar{P})$. 再利用(3)式，可知对此时的网络流 ϕ 而言，

$$\nu=\phi(P,\bar{P})-\phi(\bar{P},P)=c(P,\bar{P}).$$

即 ϕ 是最大流，$(P,\bar{P})$是最小容量分割.

作为对如上叙述的一个解释，考虑图 3.4 所示的与图 3.3 中的网络流相应的伴随增量网络. 在这一网络上，找不到任何从源到汇的路径，由此可知，图 3.3 中的流是最大流. 这一点易于验证. 令 $P=\{n_1,n_3\}$，$\bar{P}=\{n_2,n_4,n_5,n_6\}$，从图 3.3 立即看出，$(P,\bar{P})=\{(n_1,n_2),(n_3,n_5)\}$，$\phi(\bar{P},P)=0$，$\nu=c(P,\bar{P})=7$.

将前面的内容加以概括，我们实际证明了：(i) 网络 G 上的一个流 ϕ 是最大流的充分必要条件是：其伴随增量网络 $G'(\phi)$不包含任何从源到汇的路径. (ii) 对任何网络，从源到汇的最大流的值，等于分离源和汇的所有分割的最小容量. 为清楚起见，将前述最大流的求法归纳如下. 切记，这一算法只适用于一切弧的容量均为整数的情况.

1. 任取一个从源到汇的取整数值的网络流 ϕ. 实际上，零流即满足要求.

2. 构造 $G'(\phi)$，求从 n_s 到 n_t 的路径. 当这样的路径存在时转向步骤 3；否则转向步骤 4.

3. 以 μ 记 $G'(\phi)$上从 n_s 到 n_t 的路径，ε 为 μ 上的最小弧容量. 令 γ 为 G 上由 μ 决定的链，在 γ 每一段向前(向后)的弧上，增加(减少)流的值 ε；回到步骤 2.

4. 结束. 所得到的流是最大流.

如上算法，保证每次得到的网络流取整数值，而且流的值不断上升，故一定可以在有限次内得到最大流. 请注意，如果弧容量不是整数，这种说法不成立. 然而，对实际问题说来，弧容量取整数，并不是一个严格的限制.

1.3 最小费用流

一般而言,对同一网络,从源到汇往往可有不同的流,具有相同的流值.例如,只需对图 3.3 所示的最大流稍加变化,即可得到另一最大流,后一最大流见图 3.3 中括号所示.这一点对实际问题而言是不足为奇的,两个城市间可以通过不同的道路运送同等数量的货物.此时我们感兴趣的是哪一条道路运费最低.这就涉及最小费用最大流问题,它的精确表述如下:

对网络 $G=(N,A)$ 的每一段弧 (n_i,n_j),除了容量 $c(n_i,n_j)$ 之外,还附有另一非负实数 $l(n_i,n_j)$,称之为费用.要求构造一个从源到汇的最大网络流 ϕ,同时使流的总费用

$$l(\phi)=\sum_{(n_i,n_j)\in A} l(n_i,n_j)\phi(n_i,n_j)$$

达到极小.

在实际问题中,$l(n_i,n_j)$ 既可以代表在相应路段上运输单位商品的花费,也可代表运输单位商品所需的时间,甚至还可表示任何其他有关的量.注意到这一点,对解决实际问题是很有好处的.以下我们不加证明地给出最小费用最大流的求法,它的合理性是不难理解的.仍然假设所有弧的容量取整数.

1. 任取一个取整数值的网络流 ϕ,设流的值为 ν,要求在所有值为 ν 的流中,ϕ 的总费用最小.实际上,由于 $l(\phi)\geqslant 0$,故零流即满足要求.

2. 构造伴随增量网络 $G'(\phi)$,除容量外,对 $G'(\phi)$ 的每一段弧,再按如下方式定义一个费用,即:(i) 对 $G'(\phi)$ 每一段正向的弧 (n_i,n_j),定义费用为 $l'(n_i,n_j)=l(n_i,n_j)$.(ii) 对 $G'(\phi)$ 每一段反向的弧 (n_j,n_i),定义费用为 $l'(n_j,n_i)=-l(n_i,n_j)$.

3. 在 $G'(\phi)$ 上求出从源到汇的所有路径,定义每一条路径 $\tilde{\mu}$ 的费用为

$$l(\tilde{\mu})=\sum_{(n_i,n_j)\in\tilde{\mu}} l'(n_i,n_j),\tag{5}$$

从中选出费用最小的路径,记为 μ.如果 $G'(\phi)$ 上不存在由源到汇的

路径,转向步骤 5,否则继续.

4. 记 ε 为 μ 的最小弧容量,γ 是 G 上与 μ 相应的链,在 γ 每段向前的弧上将流值 ϕ 增加 ε,每段向后的弧上减少 ε,得到一个新的流,它是值为 $\nu+\varepsilon$ 的最小费用流. 转向步骤 2.

5. 结束. 所得到的流是最小费用最大流.

此处仅对步骤 3 与步骤 4 稍加解释. 当 μ 为伴随增量网络 $G'(\phi)$ 上从源到汇的一条路径时,如按寻找最大流的方式,由 μ 出发,对 G 上的流 ϕ 加以修改时,每当在 γ 上增加一个向前的流量,所增加的费用即由(5)式表达. 由此不难明白,为什么步骤 3 中要求取由(5)式定义的费用最小路径,以及为什么步骤 4 中得到的是值为 $\nu+\varepsilon$ 的最小费用流.

1.4 应用问题举例

例 1.1 运输问题. 设有 m 个煤矿,第 i 个矿记为 x_i,每月产煤能力为 c_i 吨,每吨成本 l_i 元. 另有 n 个电厂,第 j 个厂记为 y_j,每月用煤 d_j 吨. 由 x_i 运一吨煤到 y_j 的费用为 l_{ij}. 设总生产能力超过总需求. 问为满足所有电厂需要,且使生产及运输费用最省,每个矿应生产多少吨煤,各销往何处.

我们用网络流分析来处理这一问题. 除问题中原有的 m 个煤矿和 n 个电厂外,人为地添加一个源与一个汇,将它们合起来作为结点集;整个网络则如图 3.5 所示. 每段弧上的两个数字,前者是该段弧

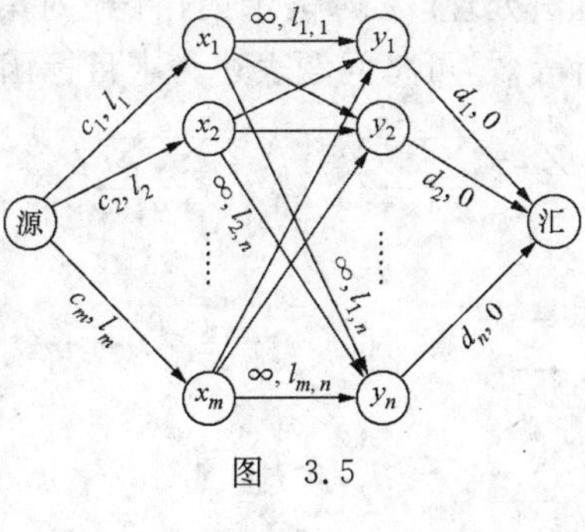

图 3.5

的容量，后者是与该段弧相应的费用. 符号∞表示该段弧容量无限制. 对这一网络稍加分析，不难看出它的构造方法，而且看出前述问题化为了求这一网络的最小费用最大流. 从源到每一煤矿 x_i 的弧所对应的流映射值即是该矿总的生产量；弧(x_i, y_j)所对应的流映射值即是第 i 个矿对第 j 个厂的供应量，流的总费用即是生产及运输所需的花费.

实际上，有更多的问题都可纳入如上的框架. 例如：一家公司已获得了今后四个月的订单，为满足供货要求，除令其所属工人按正常工作时间生产外，还需加班. 每月正常班及加班的生产能力与所应满足的需求如下表所示：

	一月	二月	三月	四月
正常班	100	150	140	160
加班	50	75	70	80
需求	80	200	300	200

正常班一件产品的成本为 1 元，加班时为 1.5 元；每件产品存放一个月的保管费为 0.3 元，问应如何安排生产.

初看起来，这一问题与前面的电厂供煤问题并不相同. 实际上，它们可以用同样的手法处理. 把四个月的每月两种生产班次视同八个煤矿，不同月份的需求视为四个电厂，产品的保管费决定了不同结点间不同的运输费用. 这样，两个问题便等同起来了.

网络流分析与线性规划问题有密切关系，上述电厂供煤问题也可以由线性规划方法处理. 令 x_{ij} 表示第i 个矿对第j 个厂的供煤量，那么与网络流分析等效，可将问题表述为求目标函数：

$$Z = \sum_{i=1}^{m}\sum_{j=1}^{n} l_{ij}x_{ij} + \sum_{i=1}^{m}\sum_{j=1}^{n} l_i x_{ij}$$

在约束条件

$$\sum_{j=1}^{n} x_{ij} \leqslant c_i, \quad i = 1,2,\cdots,m,$$

$$\sum_{i=1}^{m} x_{ij} = d_j, \quad j = 1,2,\cdots,n,$$

$$x_{ij} \geqslant 0$$

下的极小. 这个例子表明,同一个问题往往可以有不同的处理方法. 当然,在很多情况下,不同方法的效率是不同的,这就要求我们针对问题选取最为有效的数学模型.

例 1.2　原料采购问题. 一个公司每月初制定一次生产原料采购计划,依据是自该月起,连续 n 个月所需原料数的估计值 $c_i(i=1,2,\cdots,n)$以及在第 i 个月原料的估计价格 $p_i(i=1,2,\cdots,n)$. 公司的储备能力不超过 s 个原料单位. 问对连续 n 个月,每月应计划买进多少原料,使 n 个月的原料总费用最小.

图 3.6 所示网络的最小费用最大流给出本问题的最优采购策略. 从源到结点 m_i 的弧所对应的流映射的值给出在第 i 个月初所要采购的数量. 此处,只需对网络稍加修改,就可考虑更多的因素. 例如: (i) 开始时有原料储备; (ii) 第 n 个月末必须保留一定数量的原料; (iii) 存储费用以及占用资金的利息损失,等等.

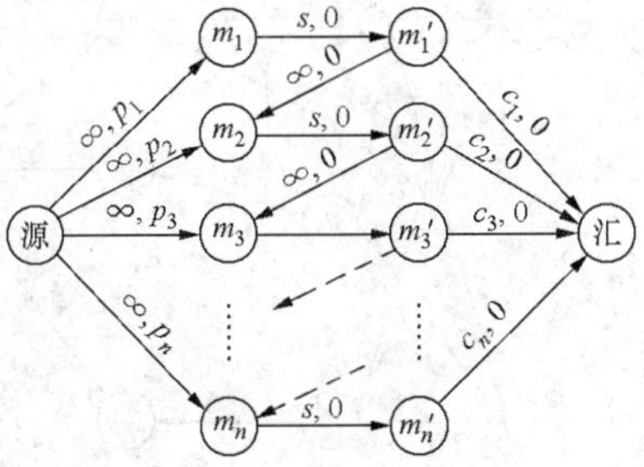

图　3.6

例 1.3　指派问题. 在第二章中,已经讨论过利用整数规划解决指派问题. 此处通过一个例子,说明此类问题也可由网络流分析处理. 设一所大学中有 r 位学生,记为 $u_i(i=1,2,\cdots,r)$,有 n 个论文题目供这些学生选择,这些题目记为 $p_j(j=1,2,\cdots,n)$,它们是由 m 位教师提供的,教师记为 $s_k(k=1,2,\cdots,m)$. 每个教师至少出一个题目,多则不限;谁出的题目由谁指导学生,但第 k 个教师所指导的学生数不得超过 $c(s_k)(k=1,2,\cdots,m)$. 每个学生则只选择一个题目.

不同学生对不同题目的兴趣不同，第 i 个学生对第 j 个题目的喜好程度由一整数 $l(u_i, p_j)(i=1,2,\cdots,r;j=1,2,\cdots,n)$ 度量；对每位学生，对所有 n 个题目，这个数取遍从 1 到 n 的整数，数越大，表示越不喜欢. 请给出一种分配题目的方式，使全体学生总的不满意程度最低. 当然，我们假设 $r \leqslant n, r \leqslant \sum c(s_k)$.

类似于前，在用网络流处理这一问题时，同样人为地添加一个虚拟的源和一个虚拟的汇. 整个网络如图 3.7 所示. 每段弧旁的两个数字，前一个表示容量，后一个是相应的费用. 这样安排的理由是易于理解的. 这一网络的任意一个最大流都给出上述问题的一个可行解，而最小费用最大流给出使 $\sum_{i=1}^{r} l(u_i, p(u_i))$ 达到最小的解，其中 $p(u_i)$ 表示第 i 个学生所选择的题目.

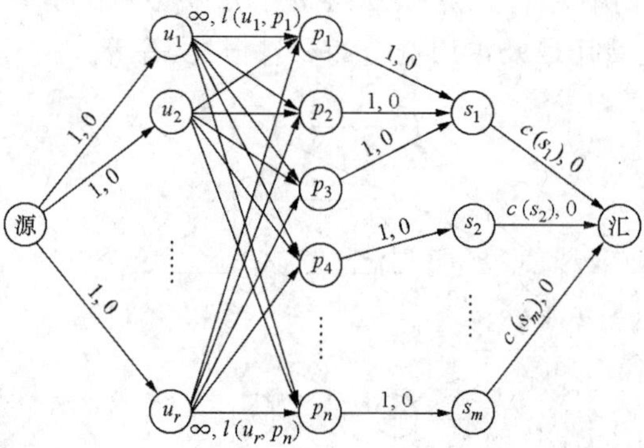

图 3.7

在结束这一部分之前，让我们对上述网络流内容做一小结. 网络流模型是图论中的一种理论与方法，讨论在网络上的优化问题. 一个网络由一有向图 $G=(N,A)$ 和一定义在弧集合 A 上的称之为容量的函数 c 组成. 结点集 N 中的两个元 n_s 和 n_t 依次称为源和汇. 一个值为 ν 的网络流是从集合 A 到实数集合的一个映射；它在任何一段弧上的值不超过相应的容量，且使从源流出的总流量等于流入汇的总流量，并等于 ν；在任何中间结点上流入与流出相等. 对于容量取整数值的网络,当源与汇给定时,可利用伴随增量网络方法,求得使 v 达到极大的最大流. 如在每一段弧上再附加一个称之为费用的非负实数,还可以讨论最小费用最大流问题. 诸多实际问题可由网络流模型求解,而这些问题往往也可由线性规划或整数规划讨论. 这说明若干实际问题的表述与解答可有多种途径.

§2 关键路径分析与计划评审技术

大型工程项目都包含一系列顺序进行或同时进行的相对独立部分,为行文方便,今后将每个这样的部分称为一项"活动". 为保证整个工程的顺利进行,恰当安排各项活动的施工顺序、时间,协调人力及原材料供应是极为重要的. 关键路径分析(Critical Path Analysis)即是借助图论技术解决此类问题的一个方法. 它告诉我们,就工程总体而言,哪些活动是关键的. 这些关键部分的拖延,将使整个工程不能在最短的时间内完成,而其他的活动则有一定的调节余地. 计划评审技术(Project Evaluation and Review Technique)则是将关键路径分析与概率统计思想加以结合的进一步方法. 据称美国在研究北极星战略核潜艇时即使用了这一技术. 上述两种方法的分析结果,可由称为冈特(Gantt)流程图的一种工程进度图表示,它可对人力及其他资源的调配提供参考. 本节通过一个例子介绍上述两种方法.

我国著名数学家华罗庚先生生前曾以"统筹方法"为名,大力普及推广上述方法,并留有专著(见本章参考文献[2]).

2.1 关键路径分析

假设我们要修建一所房子. 这一工程包括开挖地基、挖沟、铺设管线、砌砖、喷涂、木工、铺设屋顶等七个部分. 每个部分称为一项活动,为方便,按上述顺序将它们依次记为 $a_i(i=1,2,\cdots,7)$. 这七项活动有些是可以独立进行的,有些则必须有先后顺序. 称一项活动 a_i 在活动 a_j 之前,是指 a_i 完成后 a_j 才能开始,而且后者是前者的直接后继,即它们之间不能插入其他活动. 每项活动一般需要一定的延续时间，当然，一些特定活动的延续时间可以为零. 上述例子的有关资料汇集于下表前四列；后两列是讨论计划评审技术时所需的数据，为方便，将它们列在了一起.

编号	活动	前面的活动	延续时间（天）	最短时间（天）	最长时间（天）
1	地基	无	4.0	3.0	6.0
2	挖沟	无	1.7	1.5	2.0
3	管线	2	2.0	1.5	2.1
4	砌砖	1,2,3	15.0	13.0	17.0
5	喷涂	4	4.8	4.0	6.0
6	木工	4	8.4	7.2	9.3
7	屋顶	6	10.0	9.0	11.0

将上表所包含的关系用一张有向图来表示，令每个结点表示一项活动，另添加两个结点，标号分别为 0 与 8，表示工程的开始与结束. 显然，这两项活动的延续时间是零. 每一结点与表示其前面活动的结点间有弧连接，弧的方向由前向后. 这一网络如图 3.8 所示. 图中，每个圆表示一个结点，下面的数字是结点编号，上面的数字为活动延续时间，连线上的箭头为有向弧的方向. 下面叙述从这样一张图进行关键路径分析的方法. 将每个圆划分为四个部分，每部分对应一个象限. 在每个圆的四个象限中，按照下面给出的公式与方法，填上四个数字. 将元 i 左上象限中的数字记为 es_i，它表示第 i 个活动的最早开始时间；右上象限数字记为 ef_i，表示第 i 个活动的最早结束时间；左下象限数字记为 ls_i，表示第 i 个活动最迟开始时间；右下象限数字记为 lf_i，表示第 i 个活动最迟结束时间. 显然对结点 0 而言，这四个数都是零. 为对一般结点给出这些量的表达式，引进以下记号：令 G_i 表示所有有弧直接指向结点 i 的结点集合，Q_j 为由结点 j 出发的弧所直接指向的结点集合，t_i 表示活动 i 的延续时间，那么

$$es_0 = ef_0 = 0, \quad es_i = \max_{j \in G_i}\{ef_j\}, \quad ef_i = es_i + t_i, \tag{6}$$

$$i = 1,2,\cdots,8,$$

$$lf_8 = ef_8,\quad lf_j = \min_{i \in Q_j}\{ls_i\},\quad ls_j = lf_j - t_j, \tag{7}$$
$$j = 8,7,6,\cdots,0.$$

利用(6)式,从结点 0 开始,按照网络的连接关系,由前向后扫描,对结点逐个地写出 es_i,ef_i 的值,直至结点 8. 再利用(7)式,从结点 8 反向扫描,对结点逐个地写出 lf_i,ls_i,直至结点 0. 这就是图 3.8 中所有数字的来源.

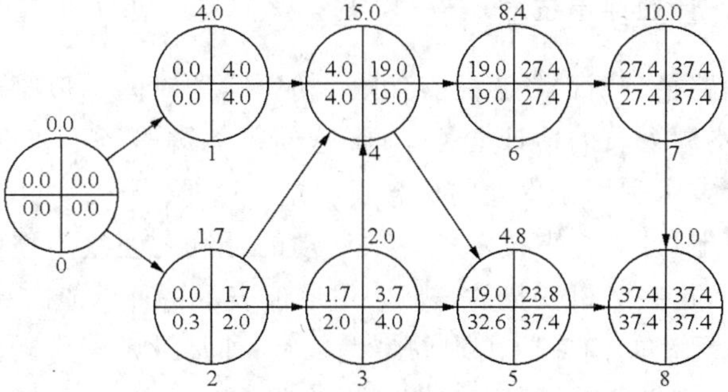

图 3.8

现在我们来分析如上操作的结果. 由图 3.8 可以看出,对代表活动 0,1,4,6,7,8 的结点而言,$es_i = ls_i$,$ef_i = lf_i$. 即这些活动的最早开始时间等于其最晚开始时间,最早结束时间等于其最晚结束时间,也就是说,为保证整个工程工期最短,这些活动必须按时开工,按时结束,没有任何灵活余地. 因此连接结点 0,1,4,6,7,8 的路径称为关键路径. 不在这一路径上的活动 2,3,5 则不然,它们的施工起止期有一定的调节余地. 为更精确地描述这一点,引入所谓总浮动时间 tf_i,及自由浮动时间 ff_i 的概念. 对任意结点 i 定义

$$tf_i = ls_i - es_i,\qquad ff_i = \min_{j \in Q_i}\{es_j - ef_i\}.$$

为明了这两个量的实际意义,让我们再来看一下上面的例子. 在本例中,无论对表示挖沟的结点 2,还是表示铺设管线的结点 3,总浮动时间均为 0.3. 这表明活动 2 或 3 的开工或结束时间推迟 0.3 天,对整个工期没有影响. 但请注意,推迟活动 2 或活动 3 的效应是不一样的: 活动 3 延迟 0.3 天对任何其他活动没有干扰,因为它的自由浮

动时间 $ff_3=0.3$；而活动 2 若推迟 0.3 天开始，虽然可以不影响整个工程，但活动 3 必须跟着调整，这一点反映在 $ff_2=0$ 上. 由此可知，一个结点的自由浮动时间是一个局部概念，它表明这一结点的工期可在多大范围内调节而不影响任何其他活动. 一个结点的总浮动时间则是一个涉及整体的概念，虽然该结点的工期可在这一时间范围内调节，不会对整个工程造成影响，但有可能需要同时调整其他活动.

2.2 计划评审技术

关键路径分析的缺点是，各项活动所需的时间一般难于准确估计，而且不同人员的估计往往不同. 这使得关键路径不能准确确定. 计划评审技术利用概率论的概念解决这一困难.

实际上，计划评审技术把各项活动的延续时间视为彼此独立的随机变量，这些随机变量的任何一组取值表示一种可能的具体情况，我们事先无法知道实际出现的将是什么；如欲从数学上对问题严格加以讨论，则必须对诸随机变量的分布做出适当假设，然后在一定概率意义下，给出问题的解. 这种理论框架对实际应用是不方便的，因此，实际的计划评审技术使用如下的简便方法：代替对每一项活动估计唯一的延续时间，要求给出三个值：即该活动的最可能延续时间（记为 m），最乐观估计或称最短时间（记为 a），最悲观估计或称最长时间（记为 b）. 并利用所得到的 m,a,b 三个值，计算每一项活动延续时间的期望值 E 与方差 σ^2. 所利用的公式是：

$$E=(4m+a+b)/6,\quad \sigma^2=(b-a)^2/36. \tag{8}$$

本节最后将对采用这一公式的理由简单加以说明. 下面列出在建房例子中，按上述公式计算的各个活动的期望延续时间与方差，所需的 m,a,b 数据如 2.1 节中表格后三列所示.

活动	1	2	3	4	5	6	7
E	4.17	1.72	1.93	15.00	4.87	8.35	10.00
σ^2	0.25	0.01	0.01	0.44	0.11	0.12	0.11

在用计划评审技术进行分析时，首先以各个活动延续时间的期

望值作为唯一的延续时间进行关键路径分析. 在本例中仍然得到活动 0,1,4,6,7,8 构成关键路径;第二步,对关键路径上的活动进一步加以讨论. 当把每项活动的延续时间看做随机变量时,第一项活动之后的任何活动的开始与结束时间也自然是随机变量;对活动 i 而言,在第一步关键路径分析中所得到的 es_i,是沿某一路径各活动延续时间期望值的和,这个值实际是活动 i 随机开始时间的期望值. 在各项活动延续时间彼此独立的假设下,再利用独立随机变量和的方差等于诸变量方差的和,还可对同一随机变量计算方差,它等于沿同一路径各活动方差的和,记为 σ_i^2. 这样我们就知道了该随机变量的均值与方差. 把所考虑的随机变量记为 ξ_i,并将其视为正态变量,这样 ξ_i 就完全确定了,即 ξ_i 服从正态 $N(es_i,\sigma_i^2)$分布. 这并不是一个严格的数学结果,但是它包含了概率论中心极限定理的思想.

由上述内容及初等概率论可知,变量 $Z_i=(\xi_i-es_i)/\sigma_i(i=1,4,6,7,8)$是服从 $N(0,1)$分布的标准正态变量. 以 s_i 表示第 i 个活动的计划开始时间,那么可以计算 ξ_i 迟于 s_i 的概率. 令 $\widetilde{Z}_i=(s_i-es_i)/\sigma_i$,这一概率的值为

$$P(\xi_i > s_i) = \frac{1}{\sqrt{2\pi}}\int_{\widetilde{Z}_i}^{+\infty} \exp(-x^2/2)\mathrm{d}x.$$

如果这一概率过大,则可认为计划时间不恰当,应该推迟. 显然,如上的讨论并不限于关键路径上的活动,虽然这些活动是最重要的. 下表给出了对我们的例子进行评审的结果. 从表中可知,活动 5,6,7,即喷涂、木工、屋顶工程日程太靠前了,因而必须采取某些措施,或者重新安排.

活动	es_i	σ_i^2	s_i	$\widetilde{Z}_i$	$P(\xi_i>s_i)$
1,2	0.00	0.00	0	—	0.0000
3	1.72	0.01	2	2.80	0.0026
4	4.17	0.25	5	1.66	0.0485
5,6	19.17	0.69	18	−1.41	0.9207
7	27.52	0.81	26	−1.69	0.9545
8	37.52	0.92	37	−0.54	0.7054

2.3 冈特流程图

当一项工程已被关键路径分析或计划评审技术研究之后，所得到的部分结果可由冈特流程图加以表示. 对于我们所考虑的例子，这一流程图示于图 3.9 与图 3.10.

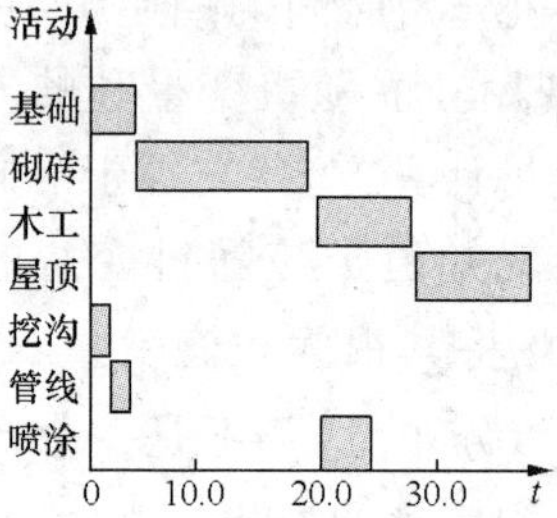

图 3.9

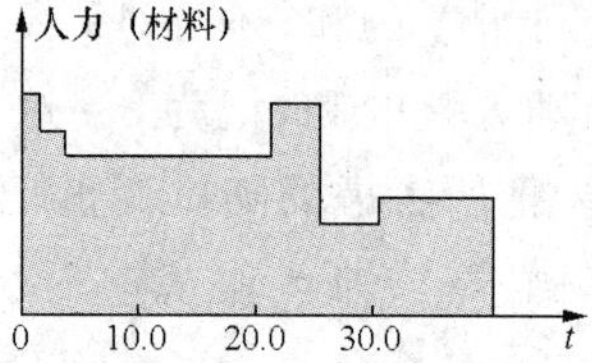

图 3.10

图 3.9 中横坐标 t 表示时间，纵轴方向依次表示各个不同的活动，图中对应于每一活动的阴影框，起点坐标为 es_i，终点坐标为 ef_i. 从这一图上可以清楚地看出，每个时刻有几项活动在同时进行. 再由每项活动对人力（材料）的需求，还可得到类似于图 3.10 的图表，其横轴为时间 t，纵轴为人力（材料）的总需要. 这样的图表可供计划与调配使用.

下面，对前面的遗留问题，即为什么以式(8)计算活动延续时间的期望值与方差做一简单说明. 这两个公式可由最初等的想法得到. 由于 m 是一项活动最可能的延续时间，而 a,b 则是最好或最坏的可能，因而在计算平均值时取 4,1,1 的权是很自然的；当均值这样取定之后，它可表示为：

$$E=\frac{a+4m+b}{6}=\frac{1}{2}\left(\frac{a+2m}{3}+\frac{2m+b}{3}\right).$$

上式可以解释为所考虑的随机变量只取两个值，一个值为$(a+2m)/3$，另一个值为$(b+2m)/3$，概率各为 1/2. 易于计算，这样的随机变量方差即如(8)式中所示.

最后还应指出，此处介绍的是用图论处理关键路径分析问题的一种方式,同样的问题还可有完全不同的图论表示方法,对此不再叙述.

§3　污水处理厂选址问题

本节讨论一个重要的实际问题,即污水处理厂的选址.为解决这一问题,将综合使用线性规划、动态规划以及图论的知识.我们以此作为前三章的一个小结.

3.1　问题的背景

20世纪六七十年代以来,工业化国家为保护生态环境,已把发展污水处理系统作为重要问题提上议事日程.一种趋向是在地区范围内统一考虑,而不是每个村镇各自为政.这样做是有充分理由的.一方面,在区域范围内建造一个污水处理系统,可以更好地考虑利用地形与河流;另一方面,建造与运行大型污水处理厂,所需的费用相对较低,即工厂规模越大,处理单位数量污水的费用越低.以字母 C 表示处理一定量污水所需的费用,显然它是被净化的污水总量 x 的函数,按照已发表的资料,在适当单位下,C 正比于 x^{α},$0<\alpha<1$;一个为十万人口服务的处理厂,其所需费用仅相当六个为一万人服务的小厂费用之和.污水处理厂所需费用与规模间的这种关系对下文所进行的讨论有重要意义.

3.2　问题的表述与模型

一个地区的污水处理系统可由一个网络来描述.所有涉及的村镇,所有可能选择的处理厂位置,以及所有可能铺设的管网交点是网络结点;而所有可能铺设的管道构成了网络的弧,弧的方向取决于污水的流向.以 h_i 记结点 i 每年产生的污水量,显然 $h_i\geqslant 0$,若 $h_i=0$,则表明结点 i 不是一个村镇.如果结点 i 是可能建厂的结点,以非负的量 x_i 表示建立后的处理厂每年净化的污水量.显然 x_i 是未知的,它们必须按照某种优化原则解出;如果解得的 x_i 取零值,则表示不在该处建厂. 从结点 i 到结点 j 的弧记为 (i,j)，以非负的量 y_{ij} 表示每年通过该段弧的污水流量，如果在最后的解中 $y_{ij}=0$，则说明这段管道无须修建. 与结点 i 相关的一段管道及一座污水处理厂的年运行与维修费用依次是 y_{ij} 与 x_i 的函数，分别记为 $b_{ij}(y_{ij})$ 和 $a_i(x_i)$. 这些函数的形式是已知的. 此处不考虑建设费用，可以认为这笔费用已被分摊到每年的维护费用中了. 将以上描述的网络记为 $G=(N,A)$，其中 N 为结点集合，A 为有向弧集合. 那么，在网络 G 上寻求最佳污水处理系统建设方案的问题表述为如下数学模型，即使目标函数

$$C=\sum_{i\in N}a_i(x_i)+\sum_{(i,j)\in A}b_{ij}(y_{ij})$$

在约束条件

$$x_i+\sum_{j\in N,(i,j)\in A}y_{ij}-\sum_{k\in N,(k,i)\in A}y_{ki}=h_i,\quad \forall i\in N,$$

$$y_{ij}\geqslant 0,\quad \forall (i,j)\in A;\quad x_i\geqslant 0,\quad \forall i\in N$$

下达到极小. 这组约束表示在每一个结点处水量守恒，约束总数恰恰与结点数相等，由下文可知这一点对于本问题的定性分析有重要意义.

3.3 最优方案的定性分析

由 3.1 节可知，一个污水处理厂所需的费用是其处理能力的凹(向上凸)函数，即对任何指标 i，$a_i(x)$ 二阶导数小于零. 易于理解 $b_{ij}(y_{ij})$ 也应是凹函数. 由此，目标函数 C 是其所有变量的凹函数. 另一方面，所有满足约束条件的点构成一个凸集合，即可行解集是凸集. 由此利用凹函数的颜森(Jensen)不等式与凸集性质，不难知道目标函数 C 的极小一定在可行解集的一个顶点处达到. 这样，上述问题的求解可以类似于线性规划，由逐一检查凸多面体的顶点来完成.

由第一章可知，如上凸多面体的任何一个顶点，对应于约束方程组的一个基本可行解. 因而取非零值变元 x_i 与 y_{ij} 的数目最多等于约束方程个数，也就是说和网络结点数相等. 这是因为每个结点处只有一个约束条件，即水流量守恒的条件. 这一结果表明：对任何结点 i，x_i 与 y_{ij} 之中，只可能有一个量不为零. 理由是：若解在某一个结

点上有两个或两个以上非零变量,为使所有非零变量数等于结点数,则至少存在一个结点 i,使所有 x_i,y_{ij} 都是零;这意味着既不能在该点建立污水处理厂,又不允许污水流出,这样的结点显然是不可能有或不必考虑的.对任何一个结点 i,x_i,y_{ij} 中只有一个非零,说明或者该点是污水处理厂所在地,且工厂处理流到该点的全部污水;或者该点不设厂,且全部污水通过一条管道流出.

在一个有向图中,从一个结点出发的有向弧的数目称为该结点的出度(outdegree).由上述可知,最佳污水处理方案所对应的网络,只包含出度为 0 或 1 的结点,而且显然不包含环路.如果一个网络没有环路,除一个结点外,所有结点出度为 1,而唯一的例外结点出度为 0,那么这一网络只能是树,例外结点是树的根.前面的分析表明,描述最佳污水处理系统的网络一般是由一组彼此不相连接的树所组成,在每个树的根结点有一座污水处理厂,根结点数目就是污水处理厂的数目.

在如上的模型中,任何一个结点处均可能被选定设厂.如果在结点 i 处,人为地令函数 $a_i(x_i)$ 的值很大,则在该点设厂的情况将被避免.

3.4 问题的解法

如上的数学模型有各种不同的求解途径,以下介绍波吕墨瑞斯(Polyméris)1978 年提出的方法.该方法要求所考虑的网络必须是树.这似乎是一个很强的条件,然而实际并非如此.由于地形的原因,在江河两侧,城镇与道路分布往往自然就有树形结构.使用此方法时,首先考虑原来网络所有可能的生成树,即包括了网络所有 n 个结点但只利用了 $n-1$ 条弧的树,对每一生成树求解问题,然后再选择最优解.对一个大型网络这无疑要求极大的工作量.实际上,对于大型问题,目前尚未找到公认的有效方法.还应指出:并非每一有向图都有生成树.此时原问题被划分成一些较小的问题,我们在一组非连通的树上寻求最优解.

由上述可知,使用上述方法的第一步,是在给定的有向图上求出所有可能的生成树. 如果一个给定的图 $G=(N,A)$，其生成树数量不大时，这可由如下的算法实现：

1. 在给定的网络 $G=(N,A)$ 上，从一个任意的生成树 $T_0=(N,S_0)$ 开始，记 $k:=0$；

2. 令 $k:=k+1$，从 S_{k-1} 中选择一段弧 (i,j)，要求有弧 $(i,l)\in A$，但 S_{k-1} 中不存在由 l 到 i 的路径；令 $S_k=\{S_{k-1}-(i,j)\}\cup(i,l)$，得到一个新的生成树 T_k. 如果找不到满足要求的弧 (i,j) 则终止.

3. 检查 T_k 是否已经出现过. 如果是，除去这个树，同时记住除去 (i,j) 代之以 (i,l) 是不允许的，回到步骤 2；如果 T_k 是新出现的树，那么存储 T_k，回到步骤 2.

易于知道，如上算法每次得到的图必然是树. 更一般的生成树算法，请参见有关图论的教科书，例如本章后所列文献[4].

以下在所考虑的网络是树的条件下，讨论污水处理厂选址模型的解法. 这与求解动态规划问题本质是相同的. 为叙述方便，首先引进如下记号. 令图 $T=(N,A)$ 是树，以 S 表示 T 的某个部分子树的结点集，同一子树的弧集记为 $G(S)$，显然 $S\subset N, G(S)\subset A$. 所有可能的 S 构成的集合记为 Ω，对任意 S，$r(S)$ 表示该子树的根，$H(S)$ 表示 N 的一个子集，它的任一元素不属于 S，但有 A 中的一条弧，将其连到 S 的某一结点；对任意 $i\in N$，$K(i)$ 表示所有 N 中有路径连接到 i 的结点集合.

利用如上记号，重新表达模型的目标函数. 在一个子树 $S\in\Omega$ 的所有结点上，产生的污水总量是

$$q(S)=\sum_{i\in S}h_i,\quad \forall S\in\Omega,$$

所有这些污水被设置于 $r(S)$ 的处理厂净化，所需的总费用是

$$f(S)=a_{r(S)}(q(S))+\sum_{(i,j)\in G(S)}b_{ij}(q(S\cap K(i))),\quad \forall S\in\Omega.$$

如 3.3 节中所述，一般说来，一个可行解由 T 的一组不相关联的部分子树所组成，这些子树的全体结点构成集合 N，而每个部分子树所产生的污水全都流到它的根处，并被设在那里的厂完全净化. 令

$\Lambda \subset \Omega$，表示由满足如上条件的一组部分子树所组成的集合；而且，在所有这样的集合中，Λ 是使目标函数值达到最优的一个，即与一切类似集合 Λ' 比较，$\sum\limits_{S\in\Lambda} f(S)$ 极小. 为得到这样最优的解，定义函数

$$g(i)=\min_{S\in\Omega,r(S)=i}\left\{f(S)+\sum_{k\in H(S)}g(k)\right\},\quad \forall i\in N.$$

这一函数可以递推地被计算. 首先从树顶开始，即从那些没有弧以其为终点的结点开始，对这样的结点 i 而言，$H(i)$是空集. 然后继之以由上述结点通过一条弧所达到的，而且除这些弧外无其他弧以其为终点的结点. 如此继续下去，直到点 $r(N)$被计算.

易于看出，$g(i)$的第一项是净化结点 i 与 $S\cap K(i)$所产生污水的费用，第二项是净化结点 $K(i)\setminus S$ 污水的费用；所以，两项之和是净化所有结点 $i\cup K(i)$污水的最小费用. 由此可知，$g(r(N))$将是对所有结点 $r(N)\cup K(r(N))=N$ 净化水的最小费用.

为求得最优解中的所有部分子树，从根结点 $r(N)$开始，将 $g(r(N))$达到极小时，所有把污水送到 $r(N)$处理的结点集合记为 $L(r(N))$；再找出所有 $k\in H(L(r(N)))$，类似地求出所有集合 $L(k)$，它们是下一层次的部分子树；再求 $j\in H(L(r(N))\cup L(k))$，$k\in H(L(N))$，得到 $L(j)$，…，如此继续，直至 $H(L(r(N))\cup\cdots)$为空集. 此时所有的部分子树均已得到.

3.5 实例

令图 3.11 的树形网络表示一个可能的污水处理系统，可以在任何一个结点上修建处理厂. 沿用有关的记号，已知的数据是：

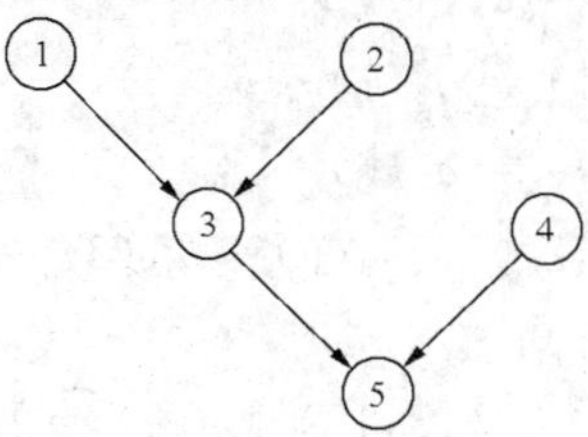

图 3.11

$$h_1=2, h_2=3, h_3=4, h_4=6, h_5=1;$$

当 $x=0$ 时：

$$a_i(x)=b_{ij}(x)=0 \quad (i,j=1,2,\cdots,5);$$

当 $x>0$ 时：

$$a_1(x)=3+2\sqrt{x},\quad a_2(x)=2+\sqrt{x},\quad a_3(x)=2+2\sqrt{x},$$

$$a_4(x)=4+3\sqrt{x},\quad a_5(x)=3+2\sqrt{x},\quad b_{13}(x)=1+\sqrt{x},$$

$$b_{23}(x)=2+\sqrt{x},\quad b_{35}(x)=3+0.5\sqrt{x},\quad b_{45}(x)=1+\sqrt{x}.$$

按照上文所述，首先计算在各个顶层结点独立建厂所需费用：

$$g(1)=\min f(\{1\})=a_1(h_1)=3+2\sqrt{2}=5.83,$$

$$g(2)=\min f(\{2\})=a_2(h_2)=2+\sqrt{3}=3.73,$$

$$g(4)=\min f(\{4\})=a_4(h_4)=4+3\sqrt{6}=11.35,$$

然后考虑以第二层结点为根的子树.所谓第二层结点是指那些仅由从顶层结点出发的弧所指向的结点，在本例中只有结点3.讨论以结点3为根的子树上的最优方案，即从子树上各种可能的建厂方案中选择费用最小的一个.为此我们计算：

$$g(3)=\min\begin{cases} f(\{3\})+g(1)+g(2),\\ f(\{3,2\})+g(1),\\ f(\{3,1\})+g(2),\\ f(\{3,1,2\}),\end{cases}$$

其中各项依次表示三个结点分别独立建厂、结点1处单独建厂，结点3,2合建、结点2单独建厂，结点3,1合建以及三个结点联合建厂的费用，其中费用最小者是子树上的最优方案.

$$f(\{3\})=a_3(4),$$

$$f(\{3,2\})=a_3(7)+b_{23}(3),$$

$$f(\{3,1\})=a_3(6)+b_{13}(2),$$

$$f(\{3,1,2\})=a_3(9)+b_{13}(2)+b_{23}(3).$$

将有关的数据代入，可知

$$g(3)=f(\{3,1\})+g(2)=13.04.$$

如果仅考虑由结点1,2和3组成的子系统，此时问题已经解决，其最优方案是在结点 2 与 3 处分别建厂，1 处的污水全部输送到结点 3 处理，此时所需费用最小，数量为 13.04. 然而对我们的例子而言，还需进一步考虑以最后一层结点 5 为根的全系统，从所有可能的决策方案中选择最优解，即计算：

$$g(5)=\min\begin{cases}f(\{5\})+g(4)+g(3),\\ f(\{5,4\})+g(3),\\ f(\{5,3\})+g(4)+g(2)+g(1),\\ f(\{5,3,4\})+g(2)+g(1),\\ f(\{5,3,2\})+g(1)+g(4),\\ f(\{5,3,1\})+g(2)+g(4),\\ f(\{5,3,4,1\})+g(2),\\ f(\{5,3,4,2\})+g(1),\\ f(\{5,3,2,1\})+g(4),\\ f(\{5,1,2,3,4\}),\end{cases}$$

其中诸项穷尽了系统中所有可能采用的建厂方案. 因而，如上方法实际是穷举法.

$$f(\{5\})=a_5(1),\quad f(\{5,4\})=a_5(7)+b_{45}(6),$$

$$f(\{5,3\})=a_5(5)+b_{35}(4),$$

$$f(\{5,3,4\})=a_5(11)+b_{35}(4)+b_{45}(6),$$

$$f(\{5,3,2\})=a_5(8)+b_{35}(7)+b_{23}(3),$$

$$f(\{5,3,1\})=a_5(7)+b_{35}(6)+b_{13}(2),$$

$$f(\{5,3,4,1\})=a_5(13)+b_{35}(6)+b_{13}(2)+b_{45}(6),$$

$$f(\{5,3,4,2\})=a_5(14)+b_{35}(7)+b_{45}(6)+b_{23}(3),$$

$$f(\{5,3,2,1\})=a_5(10)+b_{35}(9)+b_{23}(3)+b_{13}(2),$$

$$f(\{5,1,2,3,4\})=a_5(16)+b_{13}(2)+b_{23}(3)+b_{35}(9)+b_{45}(6).$$

经过计算可知，

$$g(5)=f(\{5,3,4,1\})+g(2)=24.02.$$

由此可知，最佳设计方案是在结点 2 和 5 设立两个污水处理厂，结点 1，3，4 产生的污水均由管道输送到结点 5 净化，此时达到最低费用 24.02.

从这一例子还可看出，如上算法的工作量是很大的，它正比于 $T=(N,A)$ 中所包含的部分子树的个数. 对于一般的树，这个数目很难估计. 但在一些简单情况下，这个数可以精确算出. 例如，n 个结点排列成直线，一端为树顶，一端为根，仅有一条路径从树顶到根的树，利用对结点数做归纳法，不难算出所有可能的子树数目为 $n(n+1)/2$；又如，由 n 个结点组成的树，其中 $n-1$ 个出度为 1 的结点都直接指向根时，利用排列组合容易知道，所有可能的子树数目为 $n+2^{n-1}-1$. 从这两个简单例子可知，如上所介绍的污水处理厂选址模型的算法，实际只能用于规模不大的网络. 到目前为止，对于大型网络而言，有关的算法仍然是一个研究中的课题.

还应指出，由于上游结点处是否建厂影响下游结点处的决策，故如上由树顶结点逐层下推的计算方案是必须的，而且是一种节省计算量的安排方式. 如上计算法本质上相当求解动态规划，但由于问题本身的特点，在计算程序的安排上，不同于上一章所介绍的表格法.

参考文献

[1] Andrews J G, McLone R R. Mathematical Modelling. London: Butterworths, 1976.

[2] Hua luo-keng, Wang Yuan. Popularizing Mathematical Methods in the People's Republic of China: Some Personal Experiences. Beijing: World Publishing Corporation, 1989.

[3] Mandl C. Applied Network Optimization. New York: Academic Press, 1979.

[4] Bollobás B. Graph Theory. Berlin: Springer-Verlag, 1979.

[5] 伦·库珀等. 运筹学模型概论. 魏国华、周仲良译. 上海：上海科学技术出版社，1987.

第四章 计算机层析成像原理

图像经常被用来表示一个物体或物理系统的构造与性质,例如用一幅图描述某种物质的分子结构,表示一个巨星的亮度分布等,因此图像的表达、处理和解释是很多科学领域的共同问题.我们最为熟悉的是利用物体反射或传播的可见光,由光学仪器所形成的图像;然而在很多希望得到图像的情况下,只可能进行非直接测量,即以不可见射线探测物体,或者对物体所产生的辐射进行解释.非直接测量所得到的资料,以某种方式与所需要的图像相联系,图像重构技术的最一般目的即是对这些资料进行处理,以形成被测量物体的直观图像表示,由此得到对观测对象的某些了解.由于测量所得的资料数量极大,处理程序要求大量的运算,因此计算机是图像重构技术必不可少的工具.最初的图像重构技术出现于医学领域,用于绘制人体内部器官或组织的图像.然而,时至今日这一技术已广泛应用于多种学科与部门,其自身也已成为专门的研究课题,无论是图像所要表达的对象,还是处理方法与图像种类均有重大发展,此处只是一个最基本的介绍.本章第1节介绍医学上如何利用计算机绘制断面图,即所谓层析成像的基本方法;第2节介绍与层析成像有关的称之为拉东(Radon)变换的数学理论.希望能够引发读者进一步探讨的兴趣.

§1 层析成像的基本方法

1.1 引言

所谓层析成像技术,即是用一组平行平面去截所要成像的物体,首先得到在每一平面上的物体图像,然后利用这些平面图像的叠合,得到被测量物体的立体表示.此处称这样的平面图为**断面图**,这个词的英文是 tomography，它的构词成分 tomos 表示切面、切口、薄片、切片之意；而英汉字典对该词的释义是：层面 X-线照相术. 这是因为最初医学成像是使用 X-射线的缘故.

医学上绘制计算机断面图的基本问题是：如何利用由位于同一截面，但方向不同的大量射线所收集的信息，恢复该截面人体组织的图像，并将其显示在终端屏幕上. 层析成像系统的英文名称是 Computer-Aided-Tomography-scanner，缩写为 CAT-scanner，这就是口语中 CT-扫描一词的来源. 世界上第一个这样的医用商业系统 1971 年由一家英国公司制造，其发明者豪斯菲尔德(G. N. Hounsfield)与科马克(A. M. Cormack)于 1979 年被授予诺贝尔奖. 下面即对这样的系统做一简单介绍.

通常的胸部 X-透视，是将平行的 X-射线束垂直穿过人体再投影到屏幕上，由于人体各部分对射线吸收能力不同，屏幕上便显示出黑白亮度不同的图形. 但这一图形只反映垂直于射线方向上无穷多个平行截面之人体组织的叠加或平均，它不能给出人体组织的空间分布.

X-射线断面图与透视不同，它依据位于探测截面上的数万以至数十万条极细的不同射线，绘制出此截面的人体组织结构. 它所利用的是射线穿过被测物体后强度的变化. 所有射线的初始强度是知道的，每条射线穿过被测物体后其强度再次被测量，并将结果送入计算机. X-射线扫描被探测截面的方式有两种，一为平行方式，一为扇形方式，它们分别示于图 4.1 中. 在平行模式中，一个 X-射线源和一个强度探测器在视域中等间距同步平移，在不同的位置上对彼此平行的射线进行多次测量和记录，然后源与探测装置共同旋转一个小的角度，再次进行多次平行测量. 最早的系统即采用这一工作方式，源与探测器每次平移测量 160 条平行射线，然后以 1 度为间隔，旋转到一新的位置，共转角 180 度. 由此可知这种方式所测量的射线总数为 $160\times180=28800$，需要时间 5.5 分. 以后出现的通用电气公司的 CT/T 系统使用扇形扫描，工作方式如图示，它所测量的射线总数为 184320，需时 4.6 秒.

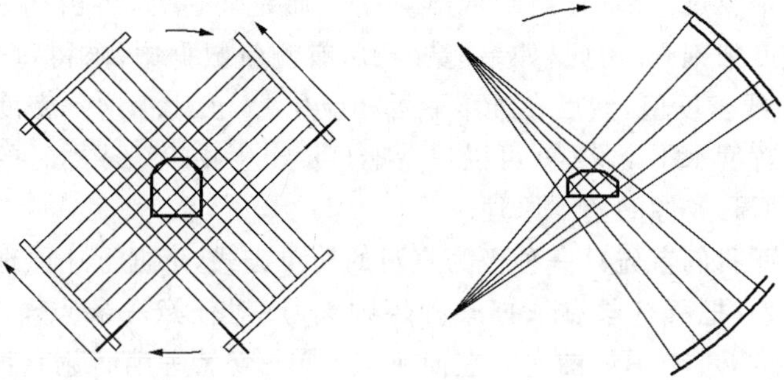

图 4.1

1.2 原理与模型

为说明计算机绘制断面图的基本原理与数学模型，首先看如下的示意图 4.2. 人体不同组织与器官对 X-射线的吸收能力是不同的，即对同样面积或体积的不同组织与器官而言，当入射的 X-射线有相同强度时，穿透后离开的射线则有不同强度. 入射前与穿透后射线强度的比值刻画了不同组织和器官的不同性质，这样的比值可称做生物组织或器官的 X-射线密度. 为确定扫描截面内各个局部的 X-射线密度，如图 4.2 所示，把视域划分为正方形网格，每个格子称为一个象点. 世界上第一台这样的装置有 80×80=6400 个象点；而在通用电气公司的 CT/T 系统中则包括 320×320=102400 个象点. 每个象点实际面积大约 1 mm×1 mm. 由于这一面积非常之小，因而可以假

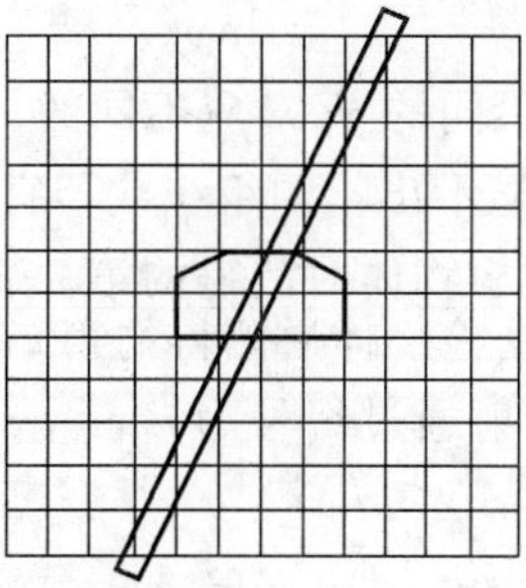

图 4.2

设在一个象点范围内,组织或器官的性质是均一的,可由同一的 X-射线密度来刻画. 由此,如果能够从所有测量数据中,求得每个象点的 X-射线密度值,然后在屏幕显示相应位置,正比于这一密度,决定图像的辉度水平,那么就可以清楚地显示出生物组织或器官的结构. 这就是 CT-成像的基本原理.

下面我们首先以一种极为直观的简单方式,依据上述原理,建立数学模型. 把所有象点依据某种规则编号. 对任意一象点 j 定义其 X-射线密度. 考虑如图 4.3 左面所示的单一象点垂直入射情况,令

$$y_j = \frac{\text{进入第 } j \text{ 个象点的射线强度}}{\text{离开第 } j \text{ 个象点的射线强度}}.$$

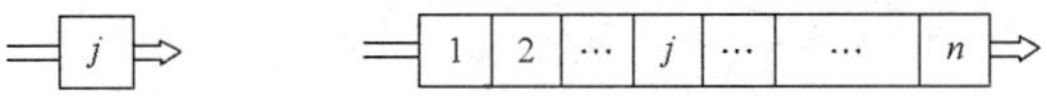

图 4.3

显然,y_j 刻画了象点 j 的特性. 再考虑如图 4.3 所示的顺序排列的一列 n 个象点,仍然是正入射的情况,由前述 y_j 定义,容易得到

$$y_1 y_2 \cdots y_n = \frac{\text{进入第 1 个象点的射线强度}}{\text{离开第 } n \text{ 个象点的射线强度}}.$$

上式右端的量显然是可以测量的: 其分子可由同样装置在无受检物体情况下测得,分母则在临床应用时测得. 若假设每一条射线均按以上方式给出一个方程,合起来将得到一个以象点射线密度为未知数的非线性方程组,因此求解是非常困难的. 为克服这一点,只需采用一个十分简单的数学技巧,即将任意象点 j 的 X-射线密度定义为

$$x_j = \ln y_j, \tag{1}$$

因为 $\ln y$ 是单调函数,不同的 y_j 对应不同的 x_j,因而以正比于 x_j 的辉度,屏幕上仍然可以显示出不同组织或器官的清晰图像. 令

$$b_i = \ln\left(\frac{\text{无受检物体时测得的第 } i \text{ 条射线强度}}{\text{穿透受检物体后测得的第 } i \text{ 条射线强度}}\right), \tag{2}$$

若假设第 i 条射线正入射通过编号为 $i_1, i_2, \cdots, i_n$ 的 n 个象点,则由上述,可得方程

$$x_{i_1} + x_{i_2} + \cdots + x_{i_n} = b_i, \tag{3}$$

出现于上式左端的量是未知数,右端由扫描测得. 如果把视域中所有

N 个象点的 N 个未知数都包括进(3)式，则有

$$a_{i1}x_1 + a_{i2}x_2 + \cdots + a_{iN}x_N = b_i,$$

$$a_{ij} = \begin{cases} 1, & \text{如果射线 } i \text{ 穿过象点 } j, \\ 0, & \text{其他.} \end{cases}$$

由前述 CT-扫描的工作方式可知，并非所有射线都是正入射穿过一列象点的，此时同一射线在不同象点格子中穿过的长度不同，因而被吸收的强度不同于正入射. 此时为使方程更准确，应对方程系数 a_{ij} 加以修正，以反映每个象点格子中的射线长度对射线强度衰减的影响. 确定 a_{ij} 的方式可有以下三种：

1. 象点中心法. 即令

$$a_{ij} = \begin{cases} 1, & \text{如果第 } i \text{ 条射线恰通过第 } j \text{ 个象点中心}, \\ 0, & \text{其他.} \end{cases}$$

2. 中心线长度法. 对于此方法

$$a_{ij} = \left(\frac{\text{射线 } i \text{ 在第 } j \text{ 个象点方格中的长度}}{\text{象点方格边长}}\right).$$

3. 面积法. 采用这一方法时，认为射线是有宽度的，此时令

$$a_{ij} = \left(\frac{\text{射线 } i \text{ 在第 } j \text{ 个象点方格中扫过的面积}}{\text{垂直入射时射线 } i \text{ 在象点方格 } j \text{ 中扫过之面积}}\right).$$

任何一种处理，最终均导致一个大型线性代数方程组，形如：

$$\begin{aligned} a_{11}x_1 + a_{12}x_2 + \cdots + a_{1N}x_N &= b_1, \\ a_{21}x_1 + a_{22}x_2 + \cdots + a_{2N}x_N &= b_2, \\ &\cdots\cdots \\ a_{M1}x_1 + a_{M2}x_2 + \cdots + a_{MN}x_N &= b_M, \end{aligned}$$

其中 M 与 N 依次为总射线数与总格点数. 这一方程组的特点是方程个数大大超过未知数个数，而且系数矩阵是稀疏的，即其中包含大量的零元素. 以前面提到过的通用电气公司 CT/T 系统为例，$M=184320$，而 $N=102400$；对面积法而言，每一个方程中不为零的系数最多不超过 320×3，即非零系数所占比例小于百分之一；对于象点中心法和中心线长度法，情况也是类似的. 还应指出的是：由于包含有模型误差与测量误差，所得到的是一矛盾代数方程组，不可能指望

方程组有精确解.因而必须在某种合理意义下定义什么是解,并用适当的数值方法求得.

1.3 数值方法

下面所要介绍的是世界上第一个CT-系统用以求解大型稀疏矩阵矛盾代数方程组的数值方法,称为代数重构技术(Algebraic Reconstruction Technique).这一方法简便易行,因此至今仍在某些领域内使用.为便于说明,我们先来考虑一个仅由三个方程两个未知数构成的超定方程组,它没有精确解,其一般形式为

$$a_{11}x_1 + a_{12}x_2 = b_1,$$
$$a_{21}x_1 + a_{22}x_2 = b_2,$$
$$a_{31}x_1 + a_{32}x_2 = b_3.$$

一般而言,这一方程组可由 x_1, x_2 平面上不交于一点的三条直线表示.如排除三条直线平行的情况,则如图4.4所示.这三条直线虽然没有公共交点,然而如果它们确实代表一个由合理误差因素造成的超定方程组,则三条直线所围成的三角形面积不会很大,且三角形中的任何一点均有资格作为方程组的近似解.下面就来叙述一个可行的解法,它可以在如上三角形的边界或内部求得所要的近似解,其步骤如下:

1. 在 x_1-x_2 平面上选择任意的一个初始点,记做 $\boldsymbol{x}_0^{(1)}$.

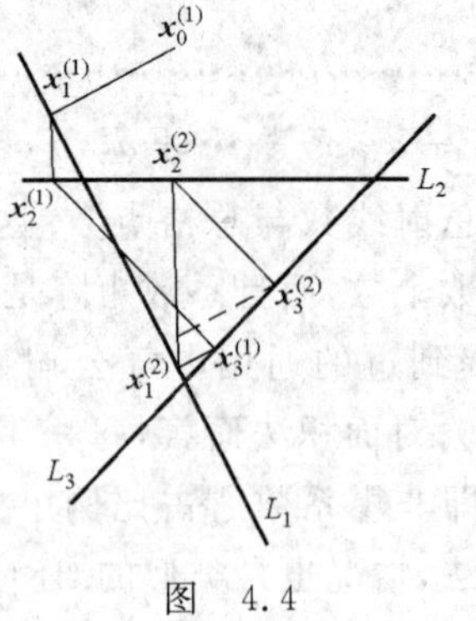

图 4.4

2. 将 $\boldsymbol{x}_0^{(1)}$ 正交投影到代表第一个方程的直线 L_1 上,得到一个点 $\boldsymbol{x}_1^{(1)}$;上标(1)表示第一个循环;下标 1 表示该点属于 L_1.

3. 将 $\boldsymbol{x}_1^{(1)}$ 正交投影到代表第二个方程的直线 L_2 上,得到点 $\boldsymbol{x}_2^{(1)}$. 类似地可以得到在第三条直线 L_3 上 $\boldsymbol{x}_2^{(1)}$ 的投影点 $\boldsymbol{x}_3^{(1)}$.

4. 将 $\boldsymbol{x}_3^{(1)}$ 取做新的 $\boldsymbol{x}_0^{(1)}$,回到步骤 2,开始第二个循环. 如此继续. 在第 i 个循环中,三个投影点依次记为 $\boldsymbol{x}_1^{(i)},\boldsymbol{x}_2^{(i)},\boldsymbol{x}_3^{(i)}$.

5. 当循环次数足够大时,在一定精度内,$\{\boldsymbol{x}_1^{(i)}\}$,$\{\boldsymbol{x}_2^{(i)}\}$,$\{\boldsymbol{x}_3^{(i)}\}$三个点列依次收敛到极限点 $\boldsymbol{x}_1^*,\boldsymbol{x}_2^*,\boldsymbol{x}_3^*$. 这三点中的任何一个,或者它们的任何一个凸组合,均可作为超定方程组的近似解.

图 4.4 是如上算法的图示,尚待说明的是算法的收敛性. 按照如上的计算步骤,在三条直线上可以得到三个点列,即:

$$L_1:\quad \boldsymbol{x}_1^{(1)},\boldsymbol{x}_1^{(2)},\boldsymbol{x}_1^{(3)},\cdots,\boldsymbol{x}_1^{(n)},\cdots,$$
$$L_2:\quad \boldsymbol{x}_2^{(1)},\boldsymbol{x}_2^{(2)},\boldsymbol{x}_2^{(3)},\cdots,\boldsymbol{x}_2^{(n)},\cdots,$$
$$L_3:\quad \boldsymbol{x}_3^{(1)},\boldsymbol{x}_3^{(2)},\boldsymbol{x}_3^{(3)},\cdots,\boldsymbol{x}_3^{(n)},\cdots.$$

以下说明只要三条直线不完全平行,这三个点列就分别各自收敛到一个极限点,即如上算法中给出的 $\boldsymbol{x}_1^*,\boldsymbol{x}_2^*,\boldsymbol{x}_3^*$. 这三个点构成上述迭代过程的一个周期为 3 的极限环,且这一极限环独立于初值 $\boldsymbol{x}_0^{(1)}$ 的选择.

事实上,我们只要能够说明三个点列中任何一个收敛就够了,此时由三个点列的生成方式可知,另外两个也一定收敛. 无妨考虑 L_1 上的点列. 由级数与序列的关系可知,如在某种范数意义下,级数

$$S=\boldsymbol{x}_1^{(1)}+\sum_{k=1}^{\infty}(\boldsymbol{x}_1^{(k+1)}-\boldsymbol{x}_1^{(k)})$$

收敛,则 $\boldsymbol{x}_1^*$ 存在. 不难说明,在欧几里得范数意义下,对任意指标 k,

$$\|\boldsymbol{x}_1^{(k+2)}-\boldsymbol{x}_1^{(k+1)}\|\leqslant\alpha\|\boldsymbol{x}_1^{(k+1)}-\boldsymbol{x}_1^{(k)}\|,\quad 0\leqslant\alpha<1.$$

上式所以成立,原因在于 L_1 上 $\boldsymbol{x}_1^{(k+2)},\boldsymbol{x}_1^{(k+1)}$ 两点间的线段是由点 $\boldsymbol{x}_1^{(k+1)}$ 和 $\boldsymbol{x}_1^{(k)}$ 间的线段依次正交投影到 L_2,L_3 再到 L_1 上得到的;由于三条直线不完全平行,故必有 $0\leqslant\alpha<1$. 由此收敛性证毕. 同样的方法还可以证明唯一性. 设有两个极限点 $\boldsymbol{x}_1^*$ 和 $\boldsymbol{x}_1^{**}$,由极限点定义,

线段($\boldsymbol{x}_1^*$,$\boldsymbol{x}_1^{**}$)在算法所描述的投影作用下应不变，但在三直线不完全平行时，这是不可能的，因而只能有唯一的极限点. 由此可知，当方程组有唯一解时，如上算法一定收敛到这个解. 这也说明了如上方法确定近似解方式的合理性.

这一算法不难推广到一般情况. 记

$$\boldsymbol{x}^{\mathrm{T}} = (x_1, x_2, \cdots, x_N), \quad \boldsymbol{a}_i^{\mathrm{T}} = (a_{i1}, a_{i2}, \cdots, a_{iN}), \quad i = 1, 2, \cdots, M,$$

则所要求解的线性代数方程组可以表示为

$$\boldsymbol{a}_i^{\mathrm{T}} \boldsymbol{x} = b_i, \quad i = 1, 2, \cdots, M. \tag{4}$$

以 $\boldsymbol{x}_k^{(p)}$ 表示类似于前的一般算法中，第 p 个循环在第 k 个超平面上的投影点，不难知道

$$\boldsymbol{x}_k^{(p)} = \boldsymbol{x}_{k-1}^{(p)} + \frac{(b_k - \boldsymbol{a}_k^{\mathrm{T}} \boldsymbol{x}_{k-1}^{(p)})}{\boldsymbol{a}_k^{\mathrm{T}} \boldsymbol{a}_k} \boldsymbol{a}_k. \tag{5}$$

可以证明，如果向量组 $\boldsymbol{a}_1, \boldsymbol{a}_2, \cdots, \boldsymbol{a}_M$ 张成空间 $\boldsymbol{R}^N$，那么在任一超平面 i 上的点列 $\boldsymbol{x}_i^{(k)}$($k=1,2,\cdots$)，将收敛到唯一的极限点 $\boldsymbol{x}_i^*$，且这一极限点与初值选取无关. 任意一个 $\boldsymbol{x}_i^*$ 或者它们的任一凸组合，均可作为象点射线密度的近似值，用于绘图.

如上算法有一个很直观的解释：如果在决定方程组系数 a_{ij} 时采用象点中心法，那么(5)式中的分母 $\boldsymbol{a}_k^{\mathrm{T}} \boldsymbol{a}_k$ 表示第 k 条射线通过的象点格子数，而分子 $b_k - \boldsymbol{a}_k^{\mathrm{T}} \boldsymbol{x}_{k-1}^{(p)}$ 表示当各个象点射线密度等于 $\boldsymbol{x}_{k-1}^{(p)}$ 时，第 k 条射线上射线密度的“不足”部分；(5)式的意义是将这一不足的射线密度平均分配到射线所穿过的各个象点上去，由此得到一组新的射线密度值，这组值使第 k 条射线所给出的方程精确满足. 迭代过程则表示对所有射线轮番修正，直到得到满意的精度.

§2 基于拉东变换的成像理论

今天层析成像技术已经大大发展了，除上文所述代数重构技术外，已有了更好的处理方法，新方法的理论依据是数学中的拉东变换. 拉东变换早在 1917 年即由奥地利数学家拉东提出，有趣的是，层析成像的最初发明者并未利用这一理论.

2.1 建立数学模型的又一种方法

在讨论用拉东变换理论处理 CT-成像问题之前，让我们以一种更为数学化的方式，建立成像问题的数学模型，即导出与(4)相应的线性代数方程组；其中的未知数与前述象点射线密度有同样作用，但具体定义方式不同.

由于生物组织或器官对 X-射线有吸收作用，因此任何射线的强度 I 随其穿透生物组织或器官的距离而衰减，若以 s 表示沿一射线的长度坐标，那么其强度变化可由以下方程确定，即

$$\frac{\mathrm{d}I}{\mathrm{d}s}=-c(s)I,$$

其中 $c(s)$称为吸收系数，它刻画了在射线坐标 s 处单位长度的生物组织或器官对单位强度射线的吸收能力. 显然，对绘制计算机断面图而言，$c(s)$和前一节的象点射线密度可起同样作用. 假设射线源的强度，即射线进入生物组织或器官前的强度为 I_0，穿过生物组织或器官后，第 i 条射线强度为 I_i，由上述常微分方程可知：

$$I_i = I_0\exp\left(-\int_{\text{射线}i}c(\xi)\mathrm{d}\xi\right).$$

上式中，吸收系数是未知的，它以非线性方式出现，这不利于求解. 为得到便于数学处理的表达式，做如下两点假设：(i) 生物组织或器官对于 X-射线的吸收能力是弱的，即 $\int c(\xi)\mathrm{d}\xi$ 是小量；(ii) 当在截面上用小的方形网格划分生物组织或器官时，在每一方格内 $c(s)$可视为常数. 将方格编号为 $1,2,\cdots,N$，相应吸收系数记为 $c_1,c_2,\cdots,c_N$. 由假设(i)，$\exp\left(-\int_{\text{射线}i}c(\xi)\mathrm{d}\xi\right)\simeq 1-\int_{\text{射线}i}c(\xi)\mathrm{d}\xi$，再用黎曼和代替积分，得到

$$\Delta I_i = \frac{I_0 - I_i}{I_0} = \sum_{j=1}^{N}\Delta s_{ij}c_j,\quad i = 1,2,\cdots,M,$$

式中 Δs_{ij} 为第 i 条射线在第 j 个方格中穿过的长度. 由此同样得到了一个线性代数方程组，这一方程组以函数 c 在每一方格中的值为未

知数，它的解同样可用来绘制计算机断面图. 此处的推导方式更为数学化，它可适用于更广泛的情况. 特别是，这一推导对理解拉东变换理论有重要作用.

2.2 什么是拉东变换

由前述可知，为得到CT-扫描的图像，需要在给定平面区域的任何一点，求得某一确定函数的值，所依据的测量值是该函数在同一平面上沿任何一条直线的积分. 这些线积分值常常被称为被积函数的投影值. 由投影值恢复函数值的问题在数学上可以由拉东变换处理. 下面将所讨论的函数记为 $g(x,y)$，首先说明什么是 $g(x,y)$ 的拉东变换.

令 L 表示平面上的任何一条直线，它的位置由两个参数 (l,θ) 来决定，其中 $l\geqslant 0$ 表示从坐标原点到这条直线的垂直距离；$0\leqslant\theta<2\pi$ 表示 x 轴与从原点到该直线的垂线之间的夹角. 这些参数的意义如图 4.5 所示. 坐标系统 (l,θ) 与极坐标很相似，但并不是极坐标；这从点 $(0,\theta)$，$0\leqslant\theta<2\pi$ 代表过原点的不同直线即可看出.

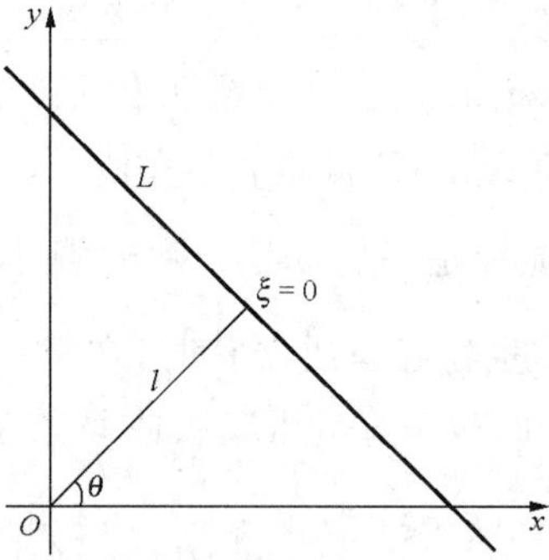

图 4.5

定义 2.1 设函数 $g(x,y)$ 沿平面上任何一条直线 L：(l,θ) 可积，称

$$[\mathscr{R}g](l,\theta)=\int_{-\infty}^{\infty}g(l\cos\theta-\xi\sin\theta,l\sin\theta+\xi\cos\theta)\,\mathrm{d}\xi$$

为函数 $g(x,y)$ 的**拉东变换**.

注意到 $(l\cos\theta-\xi\sin\theta, l\sin\theta+\xi\cos\theta)$ 是直线 L 以 ξ 为参数的参数方程,不难看出所谓函数 $g(x,y)$ 的拉东变换 $[\mathscr{R}g](l,\theta)$ 实际是函数 g 沿直线 (l,θ) 的积分,且对成像问题而言,这一积分实际只涉及一有界范围内的函数值.为把 l 的定义域扩展为 $(-\infty,\infty)$, θ 定义域扩展为任意角度,进一步规定

$$
\begin{aligned}
[\mathscr{R}g](l,\theta) &= [\mathscr{R}g](-l,\theta+\pi) = [\mathscr{R}g](-l,\theta-\pi) \\
&= [\mathscr{R}g](l,\theta+2k\pi), \\
&\qquad k = 0,1,2,\cdots.
\end{aligned}
$$

由如上定义,不难得到拉东变换的简单性质:

1. 平移性质.如果 $g(x,y)=f(x-x_0,y-y_0)$,则

$$[\mathscr{R}g](l,\theta) = [\mathscr{R}f](l-x_0\cos\theta-y_0\sin\theta,\theta).$$

2. 旋转性质.若 $g(x,y)=f(x\cos\phi-y\sin\phi, x\sin\phi+y\cos\phi)$,则

$$[\mathscr{R}g](l,\theta) = [\mathscr{R}f](l,\theta+\phi).$$

3. 伸缩性质.如果 $c\neq 0$, $g(x,y)=f(cx,cy)$,则

$$[\mathscr{R}g](l,\theta) = |c|^{-1}[\mathscr{R}f](cl,\theta).$$

容易看出,CT-成像相当于对一切 (l,θ) 已知 $[\mathscr{R}g](l,\theta)$ 的值,反求 $g(x,y)$.这在数学上相当于求解第一类积分方程,或者说,要求出拉东变换的逆转公式.在给出这一逆转公式的形式表达之前,先来看一下拉东变换的一个重要性质,为此需要如下的准备知识.

2.3 若干准备知识

为给出拉东变换的逆,此处叙述一些有关的准备知识,但不做严格数学论证,所有推导均是形式的,只在必要时附加简短的启发性说明.以下假设所讨论的函数都是平方可积的,对成像问题而言,这并不构成限制,因为视域永远是有限的,可以认为所考虑的函数只在有限范围内不为零.现将所需要的结果罗列如下:

1. 对任何平方可积函数 $g(x,y)$,以 $[\mathscr{F}_2 g]$ 表示其二维傅里叶(Fourier)变换,则变换及逆转公式为:

$$[\mathscr{F}_2 g](k_1, k_2) = \int_{-\infty}^{\infty}\int_{-\infty}^{\infty} g(x,y)\exp(-2\pi i(k_1 x + k_2 y))\mathrm{d}x\mathrm{d}y,$$

$$g(x,y) = \int_{-\infty}^{\infty}\int_{-\infty}^{\infty} [\mathscr{F}_2 g](k_1, k_2)\exp(2\pi i(k_1 x + k_2 y))\mathrm{d}k_1\mathrm{d}k_2.$$

2. 以 $\mathscr{F}_1$ 表示一维傅里叶变换，相应的频率域变量记为 k；对一个二元函数，$\mathscr{F}_1$ 表示变换对其第一个变量进行，此时为避免混淆，相应的频率域变量记为 k_1，有时也以对 $\mathscr{F}$ 附加下标字母的方式表示所要变换的变量；以 g_x 记 g 对 x 的偏导数，g_1, g_2 表示两个不同函数，$*$ 表示卷积运算，则有

$$[\mathscr{F}_1 g_x](k_1) = 2\pi i k_1 [\mathscr{F}_1 g](k_1),$$

$$[\mathscr{F}_1(g_1 * g_2)](k_1) = [\mathscr{F}_1 g_1](k_1) \times [\mathscr{F}_1 g_2](k_1).$$

3. 在广义函数意义下，函数 $-1/x$ 的傅里叶变换是 $\pi i \operatorname{sgn}(k)$，其中 $i^2 = -1$，

$$\operatorname{sgn}(k) = \begin{cases} 1, & k > 0, \\ -1, & k < 0. \end{cases}$$

对此结论可这样理解：从广义函数理论可知，$\frac{\mathrm{d}}{\mathrm{d}x}\operatorname{sgn}(x) = 2\delta(x)$，两端同时取傅里叶变换，得到 $2\pi i k[\mathscr{F}_1(\operatorname{sgn})](k) = 2$，此即

$$[\mathscr{F}_1(\operatorname{sgn})](k) = -\frac{i}{\pi k}. \tag{6}$$

由傅里叶变换定义容易知道：如果 $[\mathscr{F}_1 g](k) = h(k)$，那么，函数 h 的傅里叶变换是 $[\mathscr{F}_1 h](k) = g(-k)$. 将这一关系用于(6)式，即得所要结论.

4. 任何一个平方可积函数 $g(x)$ 的希尔伯特(Hilbert)变换定义为：

$$[\mathscr{H}g](t) = -\frac{1}{\pi}\lim_{\varepsilon\to 0}\left[\int_{-\infty}^{t-\varepsilon}\frac{g(\xi)}{t-\xi}\mathrm{d}\xi + \int_{t+\varepsilon}^{\infty}\frac{g(\xi)}{t-\xi}\mathrm{d}\xi\right],$$

以 $\mathscr{F}_t$ 表示对变量 t 的傅里叶变换，由卷积定理与以上结论 3 中所述结果，形式上可得

$$[\mathscr{F}_t\mathscr{H}g](k) = i\ \operatorname{sgn}(k)[\mathscr{F}_1 g](k). \tag{7}$$

这是下面要引用的主要结果.

2.4 拉东变换与傅里叶变换的关系

本节建立拉东变换与傅里叶变换间的关系,这一关系是拉东变换逆转公式的基础,它体现在如下定理中.

定理 2.1 以 $\mathscr{F}_l$ 表示对变量 l 的傅里叶变换,相应的对偶变量记为 t,其他符号用法同前,则有

$$[\mathscr{F}_l \mathscr{R} g](t,\theta) = [\mathscr{F}_2 g](t\cos\theta, t\sin\theta).$$

证明 由拉东变换定义及延拓方式可知,函数 $g(x,y)$ 经拉东变换后,再对变量 l 做一维傅氏变换,其结果可表示为

$$[\mathscr{F}_1 \mathscr{R} g](t,\theta) = \int_{-\infty}^{\infty}\int_{-\infty}^{\infty} g(l\cos\theta - \xi\sin\theta, l\sin\theta + \xi\cos\theta) \times \exp(-2\pi \mathrm{i} lt)\,\mathrm{d}\xi\mathrm{d}l,$$

做变换

$$\begin{bmatrix} x \\ y \end{bmatrix} = \begin{bmatrix} \cos\theta & -\sin\theta \\ \sin\theta & \cos\theta \end{bmatrix}\begin{bmatrix} l \\ \xi \end{bmatrix},$$

由此得到:

$$\begin{aligned}
&[\mathscr{F}_l \mathscr{R} g](t,\theta) \\
&= \int_{-\infty}^{\infty}\int_{-\infty}^{\infty} g(x,y)\exp(-2\pi \mathrm{i}(xt\cos\theta + yt\sin\theta))\,\mathrm{d}x\mathrm{d}y \\
&= [\mathscr{F}_2 g](t\cos\theta, t\sin\theta).
\end{aligned}$$

定理证毕.

如上定理表明,当对一切(l,θ)值知道了函数的拉东变换时,相当于知道了函数的二维傅里叶变换,只不过在频率域采用的是(t,θ)坐标.

2.5 拉东变换的反演公式

任一平方可积函数 $g(x,y)$,由其二维傅里叶变换及逆转公式可表示为

$$g = \mathscr{F}_2^{-1}[\mathscr{F}_2 g].$$

当频率域选用极坐标时,上式记为

$$g(x,y)=\int_0^{2\pi}\int_0^{\infty}[\mathscr{F}_2 g](t\cos\theta,t\sin\theta)$$
$$\times\exp(2\pi i t(x\cos\theta+y\sin\theta))t\mathrm{d}t\mathrm{d}\theta$$
$$=\int_0^{\pi}\int_{-\infty}^{\infty}[\mathscr{F}_2 g](t\cos\theta,t\sin\theta)$$
$$\times\exp(2\pi i t(x\cos\theta+y\sin\theta))|t|\mathrm{d}t\mathrm{d}\theta.$$

由前一小节所述定理及傅里叶变换逆转公式,有

$$g(x,y)=\int_0^{\pi}\int_{-\infty}^{\infty}[\mathscr{F}_l\mathscr{R}g](t,\theta)|t|\exp(2\pi i t(x\cos\theta+y\sin\theta))\mathrm{d}t\mathrm{d}\theta$$
$$=\int_0^{\pi}[\mathscr{F}_l^{-1}(|t|[\mathscr{F}_l\mathscr{R}g](t,\theta))](x\cos\theta+y\sin\theta,\theta)\mathrm{d}\theta$$
$$=\int_0^{\pi}[\mathscr{F}_l^{-1}(\mathrm{sgn}(t)t[\mathscr{F}_l\mathscr{R}g](t,\theta))](x\cos\theta+y\sin\theta,\theta)\mathrm{d}\theta. \tag{8}$$

我们进一步假定函数 $g(x,y)$ 的拉东变换 $[\mathscr{R}g](l,\theta)$ 对变量 l 可微分,并将相应的导算子记为 $\mathscr{D}_l$. 利用导函数的傅里叶变换与原来函数变换间的关系,再利用 2.3 节中的(7)式,以 $\mathscr{H}_l$ 表示对变量 l 的希尔伯特(Hilbert)变换,从(8)式直接得到:

$$g(x,y)=-\frac{1}{2\pi}\int_0^{\pi}[\mathscr{F}_l^{-1}(\mathscr{F}_l\mathscr{H}_l\mathscr{D}_l\mathscr{R}g)](x\cos\theta+y\sin\theta,\theta)\mathrm{d}\theta$$
$$=-\frac{1}{2\pi}\int_0^{\pi}[\mathscr{H}_l\mathscr{D}_l\mathscr{R}g](x\cos\theta+y\sin\theta,\theta)\mathrm{d}\theta. \tag{9}$$

为把(9)式写得更为紧凑,我们定义所谓的反投影变换.

定义 2.2 设积分

$$[\mathscr{B}h](x,y)=\int_0^{\pi}h(x\cos\theta+y\sin\theta,\theta)\mathrm{d}\theta$$

对任何参数 x,y 的取值可积,则称之为函数 $h(l,\theta)$ 的反投影变换.

利用反投影变换以及有关的算子符号,(9)式可以简洁地表达为:

$$g=-\frac{1}{2\pi}\mathscr{B}\mathscr{H}_l\mathscr{D}_l\mathscr{R}g. \tag{10}$$

这就是拉东变换逆转公式的最终形式. 这一公式当然可用于 CT-成

像. 然而必须指出：如上公式中包含有微分与奇异积分算子，因此不能简单地加以应用，必须采用适当的数值方法正确处理. 由于处理方式不同，故有不同的实际方法. 有兴趣的读者可参阅有关的文献，本节所给出的只是一个原理性的介绍. 还应说明，以上介绍的是拉东变换的二维理论，实际上，这一变换可以在一般的 $\boldsymbol{R}^n$ 空间中进行讨论，此处不再叙述.

参考文献

[1] Rorres C, Anton H. Applications of Linear Algebra. New York: John Wiley & Sons, 1984.

[2] Herman G T. Image Reconstruction from Projections: Implementation and Applications. Berlin: Springer-Verlag, 1979.

[3] 吴世法. 近代成像技术与图像处理. 北京：国防工业出版社，1997.

第五章 密码学初步

密码学的英文是 Cryptography，就词源学而言，它来自表示“秘密”意义的希腊文 kryptos 和意指“书写”的希腊文 graphein. 它是一门古老而神秘的学科，其起源可以追溯到几千年前的埃及、巴比伦、古罗马和古希腊. 由于保密通讯对军事、外交、情报和国家安全等方面的重要意义，直至近代，这一学科的研究及使用几乎完全被各国政府部门所掌握. 然而随着电子计算机的迅猛发展和普及，网络系统在社会生活的各领域起着日益重要的作用；随之而来的便是信息通讯及存储中的保密问题，这对密码学提出了一系列新课题，使之发展到了一个新的阶段. 近代密码学包括密码编码学和密码分析学两大部分，还要讨论网络系统加密及密钥管理等问题. 此处不可能介绍密码学的全貌，我们仅通过几个成功而又有趣的实例，说明数学与这一领域的关系.

密码学的一个重要方面即是试图给出一种方法，改变信息的原有形式，使得除了某些特定人员外，其他人难以读懂这一信息的内容. 密码学中的信息代码称为密码，尚未转换成密码的文字信息称为明文，由密码表示的信息称为密文，从明文到密文的转换过程称为加密，相反的过程称为解密. 显然，加密过程必须遵循某种规则，请看下面的简单例子. 如下一段英文是我们所要传递的信息明文：

Yet it may be roundly asserted that human ingenuity cannot concoct a cipher which human ingenuity cannot resolve(可以断言：人类智能不可能编制出人类智能不可破译的密码).

对应的密文是：

Ekz oz sge hk xuatjre gyykxzkj zngz nasgt otmktaoze igttuz iutiuiz g iovnkx cnoin nasgt otmktaoze igttuz xkyurbk.

明文到密文的转换规则是：保留明文的大小写、空格及标点符号，而将每一字母以英文字母表中右面第六个字母代替. 据说，这一类转换方式最初是由古罗马皇帝朱利叶斯·恺撒最先使用的，但恺撒是以字母 A 对应 D，B 对应 E，等等. 也就是说以右边第三个字母取代原字母. 为纪念恺撒，至今仍把一切保持字母自然顺序的对应规则称为恺撒换字表或恺撒密表.

一般说来，一个密码系统可以抽象地表示为如下的五元组：

$$\{X,Y,E,D,k\}$$

其中字母 X 表示信息明文，Y 表示密文，E 表示一族加密变换，D 表示一族解密变换，而任何特定的一个加密或解密变换由指标 k 给定，k 称做密钥；实际使用的加密变换和解密变换分别记为 E_k 和 D_k. 在上面的例子中，恺撒密表就是一类变换，而在明文与密文转换时，具体指定间隔几个字母则相当选定了密钥 k. 密钥当然是应当严加保密的.

一个密码系统称之为是不可破译的，其含义是说，不存在一种密码分析技术，使得在不知解密规则的情况下，可从该系统的密文解释出明文. 对于那些按确定性规则编制且反复使用的密码，原则上说来最终均可破译；然而当破译所需工作量极大，所花费的时间实际不可能实现，或者大大超过所需要的保密期限时，密码系统就是可以使用的. 下面我们转向介绍在密码史上有重要地位，由希尔(L. S. Hill)所发明的密码.

§1　希尔密码系统

前面介绍了恺撒换字表，这种密码有一个致命的弱点，即明文中的每一字母与密文中对应字母有相同的使用频率；因而当被截获的密文累积到一定数量时，利用所出现符号的统计频率，再利用拼音文字所固有的字母连接特点，就可以进行破译. 克服此弱点的一种方法是，将明文中的每 n 个字母划为一组，然后依照某种规则，按组与 n 个字母组成的密文相对应. 由于变换由字母组决定，因此，明文中出现在不同组合中的同一字母，在密文中对应的密码是不同的. 希尔密码以矩阵变换的方法建立字母组间的对应关系，该方法由希尔于1929年首先提出，它使得密码学进入以数学方法处理问题的阶段.

1.1 希尔密码的加密方法

在如下讨论中，无论明文或密文，均假定每一字母对应一个非负整数. 一种最自然的对应方式，是令这一整数为任一字母在字母表中的位置；但有一个例外，即字母 Z 对应数字 0 而不是 26，这样做的理由下文自明. 为便于查阅，我们将这一对应关系列于下表：

A	B	C	D	E	F	G	H	I	J	K	L	M
1	2	3	4	5	6	7	8	9	10	11	12	13
N	O	P	Q	R	S	T	U	V	W	X	Y	Z
14	15	16	17	18	19	20	21	22	23	24	25	0

为便于叙述，我们仅考虑希尔密码最简单的形式，即考虑明文字母按先后顺序每两个分为一组的情况. 如电文字母总数为奇数，则在最后位置任意补缀一个. 为了将每组字母转化为密码，采用如下步骤：

1. 任意选定一 2×2 矩阵，每个矩阵元素均为整数，设为

$$A=\begin{bmatrix} a_{11} & a_{12} \\ a_{21} & a_{22} \end{bmatrix},$$

要求 A 的行列式 $\det A$ 是奇数且不能被 13 整除. 附加这一条件的理由将在下文说明.

2. 将明文中的每个字母对，按照上表列出的对应关系，转化成一个二维向量.

3. 从每个字母对形成的二维整数向量 $\boldsymbol{p}=[p_1,p_2]^{\mathrm{T}}$，计算一新的二维向量 $\boldsymbol{q}=A\boldsymbol{p}$.

4. 对 $\boldsymbol{q}=[q_1,q_2]^{\mathrm{T}}$ 的每一个分量 q_i 计算同余 $\tilde{q}_i\equiv q_i \pmod{26}$ $(i=1,2)$. 再依据前表，将 $\tilde{q}_i$ 转化为字母，得到所要的密文.

此处对以上步骤 4 中所涉及的同余概念稍加说明. 设 a 是任意一个整数，m 是一个正整数，令 r 是商为整数时 $|a|\div m$ 的余数，那么所谓数 a 对数 m 的同余定义为：

$$\tilde{a} \equiv a(\mathrm{mod}\ m) \equiv \begin{cases} r, & a \geqslant 0, \\ m-r, & a < 0, r \neq 0, \\ 0, & a < 0, r = 0. \end{cases}$$

下面用一例子，说明以上方法. 设所要转换的(英文)明文是：

Our marshal was shot(我军统帅中弹).

首先按字母在明文中的顺序，将它们分为两个字母一组，结果是：

ou rm ar sh al wa ss ho tt.

最后一个字母 t 是为满足分组要求添加的. 选定一整数元素矩阵

$$A = \begin{bmatrix} 1 & 2 \\ 0 & 3 \end{bmatrix},$$

它的行列式值为 3，满足上文要求. 按照前面给出的字母数字对应关系，明文字母分组序列对应的二维向量集合按顺序是

$$\begin{bmatrix} 15 \\ 21 \end{bmatrix} \begin{bmatrix} 18 \\ 13 \end{bmatrix} \begin{bmatrix} 1 \\ 18 \end{bmatrix} \begin{bmatrix} 19 \\ 8 \end{bmatrix} \begin{bmatrix} 1 \\ 12 \end{bmatrix} \begin{bmatrix} 23 \\ 1 \end{bmatrix} \begin{bmatrix} 19 \\ 19 \end{bmatrix} \begin{bmatrix} 8 \\ 15 \end{bmatrix} \begin{bmatrix} 20 \\ 20 \end{bmatrix}.$$

将以上每个向量左乘我们所选择的矩阵 A，得到一组新的二维向量，它们是：

$$\begin{bmatrix} 57 \\ 63 \end{bmatrix} \begin{bmatrix} 44 \\ 39 \end{bmatrix} \begin{bmatrix} 37 \\ 54 \end{bmatrix} \begin{bmatrix} 35 \\ 24 \end{bmatrix} \begin{bmatrix} 25 \\ 36 \end{bmatrix} \begin{bmatrix} 25 \\ 3 \end{bmatrix} \begin{bmatrix} 57 \\ 57 \end{bmatrix} \begin{bmatrix} 38 \\ 45 \end{bmatrix} \begin{bmatrix} 60 \\ 60 \end{bmatrix}.$$

将以上向量的每一个分量对模 26 取同余，得到

$$\begin{bmatrix} 5 \\ 11 \end{bmatrix} \begin{bmatrix} 18 \\ 13 \end{bmatrix} \begin{bmatrix} 11 \\ 2 \end{bmatrix} \begin{bmatrix} 9 \\ 24 \end{bmatrix} \begin{bmatrix} 25 \\ 10 \end{bmatrix} \begin{bmatrix} 25 \\ 3 \end{bmatrix} \begin{bmatrix} 5 \\ 5 \end{bmatrix} \begin{bmatrix} 12 \\ 19 \end{bmatrix} \begin{bmatrix} 8 \\ 8 \end{bmatrix},$$

转换回字母，所得到的密文是：

ek rm kb ix yj yc ee ls hh.

当然，在传输密文时，应采取适当措施，以避免泄露编码时每组字母个数的信息. 在本例中明文有两个字母“o”，而在密文中第一个对应了字母“e”，第二个对应了“s”. 由此可以看出，希尔密码的确克服了恺撒换字表的缺点.

1.2 希尔密码的解密程序

本节说明如何解密希尔密码，即如何从密文返回到明文. 由上节

加密过程不难看出，只要知道了加密时所用矩阵 A 在 mod 26 意义下的逆，则从密文字母所对应的二维向量 $\boldsymbol{q}$，即可得到明文字母所对应的向量 $\boldsymbol{p}$. 这是因为

$$\boldsymbol{q} \equiv A\boldsymbol{p} \pmod{26},$$

而

$$A^{-1}A \equiv I \pmod{26},$$

所以

$$\boldsymbol{p} \equiv A^{-1}\boldsymbol{q} \pmod{26}.$$

因此当矩阵 A 在 mod 26 意义下可逆时，解密希尔密码是简单的事. 问题是：是否任意一个矩阵 A，在 mod 26 意义下都是可逆的.

为弄清在 mod 26 意义下，A^{-1}存在的条件，首先考查最简单的一阶矩阵情况，即是否 $Z_{26}=\{0,1,2,\cdots,25\}$中的每个数都在 mod 26 意义下存在倒数，或者说存在乘法逆元素. 确切地说，是否对任意 $a\in Z_{26}$，都有 $a^{-1}\in Z_{26}$，使得 $a^{-1}a=aa^{-1}\equiv 1 \pmod{26}$. 这一问题的答案是：若 $a\in Z_{26}$，且与 26 没有公因子，则 $a^{-1}\in Z_{26}$ 存在；反之则不然.

上述结论是容易说明的. 事实上在 mod 26 意义下，对 $a\in Z_{26}$ 求 a^{-1}，就是求一整数 $x\in Z_{26}$，使得存在另一整数 k，满足

$$xa = k\cdot 26 + 1, \tag{1}$$

如果这样的 x 存在，则 $x=a^{-1}$. 当 a 与 26 有公因子时，如果 a^{-1}存在，则由(1)式看出，这一公因子必能整除 1，显然这是不可能的. 由此可知，Z_{26} 中与 26 有公因子的元素，不存在乘法逆元素；反之，当 $a\in Z_{26}$ 且与 26 不可约时，不难由辗转相除法证明存在 $x\in Z_{26}$ 及 k，使(1)式成立；此时逆元素的唯一性也是易于证明的. 为便于参考，现将 Z_{26} 中有乘法逆的元素及其倒数列于下表.

a	1	3	5	7	9	11	15	17	19	21	23	25
a^{-1}	1	9	21	15	3	19	7	23	11	5	17	25

以下讨论任意一个二阶矩阵 A 在 mod 26 意义下存在 A^{-1} 的条件. 如果不考虑 mod 26 的要求，在实数域内，任意二阶矩阵逆存在的条件是 $\det A=(a_{11}a_{22}-a_{12}a_{21})\neq 0$，此时

$$A^{-1}=\frac{1}{a_{11}a_{22}-a_{12}a_{21}}\begin{bmatrix}a_{22} & -a_{12}\\ -a_{21} & a_{11}\end{bmatrix}. \tag{2}$$

易于看出，当 $a_{ij}(i,j=1,2)$ 为整数时，(2)式所给出的逆矩阵可否由 Z_{26} 元素表示，从而使 $A^{-1}A\equiv I(\mathrm{mod}\ 26)$ 成立，关键在于 $\det A$ 在 Z_{26} 中是否有倒数. 由以上讨论可知，只要 $\det A$ 不是偶数，也不含因子 13，则在 mod 26 意义下，A^{-1} 存在；这就解释了前一小节选择矩阵 A 时附加条件的理由. 附带说明一点，实数域内矩阵有逆的条件是行列式不为零，实际上也是要求在实数域内，$\det A$ 存在乘法逆元素，这与上述结果本质是完全相同的.

作为一个说明性的简单例子，考虑上一小节所用过的加密矩阵 $A=\begin{bmatrix}1 & 2\\ 0 & 3\end{bmatrix}$ 在 mod 26 下的逆. 容易计算 $\det A=3$，而 $3^{-1}\equiv 9(\mathrm{mod}\ 26)$，所以

$$A^{-1}\equiv 9\begin{bmatrix}3 & -2\\ 0 & 1\end{bmatrix}\equiv\begin{bmatrix}1 & 8\\ 0 & 9\end{bmatrix}(\mathrm{mod}\ 26).$$

上述结果可以直接验证，

$$A^{-1}A=\begin{bmatrix}1 & 8\\ 0 & 9\end{bmatrix}\begin{bmatrix}1 & 2\\ 0 & 3\end{bmatrix}=\begin{bmatrix}1 & 26\\ 0 & 27\end{bmatrix}\equiv\begin{bmatrix}1 & 0\\ 0 & 1\end{bmatrix}(\mathrm{mod}\ 26).$$

利用此处给出的 A^{-1}，不难将上一小节中的例解密.

1.3 希尔密码的破译

密码的使用永远是涉及两个方面的：使用密码的一方以及需要对之保密的对立一方. 对立一方千方百计希望将所截获的密文破译. 破译密码是一门科学，在某种意义上更是一种艺术；它需要专门技术，还必须依赖若干辅助信息. 下面我们概略说明如何破译希尔密码.

如果密码所使用的字母与数字之对应规则已被对立方所掌握，由上文可知，此时破译希尔密码的关键在于得到加密矩阵 A 的逆. 线性代数知识告诉我们，一个矩阵或者说一个线性变换，完全由一组基的变换所决定. 这意味着对 n 个字母划分为一组，由一个 $n\times n$ 矩

阵 A 加密的希尔密码，只要猜出密文中 n 个独立向量 $A\boldsymbol{p}_1, A\boldsymbol{p}_2, \cdots, A\boldsymbol{p}_n$ 的明文 $\boldsymbol{p}_1, \boldsymbol{p}_2, \cdots, \boldsymbol{p}_n$，就可确定 A 与 A^{-1}，即将密码破译. 在实际计算中，可采用如下方法：令 $P=(\boldsymbol{p}_1, \boldsymbol{p}_2, \cdots, \boldsymbol{p}_n)^{\mathrm{T}}$，$Q^{\mathrm{T}}=A(\boldsymbol{p}_1, \boldsymbol{p}_2, \cdots, \boldsymbol{p}_n)$，则 $Q=PA^{\mathrm{T}}$，

$$P=Q(A^{\mathrm{T}})^{-1}=Q(A^{-1})^{\mathrm{T}}.$$

从矩阵乘法与初等变换的关系及上式可知，当一系列初等行变换将由密文决定的矩阵 Q 化为单位阵时，同样的变换将把对应于 Q 的，由明文给出的矩阵 P 化为 $(A^{-1})^{\mathrm{T}}$，当然一切运算都应在 mod 26 意义下进行. 我们用如下简单的例子说明上述方法. 假设截获的密文是：goqbxcbuglosnfal，猜测它是两个字母为一组的希尔密码，又由各种累积资料和一般行文习惯判定，前四个密文字母对应的明文是 dear，再猜测字母与数字按字母表顺序对应，则明文字母分组 de 与 ar 对应的两个二维向量是

$$\boldsymbol{p}_1=(4,5)^{\mathrm{T}}, \quad \boldsymbol{p}_2=(1,18)^{\mathrm{T}}.$$

而按照同一字母数字对应关系，密文的字母分组 go 与 qb 对应的向量依次为

$$A\boldsymbol{p}_1=(7,15)^{\mathrm{T}}, \quad A\boldsymbol{p}_2=(17,2)^{\mathrm{T}}.$$

为破译这一密码，将上述信息按下述方式进行运算，右边的文字是对相应操作的说明.

$$\left[\begin{array}{cc|cc} 7 & 15 & 4 & 5 \\ 17 & 2 & 1 & 18 \end{array}\right] \quad \text{形成矩阵}[Q \mid P]$$

$$\left[\begin{array}{cc|cc} 105 & 225 & 60 & 75 \\ 17 & 2 & 1 & 18 \end{array}\right] \quad \text{以 } 7^{-1}\equiv 15(\text{mod } 26) \text{ 乘第一行}$$

$$\left[\begin{array}{cc|cc} 1 & 17 & 8 & 23 \\ 17 & 2 & 1 & 18 \end{array}\right] \quad \text{对 26 取模}$$

$$\left[\begin{array}{cc|cc} 1 & 17 & 8 & 23 \\ 0 & -287 & -135 & -373 \end{array}\right] \quad \text{第一行乘 } -17 \text{ 加到第二行}$$

$$\left[\begin{array}{cc|cc} 1 & 17 & 8 & 23 \\ 0 & 25 & 21 & 17 \end{array}\right] \quad \text{对 26 取模}$$

$$\left[\begin{array}{cc|cc} 1 & 17 & 8 & 23 \\ 0 & 625 & 525 & 425 \end{array}\right] \quad \text{第二行乘 } 25^{-1} \equiv 25 \pmod{26}$$

$$\left[\begin{array}{cc|cc} 1 & 17 & 8 & 23 \\ 0 & 1 & 5 & 9 \end{array}\right] \quad \text{对 26 取模}$$

$$\left[\begin{array}{cc|cc} 1 & 0 & -77 & -130 \\ 0 & 1 & 5 & 9 \end{array}\right] \quad \text{第一行减第二行 17 倍}$$

$$\left[\begin{array}{cc|cc} 1 & 0 & 1 & 0 \\ 0 & 1 & 5 & 9 \end{array}\right] \quad \text{对 26 取模得到矩阵} [I \mid (A^{-1})^{\mathrm{T}}]$$

由最后一个等式得到

$$A^{-1} = \begin{bmatrix} 1 & 5 \\ 0 & 9 \end{bmatrix}.$$

利用这一逆矩阵,破译出的电文是: Dear Mac God forbid(亲爱的麦克: 但愿此事未曾发生).

此例说明,为破译一密码,捕获的任何片段信息都可能有重大价值,同时还需要大量的猜测与尝试,工作量是惊人的.数学理论对破译有重要指导作用,但问题绝非纯靠理论能够解决.

对于以 n 个字母为一组的希尔密码,上述所有讨论本质上仍然是适用的.作为一个练习,读者可以尝试求出四阶矩阵

$$A = \begin{bmatrix} 8 & 6 & 9 & 5 \\ 6 & 9 & 5 & 10 \\ 5 & 8 & 4 & 9 \\ 10 & 6 & 11 & 4 \end{bmatrix}$$

在 mod 26 意义下的逆.显然,这一矩阵与它的逆可用于四个字母一组的希尔密码的加密与解密.

§2 公开密钥体制

传统的密码通讯只能在事先约定的双方间进行,双方必须掌握相同的密钥,而密钥的传送必须使用另外的"安全信道".对于现代大型甚至全球规模的通讯网络说来,分发及更换密钥有极大困难,一个

包括 n 个使用者的网络系统，为按传统方式实现俩俩之间的密码通讯，则必须通过“安全信道”传送 $n(n-1)/2$ 对密钥，对于大的 n，这无疑是极端困难的；此外在有些情况下，事先约定密钥是不可能的，例如某个工程项目发出招标公告，大量公司参与投标，需要使用通讯线路进行洽谈. 此时需要保守商业秘密，而双方又不可能事先商定所使用的密钥. 公开密钥体制的提出就是为了从根本上解决上述问题. 其基本思想是：把密钥划分为公开密钥和秘密密钥两部分，二者互为逆变换，但几乎不可能从公开密钥推断出秘密密钥. 每个使用者均有自己的公开及秘密密钥. 公开密钥供别人向自己发送信息时加密使用，这种密钥可以像电话号码一样供一切人查阅；而每个用户对自己的秘密密钥则严加保密，只供自己解密使用. 在某些情况下，这两种密钥还可更巧妙地加以应用，有关内容请见 2.2 节. 下面就来介绍两种不同的公开密钥体制.

2.1 依据背包问题的公开密钥体制

这一方法并无实用价值，它的保密性能不高，且已研究出了破译算法. 介绍此方法的目的，在于说明公开密钥体制的基本思想，并展示处理同一问题的各种可能.

这里所使用的数学模型与第二章中讨论过的背包问题实质是一样的，但在表述上有所不同. 为方便，现依据本节需要将问题重述如下：已知正整数 N 和分量取正整数值的向量

$$\boldsymbol{a} = (a_0, a_1, \cdots, a_{n-1})^{\mathrm{T}},$$

求向量

$$\boldsymbol{x} = (x_0, x_1, \cdots, x_{n-1})^{\mathrm{T}}, \quad x_i = 0 \text{ 或 } 1 \quad (0 \leqslant i < n),$$

使得

$$N = \sum_{0 \leqslant i < n} a_i x_i.$$

$\boldsymbol{a}=(a_0, a_1, \cdots, a_{n-1})^{\mathrm{T}}$ 称做背包长度，而 $\boldsymbol{x}$ 称做数 N 在 $\boldsymbol{a}$ 下的表示. 当 $\boldsymbol{x}$ 取遍所有可能的值时，$\sum\limits_{0 \leqslant i < n} a_i x_i$ 的取值集合记为 $S[\{a_i\}]$，显然这一集合最多有 2^n 个元素.

对于一类问题,选取适当参数表征其中任意一个问题的规模,如果一个算法能在所选参数的某个多项式所限定的时间内,求得任何此类问题的解,或者判定问题无解,则被称为多项式时间算法.对背包问题而言,这样的算法至今没有找到,就这个意义说来,背包问题是一困难问题.一般而言,一个随机给定的背包问题是不易求解的.然而,背包问题未找到多项式时间算法,并不意味着任何一个此类问题都是难解的.如下例子即说明这一点.取

$$\boldsymbol{a} = (1,2,\cdots,2^{n-1})^{\mathrm{T}},$$

为求得任意整数 $N(0\leqslant N<2^n)$ 在如上背包长度下的表示,相当于求出 N 的二进制表示,这是毫不困难的.更一般地,如果正整数列 $\{a_i: 0\leqslant i<n\}$ 增长足够快,使得

$$a_i > \sum_{0\leqslant j<i} a_j, \quad 0\leqslant i<n, \tag{3}$$

那么为确定任意 $N\in S[\{a_i\}]$ 在 $\boldsymbol{a}$ 下的表示,最多只需 n 步计算,而且这种表示一定是唯一的.如下算法可用来构造易于求解的背包问题:选取一足够大的正整数 n,例如令 $n=100$,做 n 次独立的随机抽样确定 n 个整数 $\{a_i': 0\leqslant i<n\}$;假定 a_i' 的值在区间 I_i 上均匀分布,而区间

$$I_i = \begin{cases} [1,2^{100}], & \text{如果 } i=0, \\ [1+(2^i-1)2^{100}, 2^{100+i}], & \text{如果 } 0<i<n. \end{cases}$$

如此得到的背包长度 $\{a_i'\}$ 满足(3)式所要求的条件,每一个 a_i' 有 2^{100} 种可能选择.但应再次强调:多数背包问题是难解的,因此一个随机给定不满足(3)式要求的背包问题一般是难的.

下面说明什么是模 m 下的背包问题.选定一个大的正整数 m,最好是素数.令

$$Z_m=\{0,1,2,\cdots,m-1\}, \quad Z_{2,n}=\{(x_0,x_1,\cdots,x_{n-1})\mid x_i=0 \text{ 或 } 1\},$$

对于给定的 $N\in Z_m$ 和 $\boldsymbol{a}=(a_0,a_1,\cdots,a_{n-1})^{\mathrm{T}}$,求 $\boldsymbol{x}\in Z_{2,n}$,使得

$$N\equiv\Big(\sum_{0\leqslant i<n} a_i x_i\Big)(\bmod m),$$

这就是在模 m 下的问题提法.易于理解,除少数例外,多数模 m 的背包问题也是难解的,同样未找到一般适用的多项式时间算法,这一点是它可用于构造一个公开密钥系统的基础.下面就来说明如何将背

包问题用于保密通讯.

为叙述方便,假设有两个通讯系统的使用者,分别称之为使用者 A 和 B. 为构造一种保密通讯方式,A 按以下步骤行事:

1. 挑选一个大的正整数 m,从模 m 的背包问题中选择一个容易解的问题,记为 $\boldsymbol{a}'=(a_0',a_1',\cdots,a_{n-1}')^{\mathrm{T}}$.

2. 从 $Z_m-\{0\}$ 中随机抽取一个与 m 互素的整数 w,因而存在唯一的 w',使得 $ww'\equiv 1 \pmod m$. 数字 w 是需要保密的.

3. 把背包问题 $\boldsymbol{a}'$ 变换成一个新的问题,即计算

$$a_i \equiv wa_i' \pmod m, \quad i=0,1,\cdots,n-1,$$

将向量 $\boldsymbol{a}=(a_0,a_1,\cdots,a_{n-1})^{\mathrm{T}}$ 公布.

不难知道,当 m 为素数,且 w 由均匀抽样产生时,每一个 a_i 在 $Z_m-\{0\}$ 上均匀分布. 一般相信,这样的向量 $\boldsymbol{a}$ 给出一个难解的背包问题. 当然,这只是一种合理的猜测,并没有严格理论依据. 下面轮到了使用者 B.

当 B 希望传送信息 $\boldsymbol{x}=(x_0,x_1,\cdots,x_{n-1})^{\mathrm{T}}$ 给向量 $\boldsymbol{a}$ 的发布者 A 时,他只需计算

$$N \equiv \Big(\sum_{0\leqslant i<n} a_i x_i\Big) \pmod m,$$

并将其通知 A. 当使用者 A 得到 N 之后,只需计算

$$N' = w'N = \Big(\sum_{0\leqslant i<n} w' a_i x_i\Big) \equiv \Big(\sum_{0\leqslant i<n} a_i' x_i\Big) \pmod m,$$

由此得到一个易于求解的简单问题. 然而对于任何企图刺探机密的第三者,为破译密码,或者求解由向量 $\boldsymbol{a}$ 给出的难解问题,或者实验与大数 m 互素的所有可能的 w. 显然二者都是困难的. 这样就实现了公开密钥体制的目的. 为了使密码更难破译,还可以将前述方法多次使用,即选定一个正整数序列 $\{m_k:\ 0\leqslant k\leqslant J\}$,再随机选择与诸 m_k 互素的整数序列 $\{w_k:\ 0\leqslant k\leqslant J\}$. 仍然从一个易解的背包问题

$$\boldsymbol{a}' = (a_0',a_1',\cdots,a_{n-1}')^{\mathrm{T}}$$

开始,定义背包长度序列

$$\boldsymbol{a}_k \equiv w_k \boldsymbol{a}_{k-1} \pmod{m_k}, \quad 1\leqslant k\leqslant J, \quad \boldsymbol{a}_0=\boldsymbol{a}',$$

然后将向量 $\boldsymbol{a}_J$ 公开.解密过程是显然的,不再赘述.本小节开始处已申明,这一方法不具实用价值,下面介绍一种当前流行的实用方法.

2.2 RSA 公开密钥体制

这是一种当前正在使用的公开密钥方法,用三个发明者里弗斯特(Rivest)、沙米尔(Shamir)和艾德曼(Adleman)的字头命名.这一方法的数学依据是:从两个均超过百位的大素数得到乘积是相对简单的;反之,给了这样一个乘积,欲将其分解为两个素因子相乘则极端困难.下面对有关内容做一简要介绍.

2.2.1 RSA 体制的实现方法

为说明这一公开密钥体制的具体实现方法.首先介绍与 RSA 体制有关的若干数学概念与结果.为叙述连贯,此处暂不涉及数学结论的论证,而将有关内容放在本节最后.

定义 2.1 设 n 为一正整数,将小于 n 且与 n 互素的正整数个数记为 $\phi(n)$,称之为欧拉(Euler L.)ϕ 函数.

为理解如上定义,看几个简单例子.容易看出,$\phi(2)=1$,因为 1 与 2 互素;$\phi(3)=2$,因为 1 和 2 与 3 互素;$\phi(4)$也等于 2,因为 1 和 3 与 4 互素;而 $\phi(5)=4$,因为 1,2,3,4 与 5 互素.不难证明:若 p,q 为两个相异素数,$n=pq$,则

$$\phi(n)=(p-1)(q-1).$$

以下结论是 RSA 公开密钥体制得以实现的数学依据:若 p,q 为相异素数,$n=pq$,整数 e 与 $\phi(n)$ 互素,另一整数 d 与 e 满足条件 $ed=1(\bmod\ \phi(n))$,则映射

$$E_{e,n}:x\to x^e(\bmod\ n)$$

是从 $Z_n=\{0,1,2,\cdots,n-1\}$ 到自身的一一映射.其逆映射为 $E_{d,n}$.

定义在 Z_n 上的映射 $E_{e,n}$ 可以被扩张为从 $Z_\infty=\{0,1,2,3,\cdots\}$ 到自身的一一映射.事实上,对任意整数 N,写出以 n 为基的表达式:

$$N=c_0+c_1n+\cdots+c_kn^k+\cdots,\quad c_j\in Z_n\quad(0\leqslant j<\infty),$$

在 Z_∞ 上将 $E_{e,n}$ 定义为:

$$E_{e,n}:N\to E_{e,n}N=(E_{e,n}c_0)+(E_{e,n}c_1)n+\cdots+(E_{e,n}c_k)n^k+\cdots.$$

易于看出，只要在 Z_n 上的有关结论成立，扩张后的 $E_{e,n}$ 在 Z_∞ 上仍然是 Z_∞ 到自身的一一映射，且其逆映射为扩张后的 $E_{d,n}$.

在 RSA 体制下，使用者 i 选择一对相异素数 p_i, q_i，计算 $n_i = p_i q_i$. 再选择一个与 $\phi(n_i)$ 互素的数 e_i，由此又决定了数 d_i，使

$$e_i d_i \equiv 1 (\bmod \phi(n_i)). \tag{4}$$

使用者 i 将 (e_i, n_i) 公开，这一对数是使用者 i 的公开密钥，而 (d_i, n_i) 则将严格保密，是秘密密钥.

考虑另外一个使用者，他希望向 i 传输明文 N，为此利用 i 的公开密钥 (e_i, n_i)，首先计算

$$N = c_0 + c_1 n_i + \cdots + c_k n_i^k + \cdots,$$

然后加密成：

$$N' = E_{e_i, n_i} N = (E_{e_i, n_i} c_0) + (E_{e_i, n_i} c_1) n_i + \cdots + (E_{e_i, n_i} c_k) n_i^k + \cdots,$$

并将 N' 传输给使用者 i. 在收到 N' 之后，i 利用其秘密密钥，计算

$$E_{d_i, n_i} N' = (E_{d_i, n_i} E_{e_i, n_i} c_0) + (E_{d_i, n_i} E_{e_i, n_i} c_1) n_i + \cdots + (E_{d_i, n_i} E_{e_i, n_i} c_k) n_i^k + \cdots,$$

由前述结论，有

$$E_{d_i, n_i} N' = c_0 + c_1 n_i + \cdots + c_k n_i^k + \cdots = N.$$

这就完成了两个使用者间的通讯. 对于一个妄图刺探机密的第三者说来，尽管知道 N' 与公开密钥 (e_i, n_i)，但不知道相应的秘密密钥. 为破译密码，他必须求出 e_i 在模 $\phi(n_i)$ 下的逆 d_i. 为此他必须求得 $\phi(n_i)$，由于 n_i 极大，直接从定义出发是不现实的，他必须利用 $\phi(n_i) = (p_i - 1)(q_i - 1)$，这就必须将 n_i 分解成素因子 p_i, q_i 的乘积. 对于大的 n_i 说来，这一分解工作量极大，至今尚无好的办法，因而 RSA 体制有很好的保密性能.

这一密码体制的三位发明者曾以两个素数相乘，得到一个包含 129 位数字的 n_i，并由此按照前述方法将一段文字加密，于 1977 年发表在《科学的美国人》杂志上，悬赏 100 美元请求破译，他们预计破译这一密码需时 4 亿亿年. 然而，这一工作尽管不易，但并不如此困难. 在贝尔通讯公司的一位科研工作人员协调之下，利用因特网(Internet)，五大洲的六百多人使用 1600 多台计算机，历时八个月，于

1994 年将其破译. 破译出的明文是:"这些魔文是容易受惊的鱼鹰."据说这段文字是当年悬赏者从词典中随机选出的. 这一难题的破解并不意味 RSA 体制失效,它只告诉我们应当用包含更多位数的数字作为 n_i.

2.2.2 译名变换

RSA 公开密钥体制还有另外一种十分有趣的应用. 为说明这一点,先来解释现代通讯系统面临的另一重大问题——确认问题. 由于密钥是公开的,通讯是经由网络进行的,因此,除了通讯内容必须保密之外,还必须防止别有用心的第三者冒名伪造,也必须防止使用者事后否认他曾经发送过的信息,或者篡改他所收到的信息. 这就是确认问题. RSA 体制即有这样的功能. 为说明这一点,假设有两个使用者,分别以 i,j 来标志,他们的公开密钥依次为(e_i,n_i)与(e_j,n_j);相应的秘密密钥依次为(d_i,n_i)与(d_j,n_j). 现在使用者 j 要向使用者 i 发送信息 N. 为了达到保密与确认的双重目的,他首先利用自己的秘密密钥在 N 上"签名",即做变换

$$E_{d_j,n_j}N \equiv S(\mathrm{mod}\ n_j),$$

然后再利用使用者 i 的公开密钥(e_i,n_i),得到

$$E_{e_i,n_i}S \equiv N'(\mathrm{mod}\ n_i),$$

再将 N'传送给 i. 当使用者 i 收到 N'之后,他首先用自己的秘密密钥进行第一次解密,即计算

$$E_{d_i,n_i}N' \equiv S(\mathrm{mod}\ n_i).$$

使用者 j 在 S 中除内容 N 的编码外,还附加一段明文,说明 S 是一个签名文本,使用者 i 在了解了这一点之后,再用 j 的公开密钥(e_j,n_j)进行第二次解密,即计算

$$E_{e_j,n_j}S \equiv N(\mathrm{mod}\ n_j),$$

至此通讯最终完成. 此时,使用者 i 收到的全部信息是(N,S),使用者 j 无法抵赖这一信息是他发送的,因为其他人不知道他的秘密密钥,因而无法从 N 转译成 S;另一方面 i 也不能对电文加以篡改,因为他无法代替 j 进行签名. 这种巧妙的使用方法称为**译名变换**. 从译名变换中可以看出,公开密钥与秘密密钥的关系是完全对称的,不宜

简单地把它们的功能依次理解为加密和解密.

然而上面的叙述是不严密的,细心的读者不难发现,当 $n_j > n_i$ 时,签名可能使传送的信息出错;即若 $S > n_i$ 时,将无法恢复明文.为防止这一点只需对 RSA 体制稍加修补,即每个使用者 j 均有两组密钥,其所对应的素数乘积分别记为 n_{j1} 和 n_{j2},对于系统中事先规定的一个大整数 h,要求 $n_{j1} < h < n_{j2}$,而签名时要求使用相应于 n_{j1} 的密钥.

2.2.3 实例

为对 RSA 公开密钥体制有更具体的了解,下面给出一简短实例.设有一使用者,取 $p=47, q=59$,由此得到

$$n = pq = 2773, \quad \phi(n) = (p-1)(q-1) = 2668.$$

取素数 $e=17$,显然它与 $\phi(n)$ 互素,且易于得到 $d=157$.将 $(e,n)=(17,2773)$ 作为公开密钥发布;严守机密的秘密密钥是(157,2773).现在有人要向此使用者传送一段(英文)明文信息:

Its all greek to me(我对此全然外行).

将这一段文字转换成数字,不计大小写,每两个词之间为一个空格符号,空格符对应数字 00,每个英文字母对应表征其在字母表中位置的两位数字,例如:A 对应 01,B 对应 02,…,Z 对应 26,等等.再从头向后,将每四位数字划归一组,不足时补充空格.如此得到以下十组数字:

0920 1900 0112 1200 0718 0505 1100 2015 0013 0500

每一组数字视为一个数,用公开密钥(17,2773)对其加以变换.以第一个数 0920 为例,由于 $n=2773$,比任何可能出现的四位数字均大,故只需计算任何数字在模 2773 下的 17 次幂.我们有

$$(920)^{17} = ((((920)^2)^2)^2)^2) \cdot 920 \equiv 948 \pmod{2773}.$$

需要指出,在如上计算过程中随时注意对 2773 取模是必要的.这样 0920 对应的密码是 0948.以这一方法得到的密文电码是:

0948 2342 1084 1444 2663 2390 0778 0774 0219 1655

解密过程与此类似,只不过使用密钥(157,2773),计算更为烦琐.

本例中将四位数字划分为一组,是为了使每组数字不超过 $n=2773$.当使用一个大的 n 时,每次完全可以处理一个位数更多的数码

组，只要相应的整数属于 Z_n.

2.2.4 有关定理的简短证明

本节给出 RSA 体制数学基础的简单论证.

定理 2.1 设 p 是一与整数 x 互素的素数，则 $x^{p-1}\equiv 1(\mathrm{mod}\ p)$，且对任何整数 x，有 $x^p\equiv x(\mathrm{mod}\ p)$.

证明 只需对 $x\in Z_p=\{0,1,\cdots,p-1\}$ 证明定理中的任何一个结论. 用归纳法. 后一结论对 $x=0$ 和 1 显然成立，而

$$x^p=(x-1+1)^p=\sum_{0\leqslant j\leqslant p}C_p^j(x-1)^j\equiv(x-1)^p+1(\mathrm{mod}\ p).$$

这是因为当 p 为素数时，$C_p^j\equiv 0(\mathrm{mod}\ p)\ (0<j<p)$. 由归纳法假设，结论证毕.

定理 2.2 若 p,q 为不同的素数，$n=pq$，那么

$$\phi(n)=(p-1)(q-1).$$

证明 令 E 与 F 依次表示 $Z_n-\{0\}=\{1,\cdots,n-1\}$ 中可被 p 与 q 整除的数所构成的子集，以 E^c,F^c 表示它们的余集，则 $\phi(n)$ 是 $E^c\cap F^c$ 中所含元素的个数. 将集合中的元素个数用符号 $|\cdot|$ 表示，则由对偶定理

$$|E^c\cap F^c|=(n-1)-|E\cup F|.$$

但是

$$|E|=[(n-1)\div p],$$
$$|F|=[(n-1)\div q],$$
$$|E\cap F|=[(n-1)\div(pq)]=0,$$

式中[·]表示方括号中数的整数部分. 因此

$$\begin{aligned}|E\cup F|&=[(n-1)\div p]+[(n-1)\div q]-[(n-1)\div(pq)]\\&=(q-1)+(p-1)=n-1-(p-1)(q-1).\end{aligned}$$

证毕.

定理 2.3 若 p,q 为不同的素数，x 与 p 和 q 互素，$n=pq$，则 $x^{\phi(n)}\equiv 1(\mathrm{mod}\ n)$.

证明 因 x 与 p,q 互素，由定理 2.1，

$$x^{p-1}\equiv 1(\mathrm{mod}\ p),\quad x^{q-1}\equiv 1(\mathrm{mod}\ q),$$

由此 $x^{\phi(n)}=x^{(p-1)(q-1)}$ 无论模 p 或模 q 均等于 1. 这样 $x^{\phi(n)}-1$ 可被 p,q 二者中的任何一个整除，但这两个数是互素的，故必可被它们的乘积 n 整除. 证毕.

前述 RSA 公开密钥体制的数学依据实际是如上定理的一个推论，即：

推论 2.1 若 p,q 为不同素数，$n=pq$，e 与 $\phi(n)$ 互素，$ed\equiv 1(\mathrm{mod}\ \phi(n))$，则映射

$$E_{e,n}:x\rightarrow x^{e}(\mathrm{mod}\ n)$$

是 $Z_n=\{0,1,\cdots,n-1\}$ 到自身的一一映射，且其逆映射为 $E_{d,n}$.

证明 对于与 n 互素的 $x\in Z_n$，有

$$(x^{e})^{d}=x^{ed}=x^{1+k\cdot\phi(n)}\equiv x(\mathrm{mod}\ n),$$

最后一个等号利用了定理 2.3. 尚需讨论 x 与 n 有公因子的情况. 无妨假设 $x=py$ 而 y 与 q 互素（$x\in Z_n$ 不能同时含有因子 p 和 q）. 此时 $x^{1+k\cdot\phi(n)}-x$ 显然可以被 p 整除. 但

$$x^{1+k\cdot\phi(n)}-x=x[(x^{(q-1)})^{k\cdot(p-1)}-1]. \tag{5}$$

已知 x 与 q 互素，由定理 2.1，方括号内的表达式模 q 等于零，即含有因子 q，而已假设 x 是 p 的倍数，故(5)式可被 $n=pq$ 整除，即同样有

$$x^{ed}\equiv x(\mathrm{mod}\ n).$$

这说明了映射 $E_{e,n}$ 在 Z_n 上是一一的，而 $E_{d,n}$ 为其逆映射. 至此与 RSA 体制有关的数学理论叙述完毕.

参 考 文 献

[1] Rorres C, Anton H. Applications of Linear Algebra. New York: John Wiley & Sons, 1984.

[2] Konheim A G. Cryptography, A Primer. New York: John Wiley & Sons, 1981.

[3] Gardner M. Mathematical Games, A new kind of cipher that would take millions of year to break. Scientific American, 1977, 237(2): 120.

第六章　处理蠓虫分类问题的统计方法

1989 年美国大学生数学建模竞赛（MCM）问题之一是这样的：生物学家试图依据触角和翅膀长度的差异，对两种蠓虫（分别记为 Af 与 Apf）进行分类. 已经测得如图 6.1 所示 9 支 Af 与 6 支 Apf 的有关数据. 具体要求是：

1. 根据如上资料，制定一种方法，正确地区分两类蠓虫.

2. 另有三个类别未知的蠓虫标本，其触角及翼长分别为（1.24，1.80），（1.28，1.84）与（1.40，2.04），用所得到的方法加以识别.

3. 若 Af 是有益的花粉传播者，而 Apf 却是疾病的媒介，当考虑这一因素时，分类方法是否需要改变？如需要，应如何改变，为什么？

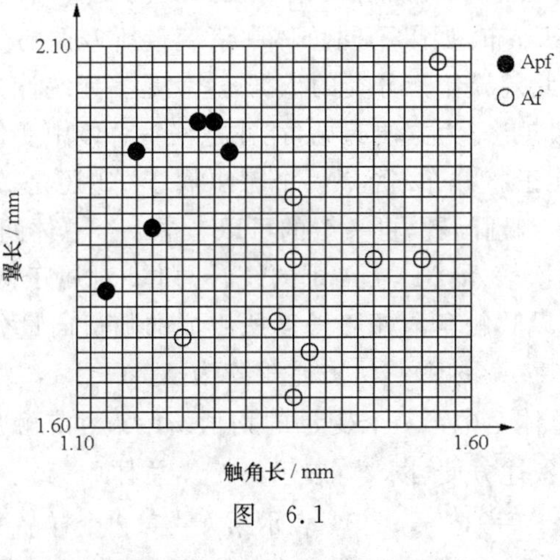

图　6.1

现实生活中类似的问题十分普遍. 例如：气象学中要求根据气温，气压，湿度等气象要素预报天气的好坏；医学诊断时，要求根据多种指标，判断就诊者的肿瘤属于良性还是恶性；地质调查中，根据勘测所得的多种地质及物理或化学探矿资料，判断所研究地段有矿或无矿;人类学中根据头骨化石数据,判断人种归属;考古学中依据瓷器的化学组分,判断它们的产地,等等.这样的例子还可举出很多,它们的共同特点是:要求根据某些已知变量,或称预报因子,判断一个研究对象,或称样品归属于何种类别,而类别的划分是已知的,每一类别由若干已知样品来表征.对于此类问题已经有多种处理方法,例如多元统计分析中的判别分析,以及可处理此类问题的神经网络方法等.前者已有较为完整的数学理论,后者则处于发展之中.本章以蠓虫分类问题为例,介绍几种本质是判别分析的不同处理方式,所有讨论均可推广于更一般的情况.但应该说明:此处的讨论从具体问题出发,它有助于读者理解基于判别分析的分类模型的内在思想,但不是有关数学方法的正规表述.读者如果希望对于判别分析有更为全面完整的了解,可参阅本章所列的主要参考文献[1]和[3].有关神经网络方法的介绍则留待下一章.

在数理统计中,将 Af 或 Apf 这样的群体称为统计总体,把描述总体中每一个体特征的所有变量均视为随机变量,假设它们服从一定的联合概率分布.如果不同总体中诸变量所遵循的分布有明显差异时,则可将此差异作为分类的依据,这就是多元统计分析处理分类问题时的一般想法.为方便起见,往往把任一总体中变量所具有的分布假设为多元正态分布.区分一个蠓虫属于 Af 还是 Apf 的问题属于两总体间的判别问题,更一般的可以考虑 n 个总体间的判别.以指标 $k=1,2$ 依次表示 Af 与 Apf 的统计总体.对属于两总体中的蠓虫,理论上假设其触角与翅膀长度所组成的随机向量分别服从均值向量为 $\boldsymbol{\mu}^{(k)}=(\mu_1^{(k)},\mu_2^{(k)})^{\mathrm{T}}$,协方差矩阵为 $\Sigma^{(k)}$ $(k=1,2)$ 的二元分布,此处 $\mu_j^{(k)}$ 为总体 k 中第 j 个变量的均值.$j=1$ 对应触角长,$j=2$ 对应翅膀长.为叙述方便,以 $x_{ij}^{(k)}$ 表示第 k 类总体中第 i 个已知样品的第 j 个变量;$\boldsymbol{x}_i^{(k)}=(x_{i1}^{(k)},x_{i2}^{(k)})^{\mathrm{T}}$ 表示第 k 类第 i 个样品所有变量组成的向量.$k=1$ 时,$i=1,2,\cdots,9$;$k=2$ 时,$i=1,2,\cdots,6$.我们先从最简单的思想开始,即暂不考虑两类蠓虫触角与翅膀长度概率分布上的差异,只利用空间中样品点间的距离作为依据,导出一种最简单的分类方法.

§1 利用距离的分类方法

1.1 欧氏距离法

在平面直角坐标系中，以横坐标 a 表示触角长度，纵坐标 w 表示翅膀长度. 则任何一蠓虫样品对应了 a-w 平面上的一个点. 由于 Af 与 Apf 是两类不同的蠓虫，如果触角长与翅膀长确能反映它们之间的差异，那么 $\boldsymbol{\mu}^{(1)}=(\mu_2^{(1)},\mu_2^{(1)})^{\mathrm{T}}$ 和 $\boldsymbol{\mu}^{(2)}=(\mu_1^{(2)},\mu_2^{(2)})^{\mathrm{T}}$ 应是 a-w 平面上分开的两个点，二者分别为两个总体的几何重心. 在合理的情况下，每类样品应各自围绕着重心分布. 对于任何一个类别待定的样品 $\boldsymbol{x}=(x_1,x_2)^{\mathrm{T}}$，一种自然的想法是，分别计算它与 $\boldsymbol{\mu}^{(1)}$，$\boldsymbol{\mu}^{(2)}$ 的欧氏距离

$$\|\boldsymbol{x}-\boldsymbol{\mu}^{(k)}\|=[(x_1-\mu_1^{(k)})^2+(x_2-\mu_2^{(k)})^2]^{1/2}, \quad k=1,2. \tag{1}$$

把 $\boldsymbol{x}$ 归入 $\|\boldsymbol{x}-\boldsymbol{\mu}^{(k)}\|(k=1,2)$ 小的一类. 在实际计算时，$\boldsymbol{\mu}^{(k)}(k=1,2)$ 可以用相应的样本估计值代替，即分别计算两类已知样品触角长度与翅膀长度的平均值，

$$\hat{u}_j^{(k)}=\frac{1}{n_k}\sum_{i=1}^{n_k}x_{ij}^{(k)}, \quad k,j=1,2; \quad n_1=9, \quad n_2=6. \tag{2}$$

以 $\hat{\boldsymbol{u}}^{(k)}=(\hat{u}_1^{(k)},\hat{u}_2^{(k)})^{\mathrm{T}}$ 代替(1)中的 $\boldsymbol{\mu}^{(k)}$. 按照这一方法，蠓虫分类问题中的三个待定样品均被判定属于 Apf. 上述方法简便易行，但十分粗糙，它仅仅利用了预报因子的平均值，而未考虑各个变量的取值具有不同分散程度的影响，即当把每个预报因子视为随机变量时，各自方差的影响. 其改进方法如下.

1.2 马哈拉诺比斯(Mahalanobis)距离法

设样品 $\boldsymbol{x}_1$，$\boldsymbol{x}_2$ 及 $\boldsymbol{x}$ 均属于均值向量为 $\boldsymbol{\mu}$，协方差矩阵为 Σ 的统计总体，定义

$$\|\boldsymbol{x}_1-\boldsymbol{x}_2\|_M^2=(\boldsymbol{x}_1-\boldsymbol{x}_2)^{\mathrm{T}}\Sigma^{-1}(\boldsymbol{x}_1-\boldsymbol{x}_2)$$

为 $\boldsymbol{x}_1$，$\boldsymbol{x}_2$ 间的马哈拉诺比斯距离. 而

$$\| \boldsymbol{x}-\boldsymbol{\mu} \|_M^2=(\boldsymbol{x}-\boldsymbol{\mu})^{\mathrm{T}}\Sigma^{-1}(\boldsymbol{x}-\boldsymbol{\mu})$$

为 $\boldsymbol{x}$ 与该总体间的马哈拉诺比斯距离. 一般而言,协方差矩阵 Σ 是正定对称矩阵,如上定义的量的确满足对距离的三条公理要求:非负性,对称性及三角不等式;为理解马哈拉诺比斯距离的意义,让我们考虑 Σ 为对角阵的情况. 此时协方差矩阵的对角元是随机向量各个分量的方差. 因此所谓马哈拉诺比斯距离只不过是以每个随机变量的标准差作为其长度度量单位. 这比欧氏距离用统一单位度量不同的变量,应当是更为合理的. 对任意一个待判定样品 $\boldsymbol{x}$ 计算其与总体 Af 及 Apf 的马哈拉诺比斯距离,即计算 $\| \boldsymbol{x}-\boldsymbol{\mu}^{(k)} \|_M^2$,与欧氏距离法类似,将样品 $\boldsymbol{x}$ 归入马哈拉诺比斯距离较小的类别. 在实际计算时,$\boldsymbol{\mu}^{(k)}$ 由 $\hat{\boldsymbol{\mu}}^{(k)}$ 代替,而协方差矩阵 $\Sigma^{(k)}$ 可由它们的样本无偏估计量代替,即分别计算

$$\hat{\Sigma}^{(k)}=\frac{1}{n_{k-1}}\sum_{i=1}^{n_k}(\boldsymbol{x}_i^{(k)}-\hat{\boldsymbol{\mu}}^{(k)})(\boldsymbol{x}_i^{(k)}-\hat{\boldsymbol{\mu}}^{(k)})^{\mathrm{T}}, \quad k=1,2,$$

以 $\hat{\Sigma}^{(k)}$ 作为 $\Sigma^{(k)}(k=1,2)$ 的近似.

在如上讨论中,$\Sigma^{(1)}$ 和 $\Sigma^{(2)}$ 一般是不等的,下面我们考查 $\Sigma^{(1)}=\Sigma^{(2)}=\Sigma$ 的特殊情况. 易于看出,所有满足条件

$$\| \boldsymbol{x}-\boldsymbol{\mu}^{(1)} \|_M^2=\| \boldsymbol{x}-\boldsymbol{\mu}^{(2)} \|_M^2 \tag{3}$$

的点 $\boldsymbol{x}$ 把 a-w 平面划分为两部分,一部分中的点到 Af 重心的距离小于到 Apf 重心的距离,因而代表蠓虫 Af,而另一部分则相反,代表 Apf. (3)式是分界线的方程. 当两协方差矩阵相等时,(3)式化为

$$(\boldsymbol{x}-\boldsymbol{\mu}^{(1)})^{\mathrm{T}}\Sigma^{-1}(\boldsymbol{x}-\boldsymbol{\mu}^{(1)})=(\boldsymbol{x}-\boldsymbol{\mu}^{(2)})^{\mathrm{T}}\Sigma^{-1}(x-\mu^{(2)}),$$

经过简单的代数运算,得到:

$$\boldsymbol{x}^{\mathrm{T}}\Sigma^{-1}(\boldsymbol{\mu}^{(1)}-\boldsymbol{\mu}^{(2)})=\frac{1}{2}(\boldsymbol{\mu}^{(1)}+\boldsymbol{\mu}^{(2)})^{\mathrm{T}}\Sigma^{-1}(\boldsymbol{\mu}^{(1)}-\boldsymbol{\mu}^{(2)}),$$

这是一条直线方程. 由此可以定义一个线性函数:

$$w(\boldsymbol{x})=\left(\boldsymbol{x}-\frac{\boldsymbol{\mu}^{(1)}+\boldsymbol{\mu}^{(2)}}{2}\right)^{\mathrm{T}}\Sigma^{-1}(\boldsymbol{\mu}^{(1)}-\boldsymbol{\mu}^{(2)}),$$

易知,当 $\boldsymbol{x}$ 属于 Af,即距离点 $\boldsymbol{\mu}^{(1)}$ 更近时,$w(\boldsymbol{x})>0$;当 $\boldsymbol{x}$ 属于 Apf 时,$w(\boldsymbol{x})<0$;而在直线 $w(\boldsymbol{x})=0$ 上的点无法判定. 当实际利用如上

方法进行蠓虫分类时，取协方差矩阵的估计值为：

$$\hat{\Sigma}=\frac{1}{n_1+n_2-2}[(n_1-1)\hat{\Sigma}^{(1)}+(n_2-1)\hat{\Sigma}^{(2)}],$$

无妨将这一表达式视为 Af 及 Apf 样品协方差矩阵的加权平均. 特别注意，当两个总体协方差矩阵不等时，从(3)式可知，理论上两类区域的分界线是一条二次曲线.

§2　解决蠓虫分类问题的两种概率统计途径

本节从另外的角度出发考虑蠓虫分类问题. 假定 Af 和 Apf 触角及翅膀长度的联合概率密度函数依次为 $p_1(\boldsymbol{x})$ 与 $p_2(\boldsymbol{x})$. 任何一个以 $\boldsymbol{x}$ 标志的样品既可能属于 Af，也可能属于 Apf. 为将两类蠓虫分类，我们仍试图将 a-w 平面划分为两个互不相交的区域，将一个区域的点判为 Af，另一区域判为 Apf. 问题归结为如何构造这两个区域. 按照所给的条件不同，有以下两种方法.

2.1　先验概率已知的情况

此处所谓的先验概率即是指从自然界随机捕获一只蠓虫，它属于 Af 或 Apf 的概率. 假设这一概率已知，分别为 q_1 和 $q_2=1-q_1$. 再假设 a-w 平面已经划分成不相交的两个区域 $\mathscr{R}_1$ 和 $\mathscr{R}_2$. $\mathscr{R}_1$ 中的点被判为 Af，$\mathscr{R}_2$ 中的点判为 Apf. 显然，当两类蠓虫触角与翅膀长度取值的范围有重叠时，无论 $\mathscr{R}_1$，$\mathscr{R}_2$ 怎样选取，总要发生错误分类的情况，因为 $\mathscr{R}_1$ 中不可避免会有属于 Apf 的样品点落入，而 $\mathscr{R}_2$ 中也一定有 Af 样品点落入. 既然错误分类是不可避免的，那么一个自然的想法就是：选择一种分类方式，使这种方式所造成的错误损失达到最小. 为做到这一点，引入对错误分类所造成损失的度量. 令 $c(2|1)$ 表示一只属于 Af 的蠓虫被错分为 Apf 时的损失，$c(1|2)$ 表示一只属于 Apf 的蠓虫错分为 Af 时的损失. 再以 $p(2|1)$ 表示原应属于 Af 的蠓虫被错分为 Apf 的条件概率，$p(1|2)$ 表示相反情况的条件概率. 那么考虑到先验概率，对应于任何一种区域 $\mathscr{R}_1$，$\mathscr{R}_2$ 的划分方式，由错误

分类所造成的平均损失是：

$$
\begin{aligned}
Q(\mathscr{R}_1,\mathscr{R}_2) &= q_1c(2|1)p(2|1)+q_2c(1|2)p(1|2) \\
&= \tilde{q}_1\int_{\mathscr{R}_2} p_1(\boldsymbol{x})\mathrm{d}\boldsymbol{x}+\tilde{q}_2\int_{\mathscr{R}_1} p_2(\boldsymbol{x})\mathrm{d}\boldsymbol{x} \\
&= \int_{\mathscr{R}_2}[\tilde{q}_1p_1(\boldsymbol{x})-\tilde{q}_2p_2(\boldsymbol{x})]\mathrm{d}\boldsymbol{x}+\int_{\mathscr{R}_1\cup\mathscr{R}_2}\tilde{q}_2p_2(\boldsymbol{x})\mathrm{d}\boldsymbol{x},
\end{aligned}
$$

式中 $\tilde{q}_1=q_1c(2|1),\tilde{q}_2=q_2c(1|2)$. 注意到上式最后一行第二项，积分区域是全平面，与 $\mathscr{R}_1,\mathscr{R}_2$ 的划分无关，因而它的值是一个常数，即 $\tilde{q}_2$. 由此，错分平均损失与第一项同时达到最小. 这一极小将在第一项的积分区域 $\mathscr{R}_2$ 仅包含 $\tilde{q}_1p_1(\boldsymbol{x})<\tilde{q}_2p_2(\boldsymbol{x})$的点时发生. 这样我们得到了如下划分 $\mathscr{R}_1,\mathscr{R}_2$ 的方法，即令

$$
\mathscr{R}_1=\left\{\boldsymbol{x}\,\middle|\,\frac{p_1(\boldsymbol{x})}{p_2(\boldsymbol{x})}\geqslant\frac{q_2c(1|2)}{q_1c(2|1)}\right\},\quad \mathscr{R}_2=\left\{\boldsymbol{x}\,\middle|\,\frac{p_1(\boldsymbol{x})}{p_2(\boldsymbol{x})}<\frac{q_2c(1|2)}{q_1c(2|1)}\right\}. \tag{4}
$$

为保证如上的划分是唯一的，应要求点集$\{\boldsymbol{x}|\tilde{q}_1p_1(\boldsymbol{x})=\tilde{q}_2p_2(\boldsymbol{x})\}$测度为零.

当两类蠓虫的触角与翅膀长度均服从二元正态分布，且两个正态分布协方差矩阵相等时，即当 $p_1(\boldsymbol{x})=\mathcal{N}(\boldsymbol{\mu}^{(1)},\Sigma),p_2(\boldsymbol{x})=\mathcal{N}(\boldsymbol{\mu}^{(2)},\Sigma)$时，(4)式所给出的区域可有更简单的表示. 令 $\tilde{q}_2/\tilde{q}_1=q_2c(1|2)/q_1c(2|1)=k$，则简单的代数运算给出：

$$
\begin{aligned}
\mathscr{R}_1=\{\boldsymbol{x}\mid\ &\boldsymbol{x}^{\mathrm{T}}\Sigma^{-1}(\boldsymbol{\mu}^{(1)}-\boldsymbol{\mu}^{(2)}) \\
&-\frac{1}{2}(\boldsymbol{\mu}^{(1)}+\boldsymbol{\mu}^{(2)})^{\mathrm{T}}\Sigma^{-1}(\boldsymbol{\mu}^{(1)}-\boldsymbol{\mu}^{(2)})\geqslant\ln k\}, \\
\mathscr{R}_2=\{\boldsymbol{x}\mid\ &\boldsymbol{x}^{\mathrm{T}}\Sigma^{-1}(\boldsymbol{\mu}^{(1)}-\boldsymbol{\mu}^{(2)}) \\
&-\frac{1}{2}(\boldsymbol{\mu}^{(1)}+\boldsymbol{\mu}^{(2)})^{\mathrm{T}}\Sigma^{-1}(\boldsymbol{\mu}^{(1)}-\boldsymbol{\mu}^{(2)})<\ln k\}.
\end{aligned}
$$

对如上分类方法有以下几点说明：

1. 容易看出，在正态假定下，区域 $\mathscr{R}_1$ 与 $\mathscr{R}_2$ 的边界与用马哈拉诺比斯距离判别的结果相似，是一条直线，今后为行文方便，将其称为判别直线. 判别直线的方程是：

$$
w(\boldsymbol{x})=\boldsymbol{x}^{\mathrm{T}}\Sigma^{-1}(\boldsymbol{\mu}^{(1)}-\boldsymbol{\mu}^{(2)})
$$

$$-\frac{1}{2}(\boldsymbol{\mu}^{(1)}+\boldsymbol{\mu}^{(2)})^{\mathrm{T}}\Sigma^{-1}(\boldsymbol{\mu}^{(1)}-\boldsymbol{\mu}^{(2)})=\ln k. \tag{5}$$

当 $k=1$ 时，两种方法所得到的结果是完全一样的，但二者的出发点不同.

2. 如果假定 $c(1|2)=c(2|1)=1$，那么(4)式所给出的区域可表示为：

$$\mathscr{R}_1=\{\boldsymbol{x}\mid q_1 p_1(\boldsymbol{x})\geqslant q_2 p_2(\boldsymbol{x})\},\quad \mathscr{R}_2=\{\boldsymbol{x}\mid q_1 p_1(\boldsymbol{x})<q_2 p_2(\boldsymbol{x})\}.$$

注意到 $p_1(\boldsymbol{x})=p(\boldsymbol{x}\mid \mathrm{Af})$，$p_2(\boldsymbol{x})=p(\boldsymbol{x}\mid \mathrm{Apf})$，而 $p(\boldsymbol{x}\mid \mathrm{Af})$ 及 $p(\boldsymbol{x}|\mathrm{Apf})$ 表示已知一个样品属于 Af 或 Apf 时的条件概率密度，则上述分类方法等价于：

$$\mathscr{R}_1=\left\{\boldsymbol{x}\,\middle|\,\frac{q_1 p(\boldsymbol{x}|\mathrm{Af})}{q_1 p(\boldsymbol{x}|\mathrm{Af})+q_2 p(\boldsymbol{x}|\mathrm{Apf})}\geqslant\frac{q_2 p(\boldsymbol{x}|\mathrm{Apf})}{q_1 p(\boldsymbol{x}|\mathrm{Af})+q_2 p(\boldsymbol{x}|\mathrm{Apf})}\right\},$$

$$\mathscr{R}_2=\left\{\boldsymbol{x}\,\middle|\,\frac{q_1 p(\boldsymbol{x}|\mathrm{Af})}{q_1 p(\boldsymbol{x}|\mathrm{Af})+q_2 p(\boldsymbol{x}|\mathrm{Apf})}<\frac{q_2 p(\boldsymbol{x}|\mathrm{Apf})}{q_1 p(\boldsymbol{x}|\mathrm{Af})+q_2 p(\boldsymbol{x}|\mathrm{Apf})}\right\}.$$

上式有明确的概率意义. 它意味着：对任何一个样品 $\boldsymbol{x}$，计算后验概率，即在 $\boldsymbol{x}$ 发生的条件下，计算其属于 Af 或 Apf 的概率. 将样品归入二者中大的一类. 在多元统计分析中，这种方法称之为贝叶斯(Bayes)准则，它可推广于多总体情况，此处不再赘述. 上面的讨论说明了：在蠓虫分类问题中，考虑后验概率极大的贝叶斯准则与 $c(1|2)=c(2|1)$ 条件下考虑错分损失极小，给出同样的分类；这一点实际具有普遍意义，贝叶斯方法可适用于多种不同问题，所得到的结果往往与某种适当表述的优化结果相一致.

3. 当对样品实际进行分类时，所有的统计量均应由相应的估计值代替. $\hat{\mu}^{(1)}$，$\hat{\mu}^{(2)}$ 及 $\hat{\Sigma}$ 的计算公式已见上文；先验概率 q_1，q_2 的一种近似方法是利用两类样品数之比，对本章讨论的蠓虫分类问题即是 9∶6. 对 $c(1|2)$ 与 $c(1|1)$ 给不同的值，则可考虑两类蠓虫一为有益一为有害的情况.

4. 在上面的讨论中，当假设两正态总体协方差矩阵相等时，得到线性判别函数，此时的数学结果简洁完美；在多数多元统计教科书中对协方差矩阵不等的情况没有进一步讨论. 这一点似应归结于历史原因. 事实上，协方差矩阵不等是更一般的情况. 然而，由于得不到简洁的数学表达，当样品及预报因子数量极大时，没有计算机是无法处理的. 上述方法产生于计算机出现之前，因此只讨论到线性判别函数为止. 对于协方差矩阵不等的情况，今天也已有了相应的数学方法，有兴趣的读者可参见本章所附的参考文献[2].

2.2 先验概率未知的情况

在前一小节的讨论中，先验概率起着重要作用. 然而在很多情况下，先验概率无法获得，因此需要一个不同的准则进行分类. 为简单计，此处仅讨论两总体服从二元正态分布，且协方差矩阵相等的情况. 当两总体协方差矩阵相等时，(5)式给出线性判别函数的表达式，其中先验概率出现在 $\ln k$ 项中，它决定了两类蠓虫在 a-w 平面上分界直线的位置. 如果不知道先验概率，(5)式两个等号中间的量还是可以计算的. 这个量与任意一样品点在判别直线法线方向上的投影有关，我们将这个量记为 $y(\boldsymbol{x})$，即令

$$y(\boldsymbol{x}) = \boldsymbol{x}^{\mathrm{T}}\Sigma^{-1}(\boldsymbol{\mu}^{(1)}-\boldsymbol{\mu}^{(2)})-\frac{1}{2}(\boldsymbol{\mu}^{(1)}+\boldsymbol{\mu}^{(2)})^{\mathrm{T}}\Sigma^{-1}(\boldsymbol{\mu}^{(1)}-\boldsymbol{\mu}^{(2)}), \tag{6}$$

我们研究当 $\boldsymbol{x}$ 分别属于总体 Af 或 Apf 时，随机变量 y 的分布. 由概率论可知，当 $\boldsymbol{x}$ 是一服从正态分布的随机向量时，其各分量的线性组合 y 仍是正态随机变量；特别当 $\boldsymbol{x}$ 服从 $\mathcal{N}(\boldsymbol{\mu}^{(1)},\Sigma)$ 分布时，直接计算可知，y 的均值 Ey 与方差 Dy 依次是：

$$\begin{aligned} Ey &= (\boldsymbol{\mu}^{(1)})^{\mathrm{T}}\Sigma^{-1}(\boldsymbol{\mu}^{(1)}-\boldsymbol{\mu}^{(2)})-\frac{1}{2}(\boldsymbol{\mu}^{(1)}+\boldsymbol{\mu}^{(2)})^{\mathrm{T}}\Sigma^{-1}(\boldsymbol{\mu}^{(1)}-\boldsymbol{\mu}^{(2)}) \\ &= \frac{1}{2}(\boldsymbol{\mu}^{(1)}-\boldsymbol{\mu}^{(2)})^{\mathrm{T}}\Sigma^{-1}(\boldsymbol{\mu}^{(1)}-\boldsymbol{\mu}^{(2)}) \xlongequal{\text{def}} \frac{1}{2}\alpha, \end{aligned}$$

$$Dy = E\{(\boldsymbol{\mu}^{(1)}-\boldsymbol{\mu}^{(2)})^{\mathrm{T}}\Sigma^{-1}(\boldsymbol{x}-\boldsymbol{\mu}^{(1)})(\boldsymbol{x}-\boldsymbol{\mu}^{(1)})^{\mathrm{T}}\Sigma^{-1}(\boldsymbol{\mu}^{(1)}-\boldsymbol{\mu}^{(2)})\}$$

$$= (\boldsymbol{\mu}^{(1)} - \boldsymbol{\mu}^{(2)})^{\mathrm{T}} \Sigma^{-1} (\boldsymbol{\mu}^{(1)} - \boldsymbol{\mu}^{(2)}) \xlongequal{\text{def}} \alpha.$$

由此可知,此时 y 服从 $\mathcal{N}(\alpha/2,\alpha)$ 分布. 类似计算表明,当 $\boldsymbol{x}$ 服从 $\mathcal{N}(\boldsymbol{\mu}^{(2)},\Sigma)$ 时,y 服从 $\mathcal{N}(-\alpha/2,\alpha)$ 分布. 这中间的差别可以用来构造一个判别蠓虫类别的方法. 因为对于 Af 类样品,由其触角及翅膀长度所计算的 y 值,在数轴上以 $\alpha/2$ 为中心分布,而 Apf 的样品则以 $-\alpha/2$ 为中心分布. 这样只要能在区间 $(-\alpha/2,\alpha/2)$ 上决定一个分界点,则即可利用 $y=y(\boldsymbol{x})$ 对蠓虫分类. 问题归结于分界点的选择.

假设我们已经取定一个实数 C 作为分界点. 那么由上面的讨论可知,一个取自 Af 的样品错分为 Apf 的概率是:

$$p(2|1) = \int_{-\infty}^{C} \frac{1}{\sqrt{2\pi\alpha}} \exp(-(\xi-\alpha/2)^2/2\alpha)\mathrm{d}\xi$$

$$= \int_{-\infty}^{(C-\alpha/2)/\sqrt{\alpha}} \frac{1}{\sqrt{2\pi}} \exp(-y^2/2)\mathrm{d}y.$$

同样可以计算一个 Apf 样品错分为 Af 的概率

$$p(1|2) = \int_{C}^{\infty} \frac{1}{\sqrt{2\pi\alpha}} \exp(-(\xi+\alpha/2)^2/2\alpha)\mathrm{d}\xi$$

$$= \int_{(C+\alpha/2)/\sqrt{\alpha}}^{\infty} \frac{1}{\sqrt{2\pi}} \exp(-y^2/2)\mathrm{d}y.$$

这两个概率分别等于图 6.2 中两块阴影面积. 此时若 $c(1|2)$,$c(2|1)$ 已知,则可以得到由于两种分类错误所造成的损失,即 $c(2|1)p(2|1)$ 与 $c(1|2)p(1|2)$. 一般而言两种错误造成的损失不等,且当分点 C 移动时,必然一个增大,一个减小. 此时确定 C 点的一个合理原则是使 $\max\{c(1|2)p(1|2),c(2|1)p(2|1)\}$ 达到极小. 由前述可知,这样

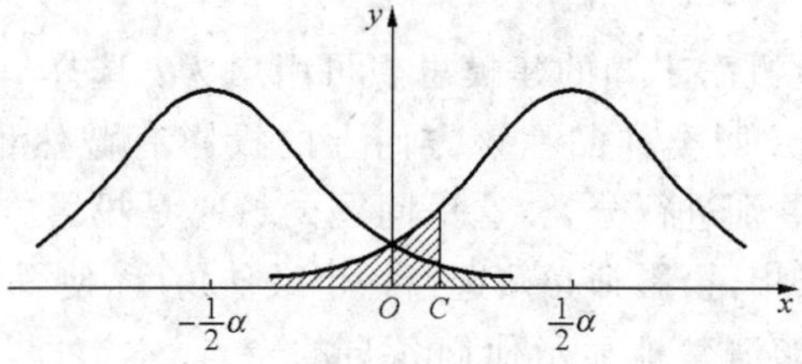

图 6.2

的 C 应使 $c(2|1)p(2|1)$ 与 $c(1|2)p(1|2)$ 相等，即适当选取 C 使

$$c(1|2)\int_{(C+\alpha/2)/\sqrt{\alpha}}^{\infty}\frac{1}{\sqrt{2\pi}}\exp(-y^2/2)\mathrm{d}y$$
$$=c(2|1)\int_{-\infty}^{(C-\alpha/2)/\sqrt{\alpha}}\frac{1}{\sqrt{2\pi}}\exp(-y^2/2)\mathrm{d}y.$$

由这样的分界点所造成的任何一种分类错误的损失均为

$$\min_{C}\max\{c(1|2)p(1|2),c(2|1)p(2|1)\}.$$

当 $c(1|2)=c(2|1)$ 时，容易看出最佳分界点是 $C=0$，任何一种错误分类的概率是：

$$\int_{\sqrt{\alpha}/2}^{\infty}\frac{1}{\sqrt{2\pi}}\exp(-y^2/2)\mathrm{d}y.$$

由此可知，α 越大，或者说两总体样品在某一特定方向上投影平均值相差越大，错分概率越小. 当 $c(1|2)\neq c(2|1)$ 时，最佳的 C 值可由正态函数表及尝试法求出. 当然，计算时所需的 α 值也要由样本估计值代替.

上面介绍了解决螟虫分类问题的两种概率统计途径，二者有不同的处理原则：一个是令错误分类所造成的平均损失最小，一个是在不同错误分类所造成的不同损失中，使最大损失达到最小. 本节介绍的后一种方法，利用了表示样品的随机向量在某一方向上的投影. 下面一节我们从几何观点出发，说明投影方向所含的意义. 它使得我们可以不依赖概率统计理论，导出实质上功效相同的分类模型.

§3 从几何考虑出发的分类方法

上节先验概率未知的建模思想可引申为：选择一个特殊方向，使得 Af 与 Apf 两类样品在该方向上的投影有截然不同的分布特征，利用这一差别进行分类. 这里问题的核心是投影方向的确定. 恰如为一群人照相，摄影师必须选择一个最佳角度，使得每个人不互相遮挡，照片上能清楚地显示他们各自的特点. 本节即从这一想法出发，导出对样品分类的方法. 此处不需要两总体协方差矩阵相等的假

设. 数学上，投影方向由一个向量 $\boldsymbol{c}=(c_1,c_2)^{\mathrm{T}}$ 表示，任何样品 $\boldsymbol{x}_i^{(k)}=(x_{i1}^{(k)},x_{i2}^{(k)})^{\mathrm{T}}(k=1,2)$ 在该方向的投影为：

$$y_i^{(k)}=\boldsymbol{c}^{\mathrm{T}}\boldsymbol{x}_i^{(k)}=c_1x_{i1}^{(k)}+c_2x_{i2}^{(k)},\quad i=1,2,\cdots,n_k;\quad k=1,2.$$

请注意，此处并未限定 $\boldsymbol{c}$ 的长度，关键是 $\boldsymbol{c}$ 的方向. 以下讨论当 Af 与 Apf 两组样品给定时 $\boldsymbol{c}$ 的选取方法. 记 $y_{\mathrm{Af}}=\boldsymbol{c}^{\mathrm{T}}\hat{\boldsymbol{\mu}}^{(1)}$，$y_{\mathrm{Apf}}=\boldsymbol{c}^{\mathrm{T}}\hat{\boldsymbol{\mu}}^{(2)}$，它们依次表示两组样品重心在 $\boldsymbol{c}$ 方向的投影值. 令

$$Q=(y_{\mathrm{Af}}-y_{\mathrm{Apf}})^2.$$

显然，一个好的投影方向应使 y_{Af} 与 y_{Apf} 尽可能分开，即 Q 尽量地大. 然而仅此是不够的，对于一个好的投影方向，还必须要求每类样品的投影点尽可能靠近其投影重心分布. 在数学上，这一要求相当于令

$$F=\sum_{i=1}^{n_1}(y_i^{(1)}-y_{\mathrm{Af}})^2+\sum_{i=1}^{n_2}(y_i^{(2)}-y_{\mathrm{Apf}})^2$$

尽可能小. 将对 Q 与 F 的要求联合起来，得到确定方向 $\boldsymbol{c}$ 的原则是，令

$$I=Q/F$$

极大. 所希望的 $\boldsymbol{c}$ 可由联立方程组

$$\frac{\partial I}{\partial c_1}=0,\quad \frac{\partial I}{\partial c_2}=0$$

解出. 为便于计算，采用矩阵向量的表示，那么，容易得到

$$Q=\boldsymbol{c}^{\mathrm{T}}(\hat{\boldsymbol{\mu}}^{(1)}-\hat{\boldsymbol{\mu}}^{(2)})(\hat{\boldsymbol{\mu}}^{(1)}-\hat{\boldsymbol{\mu}}^{(2)})^{\mathrm{T}}\boldsymbol{c},$$

$$\begin{aligned}F&=\sum_{i=1}^{n_1}\boldsymbol{c}^{\mathrm{T}}(\boldsymbol{x}_i^{(1)}-\hat{\boldsymbol{\mu}}^{(1)})(\boldsymbol{x}_i^{(1)}-\hat{\boldsymbol{\mu}}^{(1)})^{\mathrm{T}}\boldsymbol{c}\\&\quad+\sum_{i=1}^{n_2}\boldsymbol{c}^{\mathrm{T}}(\boldsymbol{x}_i^{(2)}-\hat{\boldsymbol{\mu}}^{(2)})(\boldsymbol{x}_i^{(2)}-\hat{\boldsymbol{\mu}}^{(2)})^{\mathrm{T}}\boldsymbol{c}\\&=\boldsymbol{c}^{\mathrm{T}}((n_1-1)\hat{\Sigma}^{(1)}+(n_2-1)\hat{\Sigma}^{(2)})\boldsymbol{c}.\end{aligned}$$

为形式简单，下面利用变量 Q,F,I 等对向量 $\boldsymbol{c}$ 的形式微商，这些等式的正确性不难由一般的求导规则验证. 由前述 Q,F 的表达式，得到

$$\frac{1}{2}\frac{\partial Q}{\partial \boldsymbol{c}}=(\hat{\boldsymbol{\mu}}^{(1)}-\hat{\boldsymbol{\mu}}^{(2)})(\hat{\boldsymbol{\mu}}^{(1)}-\hat{\boldsymbol{\mu}}^{(2)})^{\mathrm{T}}\boldsymbol{c},$$

$$\frac{1}{2}\frac{\partial F}{\partial \boldsymbol{c}} = \left((n_1-1)\hat{\Sigma}^{(1)} + (n_2-1)\hat{\Sigma}^{(2)}\right)\boldsymbol{c}.$$

向量 $\boldsymbol{c}$ 所应满足的方程组为：

$$\frac{\partial I}{\partial \boldsymbol{c}} = \left(F\frac{\partial Q}{\partial \boldsymbol{c}} - Q\frac{\partial F}{\partial \boldsymbol{c}}\right)\Big/F^2 = 0,$$

即

$$\frac{1}{I}\frac{\partial Q}{\partial \boldsymbol{c}} = \frac{\partial F}{\partial \boldsymbol{c}}. \tag{7}$$

利用已经得到的表达式,(7)式化为

$$\frac{1}{I}(\hat{\boldsymbol{\mu}}^{(1)} - \hat{\boldsymbol{\mu}}^{(2)})(\hat{\boldsymbol{\mu}}^{(1)} - \hat{\boldsymbol{\mu}}^{(2)})^{\mathrm{T}}\boldsymbol{c} = \left((n_1-1)\hat{\Sigma}^{(1)} + (n_2-1)\hat{\Sigma}^{(2)}\right)\boldsymbol{c}.$$

从上式可知,无论 $\boldsymbol{c}$ 是什么向量,$(\hat{\boldsymbol{\mu}}^{(1)} - \hat{\boldsymbol{\mu}}^{(2)})^{\mathrm{T}}\boldsymbol{c}/I$ 永远是一个数,上式左端都是$(\hat{\boldsymbol{\mu}}^{(1)} - \hat{\boldsymbol{\mu}}^{(2)})$方向的一个向量.因此上式决定了 $\boldsymbol{c}$ 的方向.由此,若令

$$\boldsymbol{c} = (n_1+n_2-2)((n-1)\hat{\Sigma}^{(1)} + (n_2-1)\hat{\Sigma}^{(2)})^{-1}(\hat{\boldsymbol{\mu}}^{(1)} - \hat{\boldsymbol{\mu}}^{(2)}), \tag{8}$$

式中(n_1+n_2-2)是一人为选择的常数因子,便可得到一种分类方法,即对任何样品 $\boldsymbol{x}$,计算 $y(\boldsymbol{x})=\boldsymbol{c}^{\mathrm{T}}\boldsymbol{x}$.将 $y(\boldsymbol{x})$与一临界值 y^* 比较,视其大于或小于 y^*,将 $\boldsymbol{x}$ 归入适当的类别.最简单地可取

$$y^* = (\boldsymbol{c}^{\mathrm{T}}\hat{\boldsymbol{\mu}}^{(1)} + \boldsymbol{c}^{\mathrm{T}}\hat{\boldsymbol{\mu}}^{(2)})/2;$$

更细致时,对所有已知样品计算 $y(\boldsymbol{x}_i^{(k)})(i=1,2,\cdots,n_k;k=1,2)$,再分别计算

$$(\sigma^{(k)})^2 = \frac{1}{n_k-1}\sum_{i=1}^{n_k}(y(\boldsymbol{x}_i^{(k)}) - \boldsymbol{c}^{\mathrm{T}}\hat{\boldsymbol{\mu}}^{(k)})^2, \quad k=1,2,$$

然后令

$$y^* = \frac{\sigma^{(2)}\boldsymbol{c}^{\mathrm{T}}\hat{\boldsymbol{\mu}}^{(1)} + \sigma^{(1)}\boldsymbol{c}^{\mathrm{T}}\hat{\boldsymbol{\mu}}^{(2)}}{\sigma^{(1)}+\sigma^{(2)}}.$$

特别应指出当 $\hat{\Sigma}^{(1)}=\hat{\Sigma}^{(2)}=\hat{\Sigma}$ 时的情况,此时

$$\boldsymbol{c} = \hat{\Sigma}^{-1}(\hat{\boldsymbol{\mu}}^{(1)} - \hat{\boldsymbol{\mu}}^{(2)}), \tag{9}$$

与这一投影方向对应的 I 值为:

$$I = \frac{1}{n_1+n_2-2}(\hat{\boldsymbol{\mu}}^{(1)} - \hat{\boldsymbol{\mu}}^{(2)})^{\mathrm{T}}\hat{\Sigma}^{-1}(\hat{\boldsymbol{\mu}}^{(1)} - \hat{\boldsymbol{\mu}}^{(2)}),$$

它正比于当两总体协方差矩阵相等时，由样本估计值计算的总体间的马哈拉诺比斯距离.注意到量 I 越大意味着对分类而言，方向 $\boldsymbol{c}$ 越有利.因此这从另一角度说明了马哈拉诺比斯距离在分类问题中的意义.再将(9)式与上一节两总体协方差矩阵相等时的判别直线比较，可以看出此处的投影向量 $\boldsymbol{c}$ 给出了判别直线的法方向.事实上此处得到的结果与前一节实质是一样的，它表明解决同一问题可有完全不同的途径，只要是合理的想法，它们会"殊途同归".以上想法可推广于协方差矩阵不等的多总体情况.实质上，这就是多元统计中的费歇(Fisher)判别.但费歇判别的具体推导与这里有所不同，此处不再叙述，有兴趣的读者请参见有关书籍，例如本章主要参考文献[1]或[3].

§4 伪变量回归

下面介绍可用于蠓虫分类的另一种方法.如果能得到一个函数，以蠓虫的触角与翅膀长为自变量，对属于 Af 的样品取值为 1，属于 Apf 的样品取值为 0，那么问题就解决了.但我们无法知道这一函数的具体形式.为解决这一困难，退而求其次，利用已知的两类样品，通过回归分析，或者说最小二乘法，求该函数的线性近似，即假设

$$y(\boldsymbol{x}_i^{(k)}) = c_1 x_{i1}^{(k)} + c_2 x_{i2}^{(k)} + c_3, \tag{10}$$

令

$$Q = \sum_{i=1}^{n_1} (c_1 x_{i1}^{(1)} + c_2 x_{i2}^{(1)} + c_3 - 1)^2 + \sum_{i=1}^{n_2} (c_1 x_{i1}^{(2)} + c_2 x_{i2}^{(2)} + c_3)^2 \tag{11}$$

极小，定出 c_1, c_2, c_3.当这三个系数得到之后，为判定任何一样品 $\boldsymbol{x}$ 的归属，只需将自变量代入(10)式，若函数值接近 1 则认为属于 Af，接近 0 则认为属于 Apf.当然，可能发生不便判定的中间情况.上述方法就叫做伪变量回归.

如上的方法可以更加简洁.令(11)式对 c_3 的导数等于零，首先将 c_3 解出，有

$$c_3 = \frac{n_1}{n_1+n_2} - c_1 \frac{n_1\hat{\mu}_1^{(1)} + n_2\hat{\mu}_1^{(2)}}{n_1+n_2} - c_2 \frac{n_1\hat{\mu}_2^{(1)} + n_2\hat{\mu}_2^{(2)}}{n_1+n_2},$$

再利用上式将(10)式化为：

$$\tilde{y}_i^{(k)} = y(\boldsymbol{x}_i^{(k)}) - \frac{n_1}{n_1+n_2}$$

$$= c_1\left(x_{i1}^{(k)} - \frac{n_1\hat{\mu}_1^{(1)} + n_2\hat{\mu}_1^{(2)}}{n_1+n_2}\right) + c_2\left(x_{i2}^{(k)} - \frac{n_1\hat{\mu}_2^{(1)} + n_2\hat{\mu}_2^{(2)}}{n_1+n_2}\right),$$

因此可以利用最小二乘法，求解仅含 c_1, c_2 两个未知数的如上表达式；对应 Af 类样品原来的函数值 1，$\tilde{y}_i^{(1)}$ 取值为 $n_2/(n_1+n_2)$，对应 Apf 类样品原来的函数值 0，$\tilde{y}_i^{(2)}$ 取值 $-n_1/(n_1+n_2)$. 下面说明由此得到的结果与前面诸节本质上是一样的.

令 $\boldsymbol{c}=(c_1, c_2)^{\mathrm{T}}$，$\hat{\boldsymbol{x}}=(n_1\hat{\boldsymbol{\mu}}^{(1)}+n_2\hat{\boldsymbol{\mu}}^{(2)})/(n_1+n_2)$. 为解出 $\boldsymbol{c}$ 考虑使

$$Q = \sum_{k=1}^{2}\sum_{i=1}^{n_k}\left[\tilde{y}_i^{(k)} - \boldsymbol{c}^{\mathrm{T}}(\boldsymbol{x}_i^{(k)} - \hat{\boldsymbol{x}})\right]^2$$

极小. 对向量 $\boldsymbol{c}$ 微商，令所得到的微商向量等于零，则给出如下的正规方程组：

$$\sum_{k=1}^{2}\sum_{i=1}^{n_k}(\boldsymbol{x}_i^{(k)} - \hat{\boldsymbol{x}})(\boldsymbol{x}_i^{(k)} - \hat{\boldsymbol{x}})^{\mathrm{T}}\boldsymbol{c} = \sum_{k=1}^{2}\sum_{i=1}^{n_k}\tilde{y}_i^{(k)}(\boldsymbol{x}_i^{(k)} - \hat{\boldsymbol{x}})$$

$$= \frac{n_1 n_2}{n_1+n_2}(\hat{\boldsymbol{\mu}}^{(1)} - \hat{\boldsymbol{\mu}}^{(2)}). \tag{12}$$

在如上方程组中，将未知数 $\boldsymbol{c}$ 的系数矩阵改写为：

$$\sum_{k=1}^{2}\sum_{i=1}^{n_k}(\boldsymbol{x}_i^{(k)} - \hat{\boldsymbol{x}})(\boldsymbol{x}_i^{(k)} - \hat{\boldsymbol{x}})^{\mathrm{T}} = \sum_{k=1}^{2}\sum_{i=1}^{n_k}(\boldsymbol{x}_i^{(k)} - \hat{\boldsymbol{\mu}}^{(k)})(\boldsymbol{x}_i^{(k)} - \hat{\boldsymbol{\mu}}^{(k)})^{\mathrm{T}}$$

$$+ \frac{n_1 n_2}{n_1+n_2}(\hat{\boldsymbol{\mu}}^{(1)} - \hat{\boldsymbol{\mu}}^{(2)})(\hat{\boldsymbol{\mu}}^{(1)} - \hat{\boldsymbol{\mu}}^{(2)})^{\mathrm{T}},$$

由此方程组(12)可以表示成：

$$A\boldsymbol{c} = (\hat{\boldsymbol{\mu}}^{(1)} - \hat{\boldsymbol{\mu}}^{(2)})\left[\frac{n_1 n_2}{n_1+n_2} - \frac{n_1 n_2}{n_1+n_2}(\hat{\boldsymbol{\mu}}^{(1)} - \hat{\boldsymbol{\mu}}^{(2)})^{\mathrm{T}}\boldsymbol{c}\right], \tag{13}$$

此处

$$A = \sum_{k=1}^{2}\sum_{i=1}^{n_k}(\boldsymbol{x}_i^{(k)} - \hat{\boldsymbol{\mu}}^{(k)})(\boldsymbol{x}_i^{(k)} - \hat{\boldsymbol{\mu}}^{(k)})^{\mathrm{T}}$$

$$= (n_1 - 1)\hat{\Sigma}^{(1)} + (n_2 - 1)\hat{\Sigma}^{(2)}.$$

我们研究向量 $\boldsymbol{c}$ 的方向，注意到对任何向量 $\boldsymbol{c}$，(13)式右端方括号内是一个数，因此(13)式的解 $\boldsymbol{c}$ 与向量 $A^{-1}(\hat{\boldsymbol{\mu}}^{(1)} - \hat{\boldsymbol{\mu}}^{(2)})$ 共线，这与前面一节所得到的投影方向一致. 此方法中回归函数的取值仅具逻辑意义，故称做伪变量回归.

§5 关于预报因子

上面介绍了用于蠓虫分类的多种方法. 然而这些方法能够成功，依赖一个共同的条件，即两类蠓虫触角长度与翅膀长度的统计性质确实有明显差异；特别是它们的均值应明显不同. 然而所给数据是否真有这样的差别，则需用一定方法加以检验. 这是建立分类模型时首先要讨论的问题. 数理统计中对此类问题有专门的研究，这就是两个或多个正态总体的均值向量及协方差矩阵是否相等的假设检验问题. 此处不可能对有关内容详细讨论，但为使读者了解处理问题的基本思想，以及这种讨论与分类问题的关系，下面仅就如何依据抽样值，对两个服从正态分布 $\mathcal{N}(\mu^{(1)}, \sigma^2)$ 与 $\mathcal{N}(\mu^{(2)}, \sigma^2)$ 的随机变量，其均值是否相等的判定问题做一简要介绍. 这两个分布可以看做 Af 与 Apf 触角或翅膀长度的分布.

用 $\xi^{(1)}, \xi^{(2)}$ 表示所讨论的两个随机变量，其抽样值为 $\xi_i^{(k)}$ $(i=1, 2, \cdots, n_k; k=1,2)$. $\mu^{(1)}, \mu^{(2)}$ 与 σ 的值未知，有关的信息反映在所有抽样值或称样品之中. 为讨论两个均值是否相等，采用如下方法. 假设所有样品是独立抽取的，因此当 $\mu^{(1)} \neq \mu^{(2)}$ 时，如上一组样品发生的概率可由下式度量，即由

$$L = \left(\frac{1}{\sqrt{2\pi}\sigma}\right)^{n_1} \left(\frac{1}{\sqrt{2\pi}\sigma}\right)^{n_2} \exp\left(-\frac{1}{2\sigma^2} \sum_{k=1}^{2} \sum_{i=1}^{n_k} (\xi_i^{(k)} - \mu^{(k)})^2\right)$$

度量. 分布参数 $\mu^{(1)}, \mu^{(2)}$ 与 σ 取不同值时，L 的值是不同的. 为确定这些参数，假定对于给定的一组样品，真实参数取值使 L 达到极大. 由这一原则得到的参数估计值，称为最大似然估计. 这一做法背后隐含的思想是：当只进行一次随机实验时，一般发生的应该是概率最大

的事件. 由于 L 与 $\ln L$ 同时达到极大,故为得到最大似然估计,可对 $\ln L$ 考虑.

假设 $\mu^{(1)} \neq \mu^{(2)}$,取 $\ln L$ 对 $\mu^{(1)}, \mu^{(2)}$ 和 σ 的偏导数,令它们等于零,有

$$\frac{\partial \ln L}{\partial \mu^{(1)}} = \frac{1}{\sigma^2} \sum_{i=1}^{n_1} (\xi_i^{(1)} - \mu^{(1)}) = 0,$$

$$\frac{\partial \ln L}{\partial \mu^{(2)}} = \frac{1}{\sigma^2} \sum_{i=1}^{n_2} (\xi_i^{(2)} - \mu^{(2)}) = 0,$$

$$\frac{\partial \ln L}{\partial \sigma} = -(n_1 + n_2)\sigma^{-1} + \sigma^{-3} \sum_{k=1}^{2} \sum_{i=1}^{n_k} (\xi_i^{(k)} - \mu^{(k)})^2 = 0.$$

解上述方程组得到诸参数的最大似然估计,记为 $\hat{\mu}^{(1)}, \hat{\mu}^{(2)}, \hat{\sigma}^2$,有

$$\hat{\mu}^{(1)} = \frac{1}{n_1} \sum_{i=1}^{n_1} \xi_i^{(1)}, \quad \hat{\mu}^{(2)} = \frac{1}{n_2} \sum_{i=1}^{n_2} \xi_i^{(2)},$$

$$\hat{\sigma}^2 = \frac{1}{n_1 + n_2} \sum_{k=1}^{2} \sum_{i=1}^{n_k} (\xi_i^{(k)} - \hat{\mu}^{(k)})^2.$$

在这组估计值下,记 L 的极大值为 L_H,有

$$L_H = \left[\frac{n_1 + n_2}{2\pi \left(\sum_{i=1}^{n_1} (\xi_i^{(1)} - \hat{\mu}^{(1)})^2 + \sum_{i=1}^{n_2} (\xi_i^{(2)} - \hat{\mu}^{(2)})^2 \right)} \right]^{(n_1+n_2)/2}$$

$$\times \exp(-(n_1 + n_2)/2).$$

若假设 $\mu^{(1)} = \mu^{(2)} = \mu$,那么 L 中只有两个参数 μ 和 σ. 此时由同样方法得到的最大似然估计为:

$$\hat{\mu} = \frac{1}{n_1 + n_2} \left(\sum_{i=1}^{n_1} \xi_i^{(1)} + \sum_{i=1}^{n_2} \xi_i^{(2)} \right) = \frac{n_1 \hat{\mu}^{(1)} + n_2 \hat{\mu}^{(2)}}{n_1 + n_2},$$

$$\hat{\sigma}^2 = \frac{1}{n_1 + n_2} \sum_{k=1}^{2} \sum_{i=1}^{n_k} \left(\xi_i^{(k)} - \frac{n_1 \hat{\mu}^{(1)} + n_2 \hat{\mu}^{(2)}}{n_1 + n_2} \right)^2.$$

将后一次得到的 L 极大值记为 L_{H_0},有

$$L_{H_0} = \left[\frac{n_1 + n_2}{2\pi \sum_{k=1}^{2} \sum_{i=1}^{n_k} \left(\xi_i^{(k)} - \frac{n_1 \hat{\mu}^{(1)} + n_2 \hat{\mu}^{(2)}}{n_1 + n_2} \right)^2} \right]^{(n_1+n_2)/2}$$

$$\times \exp(-(n_1+n_2)/2).$$

考虑两个不同假设下的极大值之比

$$\frac{L_H}{L_{H_0}} = \left[\frac{\sum_{k=1}^{2}\sum_{i=1}^{n_k}\left(\xi_i^{(k)} - \frac{n_1\hat{\mu}^{(1)} + n_2\hat{\mu}^{(2)}}{n_1+n_2}\right)^2}{\sum_{i=1}^{n_1}(\xi_i^{(1)} - \hat{\mu}^{(1)})^2 + \sum_{i=1}^{n_2}(\xi_i^{(2)} - \hat{\mu}^{(2)})^2}\right]^{(n_1+n_2)/2},$$

经整理得到

$$L_H/L_{H_0} = \left[1 + \frac{n_1 n_2(\hat{\mu}^{(1)} - \hat{\mu}^{(2)})^2}{(n_1+n_2)\left(\sum_{i=1}^{n_1}(\xi_i^{(1)} - \hat{\mu}^{(1)})^2 + \sum_{i=1}^{n_2}(\xi_i^{(2)} - \hat{\mu}^{(2)})^2\right)}\right]^{(n_1+n_2)/2} \tag{14}$$

因为 L_{H_0} 是限定 $\mu^{(1)}=\mu^{(2)}$ 时 L 的极大值，而 L_H 没有这一限制，所以上面的比值必然大于等于 1. 然而若 $\mu^{(1)}=\mu^{(2)}$ 假设成立，它们的估计值 $\hat{\mu}^{(1)},\hat{\mu}^{(2)}$ 一般相差不大，因此(14)式右端括号内第二项应该是小量；但 $\mu^{(1)},\mu^{(2)}$ 确实不等时情况则相反，可以期望同样的项一般是大的. 由这一讨论可知，(14)式括号内第二项的大小可用来判断 $\mu^{(1)}$，$\mu^{(2)}$ 是否相等. 这个量小，认为 $\mu^{(1)}=\mu^{(2)}$；这个量大，则认为 $\mu^{(1)}\neq\mu^{(2)}$. 问题在于从观测数据计算出的这一项是一个随机变量，对于不同的随机实验会得到不同的值，因此对于大和小的判断也只能在一定的概率意义下进行. 为确切考虑这一点，定义如下的量，即令

$$t = \sqrt{\frac{n_1 n_2}{n_1+n_2}}\frac{\hat{\mu}^{(1)} - \hat{\mu}^{(2)}}{\sqrt{\dfrac{\sum_{i=1}^{n_1}(\xi_i^{(1)} - \hat{\mu}^{(1)})^2 + \sum_{i=1}^{n_2}(\xi_i^{(2)} - \hat{\mu}^{(2)})^2}{n_1+n_2-2}}}, \tag{15}$$

进而改写成

$$t = \frac{\hat{\mu}^{(1)} - \hat{\mu}^{(2)}}{\sigma}\sqrt{\frac{n_1 n_2}{n_1+n_2}}$$
$$\div \sqrt{\frac{1}{n_1+n_2-2}\left[\sum_{i=1}^{n_1}\left(\frac{\xi_i^{(1)} - \hat{\mu}^{(1)}}{\sigma}\right)^2 + \sum_{i=1}^{n_2}\left(\frac{\xi_i^{(2)} - \hat{\mu}^{(2)}}{\sigma}\right)^2\right]},$$

当假设 $\mu^{(1)}=\mu^{(2)}=\mu$ 成立时，易知 $\hat{\mu}^{(k)}$ 服从 $\mathcal{N}(\mu,\sigma^2/n_k)(k=1,2)$ 分布，因此上式分子服从标准正态分布；又可以证明上式分子分母相互独立，分母根号下的量服从自由度为 n_1+n_2-2 的 χ^2-分布. 数理统计中将这样定义的量称做自由度为 n_1+n_2-2 的 t-统计量，理论上已经知道自由度为 $n-1$ 的 t-统计量的分布密度为：

$$g(t,n-1)=\frac{1}{\sqrt{n-1}\mathrm{B}\left(\frac{1}{2},\frac{n-1}{2}\right)}\cdot\frac{1}{\left(1+\frac{t^2}{n-1}\right)^{n/2}},$$

$$-\infty<t<\infty,$$

式中 $\mathrm{B}\left(\frac{1}{2},\frac{n-1}{2}\right)$ 是贝塔(Beta)函数.

利用这一点，可以从概率论的角度解决 $\mu^{(1)},\mu^{(2)}$ 是否相等的问题. 由所得到的样本值计算(15)式所定义的量 t，再选择一个介于(0,1)之间的小正数 α，由此确定一个称之为置信限的数 t_α，它满足条件：

$$\int_{-t_\alpha}^{t_\alpha} g(x,n_1+n_2-2)\mathrm{d}x=1-\alpha.$$

将计算出的 t 值与 t_α 比较，如果 $|t|>t_\alpha$，则以 $1-\alpha$ 的置信度认为 $\mu^{(1)}\neq\mu^{(2)}$，理由是我们不相信一次随机实验就发生了概率仅为 α 的小概率事件；反之则不能否定 $\mu^{(1)}=\mu^{(2)}$. 当然无论肯定或否定的结论，都是在一定的概率意义下成立，这就是数理统计中假设检验的基本思想. 在此请读者注意(14)式右端括号内第二项，它正比于只有一个变量时本章第 3 节所定义的量 I，由此可以从另一角度理解 t-统计量的意义.

蠓虫分类问题中的原始数据是由触角及翅膀长组成的二维随机向量，因而需要检验的是两个二维分布均值向量是否相等. 在更一般的问题中涉及的是 n 维向量. 类似于一维，数理统计对高维分布的同一问题也已导出了所需的统计量及其理论分布，它们是一维 t-统计量及其分布的推广，此处不再叙述.

与检验总体分布特征密切相关的另一问题是预报因子的选择，显然只有那些均值有明显差别的变量对分类才有意义. 因此，原则上说来,可对所有变量逐一进行上文的 t-检验,淘汰那些对判别无助的变量.然而,由于不同的变量间可能存在相关,因此也并非所有通过 t-检验的变量都应作为预报因子.预报因子的选择实际是一个更为复杂的问题,有专门文献对此进行讨论,此处不再叙述.

最后说明一点:本章讨论的是两个总体间的判别方法,这些方法都有相应的多总体情况下的推广.然而还可把多总体判别问题化为一系列的两总体判别问题,由逐次应用二总体判别方法予以解决,很多实际问题就是这样处理的.

参考文献

[1] Anderson T W. An Introduction to Multivariate Statistical Analysis. New York: Wiley, 1958.

[2] K. 安斯伦,A. 拉尔斯登,H. S. 维尔夫. 数字计算机上用的数学方法(第三卷:统计方法). 中国科学院计算中心概率统计组,译. 上海:上海科学技术出版社,1981.

[3] 方开泰. 实用多元统计分析. 上海:华东师范大学出版社,1989.

第七章　神经网络模型简介

20 世纪 80 年代，人工神经网络研究取得了重大进展，有关的理论和方法已经发展成一门介于物理学、数学、计算机科学和神经生理学之间的交叉学科. 人工神经网络是一种非数字、非算术的，高度并行的信息处理系统. 它不同于通常的数字电子计算机，不必执行专门的程序来完成特定的任务. 它由许多十分简单，称做神经元的微处理器所组成，神经元之间按照一定的方式相互连接，信号可以通过这些连接在元与元之间传递，由此使得元与元彼此相互作用；利用这些相互作用，人工神经网络以一种独特的，模拟生物高级神经活动的方式处理问题. 迄今为止，这种方法已在许多具有重大理论及实际意义的问题上取得了成功，例如：手写体邮政编码判读、声纳信号与蛋白质二级结构的识别、自动驾驶，以及若干生物神经活动过程的模拟等领域，都利用人工神经网络方法取得了突破性进展.

本章不可能对神经网络的历史和现状作系统介绍，只是将其作为一类数学模型加以讨论，这一讨论也仅限于两部分内容：首先以上一章已叙述过的蠓虫识别问题为背景，介绍如何利用神经网络模型处理分类问题，同时，通过这一介绍，还试图使读者对于人工神经网络本身，作为人脑活动的数学模型有所了解；其二是简略讨论如何用神经网络模型解决组合优化问题，对此我们仍以一个特定的例子，即图二分问题加以说明. 在叙述本章主要内容之前，有必要强调以下诸点：

1. 术语“神经网络模型”或“人工神经网络”，无疑来自于对人脑的模拟. 的确，无论是单个神经元，还是神经网络的构成与作用方式，均来自对生物神经系统的模仿. 然而几乎在所有情况下，它们都只是真实神经细胞结构与功能的粗糙近似. 就本文所要讨论的内容而言，与人脑高级神经活动实际上仍有相当距离. 因而，正如本章参考文献

[1]的作者所说，或许称之为“网络计算”更为恰当.

2. 本文所要介绍的，仅限于神经网络模型用于分类问题与图二分问题的数学描述，整个过程可以在数字计算机上实现，完全不涉及人工神经网络的硬件实现途径.

3. 本文仅仅是一初步介绍，“初步”两字的含义是多方面的，它不仅意味着从最基本的内容开始，也表明叙述的范围是有限的；即使对所讨论的具体问题，也未涵盖全部可能的内容. 此外，文中几乎完全不涉及问题的理论方面.

本章第1节，从描述人体神经细胞的结构和功能开始，介绍最基本的人工神经元模型；第2节介绍用于分类问题的多层前传网络及确定神经元间连接强度的向后传播算法；第3节介绍用于分类问题的另一种网络模型，即学习向量量子化方法；第4节以图形二分问题为例，介绍用神经网络模型处理组合优化问题的不同途径. 文中主要内容取材于本章参考文献[1].

§1 神经组织的基本特征和人工神经元

如前所述，人工神经网络来源于对人类脑神经系统结构与功能的模拟，从神经生理学观点来看，这一模型是极端简化的. 然而，我们相信，尽管这些模型忽略了神经细胞的许多细节，但就整体而言，确已捕捉到了神经活动的某些基本特点. 为说明这一看法，让我们先来简略地考察一下生物神经组织的结构和功能.

1.1 神经组织的基本特征

图7.1是一个神经细胞的示意图. 为行文方便，下文有时又称神经细胞为神经元. 细胞核所在部分称为细胞体，从细胞体树状延伸出许多神经纤维，其中最长的一条称为轴突，它的末端化为许多细小的分枝，称为神经末梢；从细胞体出发的其他树状分枝称为树突. 一个神经细胞通过轴突与其他细胞的树突相连，神经末梢与树突接触的界面称为突触.

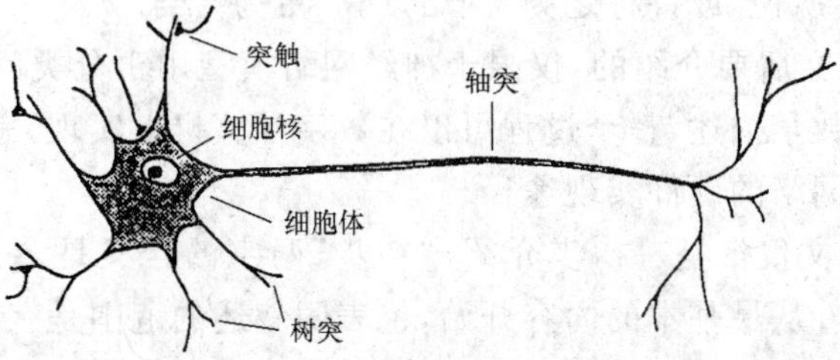

图 7.1

就功能而言,细胞体可以视为一个基本的初等信号处理器,轴突是信号的输出通路,树突是信号的输入通路.信号从一个神经细胞经过突触传递到另一个细胞,是一个相当复杂的生物物理及生物化学过程,它可以产生两种不同的效果:或者使接收信号一方细胞体内的电位升高,或者使之降低.当细胞体内电位超过某一阈值时,则接收信号的细胞被激发,它也会通过轴突,传出一个有固定强度和持续时间的脉冲信号,此时称该细胞处于激发态;当细胞体内电位低于阈值时,则不产生任何脉冲输出,细胞处于抑制状态.由处于激发态的神经细胞所产生的脉冲信号,通过神经末梢,传向处于下游的每一个与之相连的神经元,但是对不同的下游神经元,信号所引起的电位变化是不同的,因而引起不同的激发与抑制反应.这一点可以表述为:不同的神经元之间有不同的作用强度,或称连接强度.在发送了一个脉冲之后,神经元需要一段时间恢复,在这段时间内,无论其接收的信号有多强,也不能产生脉冲输出.

神经组织还有一个重要特点,即神经元之间的连接强度,或者说神经元之间信号传输的效能不是一成不变的.如果神经元 A 不断地向神经元 B 发送信号,B 在接到信号后又不断地被激发,那么由 A 所发出的同样强度的信号,对 B 电位变化的影响将逐渐加强,或者说,A 和 B 之间的连接强度将随时间而增加.这一性质进一步可以表述为:两神经元之间的连接强度,随其激发与抑制行为相关性的时间平均值正比变化.这就是生物学上所说的赫伯(Hebb)律,它表明神经系统是有某种可塑性的.

大体说来，一个神经元有 10^4 量级的输入通道，同时也与大致同样数量的下游神经元相连接. 每几千个彼此稠密连接的神经元构成一个集合体，而大脑皮层则是由许许多多这样的集合体像一块块瓷砖样地拼接而成，有些作者形象地将其称为“马赛克”式结构. 人脑神经细胞总数为 10^{11} 量级，相互连接通道总数约为 10^{15} 量级，因此，从大范围看来，神经元之间的连接是稀疏的. 这样的结构既能允许各个局部对信号独立地并行处理，也能对各个局部并行处理的输出作序贯性全局处理.

上面简略叙述了生物神经组织的若干特征，实际情况远较这一描述复杂. 下面我们来看一看，如何构造一个人工神经网络，使其具有如上描述的生物神经组织的基本特点.

1.2 人工神经元的 M-P 模型

由上述可以看出，为构造一个模拟生物神经组织的人工神经网络，必须给出如下三方面要素：(i) 对单个人工神经元给出某种形式定义；(ii) 决定网络中神经元的数量以及彼此间的连接方式，或者说，定义网络的结构；(iii) 给出一种方法，决定元与元之间的连接强度，使网络具有某种预定的功能.

下面介绍由麦克洛赫(McCulloch)和匹茨(Pitts)于 1943 年提出的，历史上第一个人工神经元模型，简称为 M-P 模型. 此模型形式上表示为：

$$S_i(t+1)=\theta\Big(\sum_j w_{ij}S_j(t)-\mu_i\Big),$$
$$\theta(x)=\begin{cases}1, & x\geqslant 0,\\ 0, & \text{其他}.\end{cases} \tag{1}$$

其中，t 表示时间，它只取离散值，任何两个相继时刻的间隔均为一个单位. $S_i(t)$表示第 i 个神经元在 t 时刻的状态，$S_i(t)=1$ 表示处于激发态，$S_i(t)=0$ 表示抑制态. 易于看出，由于 $\theta(x)$的函数形式，每个神经元只能有两个状态，因此，M-P 人工神经元模型实际上代表了一个双稳态元件. w_{ij} 是一个实数，刻画第 j 个元到第 i 个元的连接强度，称之为权，其值可正可负，分别表示元 j 对元 i 的作用是激发还是抑制. 特别规定 $w_{ii}=0$，即神经元对自身没有作用. $\sum_j w_{ij}S_j(t)$ 表示第 i 个神经元在 t 时刻所接受到所有信号线性叠加. μ_i 是元 i 的阈值，当元 i 所有输入信号的加权和超过 μ_i 时，元 i 才被激发. 应当指出，在这一模型中，μ_i 这一项是非本质的，因为我们可以考虑在模型中增加一个永远处于激发态，即永远取值为 1 的神经元，将 $-\mu_i$ 取为该元到元 i 的权，那么阈值项便可归并到和号中去了.

M-P 神经元是最简单的神经元模型，然而，就功能上说来，它已经是一个功能极强的元件，麦克洛赫和匹茨证明了，由这样一些人工神经元组成的网络，如果不考虑速度和方便，可以像一台普通的数字计算机一样，完成任何计算.

实际的生物神经元远比如上的形式描述复杂. 例如，实际神经元可将输入以非线性方式叠加，也可用非阶梯函数形式，连续地对输入做出响应，或者将输出表示为一脉冲系列，不同神经元状态也可不同步变化，等等. 这些差别有些是不重要的，有些则可以通过修改模型加以考虑. 例如，可以以异步方式变化不同神经元的状态；神经元不是以确定方式，而是按照某种概率规则改变其状态，等等，由此可以产生多种不同的模型. 但是，重要之点在于，M-P 模型已经捕捉到了神经细胞的一个最基本特征，即输入与输出之间的非线性关系，这当然不是指其具体的函数形式. 在很多情况下，考虑具有连续输出的神经元模型带来很大方便，为了下文的需要，此处给出 M-P 模型在这方面的一个推广，即令 S_i 的状态可取[0,1]中的连续值，以

$$\begin{aligned} g(h) &= [1+\exp(-2\beta h)]^{-1}, \\ h &= \sum_j w_{ij}S_j(t) \end{aligned} \tag{2}$$

代替阶梯函数 θ，其中 β 是一个正参数. 可以看出，β 越大，如上的函数形式越接近 $\theta(h)$，它们之间的差别在于，$g(h)$是连续可微的.

如前所述，当为了某种目的，设计一个人工神经网络时，除定义人工神经元外，还必须确定网络结构以及元与元之间连接强度的值即权值，对与后两点有关的理论和方法，此处不作一般性介绍，仅在

下文针对所讨论的具体问题，叙述相应的解决方法，这些方法实际上是有更普遍意义的.

§2 蠓虫分类问题与多层前传网络

2.1 蠓虫分类问题

本章的目的之一是介绍人工神经网络对分类(或者说识别)问题的应用.此处，以一个具体分类问题——蠓虫分类问题作为讨论对象，介绍有关的网络处理方法.

蠓虫分类问题已在第六章开始处叙述过，此处不再重述，只是再次强调：这样的问题是极具代表性的，它的特点是：要求依据已知资料(9只Af的数据和6只Apf的数据)制定一种分类或者说识别方法，而类别是已经给定的(Af或Apf).今后，我们将9只Af及6只Apf的数据集合称之为学习样本，而且，为了方便起见，把所有数据都变换到[0,1]区间内.这一点是容易实现的，从图6.1中注意到，所有已知标本触角长均在1.1至1.6 mm之间，翅膀长均在1.6至2.1 mm之间，只要从所有原始数据中减去1.1 mm，数据标准化就完成了.

2.2 多层前传网络

为解决上述问题，考虑一个结构如图7.2所示的人工神经网络，其中所有神经元状态均取[0,1]中的连续值，即由上节中的$g(h)$来决定.图中最下面单元，即由黑点所示的一层称为输入层，用以输入已知测量值.在我们的例子中，它只包括两个单元，一个用以输入触角长度，一个用以输入翅膀长度.中间一层称为处理层或隐单元层，单元个数适当选取.对于它的选取方法，有一些文献进行了讨论，但通过试验来决定，或许是实际可取的途径.在我们的例子中，取三个就足够了.最上面一层称为输出层，本例中只包含二个单元，用以输出与每组输入数据相对应的分类信息.任何一个中间层单元接收所有输入单元传来的信号，并把处理后的结果传向每一个输出单元，供输出层再次加工.同层的神经元彼此不相连接，输入与输出单元之间也没有直接连接.这样，除了神经元的形式定义外，我们又给出了网络结构.有些文献将这样的网络称为两层前传网络，称为两层的理由是，只有中间层及输出层的单元才对信号进行处理；输入层的单元对输入数据没有任何加工，故不计算在层数之内.前传则是指信号按输入层、中间层及输出层顺序向前传播，没有反馈.

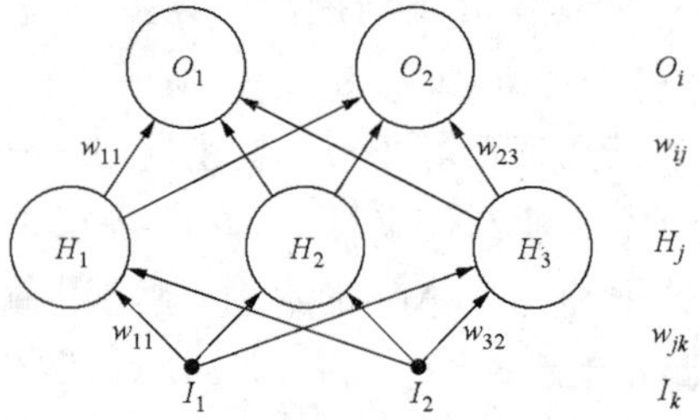

图　7.2

为了叙述方便，此处引入如下记号约定：令 μ 表示一个确定的已知样品标号，在蠓虫问题中 $\mu=1,2,\cdots,15$，分别表示学习样本中的 15 个样品；当将第 μ 个样品的原始数据输入网络时，相应的输出单元状态记为 $O_i^\mu(i=1,2)$，隐单元状态记为 $H_j^\mu(j=1,2,3)$，输入单元取值记为 $I_k^\mu(k=1,2)$.请注意，此处下标 i,j,k 依次对应于输出层、中间层及输入层.在这一约定下，从中间层到输出层的权记为 w_{ij}，从输入层到中间层的权记为 w_{jk}.如果 w_{ij}，w_{jk} 均已给定，那么，对应于任何一组确定的输入 (I_1^μ,I_2^μ)，网络中所有单元的取值不难确定.事实上，对样品 μ 而言，隐单元 j 的输入是

$$h_j^\mu = \sum_k w_{jk} I_k^\mu, \tag{3}$$

相应的输出状态是

$$H_j^\mu = g(h_j^\mu) = g\Big(\sum_k w_{jk} I_k^\mu\Big). \tag{4}$$

由此，输出单元 i 所接收到的叠加信号是

$$h_i^\mu = \sum_j w_{ij} H_j^\mu = \sum_j w_{ij} g\Big(\sum_k w_{jk} I_k^\mu\Big), \tag{5}$$

网络的最终输出是

$$O_i^\mu = g(h_i^\mu) = g\Big(\sum_j w_{ij} H_j^\mu\Big) = g\Big(\sum_j w_{ij} g\Big(\sum_k w_{jk} I_k^\mu\Big)\Big). \tag{6}$$

这里,没有考虑阈值,正如前面已经说明的那样,这一点是无关紧要的. 还应指出,对于任何一组确定的输入,输出是所有权$\{w_{ij}, w_{jk}\}$的函数.

如果我们能够选定一组适当的权值$\{w_{ij}, w_{jk}\}$,使得对应于学习样本中任何一组 Af 样品的输入(I_1^μ, I_2^μ),输出$(O_1^\mu, O_2^\mu)=(1,0)$,对应于 Apf 的输入数据,输出为(0,1),那么蠓虫分类问题实际就解决了. 因为,对于任何一个未知类别的样品,只要将其触角及翅膀长度输入网络,视其输出模式靠近(1,0)亦或(0,1),就可能判断其归属. 当然,有可能出现介于中间无法判断的情况. 现在的问题是,如何找到一组适当的权值,实现上面所设想的网络功能.

2.3 向后传播算法

对于一个多层网络,如何求得一组恰当的权值,使网络具有特定的功能,在很长时间内,曾经是使研究工作者感到困难的问题. 直到 1985 年,美国加州大学的一个研究小组提出了向后传播(Back-Propagation)算法,简称 B-P 算法,使问题有了突破,这一算法的出现也是上个 10 年促成人工神经网络研究迅猛发展的原因之一. 下面就来介绍这一算法. 如前所述,我们希望对应于学习样本中 Af 样品的输出是(1,0),对应于 Apf 的输出是(0,1),这样的输出称为理想输出. 实际上要使输出如此精确是不可能的,只能希望实际输出尽可能地接近理想输出. 为清楚起见,把对应于样品 μ 的理想输出记为$\{T_i^\mu\}$,以 w 表示所有权组成的向量,那么

$$E[\mathbf{w}] = \frac{1}{2}\sum_{i,\mu}[T_i^\mu - O_i^\mu]^2 \tag{7}$$

度量了在一组给定的权下,实际输出与理想输出的差异,由此,寻找一组恰当权值的问题,自然地归结为求适当的 $\mathbf{w}$ 值,使 $E[\mathbf{w}]$达到极

小的问题.将(6)式代入(7)式,有

$$E[\boldsymbol{w}] = \frac{1}{2}\sum_{\mu,i}\left[T_i^\mu - g\left(\sum_j w_{ij} g\left(\sum_k w_{jk} I_k^\mu\right)\right)\right]^2. \tag{8}$$

易知,对每一个变量 w_{ij} 或 w_{jk} 而言,这是一个连续可微的非线性函数,为了求得其极小点与极小值,最为方便的就是使用最速下降法.最速下降法是一种迭代算法,为求出 $E[\boldsymbol{w}]$ 的(局部)极小,它从一个任取的初始点 $\boldsymbol{w}_0$ 出发,计算在该点的负梯度方向 $-\nabla E[\boldsymbol{w}_0]$,这是函数在该点下降最快的方向;只要 $-\nabla E[\boldsymbol{w}_0] \neq 0$,就可沿该方向移动一小段距离,达到一个新的点 $\boldsymbol{w}_1 = \boldsymbol{w}_0 - \eta\nabla E[\boldsymbol{w}_0]$,$\eta$ 是一个参数,只要 η 足够小,定能保证 $E[\boldsymbol{w}_1] < E[\boldsymbol{w}_0]$.不断重复这一过程,一定能达到 E 的一个(局部)极小点.就本质而言,这就是 B-P 算法的全部内容.然而,对人工神经网络问题而言,这一算法的具体形式也是非常重要的,下面我们就来给出这一形式表达.

对于隐单元到输出单元的权 w_{ij},最速下降法给出的每步修正量是

$$\Delta w_{ij} = -\eta\frac{\partial E}{\partial w_{ij}} = \eta\sum_\mu [T_i^\mu - O_i^\mu] g'(h_i^\mu) H_j^\mu = \eta\sum_\mu \delta_i^\mu H_j^\mu, \tag{9}$$

此处 g' 为 g 的导数,而

$$\delta_i^\mu = g'(h_i^\mu)[T_i^\mu - O_i^\mu]. \tag{10}$$

对输入单元到隐单元的权 w_{jk},

$$\begin{aligned}\Delta w_{jk} &= -\eta\frac{\partial E}{\partial w_{jk}} = -\eta\sum_\mu \frac{\partial E}{\partial H_j^\mu}\frac{\partial H_j^\mu}{\partial w_{jk}} \\ &= \eta\sum_{\mu,i}[T_i^\mu - O_i^\mu] g'(h_i^\mu) w_{ij} g'(h_j^\mu) I_k^\mu \\ &= \eta\sum_{\mu,i}\delta_i^\mu w_{ij} g'(h_j^\mu) I_k^\mu \\ &= \eta\sum_\mu \delta_j^\mu I_k^\mu. \end{aligned} \tag{11}$$

此处

$$\delta_j^\mu = g'(h_j^\mu)\sum_i w_{ij}\delta_i^\mu. \tag{12}$$

从(9)式和(11)式可以看出,所有权的修正量都有如下形式,即

$$\Delta w_{pq} = \eta \sum_{\mu} \delta_p^{\mu} v_q^{\mu}, \tag{13}$$

指标 p 对应于两个单元中输出信号的一端，q 对应于输入信号的一端，v 或者代表 H 或者代表 I. 形式上看来，这一修正是“局部”的，可以看做是赫伯律的一种表现形式. 还应注意，δ_i^{μ} 由实际输出与理想输出的差及 h_i^{μ} 决定，而 δ_j^{μ} 则需依赖 δ_i^{μ} 算出，因此，这一算法才称为向后传播算法. 也就是说，虽然在网络中，信号是由输入层经中间层到输出层“向前”传播的，然而，权的修正则是由输出层与中间层的权开始，“向后”进行的. 对上述算法稍加分析还可知道，利用由(9)～(12)式所给出的计算安排，较之不考虑 δ_p^{μ} 的向后传播，直接计算所有含 g' 的原表达式，极大地降低了计算工作量. 这组关系式称做广义 δ 法则，它们不难推广到一般的多层网络上去.

利用迭代算法，最终生成在一定精度内满足要求的$\{w_{ij}, w_{jk}\}$的过程，称为人工神经网络的学习过程. 由此可知，神经网络是通过学习学会如何解决问题的，学习并不改变单个神经元的结构与工作方式，单个元的特性与所要解决的特定任务也无直接关系；这里所提供的学习机制是：按照神经元间激发与抑制行为的相关关系，使元与元之间的作用强度不断调整，学习样本中任何一样品所含有的信息，最终将包含在网络的每个权之中. 可以认为，学习的结果是神经网络“记住”了每一已知样品的类别，这里的机制与数字计算机按单元存储信息的记忆方式是根本不同的. 事实上，按单元存储信息不可能形成记忆；因为，它只不过把对信息内容的记忆换成了对单元地址的记忆. 参数 η 的大小则反映了学习效率. 综上可以看出，B-P 算法对理解学习与记忆的生理机制，提供了有益的启示. 为了更有效地应用 B-P 算法，我们作如下补充说明：

1. 在(9)式与(11)式中，Δw_{ij}，Δw_{jk} 表示为与所有样品有关的求和计算. 实际上，我们还可以考虑每次仅输入一个样品所造成的修正，并按照随机选取的顺序，将所有样品逐个反复输入. 样品输入的随机顺序，具有某种积极作用，它有助于跳出局部极小，收敛到一个令人更为满意的权分布. 一般情况下，也不一定要求最终的权值使所有学习样本正确分类，只要能满足适当的精度即可.

2. 如上算法中，利用实际输出与理想输出差的平方和作为度量$\{w_{ij},w_{jk}\}$优劣的标准，这并不是唯一的度量方式，完全可以从其他的函数形式出发，导出相应的算法.

3. 在如上讨论中使用了最速下降法，显然，这也不是唯一的选择，其他的非线性优化方法，诸如共轭梯度法，拟牛顿法等，都可用于计算. 为了加速算法的收敛速度，还可以考虑各种不同的修正方式.

4. 虽然 B-P 算法的出现，对人工神经网络的发展起了重大推动作用，但是这一算法仍有很多问题. 对于一个大的网络系统，B-P 算法的工作量仍然是十分可观的，这主要在于算法的收敛速度很慢. 更为严重的是，此处所讨论的是非线性函数的优化，那么它就无法逃脱该类问题的共同困难：B-P 算法所求得的解，只能保证是依赖于初值选取的局部极小点. 为克服这一缺陷，可以考虑改进方法，例如从多个随机选定的初值点出发，进行多次计算，或者采用近年来出现的模拟退火算法，与时间无关的噪声算法，等等. 但这些方法都不可避免地加大了工作量.

一个可用于神经网络权值计算的模拟退火实用公式是：

$$\Delta w_{pq}=-\eta\frac{\partial E}{\partial w_{pq}}+(n)(r_{pq})(2^{-kt}),$$

Δw_{pq}表示网络中任何一个权w_{pq}的修正量，右端第一项就是 B-P 算法每一步的修正，后一项可看做是某种适当控制的，随时间衰减的干扰噪声，其中n为一适当选择的正常数，反映初始噪声强度，r_{pq}为$[-1/2,1/2]$上均匀分布随机变量的抽样值，$k>0$为另一事先选定的常数，它决定噪声的衰减速度，t为迭代次数.

相应的与时间无关的噪声算法公式为：

$$\Delta w_{pq}=-\eta\frac{\partial E}{\partial w_{pq}}+(n)(r_{pq})E[\boldsymbol{w}],$$

式中n,r_{pq}意义同前，只是噪声强度不再随时间衰减，而是取决于当前权所给出的实际输出与理想输出的差，二者越悬殊，噪声越强.

以上两种算法，较 B-P 算法而言，有可能得到更好的权，但这并不是绝对的，方法的效果依赖于参数的正确选择.这两种算法代表了20世纪末期随机优化算法的重大进展，在后面的章节中，我们将从数学模型的角度，对模拟退火算法作较为详细的讨论.

2.4 多层前传网络实例

尽管为了某种实际需要，构造一个多层前传网络，仍然存在种种困难，然而，这种模型和B-P算法仍不失为一种有力的工具，人工神经网络已在诸多重要领域取得了惊人的成功.除本章开始处所提到的若干实例外，为使读者对此模型的效能有更直观的了解，下面简单介绍1987年西捷诺夫斯基(Sejnowski)和罗森伯格(Rosenberg)设计的，能将英语文字转换为声音的网络"NETtalk".此网络的结构与处理蠓虫分类的网络完全类似，仅各层单元数不同.输入层有7×29个单元，隐单元有80个，输出层单元26个.为了要正确地将英语文字转换成声音，除了要输入26个字母之外，还要加上二个标点符号和一个空白，计29种符号，每个符号的正确读音还要依赖上下文，7×29个输入单元便是用来表示正在读入的符号及其两侧各三个符号.26个输出单元中的23个，用来表示不同的发音特征，诸如：浊音，高音，声门塞音，唇音，鼻音，等等.这23个输出元的不同组合，代表51种不同的音素，其余3个输出元用来表示重音和音节.单元间的权由B-P算法确定.有两种不同的样本用于网络的学习和检测，其一是一个儿童的谈话，另一种是从一部字典中选取的词.当然，在将这两种样本用于网络学习之前，先要准确地标记出所有的语音学特征，即理想输出.在一次实验中，以儿童谈话的1024个词作为学习样本，经反复学习，当累计输入超过50000个词后，网络可以完美地输出其中55%的词的读音，学会正确读音的则达到95%.如果把一个音素的所有发音特征视为一向量，完美输出的含意是指实际输出的每一分量与理想输出的误差不超过1/10；正确读音的含意是，在所有可能的音素中，与实际输出夹角最小的向量恰为理想输出.此后，以同一儿童的另一段包含439个词的谈话进行检测，结果35%的输出是完美的，78%的读音是正确的.如果利用某种前处理装置连续地将文字输入,再利用某种称为语言合成器的后处理设备,将输出信号转化为声音,试验结果更为有趣.在网络学习的早期阶段,听到的输出是婴儿般的咿哑学语,随后似乎是在说一些单个的词,继续下去,则听到了可以分辨的句子,最后是虽不完美,但是完全可以理解的谈话.从这一实例中,不难看出人工神经网络的巨大潜能,以及它在理论和实际上的重大意义.

作为本节的结束,我们回到蠓虫分类问题.图 7.3 给出的是本章参考文献[2]中,利用上文所叙述的网络结构及方法,对该问题所得到的最终结果.这是利用 B-P 算法,每输入一个样品对权修正一次,把包括 15 个样品的学习样本反复学习了 90 次,即经过 1350 次迭代后所得到的网络输出.可以看出,15 个已知样品均可正确分类,图中左下角包括有一块不能明确判别的区域.

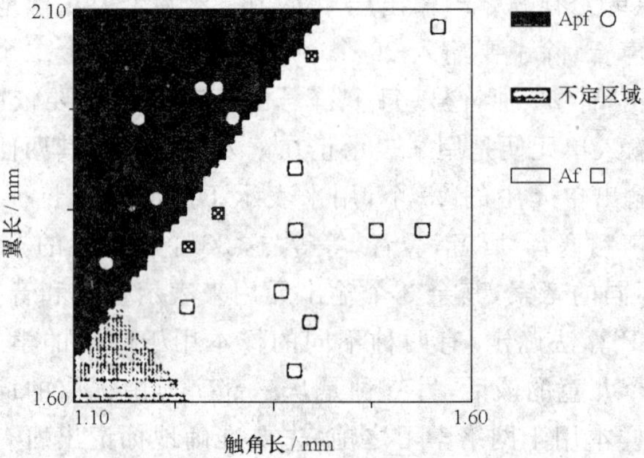

图 7.3

我们对同一问题重复进行了计算,除使用了(2)式所给定的函数形式外,还试用了

$$g(h)=\frac{1}{\pi}\arctan(\beta h)+\frac{1}{2} \tag{14}$$

和其他的非线性函数.由于函数形式不同,初值不同,经过学习之后,可以得到权值完全不同的网络,它们都可以将学习样本正确归类.这一点是不足为奇的,前文已经说明,B-P 算法给出的是局部极小,一

般而言,满足要求的局部极小,可以不只一个. 但是,不同的网络,对三个未知标本的判别则出入很大,从图 7.3 可以看出,这三个样品位于两类蠓虫分类区域的边界附近,因而,不同的网络可能给出不同的结果. 这一点是正常的,也无法由此比较孰优孰劣.

计算表明,即使对于蠓虫分类这种规模不大的网络模型,B-P 算法的收敛速度也是很慢的,这一速度与 $g(h)$的形式,参数 β,η 以及初值的选取均有关.

我们建议读者独立完成蠓虫分类问题的网络计算工作,这一点可作为本章的练习题目. 此处,我们还请读者考虑: 如果将多层前传网络中决定神经元状态的函数 $g(h)$取为线性形式,即 $g(h)=h$,那么将会得到什么结果. 这样的网络是否还可以用于蠓虫分类;如果可以,其功能如何.

§3 处理蠓虫分类的另一种网络方法

3.1 几个有关概念

在介绍本节主要内容之前,首先说明几个不同的概念. 在上一节中,我们把利用 B-P 算法确定连接强度,即确定权值的过程称为"学习过程". 这种学习的特点是,对任何一个输入样品,其类别事先是已知的,理想输出也已事先规定,因而从它所产生的实际输出与理想输出的异同,我们清楚地知道网络判断是否正确,故此把这一类学习称为在教师监督下的学习;与它不同的是,有些情况下学习是无监督的. 例如,我们试图把一组样品按其本身特点分类,所要划分的类别数目与特点事先未知,需要网络自身通过学习来决定;因而,在学习过程中,对每一输入所产生的输出也就无所谓对错. 对于这样的情况,显然 B-P 算法是不适用的.

另一有关概念是所谓有竞争的学习. 在上节所讨论的蠓虫分类网络中,尽管我们希望的理想输出是(1,0)或(0,1),但实际输出并非如此,一般而言,两个输出单元同时均不为 0. 与此不同,我们可以设想另外一种输出模式：对应任何一组输入，所有输出单元中，只允许有一个处于激发态，即取值为1，其他输出单元均被抑制，即取值为0. 一种形象的说法是，对应任何一组输入，要求所有输出单元彼此竞争，唯一的胜利者赢得一切，失败者一无所获，形成这样一种输出机制的网络学习过程，称为有竞争的学习.

3.2 最简单的无监督有竞争的学习

本节叙述一种无监督有竞争的网络学习方法，由此产生的网络可用来将一组输入样品自动分类，相似的样品归于一类，因而激发代表同一类的输出元. 这一划分方式，是网络自身通过学习，从输入数据的关系中得出的. 处理此类问题的统计方法是聚类分析，本节实际提供了利用人工神经网络解决聚类问题的一种手段，其中所介绍的网络，在数据压缩等多种领域，都有重要应用.

蠓虫分类问题对应有教师监督的网络学习过程，显然不能由如上的方法解决. 但在这种无监督有竞争的学习阐明之后，很容易从中导出一种适用于有监督情况的方法.

在最简单情况下，考虑一个仅由输入层与输出层组成的网络系统，输入单元数目与输入变量数目相等，输出单元数目适当选取. 每一个输入单元与所有输出单元均通过起激发作用的权连接，第 j 个输入元到第 i 个输出元的权记为 w_{ij}，显然应有 $w_{ij} \geqslant 0$，同层单元间无横向连接. 假设所有输入数值均已规划到 $[0,1]$ 之间，又因为是有竞争的学习，输出单元只取 0 或 1 两个值，且对应每一组输入，只有一个输出元取 1.

将取 1 的输出元记为 i^*，称之为优胜者. 对于任何一组输入 μ，规定优胜者是有最大净输入的输出元，即对输入 $I=(I_1, I_2, \cdots, I_n)$ 而言，

$$h_i = \sum_j w_{ij} I_j \equiv \boldsymbol{I} \cdot \boldsymbol{w}_i \tag{15}$$

取最大值的单元，其中 $\boldsymbol{w}_i$ 是输出元 i 所有权系数组成的向量，也就是说

$$I \cdot \boldsymbol{w}_{i^*} \geqslant I \cdot \boldsymbol{w}_i \quad (\forall i). \tag{16}$$

若权向量按照 $\sum_j (w_{ij})^2 = 1$ 的方式标准化,则(16)式等价于

$$\|\boldsymbol{w}_{i^*} - I\| \leqslant \|\boldsymbol{w}_i - I\| \quad (\forall i), \tag{17}$$

$\|\cdot\|$表示向量的欧氏长度,这表明优胜者是其标准化权向量最靠近输入向量的输出元. 令 $O_{i^*}=1$,其余的输出 $O_i=0$,这样的输出规定了输入向量的类别,但为了使这种分类方式有意义,问题化为如何将学习样本中的所有样品,自然地划分为聚类,并对每一聚类找出适当的权向量. 为此,采用如下的算法: 随机取定一组不大的初始权向量,注意不使它们有任何对称性. 然后,将已知样品按照随机顺序输入网络. 对输入样品 μ,按上文所述确定优胜者 i^*,对所有与 i^* 有关的权作如下修正

$$\Delta w_{i^* j} = \eta(I_j^\mu - w_{i^* j}), \tag{18}$$

式中 η 是一适当选取的小的正参数,所有其他输出单元的权保持不变. 注意到 $O_{i^*}=1, O_i=0(i \neq i^*)$,所有权的修正公式可统一表示为

$$\Delta w_{ij} = \eta O_i(I_j^\mu - w_{ij}). \tag{19}$$

这一形式也可视为赫伯律的一种表现. (18)式的几何意义是清楚的,每次修正将优胜者的权向量向输入向量移近一小段距离,这使得同一样品再次输入时,i^* 有更大的获胜可能. 如在计算的每一步,均将权的欧氏长度标准化,则如图 7.4 所示的那样,可以合理地预期,经过反复修正,将使每个输出单元对应了输入向量的一个聚类,相应的权向量落在了该聚类样品的重心附近. 当然,这只是一个极不严密的说明.

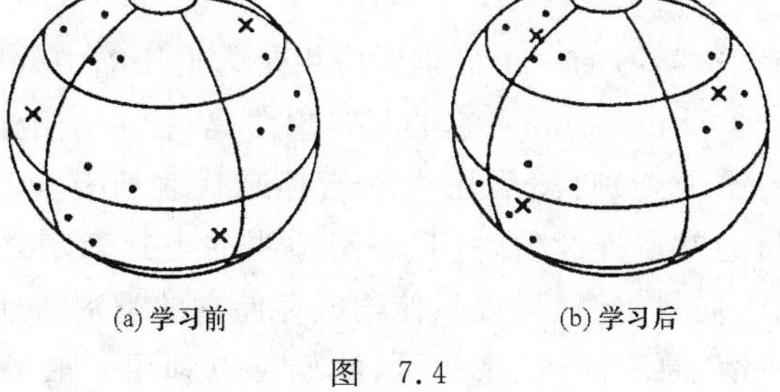

(a) 学习前　　　　(b) 学习后

图 7.4

特别应当指出，如果事先按照 $\sum_j I_j = 1$ 将输入数据标准化，按照 $\sum_j w_{ij} = 1$ 将初始权标准化，(19)式将保持修正后的权分量之和不变，这对数值计算是有利的. 上述算法不难由数字计算机模拟实现.

为了更有效地使用如上算法，下面对实际计算时可能产生的问题，作一些简要说明. 首先，如果初始权选择不当，那么可能出现这样的输出单元，它的权远离任何输入向量，因此，永远不会成为优胜者，相应的权也就永远不会得到修正，这样的单元称之为死单元. 为避免出现死单元，可以有多种方法. 一种办法是随机抽取学习样本，再叠加上小的随机误差，作为初始权，这就保证了它们都落在正确范围内；另一种办法是修正上述的学习算法，使得每一步不仅调整优胜者的权，同时也以一个小得多的 η 值，修正所有其他的权. 这样，对于总是失败的单元，其权逐渐地朝着平均输入方向移动，最终也会在某一次竞争中取胜. 此外，还存在有多种处理死单元的方法，感兴趣的读者可从本章参考文献[1]中找到有关的内容及文献. 另外一个问题是上述方法的收敛性. 如果(18)式或(19)式中反映学习效率的参数 η 取为一个固定常数，那么权向量永远不会真正在某一组值上稳定下来. 因此，应当考虑在公式中引进随学习时间而变化的收敛因子. 例如，取 $\eta = \eta(t) = \eta_0 t^{-\alpha}$，$0 < \alpha \leqslant 1$. 这一因子的适当选取是极为重要的，$\eta$ 下降太慢，无疑增加了不必要工作量，η 下降太快，则会使学习变得无效.

3.3 学习向量量子化方法

上述有竞争学习的一个最重要应用是数据压缩中的向量量子化方法(Vector Quantization). 它的基本想法是，把一个给定的输入向量集合分成 M 个类别，然后用类别指标来代表所有属于该类的向量. 向量分量通常取连续值，一旦一组适当的类别确定之后，代替传输或存储输入向量本身，可以只传输或存储它的类别指标. 所有的类别由 M 个所谓"原型向量"来表示，我们可以利用一般的欧氏距离，对每一个输入向量找到最靠近的原型向量，作为它的类别．显然，这种分类方法可以通过有竞争的学习直接得到．一旦学习过程结束，所有权向量的集合，便构成了一个“电码本”．

图 7.5 就是二维情况下这种分类的一个示意图，图中黑点表示原型向量，利用原型向量将平面划分成许多个多边形，多边形的边界是相邻黑点间连线的垂直平分线，这样一个棋盘格子式的图形便是对二维向量的一个分类．

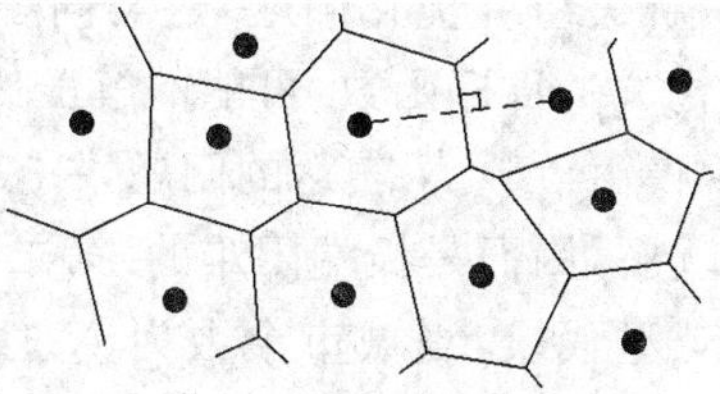

图　7.5

上述无监督有竞争的学习，实际提供了一种实现聚类分析的方法，对如蠓虫分类这种有监督的问题并不适用．1989 年，柯霍南（Kohonen）对向量量子化方法加以修改，提出了一种适用于有监督情况的学习方法，称为学习向量量子化（Learning Vector Quantization），简称 LVQ 方法．该方法可用于蠓虫分类问题．在有监督的情况下，学习样品的类别是事先已知的，与此相应，每个输出单元所对应的类别也事先作了规定，但是，代表同一类别的输出元可以不止一个．

在 LVQ 中，对于任一输入向量，仍按无监督有竞争的方式选出优胜者 i^*，但权的修正规则则依输入向量的类别与 i^* 所代表的是否一致而不同，确切地说，令

$$\Delta w_{i^* j} = \begin{cases} \eta(I_j^\mu - w_{i^* j}), & \text{一致情况}, \\ -\eta(I_j^\mu - w_{i^* j}), & \text{不一致情况}. \end{cases} \tag{20}$$

前一种情况，修正和无监督的学习一致，权朝向样品方向移动一小段距离；后一种相反，权向离开样品的方向移动，这样就减少了错误分类的机会．

本章文献[2]中也利用上述方法对蠓虫分类进行了讨论，同样得

到了一种可以接受的分类方案. 我们的计算给出同样结果. 当然,对于问题中的3个待定样品,和前传网络相似,本节提供的方法也难以将它们准确分类.

§4 用神经网络方法解决图二分问题

前述诸节讨论了分类问题的两种神经网络方法,本节介绍如何构造人工神经网络,解决组合优化问题. 这类问题的共同特点是,在离散空间中试图优化一个目标函数,可能的解虽然总数有限,但数量极大;对于一个其规模由参数 N 表达的问题,一般须从 e^N 或 $N!$ 个可能的解中选择最优解,因而是极端困难的. 第二章讨论过的旅行推销员问题就是一个典型代表,当城市个数为 N 时,可能的路径数是 $N!/2N$. 自20世纪80年代以来,人们认识到这类问题与统计力学间有密切关系,无论在理论研究还是算法构造上,都出现了全新的思想,特别是提出了解决此类问题的神经网络模型. 这一新的途径尽管还不成熟,然而其处理方法极具启发性,因此我们选择在组合优化问题中相对简单的图二分问题(Graph Bipartitioning)作为例子,对有关模型做一概要介绍,其中的内容是有一般意义的.

假设试图设计一条包含 n 个元件的电子线路,当整条线路不能被一块电路板容纳时,则希望将其对分成两部分,两部分元件数尽量相等,且彼此间需要连接的元件尽可能少. 上述问题的数学表达是图二分问题,即: 考虑一张有 n 个结点的图, n 为偶数,其弧集合由若干给定的连接一对结点的边组成;要求找出一种方法,将图的结点集分为两个结点数目相等的子集 A 和 B,且使得弧集合中,一个端点在 A,一个端点在 B 的边数量最少. 图二分问题还可以有更一般的提法,即考虑所谓的随机图,在随机图上,两个结点是否有边连接由概率规律支配,规定任一结点与另一给定结点有边连接的概率为 p,此时,以一给定结点为端点的边数平均为 np,这个数称做图的"价"(valency of the graph). 下面我们只讨论非随机图的简单情况.

为考虑这一问题的网络模型,首先引入一组变量 c_{ij} $(i,j=1,2,$

$\cdots,n;i\neq j$)，如果结点 i 与结点 j 相连接，则令 $c_{ij}=1$，否则 $c_{ij}=0$. 再对每一个结点 i 定义一个量 $S_i(i=1,2,\cdots,n)$，如果该结点归属子集 A，则 $S_i=1$，归属子集 B，则 $S_i=-1$. 利用如上符号约定，图二分问题可进一步表述为：求目标函数

$$L=-\sum_{\langle i,j\rangle}c_{ij}S_iS_j$$

在约束条件

$$\sum_i S_i=0$$

下的极小，此处求和记号下的符号 $\langle i,j\rangle$ 表示对一切相异点对求和. 为将上述模型转化为一个无约束优化问题，可利用标准的惩罚函数法，将问题归结为求目标函数

$$H_1=-\sum_{\langle i,j\rangle}c_{ij}S_iS_j+\mu\left(\sum S_i\right)^2$$

的无约束极小，其中 μ 是一个非负参数. 可以期望，在参数 μ 的合理选择下，H_1 的极小值将给出满足约束的最优解. 当然，μ 值的正确选取还是一个困难问题，对此下文还会简单加以说明，此处假设正确的 μ 值已经得到. 将 H_1 中的二次项展开，除去不影响结果的常数项，问题归结为求出如下的目标函数，或者称能量函数：

$$H=-\sum_{\langle i,j\rangle}w_{ij}S_iS_j,\quad w_{ij}=c_{ij}-2\mu \tag{21}$$

的极小. 现在考虑当某一确定的变量 S_i 变化为 $S_i'=-S_i$ 时，能量函数的改变. 易于算出，此时

$$\Delta H=H(S_i')-H(S_i)=-\left(2\sum_j w_{ij}S_j\right)S_i'.$$

由此可知，若希望 $\Delta H\leqslant 0$，则应考虑那些使 S_i' 与 $\sum_j w_{ij}S_j$ 取相同符号的变化. 读者如果还记得第 1 节中介绍过的 M-P 神经元，则不难看出如上讨论与神经网络的关系；下面即来叙述如何构造一个神经网络，解决图二分问题.

令所考虑的网络包括 n 个神经元，每个元对应图的一个结点，并取两种可能状态：$S_i=1$ 或 $S_i=-1$，依次表示该结点归属子集 A 或

B. 定义元与元之间的连接强度为 $w_{ij}=c_{ij}-2\mu$，c_{ij} 及 μ 的意义如上文，由此不难知道 $w_{ij}=w_{ji}$，$w_{ii}=0$. 选定任意一个初始位形，即取定一组可能的 $\{S_i, i=1,2,\cdots,n\}$，它表示将图二分的最初方案，这一方案一般不会最优，甚至不满足约束. 考虑离散时间序列，在任一时刻或者按照某种顺序，或者随机地选定一个神经元，令其状态按如下规律变化，即

$$S_i(t+1)=\operatorname{sgn}\Big(\sum_{j\neq i} w_{ij} S_j(t)\Big), \tag{22}$$

其中 sgn(x)为符号函数，按照 x 的正负，取值 $+1$ 或 -1. 对于适当的参数值 μ 运行这一网络，根据前面的讨论，不难知道，神经元状态按照规则(22)的不断变化，使能量函数(21)不断下降，最终网络的位形将会稳定，并给出图二分问题可供考虑的一个解. 需要指出，这样得到的解不一定是最优的，由于在求解过程中，能量只降不升，所得到的可能是局部极小.

如上 $w_{ij}=w_{ji}$ 的神经网络称为 Hopfield 模型，由于元与元之间的相互作用彼此对称，因而可把这样的网络设想为定义了能量的一个物理系统，从而带来某些方便. 例如我们可把如上网络的每个元，设想为一个小磁体，$S_i=\pm 1$ 表示磁极的两种不同取向；w_{ij} 是小磁体彼此间的相互作用常数，H 则为整个磁性体所具有的能量. 规则(22)则表示，任何一个小磁体应按照磁性体其余部分所激发的磁场决定其取向，此时整个系统能量最低.

我们还可以用一种不同于(22)的方式运行网络. 首先取定一个参数 $\beta=1/T$，$T>0$ 的物理意义是温度，在任一离散时刻，按如下概率规则决定所选出的神经元 i 应取的状态，即

$$P(S_i=\pm 1)=\frac{\exp(\pm \beta h_i)}{\exp(\beta h_i)+\exp(-\beta h_i)}, \tag{23}$$

式中 $h_i=\sum_j w_{ij} S_j$. 易于看出，当网络按照规则(23)运行时，每一步能量函数不一定降低，而是以一个大的概率降低. 当温度 T 趋于无穷时，状态变化是完全随机的，T 趋于零时，(23)退化为(22)，对于一个有限温度，相当在系统中引入了“热”噪声. 以这种方式运行网络

时，应对每个神经元计算状态的时间平均值，记为$\langle S_i \rangle (i=1,2,\cdots,n)$；当运行时间足够长之后，这些值趋于稳定，以它们分别接近1还是-1，决定问题的解.

容易知道，如上运行方式所得到的解与T的选取有关，温度过低时，结果近似于不引入噪声，温度过高则系统性状完全随机. 然而，引入随机噪声是有益的，一般说来，它使得我们有可能从物理上说的“亚稳态”，即能量函数的局部极小点摆脱出来. 为得到使能量函数真正极小的状态，更好的策略是令温度不断变化，即先从一个高温度T开始，然后逐渐缓慢地将温度降低到零，这就是所谓的“模拟退火”；当然，降温速度必须谨慎控制，对此本书将有专门章节予以说明. 与此类似的一个问题是前文提到的如何正确选择参数μ. 可以说明，当采用模拟退火算法时，如果在温度参数趋于零的同时，令μ趋于无穷，且适当控制极限过程的速度，则可保证在一定意义下，得到全局最优解. 这就是所谓的在约束条件下的模拟退火，详细讨论请见本章参考文献[4].

最后，我们叙述一种处理图二分问题的网络模拟方法. 令时间变量及神经元状态均取连续值，为强调这一点，将上文表示离散神经元状态及信号叠加的符号$S_i, h_i (i=1,2,\cdots,n)$改为$V_i, u_i$. 此时代替(22)式，令

$$V_i = g(u_i) = g\Big(\sum_j w_{ij} V_j\Big), \tag{24}$$

$g(u)$是符号函数的一个连续近似，例如可取

$$g(u) = \frac{2}{\pi}\arctan(\beta u),$$

β意义同前. 在如上的取法下，函数$g(u)$单调上升，且限定在$(-1,+1)$之间. 从已有的讨论不难知道，对于图二分问题的最优解，诸连续变量$\{V_i, i=1,2,\cdots,n\}$的绝对值应当是1或接近于1，且对一切元i，满足(24)式. 为得到这样的解，考虑如下的常微分方程组：

$$\tau_i \frac{\mathrm{d}V_i}{\mathrm{d}t} = -V_i + g(u_i) = -V_i + g\Big(\sum_j w_{ij} V_j\Big), \quad i=1,2,\cdots,n, \tag{25}$$

其中 τ_i 是适当选取的时间常数. 易于知道,方程组(25)的平衡点,即不随时间变化的解满足(24)式. 类似地,可以对变量 $u_i(i=1,2,\cdots,n)$考虑微分方程组:

$$\tau_i \frac{\mathrm{d}u_i}{\mathrm{d}t}=-u_i+\sum_j w_{ij}V_j=-u_i+\sum_j w_{ij}g(u_j), \qquad (26)$$

其平衡点满足条件

$$u_i=\sum_j w_{ij}g(u_j)=\sum w_{ij}V_j.$$

容易知道,当元与元间相互作用常数所构成的矩阵 $W=(w_{ij})$可逆时,(25)式与(26)式的平衡点实际表示相同的系统状态. 如果从一组初值出发,当时间趋于无穷时,上述方程组的解趋于稳定,由 $g(u)$的函数形式,诸 V_i 的值将很靠近± 1,由此对图二分问题给出了一组可供考虑的解(有可能不满足约束).

下面说明当时间 t 趋于无穷时,(26)式的解的确趋于某一平衡点. 为此考虑函数

$$H(t)=-\frac{1}{2}\sum_{i,j}w_{ij}V_i(t)V_j(t)+\sum_i\int_0^{V_i(t)}g^{-1}(V)\mathrm{d}V,$$

其中,对任何时刻 t,$V_i(t)$均等于 $g(u_i)$. 函数 $H(t)$代表系统在时刻 t 的物理能量. 容易计算

$$\frac{\mathrm{d}H}{\mathrm{d}t}=-\frac{1}{2}\sum_{i,j}w_{ij}\frac{\mathrm{d}V_i}{\mathrm{d}t}V_j-\frac{1}{2}\sum_{i,j}w_{ij}V_i\frac{\mathrm{d}V_j}{\mathrm{d}t}+\sum_i g^{-1}(V_i)\frac{\mathrm{d}V_i}{\mathrm{d}t},$$

利用权的对称性与函数 $g(u)$单调上升,不难得到

$$\begin{aligned}\frac{\mathrm{d}H}{\mathrm{d}t}&=-\sum_i\frac{\mathrm{d}V_i}{\mathrm{d}t}\Big(\sum_j w_{ij}V_j-u_i\Big)=-\sum_i\tau_i\frac{\mathrm{d}V_i}{\mathrm{d}t}\frac{\mathrm{d}u_i}{\mathrm{d}t}\\&=-\sum_i\tau_i g'(u_i)\Big(\frac{\mathrm{d}u_i}{\mathrm{d}t}\Big)^2\leqslant 0.\end{aligned}$$

上式只有当对一切指标 i,$\frac{\mathrm{d}u_i}{\mathrm{d}t}=0$ 时,等号才能成立;这表明方程组所表示的动力系统,从任何一个初始状态出发,连续地使能量衰减,直至一个平衡点. 当然,平衡点不是唯一的. 上述讨论还表明,对于这样的系统,不可能存在极限环,因为能量不可能沿着一条封闭轨道连续衰减.

我们可以用数值方法求解常微分方程组(25)或(26),这实际是数值模拟一个神经元取连续状态的神经网络的位形变化;还应指出的是,这里的微分方程组还给出了用电子装置模拟实现人工神经网络的基本原理.

神经网络方法也可用于旅行推销员问题,已有不同作者考虑过此问题的多种网络模型,除利用与上述讨论类似的方法外,还可利用其他的网络技术,例如特征映射等,此处不再详述,有兴趣的读者可参阅本章主要参考文献[1].需要指出的是,旅行推销员问题的难度远远高于图二分问题,迄今为止,对这一问题而言,所有网络途径给出的解,似乎均不如传统方法的结果;也正因此,有关的研究才更富有挑战性,至今仍是很多研究者关心的课题.

参考文献

[1] Hertz J A, Krogh A S and Palmer R G. Introduction to the Theory of Neural Computation. Reading (Mass): Addison-Wesley,1991.

[2] Fields T, Krasonw D and Ruland K. Neural Network Approach to Classification Problems, The J. of Undergraduate Mathmatics & its Appl., 1989, 4: 323.

[3] Caudill M and Butler C. Understanding Neural Networks: Computer Explorations. Cambridge (Mass): The MIT Press, 1992.

[4] Winkler G. Image Analysis, Random Fields and Dynamic Monte Carlo Methods. Berlin: Springer, 1995.

第八章　伊辛模型

伊辛(Ising)模型是数学物理中重要模型之一，出现于1925年，伊辛在文章中将此模型的发明权归于他的导师兰茨(Wilhelm Lenz)，然而有趣的是，这一模型一直以伊辛命名，很少有人注意到兰茨的贡献.伊辛最初利用这一模型研究铁磁性相变，成功地得到了一维模型的解.他发现一维时没有相变发生，并据此对二维与三维情况做了错误的推断.伊辛的错误推论使这一模型被冷落了许久，以至又过了差不多十年，才重新引起其他研究者的注意.1944年，昂色格(Onsager)利用代数方法得到了无外场时二维伊辛模型的理论解，导致了相变理论的重大突破，表明了这一模型有深刻的内涵.由此伊辛模型不仅对统计物理产生了重要影响，引发了一系列不同模型，而且在众多其他领域也产生了深远影响.读者今天从人工神经网络、元胞自动机、格气以及多种离散模型中都会看到伊辛模型的影子.对数学本身而言，伊辛模型也是一个资源丰富的宝库，这一模型的研究不仅涉及代数理论、组合论、概率论等众多数学分支，而且毫不夸张地说，它促成了概率论的一个新领域——无穷粒子系统数学理论的诞生.伊辛模型的形式极其简单，然而内容极为丰富，本章只能是一个简略的初等介绍.我们试图说明这一模型与相变现象的关系，简要说明求解模型的不同数学途径，最后以伊辛模型在生理学中的一个应用作为结束.

§1　相变现象与伊辛模型

1.1　相变现象

统计物理中获得深入研究，至今仍然引起广泛兴趣的问题之一是各种相变问题.实际上相变是每个人都熟悉的现象，下面先介绍两个简单的例子.首先考虑气液相变.我们知道,在不同的温度与压力下,水既可以表现为液态,也可以表现为气态,这两种状态间的转换关系,反映在如下的气液相变等温线图 8.1 上.

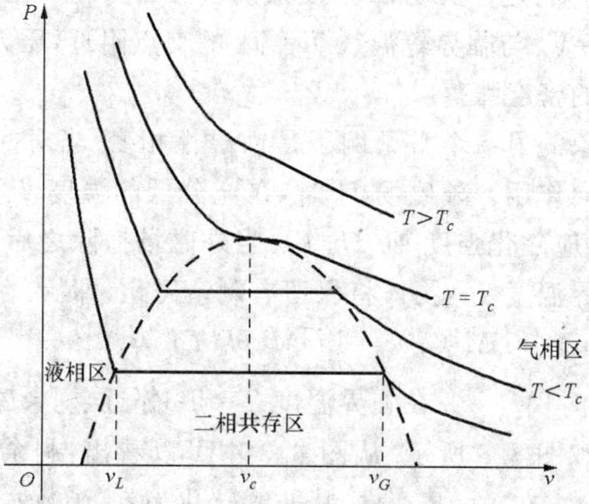

图 8.1

在一足够低的温度 T 下考虑一定数量的某种气体,对气体持续进行压缩,则它的密度不断增大.当密度达到某一确定值 ρ_G(或比容达到 $v_G=\rho_G^{-1}$)时,气体开始液化,所得到的液体密度为 ρ_L(比容 $v_L=\rho_L^{-1}$).在整个液化过程中系统压力保持不变,直至全部气体液化完毕,系统压力才再次随压缩上升.每条这样的曲线表示温度恒定时,压力与密度的函数关系.图中的虚线称共存曲线,虚线内部为气液两相共存的状态.

实验表明,当温度高于某一确定值 T_c 时,无论怎样压缩,气体始终不会液化,T_c 称为临界温度.系统行为在临界温度上下的这种变化是急剧发生的,而且通常伴随有某个物理量在临界温度出现奇性.例如,从上述图像容易知道,在共存区范围内,任何一条等温线都是水平的,因而

$$\left(\frac{\partial P}{\partial V}\right)_T = 0 \quad \text{(其中 } V \text{ 表示气体的体积)}.$$

由此可以预期,沿取临界值的等容线 $V=V_c$,如下定义的等温压缩

系数

$$K_T = \frac{1}{V}\left(\frac{\partial V}{\partial P}\right)_T$$

当 $T \to T_c^+$ 时,将趋于无穷. K_T 发散的实际含义是:在临界点附近,即等容线 $V=V_c$ 与临界等温线 $T=T_c$ 的交点附近,压力的细微变化即可引起大的密度涨落.

相变现象的另一个常见例子是铁磁性相变.当对一铁磁性物体沿一特定方向作用一外磁场 H 时,在充分低的温度 T 下,物体将被磁化,产生感应磁化强度 $M(H,T)$.当外磁场撤除之后,只要温度 T 低于某一临界温度 T_c,物体将保留有剩余磁化,即

$$M_0(T) = \lim_{H\to 0} M(H,T) \neq 0.$$

但当 $T \geqslant T_c$ 时,$M_0=0$.在临界温度 $T=T_c$ 邻近,剩余磁化的变化方式如图 8.2 和图 8.3 所示.从图 8.3 中可以看出,剩余磁化 $M_0(T)$ 作为 T 的函数,在 $T=T_c$ 急剧从非零转化为零,函数本身是连续的,但切线非连续变化,因而二阶导数有奇性发生.

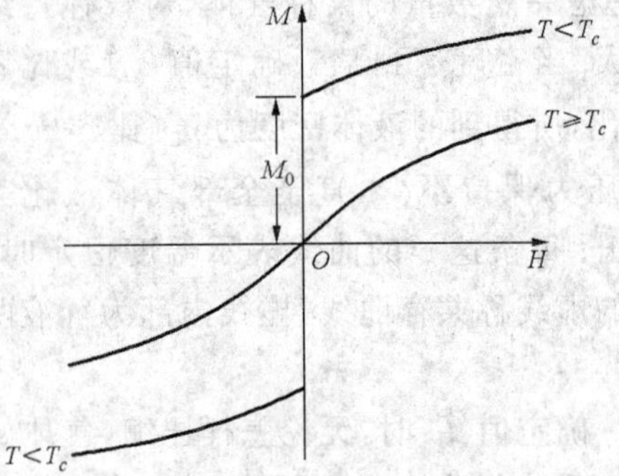

图 8.2

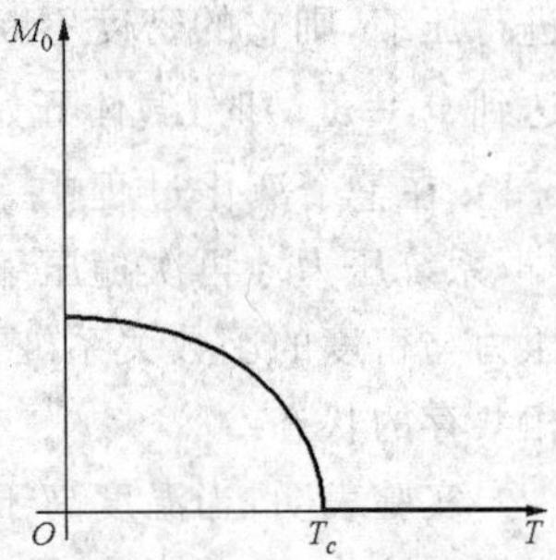

图 8.3

下面我们来说明,如何建立一个数学模型,用以研究如上所述的相变现象.

1.2 伊辛模型

我们可以考虑任意 n 维的伊辛模型,为简单起见,以下仅以二维

模型为代表，然而所给出的描述是有一般性的，不难推广到任意高维情况.

考虑一个规则格网，或者说晶格点阵(Lattice)，例如图 8.4 所示的平面正方形网格. 在每一个格点 P 处有一可取两种状态的粒子 μ_P，或者称为自旋(Spin)，$\mu_P=1$ 表示自旋向上，$\mu_P=-1$ 表示向下. 如果网格总共有 N 个格点，那么所有格点上的自旋总共可以展示 2^N 种不同的配置方式，每种配置称为一个**位形**，或者称为**组态**，记为 $\{\mu\}$.

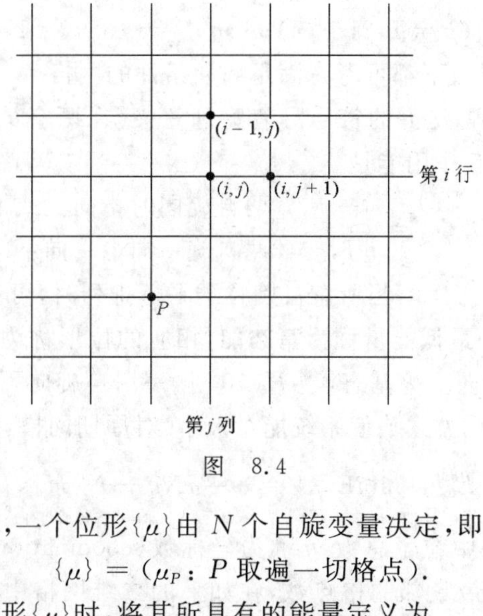

图　8.4

由此可知，一个位形 $\{\mu\}$ 由 N 个自旋变量决定，即

$$\{\mu\}=(\mu_P:P\text{ 取遍一切格点}).$$

当系统处于位形 $\{\mu\}$ 时，将其所具有的能量定义为

$$E\{\mu\}=-J\sum_{P,Q}{}^{*}\mu_P\mu_Q-H\sum_{P}\mu_P,$$

上式中的 $*$ 号表示仅对沿网格方向最紧邻的格点对求和. J 为一已知常数，称为**相互作用常数**，H 表示外磁场强度. 上式中第一项表示粒子间的相互作用能，第二项表示每个粒子与外场间的作用能. $E\{\mu\}$ 又称系统的**哈密尔顿**(Hamilton)**量**.

对一个包含 m 行 n 列的二维正方形网格，用下标 (i,j) 表示格点

位置，则如上能量函数可进一步表示为

$$E\{\mu\}=-J\Big(\sum_{i=1}^{m-1}\sum_{j=1}^{n}\mu_{ij}\mu_{i+1,j}+\sum_{i=1}^{m}\sum_{j=1}^{n-1}\mu_{ij}\mu_{i,j+1}\Big)-H\sum_{i=1}^{m}\sum_{j=1}^{n}\mu_{ij}. \tag{1}$$

在很多情况下，考虑满足周期条件的晶格网是方便的，对二维情况，就是把网格想象成一个环面，使第1行的粒子与第 m 行的粒子，第1列的粒子与第 n 列的粒子有相互作用. 此时相应的能量函数与(1)式稍有不同，需将(1)式求和上限中的 $m-1$ 及 $n-1$ 依次用 m 及 n 代替，且约定

$$\mu_{m+1,j}=\mu_{1j}(j=1,2,\cdots,n);\quad \mu_{i,n+1}=\mu_{i1}(i=1,2,\cdots,m).$$

显然，在任意维数下都可考虑满足周期条件的网格.

相互作用常数 J 的符号具有物理意义. 在两个最紧邻格点上，自旋粒子的相互作用能是

$$-J\mu_P\mu_Q=\begin{cases}-J, & \text{两自旋同时指向上或下},\\ J, & \text{两自旋一向上一向下}.\end{cases}$$

由此可知，对于 $J>0$，当所有自旋粒子平行排列时，可以使系统能量达到最低. 这一最低能量称为**基态能**，相应的位形称为**基态**. 当 $H>0$ 时，所有自旋向上为基态，当 $H<0$ 时，一切自旋向下为基态. 若 $H=0$，则两种排列方式均使系统能量极小. 对周期网格，基态能为

$$E_0=\min_{\{\mu\}}E\{\mu\}=-\frac{1}{2}JNq-N|H|, \tag{2}$$

式中 N 为网格中粒子总数，q 称为坐标数(coodination number)，即与一固定格点最紧邻的格点数，在如上的二维网格中 $q=4$. 对于一个 $m\times n$ 的非周期网格，基态能与(2)式不同，此时要考虑由边界带来的修正. (2)式中的 $N=mn$ 应代之以 $N-(m+n)/2$. 对于大的 N，边界修正项 $-(m+n)/2$ 可以忽略. 由此可以猜测，对于一个 m 与 n 均很大的网格，不同的边界条件对系统性质没有本质影响.

当 $J>0$ 时，基态在所有自旋平行时达到，故可视为一铁磁性模型. 类似地，当 $J<0$ 时，为得到较低能量，相邻粒子需反向排列，故对应了反铁磁性. 但反铁磁性系统的基态则非在任何情况下都是易

于找到的，读者只需考虑平面上正三角形组成的网格，即可明白这一点.

1.3 伊辛模型有关物理量的数学表达

为用伊辛模型说明相变现象，必须给出刻画模型性质的各种物理量的表达式. 上面已经说明，一个包含 N 个自旋的模型所有可能的位形有 2^N 个，那么在任一给定时刻，哪一个位形真正发生呢？统计物理认为，任何一个位形$\{\mu\}$均可能出现，只不过不同位形发生的概率不同. 若令 $\beta=1/(kT)$，k 为波尔兹曼常数，T 为绝对温度，那么，位形$\{\mu\}$发生的概率正比于 $\exp(-\beta E\{\mu\})$，即在同样温度下，能量越低的位形越可能出现. 为将如上的量表示成一个位形空间上的概率分布，需计算出它们的归一常数，即

$$Z_N = \sum_{\{\mu\}} \exp(-\beta E\{\mu\}), \tag{3}$$

物理学中将 Z_N 称为**配分函数**. 配分函数极其重要，只要这一函数已知，便可从中得到一系列其他物理量.

首先将一个自旋粒子的**自由能** ψ_N 定义为

$$-\psi_N/(kT) = N^{-1}\ln Z_N.$$

由此，自由能完全被配分函数决定. 如果说，这一定义的意义不够明显时，让我们继续考查从自由能进一步导出的其他量. 先考虑热力学量，定义单个粒子的内能为

$$\begin{aligned} U_N &= -kT^2 \frac{\partial}{\partial T}\frac{\psi_N}{kT} \\ &= \frac{1}{N}\sum_{\{\mu\}} E\{\mu\}\frac{\exp(-\beta E\{\mu\})}{Z_N}. \end{aligned}$$

这一定义十分清楚，它把内能定义为所有位形能量，即所有可能微观态能量的概率平均. 从内能可将（定容）比热定义为 $C_V=\partial U_N/\partial T$，即当系统体积不变时，升高单位温度所需的能量. 简单的计算即可表明：

$$C_V = \frac{1}{NkT^2}\sum_{\{\mu\}}(E\{\mu\}-NU_N)^2\frac{\exp(-\beta E\{\mu\})}{Z_N}.$$

从数学观点看来，C_V 与位形能量的方差有关.

从配分函数同样可以定义系统的磁学量. 记 $B=\beta H$，则每个自旋粒子的磁化强度为

$$m=\frac{\partial}{\partial B}\left(-\frac{\psi_N}{kT}\right),$$

$$=\frac{1}{N}\sum_{\{\mu\}}\left(\sum_{i=1}^{N}\mu_i\right)\frac{\exp(-\beta E\{\mu\})}{Z_N}.$$

上式清楚表明了宏观量 m 的微观意义，它是任何位形$\{\mu\}$下系统自旋代数和的概率平均值.

本小节叙述了一个重要事实，即包含 N 个自旋的伊辛模型有固定温度 T，但在此温度下，模型可处于具有各种不同内能的微观态，能量 $E\{\mu\}$的微观状态出现的概率为 $\exp(-\beta E\{\mu\})/Z_N$. 实际上这是一个具有普遍意义的结果. 统计物理中可考虑任何一个粒子数和体积恒定的系统，设想此系统和一个大热源接触，可以与热源交换热量(或吸热或放热，但此有限热量不改变大热源的温度)，在系统与热源建立平衡后，与热源有相同的恒定温度. 这样的系统在平衡时，系统不同能量微观态出现的几率和如上对伊辛模型所叙述的结果相同，统计物理中将这样的系统分布函数称为“正则分布”. 有关内容可参见任何一本统计物理教科书，此处不再详述.

1.4 热力学极限

由上述可知，无论是系统的热力学量还是磁学量，都可从配分函数或者它的某阶导数得到. 如果模型能够描述相变，即在某一温度下某个物理量表现出奇性，那么配分函数或它的某阶导数应有奇性. 认真考查 Z_N 的表达式，对任何有限网格，配分函数都是指数函数的有限和，而指数函数对有关的变量永远是解析的，即是任意阶可导的. 因此为了使模型的某一物理量有可能发生奇性，必须考虑无限大的点阵，即必须考虑粒子数 N 与点阵体积 V 在 $\rho=N/V$ 固定的条件下，同时趋于无穷的情况，这样的极限称为**热力学极限**. 自旋数趋于无穷是物质具有极大数量的分子这一事实在数学上的表现.

由此，若伊辛模型确能刻画相变，则如下的自由能函数

$$f(\rho,T)=\lim_{\substack{N,V\to\infty\\ \rho=V/N=\text{常数}}} N^{-1}\ln Z(V,N,T)$$

应该存在不解析点(ρ,T)，所谓不解析点是指在该点如上述函数不能展成泰勒(Taylor)级数，最常见的情况是其某阶导数在该点间断或发散. 这样的点又称**相变点**. 问题是伊辛模型是否存在相变点.

§2 伊辛模型的数学讨论

2.1 一维伊辛模型的理论解和转移矩阵

一维伊辛模型的解是易于得到的. 首先在外场 $H=0$ 情况下，考虑非周期网格，即沿一直线段上等间距分布的 N 个自旋，那么按定义它的配分函数是

$$Z_N=\sum_{\mu_1=\pm1,\cdots,\mu_N=\pm1}\exp\left(\nu\sum_{i=1}^{N-1}\mu_i\mu_{i+1}\right),$$

此处 $\nu=\beta J$. 利用一维结构的特点，可以首先对 μ_N 求和，无论 $\mu_1,\cdots,\mu_{N-1}$ 取值如何，均有

$$\begin{aligned}\sum_{\mu_N=\pm1}\exp(\nu\mu_{N-1}\mu_N)&=\exp(\nu\mu_{N-1})+\exp(-\nu\mu_{N-1})\\&=\exp(\nu)+\exp(-\nu)\\&=2\cosh\nu.\end{aligned}$$

由此

$$\begin{aligned}Z_N&=2\cosh\nu\sum_{\mu_1=\pm1,\cdots,\mu_{N-1}=\pm1}\exp\left(\nu\sum_{i=1}^{N-2}\mu_i\mu_{i+1}\right)\\&=(2\cosh\nu)Z_{N-1}.\end{aligned}$$

再注意到 $Z_2=4\cosh\nu$，则立即得到

$$Z_N=2(2\cosh\nu)^{N-1}.$$

在热力学极限下，每个自旋的自由能为

$$-\frac{\psi}{kT}=\lim_{N\to\infty}N^{-1}\ln Z_N=\ln(2\cosh\nu),$$

这是变量 ν 的解析函数，因而对一切温度 T 也是解析的，即不存在相变临界点.

如上的算法非常简单，但不适用于外场 $H\neq 0$ 的情况，特别是无法推广到高维模型. 为找到更一般的处理方法，考虑一维周期模型，可以预期，在热力学极限下二者将给出同样结果.

当外场 $H\neq 0$ 时，对一维周期模型($\mu_{N+1}=\mu_1$)，配分函数可表示为

$$Z_N = \sum_{\{\mu\}} \exp\left(\nu\sum_{i=1}^{N}\mu_i\mu_{i+1} + B\sum_{i=1}^{N}\mu_i\right),$$

其中 $B=\beta H$. 令

$$L(\mu_i,\mu_{i+1}) = \exp\left\{\nu\mu_i\mu_{i+1} + \frac{B}{2}(\mu_i+\mu_{i+1})\right\},$$

那么 Z_N 可以表示为

$$Z_N = \sum_{\{\mu\}} L(\mu_1,\mu_2)L(\mu_2,\mu_3)\cdots L(\mu_{N-1},\mu_N)L(\mu_N,\mu_1). \tag{4}$$

定义一个 2×2 矩阵，其元素由 $L(\mu,\mu')$ 给出，即

$$L=\begin{bmatrix} L(1,1) & L(1,-1) \\ L(1,-1) & L(-1,-1)\end{bmatrix} = \begin{bmatrix} \exp(\nu+B) & \exp(-\nu) \\ \exp(-\nu) & \exp(\nu-B)\end{bmatrix}.$$

那么，由矩阵乘法规则，(4)式给出的配分函数表达式化为

$$Z_N = \sum_{\mu_1=\pm 1} L^N(\mu_1,\mu_1) = \mathrm{Tr}(L^N) = \lambda_1^N + \lambda_2^N,$$

式中 Tr 表示矩阵的迹，λ_1 和 λ_2 是矩阵 L 的特征值. 由 L 的特征方程

$$\lambda^2 - 2\lambda \mathrm{e}^{\nu}\cosh B + 2\sinh 2\nu = 0$$

容易解得

$$\lambda_1,\lambda_2 = \mathrm{e}^{\nu}\cosh B \pm (\mathrm{e}^{2\nu}\sinh^2 B + \mathrm{e}^{-2\nu})^{1/2}.$$

注意到对任何 $\nu>0$，$|\lambda_2/\lambda_1|<1$，因而

$$-\frac{\psi}{kT} = \lim_{N\to\infty} N^{-1}\ln Z_N$$

$$= \lim_{N\to\infty} N^{-1}\ln\{\lambda_1^N[1+(\lambda_2/\lambda_1)^N]\}$$
$$= \ln\lambda_1.$$

利用 λ_1 的表达式可知，当 $B=0$ 时，上式给出

$$-\frac{\psi}{kT} = \ln(2\cosh\nu),$$

这与非周期模型的结果一致. 然而需要注意，当 N 有限时，对 $B=0$ 的周期模型，

$$Z_N = (2\cosh\nu)^N + (2\sinh\nu)^N,$$

它与非周期模型的配分函数明显不同，只是在热力学极限下，二者才趋于同一极限，这一结果实际是有一般意义的.

利用自由能还可计算每个自旋的磁化强度，即

$$m = \frac{\partial}{\partial B}\left(-\frac{\psi}{kT}\right) = \sinh B(\sinh^2 B + e^{-4\nu})^{-1/2},$$

当外场 $B=0$ 时，对一切温度 $\nu>0$，有 $m=0$，因而不展示铁磁性相变.

上面处理周期模型时所定义的矩阵 L 称为**转移矩阵**，这种方法可以推广到高维.

2.2 二维模型结果概述

首先我们说明如何利用代数方法求解二维模型. 设有一 m 行 n 列的正方形格网，对列是周期的，即 $\mu_{i,n+1}=\mu_{i1}$ $(i=1,2,\cdots,m)$，但对行无周期条件. 因此，可以认为所考虑的是一柱面模型. 对此模型而言，

$$E\{\mu\} = -J\sum_{i=1}^{m-1}\sum_{j=1}^{n}\mu_{ij}\mu_{i+1,j} - J\sum_{i=1}^{m}\sum_{j=1}^{n}\mu_{ij}\mu_{i,j+1} - H\sum_{i=1}^{m}\sum_{j=1}^{n}\mu_{ij},$$

令 σ_j 表示第 j 列的位形，即

$$\sigma_j = (\mu_{1j}, \mu_{2j}, \cdots, \mu_{mj}),$$

将 $E\{\mu\}$ 表示成两项之和，一项为每列之内自旋的相互作用能及与外场的作用能，另一项为相邻两列间自旋的相互作用能，即令

$$V_1(\sigma_j) = -J\sum_{i=1}^{m-1}\mu_{ij}\mu_{i+1,j} - H\sum_{i=1}^{m}\mu_{ij},$$

$$V_2(\sigma_j,\sigma_{j+1}) = -J\sum_{i=1}^{m}\mu_{ij}\mu_{i,j+1},$$

注意到 $\sigma_{n+1}=\sigma_1$，那么能量函数可以表示为

$$E\{\mu\} = E(\sigma_1,\sigma_2,\cdots,\sigma_n) = \sum_{j=1}^{n}[V_1(\sigma_j)+V_2(\sigma_j,\sigma_{j+1})].$$

利用如上的量，配分函数可以写成

$$\begin{aligned}
Z_{nm} &= \sum_{\{\mu\}}\exp(-\beta E\{\mu\}) \\
&= \sum_{\sigma_1,\sigma_2,\cdots,\sigma_n}\exp\Big[-\beta\Big(\sum_{j=1}^{n}\{V_1(\sigma_j)+V_2(\sigma_j,\sigma_{j+1})\}\Big)\Big] \\
&= \sum_{\sigma_1,\sigma_2,\cdots,\sigma_n} L(\sigma_1,\sigma_2)L(\sigma_2,\sigma_3)\cdots L(\sigma_{n-1},\sigma_n)L(\sigma_n,\sigma_1) \\
&= \sum_{\sigma_1}L^n(\sigma_1,\sigma_1).
\end{aligned}$$

记 $\sigma=(\mu_1,\mu_2,\cdots,\mu_m)$，$\sigma'=(\mu_1',\mu_2',\cdots,\mu_m')$，则上式中的量

$$L(\sigma,\sigma') = \exp[-\beta(V_1(\sigma)+V_2(\sigma,\sigma'))].$$

将 σ 的每一分量 μ_i 对应一整数 $\breve{\mu}_i=(1+\mu_i)/2$，则可将每一 σ 对应一个从 1 到 2^m 的整数 $1+\breve{\mu}_1+2\breve{\mu}_2+\cdots+2^{m-1}\breve{\mu}_m$. 利用这一点，如上的量 $L(\sigma,\sigma')$ 可视为一个 $2^m\times 2^m$ 阶矩阵 L 在位置 (σ,σ') 的元素. 类似于一维情况，我们有

$$Z_{nm} = \mathrm{Tr}(L^n) = \sum_{j=1}^{2^m}\lambda_j^n,$$

此处 $\lambda_1>\lambda_2\geqslant\cdots\geqslant\lambda_{2^m}$ 是 $2^m\times 2^m$ 阶矩阵 L 的特征值. 由于 L 是正矩阵，所以模最大特征值 λ_1 一定是正数，且是单重的. 其他特征值也是实数，这可简单说明如下. 事实上，我们还可以按另一种方式定义矩阵元，即令

$$L'(\sigma,\sigma') = \exp\Big[-\frac{\beta}{2}V_1(\sigma)\Big]\exp[-\beta V_2(\sigma,\sigma')]\exp\Big[-\frac{\beta}{2}V_1(\sigma')\Big],$$

如此定义的矩阵是对称矩阵，所有特征值可知为实数. 不难看出 L 与 L' 是相似的.

以下考虑热力学极限. 对于如上的模型，自旋数为 $N=m\times n$，当取

热力学极限时,m 与 n 均应趋于无穷,此处令 n 先趋于无穷,即考虑

$$
\begin{aligned}
-\frac{\psi}{kT} &= \lim_{m\to\infty}\lim_{n\to\infty}(mn)^{-1}\ln Z_{nm} \\
&= \lim_{m\to\infty} m^{-1}\ln\lambda_1 + \lim_{m\to\infty}\left[\lim_{n\to\infty}(mn)^{-1}\ln\left(1+\sum_{j=2}^{2^m}(\lambda_j/\lambda_1)^n\right)\right] \\
&= \lim_{m\to\infty} m^{-1}\ln\lambda_1 .
\end{aligned}
$$

问题归结为求一个矩阵的模最大特征值.

在一般情况下,如上的矩阵特征值问题至今未能解决;然而对外场 $H=0$ 的情况,昂色格利用李代数和群表示论求得了如上矩阵的最大特征值,从而使问题得到解答.这一求解过程以后又经过了多人简化,但仍十分复杂,此处不可能引述,有兴趣的读者可参阅本章参考文献[1]的附录.这里则直接给出最大特征值的表达式:

$$
\lambda_1 = (2\sinh 2\nu)^{m/2}\exp\left[\frac{1}{2}(\gamma_1+\gamma_3+\cdots+\gamma_{2m-1})\right],
$$

式中 $\nu=J/(kT)$,而 γ_k 则由下式定义,即

$$
\cosh\gamma_k = \cosh 2\nu\coth 2\nu - \cos\left(\frac{\pi k}{m}\right).
$$

利用 λ_1 的表达式,可以计算自由能

$$
\begin{aligned}
\frac{\psi}{kT} &= \lim_{m\to\infty} m^{-1}\ln\lambda_1 \\
&= \frac{1}{2}\ln(2\sinh 2\nu) + \lim_{m\to\infty}(2m)^{-1}\sum_{k=0}^{m-1}\gamma_{2k+1} \\
&= \frac{1}{2}\ln(2\sinh 2\nu) \\
&\quad + \lim_{m\to\infty}(2m)^{-1}\sum_{k=0}^{m-1}\cosh^{-1}\left(\cosh 2\nu\,\coth 2\nu - \cos\left(\frac{\pi(2k+1)}{m}\right)\right) \\
&= \frac{1}{2}\ln(2\sinh 2\nu) \\
&\quad + (2\pi)^{-1}\int_0^{\pi}\cosh^{-1}(\cosh 2\nu\,\coth 2\nu - \cos\theta)\,\mathrm{d}\theta .
\end{aligned}
\tag{5}
$$

为继续推导,需要利用以下等式,即

$$\cosh^{-1}|z| = \frac{1}{\pi}\int_0^{\pi}\ln[2(z-\cos\varphi)]\mathrm{d}\varphi. \tag{6}$$

我们将对(6)式的验证放在这一小节最后. 利用这一关系,从(5)式得到

$$\begin{aligned}-\frac{\psi}{kT} &= \frac{1}{2}\ln(2\sinh 2\nu) + \frac{1}{2}\ln 2 \\ &\quad + \frac{1}{2\pi^2}\int_0^{\pi}\int_0^{\pi}\ln(\cosh 2\nu\coth 2\nu - \cos\theta - \cos\varphi)\mathrm{d}\theta\mathrm{d}\varphi \\ &= \ln 2 + \frac{1}{2\pi^2}\int_0^{\pi}\int_0^{\pi}\ln[\cosh^2 2\nu - \sinh 2\nu(\cos\theta_1 + \cos\theta_2)]\mathrm{d}\theta_1\mathrm{d}\theta_2.\end{aligned}$$

从上式可以计算内能

$$\begin{aligned}U &= -kT^2\frac{\partial}{\partial T}\frac{\psi}{kT} = J\frac{\partial}{\partial\nu}\frac{\psi}{kT} \\ &= -J\coth 2\nu \\ &\quad \times\left[1 + (\sinh^2 2\nu - 1)\frac{1}{\pi^2}\int_0^{\pi}\int_0^{\pi}\frac{\mathrm{d}\theta_1\mathrm{d}\theta_2}{\cosh^2 2\nu - \sinh 2\nu(\cos\theta_1 + \cos\theta_2)}\right].\end{aligned} \tag{7}$$

上述积分当参数 ν 满足条件 $\cosh^2 2\nu = 2\sinh 2\nu$ 时,在点 $\theta_1 = \theta_2 = 0$ 有奇性,积分值对数发散. 这一点可由如下的简单计算看出:在奇点邻近,由泰勒展开,

$$\cos\theta_1 + \cos\theta_2 \simeq 2 - (\theta_1^2 + \theta_2^2)/2 + \cdots,$$

那么当 $\delta = \cosh^2 2\nu - 2\sinh 2\nu \simeq 0$ 时,在点(0,0)的一个小邻域内,我们有

$$\begin{aligned}&\frac{1}{\pi^2}\int_0\int_0\frac{\mathrm{d}\theta_1\mathrm{d}\theta_2}{\cosh^2 2\nu - \sinh 2\nu(\cos\theta_1 + \cos\theta_2)} \\ &\quad\simeq \frac{1}{\pi^2}\int_0\int_0\frac{\mathrm{d}\theta_1\mathrm{d}\theta_2}{\delta + \frac{1}{2}\sinh 2\nu(\theta_1^2 + \theta_2^2)} \\ &\quad = \frac{1}{\pi}\int_0\frac{r\mathrm{d}r}{\delta + \frac{1}{2}\sinh 2\nu r^2} \simeq -\frac{2}{\pi\sinh 2\nu}\ln|\delta|,\end{aligned} \tag{8}$$

其中两个积分号下端的 0 表示在(0,0)点邻域的瑕积分.

上述讨论实际告诉我们,当 $\nu=\nu_c=J/kT_c$ 满足条件

$$\cosh^2 2\nu - 2\sinh 2\nu = 0,$$

即满足 $\sinh 2\nu=1$ 时,是一个相变点.对此可进一步说明如下:(7)式给出了内能 U,其中包含由(8)式所表示的积分前有因子($\sinh^2 2\nu-1$),这一因子在 $\nu=\nu_c$ 值为零.也就是说,有一个零因子乘在由积分给出的对数发散项上.因此,在点 $\nu=\nu_c$ 内能连续,而且在 $\nu=\nu_c$ 邻域有

$$U \simeq -J\coth 2\nu_c[1+A(\nu-\nu_c)\ln|\nu-\nu_c|],$$

此处 A 是一个常数.从上述结果立即得到,由 $C_V=\partial U/\partial T$ 定义的比热在 $\nu=\nu_c$ 对数发散,即

$$C_V \simeq B\ln|\nu-\nu_c|.$$

现在简略地给出(6)式的推导.无妨设 $x>0$,直接计算给出:

$$\begin{aligned}&\frac{1}{\pi}\int_0^\pi \ln[(e^x+e^{-x}-2\cos\varphi)]d\varphi\\&=\frac{1}{\pi}\int_0^\pi \ln[e^x(1+e^{-2x}-2e^{-x}\cos\varphi)]d\varphi\\&=x+\frac{1}{\pi}\int_0^\pi \ln(1-2r\cos\varphi+r^2)d\varphi.\end{aligned}$$

式中 $r=e^{-x}<1$,而且可以说明后一积分为零(可参见菲赫金哥尔茨著"微积分学教程",2 卷 1 分册,第 116 页).令 $z=\cosh x$,则得到(6)式.

上面说明了二维伊辛模型当外场为零时比热在临界点有对数奇性.然而为讨论同一模型当外场 $H=0$ 时是否有剩余磁化,必须计算

$$m_0=\lim_{H\to 0^+}\frac{\partial}{\partial(\beta H)}\left(-\frac{\psi}{kT}\right).$$

但至今为止,未能得到 $H\neq 0$ 时二维伊辛模型的精确解,因此无法得到如上极限.也就是说,二维伊辛模型能否展示铁磁性相变,仍是没有最终解决的问题.但依据其他非直接方法给出的猜测,认为

$$m_0=\begin{cases}[1-(\sinh 2\nu)^{-4}]^{1/8}, & T<T_c,\\ 0, & T\geqslant 0.\end{cases}$$

上式并没有严格证明.

下面作几点简单说明.首先,自发明伊辛模型以来,人们进一步陆续创造了多种多样的类似模型,用来研究各种自然现象.这些模型有不同的网格形状,不同的空间维数,每个格点有不同的状态数目,不同的邻域定义,不同形式的能量函数,等等.这些模型有些得到了理论解,但大量模型依赖数值研究.例如,关于三维伊辛模型的知识,主要来自数值方法.还要指出,这些模型的数值计算并不容易.这是因为,考虑热力学极限意味着需要计算一个无穷大的格网,这显然是不现实的,因此必须研究可行算法.在这一方面,有深刻物理内容的重整化群方法与计算方法的结合,是一重要进展.还要指出,对相变现象的数学研究可有完全不同的出发点.如上讨论依据的原理是:当有相变发生时,必有某个物理量产生奇性.然而,还可以利用相变现象的其他特点.晶格间的相互作用倾向于使粒子规则排列,而热运动则倾向于使粒子排列无序,相变即是两种效应共同作用的结果.以伊辛模型为例,当温度趋于无穷时,热效应起主要作用,此时任何位形出现的机会趋于相等,任何位形之间可以相互转化,因此,可以说模型处于唯一的平衡状态;另一方面,对同一模型,能量越低的位形越容易出现.当 $H=0$ 时,在任何有限温度下,所有自旋向上和所有自旋向下是两个概率相等且能量最低的位形,对应两个基态.对于一个包括无穷多个自旋的网格,当温度趋于绝对零度时,可以想象,两个基态之间不可能由热运动而相互转化,也就是说,在低温下模型可以有两个不同的平衡状态.这一特点,即随温度不同,在热力学极限下模型有不同数目的平衡状态,同样可以用来刻画相变现象.实际上,这就是近年来迅速发展的概率论的数学分支"无穷粒子马尔柯夫过程"判断相变是否发生的物理依据.这一理论中所建立的数学模型是动态的,与前述静态模型完全不同,但研究的问题是相同的.这再次表明,对同一对象可以有多种不同的数学模型,有兴趣的读者可见本章所列文献[3],[4].

§3 血红蛋白功能模型

伊辛模型对诸多领域的模型构造产生了直接或间接的影响，下面介绍伊辛模型用于生理学的一个例子，即如何建立一个数学模型，用以解释血红蛋白的生理功能.

3.1 血红蛋白的结构与功能简介

血红蛋白是以血红素为辅基，可以与氧分子进行可逆结合的蛋白质. 它主要存在于脊椎动物血液的红细胞中，其功能是将氧输送给机体. 血红蛋白分子是一个近似圆球的四面体，长、宽、高分别为 6.4 nm，5.5 nm 和 5 nm. 1 nm 等于 10^{-9} cm. 血红蛋白的相对分子质量为 64000，由四个亚基组成，其中两个为 α 型亚基，两个为 β 型亚基. 每个亚基相对分子质量为 16000，且均含有一个由血红素构成的辅基，分别位于四面体的四个角上. 每个血红素可以结合一个氧分子 (O_2)，一个血红蛋白分子总共可以结合四个氧分子.

血红蛋白分子的四个亚基之间存在明显的相互作用，如果四个亚基之一已经结合了一个氧分子，那么这一血红蛋白分子与其他氧分子结合的能力将会增强，这种作用称为**协同性**. 将血液中血红蛋白实际结合氧分子的数量与最大可能结合数量的百分比称为血红蛋白的**氧化率**. 图 8.5 中的曲线描述了血红蛋白氧化率随氧偏压(等价于氧浓度)的变化关系，这一曲线称为**饱和曲线**. 饱和曲线是一 S 形曲线，这一形状意味着当血红蛋白结合了少量氧分子之后，其与氧结合的能力将进一步增强，有与更多的氧分子结合的倾向. 而且在高氧浓度环境下血红蛋白与氧的结合是更充分的. 这一特性使血红蛋白在人体生理机能中极为有效地发挥作用. 因为在肺中有高氧浓度，血红蛋白易于和氧结合；而当血液流经低氧浓度的人体组织及器官时，血红蛋白则容易将氧释放.

图 8.6 是一个简化了的血红蛋白分子结构示意图. 在相当好的近似程度下，四个血红素对称地位于一个正四面体的四个顶点上，彼

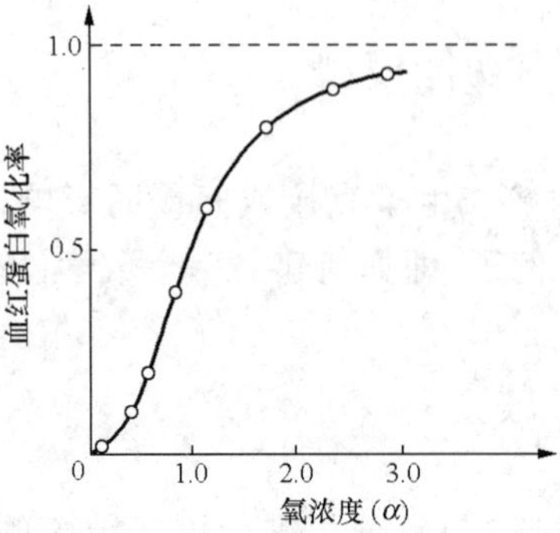

图 8.5

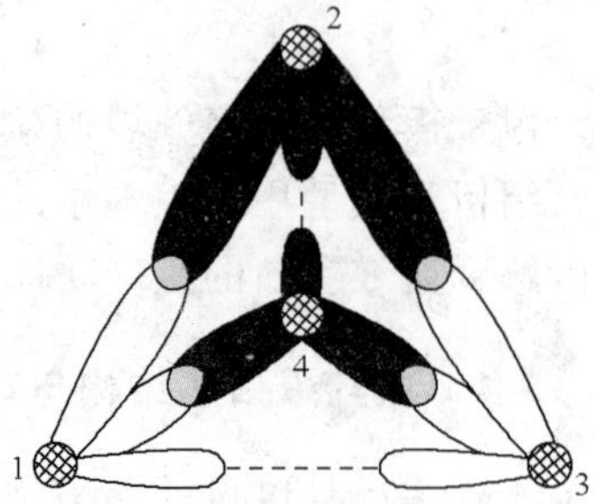

图 8.6

此间由两种不同的链相联系,图中分别以无色或阴影表示,依次称为 α 链与 β 链.两种不同的链间有强相互作用,而同种的链间相互作用很小.这样的图示假设血红蛋白的结构是非常对称的.

然而,真实分子则有小的不对称.下面我们试图建立一个数学模型,解释血红蛋白的生理功能.

3.2 血红蛋白功能的数学模型

首先假设血红素之间的相互作用仅仅通过 α 链与 β 链间的接触来实现,且这种相互作用是对称的.例如,在图 8.6 所示情况下,血红素 1 仅与 2,4 相互作用,与 3 之间无作用;血红素 2 只与 1,3 相互作用,而与 4 无关,如此等等.这意味着,我们可以把血红蛋白分子表示为一个具有最紧邻相互作用的包括四个结点的环.作为数学模型,我们不妨认为环上有 n 个结点,在结点 $i(i=1,2,\cdots,n)$ 上定义一个变量 μ_i,$\mu_i=1$ 表示该结点位置结合了一个氧分子,$\mu_i=-1$ 表示该位置尚未有氧分子.因此,在这样的环上,氧分子共可能有 2^n 种不同的配置情况,或称位形.对任何一种确定的位形

$$\{\mu\}=\{\mu_1,\mu_2,\cdots,\mu_n\},$$

被氧占据的结点数可以由如下的表达式给出,即

$$N\{\mu\}=\sum_{i=1}^{n}\frac{1}{2}(1+\mu_i),$$

而位形$\{\mu\}$出现的概率则取决于它所具有的能量，这一概率由下式定义：

$$P\{\mu\}=Z^{-1}\prod_{i=1}^{n}\exp(J\mu_i)\exp(U\mu_i\mu_{i+1}),$$

其中

$$Z=\sum_{\{\mu\}}\prod_{i=1}^{n}\exp(J\mu_i)\exp(U\mu_i\mu_{i+1}).$$

注意 $\mu_{n+1}=\mu_1$. 式中 $\exp(J\mu_i)$表示每个血红素位置独立的与氧分子结合的能力，而 $\exp(U\mu_i\mu_{i+1})$则刻画最紧邻结点间的关系，对血红蛋白 $U>0$，它表示相互作用倾向使相邻结点有同样的表现. 读者易于看出这一模型与一维伊辛模型的关系.

不同的位形有不同数目的结点被氧分子占据，以下计算对所有位形而言氧分子平均占据的结点数. 容易知道

$$\begin{aligned}N&=\sum_{\{\mu\}}N\{\mu\}P\{\mu\}\\&=\sum_{\{\mu\}}\left[\frac{1}{2}\sum_{i=1}^{n}(1+\mu_i)\right]P\{\mu\}\\&=\frac{n}{2}+\frac{1}{2}\frac{\partial}{\partial J}(\ln Z).\end{aligned}$$

和一维伊辛模型完全相同的讨论给出

$$Z=\lambda_1^n+\lambda_2^n,$$

而 λ_1,λ_2 是

$$L=\begin{bmatrix}\exp(U+J) & \exp(-U)\\ \exp(-U) & \exp(U-J)\end{bmatrix}$$

的特征根. 求解特征方程，有

$$\lambda_{1,2}=e^U\cosh J\pm(e^{-2U}+e^{2U}\sinh^2 J)^{1/2}.$$

由此得到

$$N=\frac{n}{2}\left[1+(\lambda_1^n+\lambda_2^n)^{-1}\left(\lambda_1^{n-1}\frac{\partial\lambda_1}{\partial J}+\lambda_2^{n-1}\frac{\partial\lambda_2}{\partial J}\right)\right].$$

经过直接然而烦琐的计算，可以得到被氧分子占据结点的平均百分数. 令

$$\alpha = \exp(2J), \quad \delta = [(\alpha - 1)^2 + 4\alpha\exp(-4U)]^{1/2},$$
$$\Gamma_1 = 1 + (2e^{-4U} + \alpha - 1)/\delta,$$
$$\Gamma_2 = 1 - (2e^{-4U} + \alpha - 1)/\delta,$$

则有

$$f(\alpha) = \frac{N}{n} = \frac{\alpha\{(1+\alpha+\delta)^{n-1}\Gamma_1 + (1+\alpha-\delta)^{n-1}\Gamma_2\}}{(1+\alpha+\delta)^n + (1+\alpha-\delta)^n}. \quad (9)$$

下面对(9)式作一点简单的讨论. 首先考虑相互作用常数 $U=0$ 的情况,此时

$$f(\alpha) = \frac{\alpha}{1+\alpha} = \frac{\exp(J)}{\exp(-J)+\exp(J)}.$$

这恰恰是不存在相互作用情况下,一个结点被氧分子占据的概率. 在考虑相互作用常数 $U\to\infty$ 的情况,此时 $\delta=|\alpha-1|$,

$$f(\alpha) = \frac{\alpha^n}{1+\alpha^n}.$$

这一结果可以解释为:在相互作用常数极大时,所有 n 个结点可视为一个整体,被氧分子占据的概率正比于 $\exp(nJ)$. 我们最关心的当然还是 $n=4$ 的情况,此时

$$f(\alpha) = \frac{\alpha[K + (2K+K^2)\alpha + 3K\alpha^2 + \alpha^3]}{1 + 4K\alpha + (4K+2K^2)\alpha^2 + 4K\alpha^3 + \alpha^4}.$$

上式中 $K=\exp(-4U)$,代替未给定的 U,可将 K 视为一个参数,它的取值反映了相互作用强度. 而 $\alpha=\exp(J)/\exp(-J)$则可视为氧气浓度的度量. 当取 $K=0.11$(相当 $U=0.55$)时,理论曲线 $f(\alpha)$非常好地与血红蛋白氧化率实测曲线相拟合(将 $f(\alpha)=0.5$ 的 α 值取为单位). 这表明如上模型在相当大的程度上是合理的. 但在高氧浓度范围,理论与实测曲线有小的偏差. 这一点似可用血红蛋白分子实际所包含的微小不对称性加以解释. 这一考虑也提示了改进模型的一条途径,例如引进两个不等的相互作用常数 U_1,U_2,用以区分 α 链与 β 链的两种不同接触方式,可以得到更为符合实际的数学物理模型. 然而,这里引人注目的是:如上一个参数 U 的简单模型已经很好地解释了血红蛋白的生理功能. 实际上,如上的简单模型还包含更为丰富的生理学内容,此处不再引述.

参考文献

[1] Thompson C J. Mathematical Statistical Mechanics. Princeton: Princeton University Press, 1979.

[2] Huang K. Statistical Mechanics. 2nd ed. New York: John Wiley & Sons, 1987.

[3] 严士健. 无穷粒子马尔可夫过程引论. 北京: 北京师范大学出版社, 1989.

[4] 钱敏平, 龚光鲁. 应用随机过程. 北京: 北京大学出版社, 1998.

[5] 北京大学物理系编写组. 量子统计物理. 北京: 北京大学出版社, 1987.

第九章　排队论模型

在人类活动的诸多场合，经常会发生各种形式的排队现象.例如考虑一部电话总机，它的功能是当有用户呼叫时，提供一条线路供用户通话.若为每一用户准备一条专线，其代价无比昂贵，因而是不现实的.当用较少的线路为数量很多的用户服务时，就会产生有呼叫而没有闲置线路的可能，此时，要求通话者必须等待.由此问题发生了：应当有多少条线路，才能使被延误的通话数量低于某一指标.此处问题的特点在于：呼叫发生的时刻，每次通话延续的时间，一段时间内要求提供的线路数量，以及被延误的通话数都具有随机性.类似的问题是很多的，诸如一个地区医院应当设置多少病床，允许多少终端共用一个计算机分时系统，一个城市应配备多少出租汽车，等等.这些问题的解答，自然应当依据政治、经济、技术水平等多方面的考虑，然而它们具有共同的特点，即服务要求发生的方式与强度，以及每次服务所延续的时间等要素只能在统计意义上加以描述；当服务要求不能立即满足时，要求服务者或者离去，或者形成某种形式的队列.这些特点使它们可以抽象成具有共性的数学模型，一般称之为排队论模型.历史上话务工程的需要，是这一理论产生的重要推动力量；今天作为概率论的一个分支，它已广泛应用在工程设计，运筹学以及计算机科学等诸多领域之中.

在描述各种排队问题时，排队论把所有要求服务的对象均称为顾客；顾客要求使用某类设备或取得某种服务，所涉及的每件设备或每个提供服务者，不论其是人还是物，均称为一个服务员.现实生活中有各种排队问题，因而排队模型也有各种类型.然而大致说来，一个排队系统按如下方式工作：当一个顾客到来时，如果他所需要的服务员是空闲的，那么此服务员立即为该顾客服务，并延续适当时间.当此次服务结束之后，服务员或者休息等待新顾客到来，或者为已经到来处于等待状态的顾客服务；当一个来到的顾客发现没有空闲服务员时，他须做出某种决定，例如加入等待的队列，或者立即离开. 容易知道，对于一个特定问题，为使如上一般描述具体化，需要确切知道以下几方面内容：

1. 访问总体. 所谓访问总体是指所有可能的潜在顾客全体，访问总体既可能有限也可能无限. 在有大量潜在顾客的系统中，例如对公共交通、银行、商店等服务设施，可以假定有无限的访问总体；但对一个只有 N 台机床的工厂，当考虑故障设备的维修问题时，访问总体只能限定为任何时刻等待维修的机床数.

2. 输入过程或称顾客到达过程. 这是指顾客进入系统的规律. 当访问总体无限时，一般可用任何时刻之前，进入系统的顾客人数所服从的概率分布，或者是相邻顾客到达时间间隔的概率分布刻画. 如果顾客是成批到达的，那么每批顾客人数所服从的分布也应给定. 当访问总体有限时，顾客到来规律依赖于系统状态.

3. 服务机制. 所谓服务机制是指服务员的数目、服务方式和服务所需的时间. 一个服务系统对顾客可以逐个服务，也可成批服务；一般假定每个顾客所需的服务时间是独立同分布的随机变量；当然根据实际情况也可作其他假定.

4. 排队规则. 它说明当一名顾客不能立即被服务时如何行动，以及在排队等待的顾客中选定下一服务对象的规则. 例如可以假定到来的顾客不能立即被服务时便自动离去，这种规定称为消失制；也可假定他加入队列，按照先来先服务的原则等待服务；在某些情况下，后来者先被服务也是可能的. 当然，还可以有其他选择服务对象的方式. 还应说明所允许的队列长度有限还是无限；当长度有限时，最大允许队长是多少.

对于一个实际问题建立排队论模型，首先要明确给定以上几方面内容. 若按照所给出的规则，被考虑的系统能够运转，问题就给定了. 此时或者可以对模型做理论分析，或者可以进行模拟. 数学方法所要解决的问题则可分为以下两方面：一是确定刻画系统行为的数量指标；例如：队列长度、顾客等待时间、服务员工作强度，等等. 特别关心的则是当系统运行时间充分长时，这些指标是否存在稳定的概率分布，因而，存在稳定的时间平均值；另一方面则是研究当有关参数变化时，系统的稳定性以及系统的优化与设计. 本章不是排队论的完整介绍，在第 1 节中，通过一个实例介绍建立排队模型的一种方法，说明如何利用此类模型解决有关问题. 第 2 节则对排队论模型的数值模拟做一简要介绍.

§1 电话总机设置问题

前面已经提到电话总机的合理设置问题，本节即以此为例介绍排队论模型. 为讨论方便，将问题具体化如下：考虑两个城市，二者之间共有 s 条线路，当线路全被占用时，再来的呼叫不能立即通话. 我们将分别讨论这样的呼叫自动消失及排队等待两种情况. 要求对不能立即通话的呼叫比例加以估计，并据此说明应如何合理选择 s 的值. 按照给定排队论问题的一般原则，首先应给出这一系统的输入过程，即两城市间通话呼叫发生的方式及强度；还应规定服务机制，即每次通话延续时间所服从的规律，然后才可能根据不同情况，对系统进行分析.

1.1 呼叫发生与通话时间的概率描述

令 $N(t)$ 为时间 $[0,t)$ 内总机收到的通话要求次数，为导出呼叫发生的规律，首先做如下在一定程度上近似合理的简化假设：

1. 在互不重叠的时间间隔内，总机收到的呼叫次数是相互独立的随机变量.

2. 以 $P_i(\Delta t)=P(N(t+\Delta t)-N(t)=i)(i=0,1,2,\cdots)$ 表示在 $[t,t+\Delta t)$ 间隔内，呼叫次数为 i 的事件概率，假设这一概率仅与时间间隔 Δt 有关，而与时间起点 t 无关.

3. 进一步假设存在常数 $\lambda>0$，有

$$\lim_{\Delta t\to 0}\frac{P_1(\Delta t)}{\Delta t}=\lambda, \tag{1}$$

$$\lim_{\Delta t\to 0}\frac{1-P_0(\Delta t)-P_1(\Delta t)}{\Delta t}=0. \tag{2}$$

这一假设的含义是，在长为 Δt 的间隔内，恰好发生一次呼叫的概率是 $\lambda\Delta t+o(\Delta t)$，而在长为 Δt 的间隔内，发生至少两次呼叫的概率是 $o(\Delta t)$，而在任何确定瞬间发生呼叫的概率为零.

由上述假设出发，我们来推导呼叫次数所满足的概率规律. 由假设 1 和 2，有

$$P_0(t+\Delta t)=P_0(t)P_0(\Delta t),$$

$$P_i(t+\Delta t)=\sum_{k=0}^{i}P_{i-k}(t)P_k(\Delta t),\ i=1,2,\cdots.$$

再利用假设 3，得到

$$\frac{P_0(t+\Delta t)-P_0(t)}{\Delta t}=-\frac{P_1(\Delta t)}{\Delta t}P_0(t)+\frac{o(\Delta t)}{\Delta t}$$

$$=-\lambda P_0(t)+\frac{o(\Delta t)}{\Delta t},$$

$$\frac{P_i(t+\Delta t)-P_i(t)}{\Delta t}=-\lambda P_i(t)+\lambda P_{i-1}(t)+\frac{o(\Delta t)}{\Delta t}.$$

在以上两式中，取 Δt 趋于零的极限，当假设所涉及的函数可导时，得到以下微分方程组：

$$\frac{\mathrm{d}P_0(t)}{\mathrm{d}t}=-\lambda P_0(t),$$

$$\frac{\mathrm{d}P_i(t)}{\mathrm{d}t}=-\lambda P_i(t)+\lambda P_{i-1}(t),\quad i=1,2,\cdots.$$

取初值 $P_0(0)=1, P_i(0)=0\,(i=1,2,\cdots)$，容易解出 $P_0(t)=\exp(-\lambda t)$；再令 $P_i(t)=U_i(t)\exp(-\lambda t)$，可以得到 $U_0(t)$ 及其他 $U_i(t)$ 所满足的微分方程组，即

$$\frac{\mathrm{d}U_i(t)}{\mathrm{d}t}=\lambda U_{i-1}(t),\quad i=1,2,\cdots,$$

$$U_0(t)=1,\quad U_i(0)=0.$$

由此容易解得：

$$P_i(t)=\frac{(\lambda t)^i}{i\,!}\exp(-\lambda t),\quad i=1,2,\cdots.$$

按照这一规律发生的电话呼叫次数$\{N(t);t\geqslant 0\}$,构成了一个随机过程,称为泊松(Poisson)过程. 容易算出均值 $E(N(t))=\lambda t$,方差 $D(N(t))=\lambda t$. 从中可知 λ 表示单位时间的平均呼叫次数. 这样我们从三条基本假设出发,导出了总机系统的输入过程.

上面用 $N(t)$ 的概率性质给出了输入过程,然而输入过程还可以从另一角度加以描述,即给出相邻呼叫时间间隔的分布. 容易理解,在前述假设下,任何连续两次呼叫的时间间隔是独立同分布的连续型随机变量;因此设初始时刻 $t_0=0$,考虑第一次呼叫发生的时刻 t_1,令 $T_1=t_1-t_0$,则 T_1 的分布即是任意连续两次呼叫间隔 T 的分布. 以 $p\{A\}$表示事件 A 的概率. 由上述结果可知,

$$\begin{aligned}P\{T_1>t\}&=P\{T_1\geqslant t\}=P\{[0,t)\text{ 内呼叫次数为零}\}\\&=P_0(t)=\exp(-\lambda t).\end{aligned}$$

那么,以 $F(t)$表示 T_1 即 T 的分布函数,则有

$$P(T\leqslant t)=F(t)=\begin{cases}1-\exp(-\lambda t), & t\geqslant 0,\\ 0, & t<0.\end{cases}$$

而分布密度函数为

$$f(t)=\lambda\exp(-\lambda t),\quad t>0.$$

由此得到均值 $E(T)=\lambda^{-1}$,方差 $D(T)=\lambda^{-2}$. 这表明 λ^{-1} 是呼叫间隔时间的平均值. 随机变量 T 所满足的分布称为指数分布. 上述讨论实际说明了泊松过程与指数分布的关系.

上面说明了指数分布可以用来描述总机排队系统顾客到来时间间隔的分布. 然而,一次通话的延续时间也是一个时间间隔,因此,这一分布还可用来刻画通话时间的概率规律. 我们假设任何一次通话延续的时间,或称"寿命"T 是一个随机变量,服从参数为 μ 的指数分布,即有密度函数

$$g(t)=\begin{cases}0, & t\leqslant 0,\\ \mu\exp(-\mu t), & t>0.\end{cases}$$

在这一假定下,我们得到

$$\lim_{\Delta t\to 0}\frac{P(T\leqslant(t+\Delta t)\mid T>t)}{\Delta t}$$

$$= \lim_{\Delta t \to 0} \frac{P(t < T \leqslant t + \Delta t)}{\Delta t P(T > t)} = \frac{\mu e^{-\mu t}}{e^{-\mu t}} = \mu.$$

这表明,在任何小的时间间隔$[t, t+\Delta t)$内一次通话结束的概率为$\mu \Delta t + o(\Delta t)$,这一概率与$t$(即通话已经延续的时间)无关. 此外,我们还假定:每次通话的寿命相互独立,且与当时有多少线路被占用无关;因此,如果在时刻t恰有i条线路在通话,那么不难知道"恰有一次通话在$[t, t+\Delta t)$内结束"的事件概率为$\mu i \Delta t + o(\Delta t)$,而"在这段时间中至少结束二次通话"的事件概率则为$o(\Delta t)$. 同样,由于呼叫的发生也服从指数分布,因此"在这段时间内发生一次呼叫且结束一次通话"的事件概率也是$o(\Delta t)$. 由上述不难看出参数μ表示一条线路单位时间内结束的通话数之平均值.

指数分布假定不仅相当符合实际,而且在理论上也有很好的性质. 利用条件概率公式易于计算,当随机变量T服从参数为μ的指数分布时,

$$P(T > t + x \mid T > t) = \frac{\exp(-\mu(t + x))}{\exp(-\mu t)} = \exp(-\mu x).$$

也就是说,一个已经持续了t时间间隔的通话,如果从t重新计时,它的延续时间仍然服从同一参数的指数分布. 这样的性质称为无后效性,这在概率论中有重要意义. 为进一步理解这一点,建议读者思考下面的简单问题:假设有三个人打两部电话,此时必有一个人等待. 若三人的通话时间服从同样的指数分布且相互独立,问等待者最后打完电话的概率是多少. 答案是 1/2. 下面我们来看在如上假设下,对电话系统排队问题如何分析.

1.2 埃尔朗(Erlang)消失制系统

本节讨论当全部线路均已占用,再来的通话要求自动放弃的情况,这种规则称为消失制. 采用这一规则的系统称为埃尔朗消失制系统. 埃尔朗是第一个研究话务工程数学问题的丹麦数学家. 仍假设系统只有s条线路,当有j条被占用时,称系统处于状态E_j $(j=0,1,\cdots,s)$. 以$P_j(t)$表示时刻t时系统处于状态E_j的概率. 以下考虑

$P_j(t)$所应满足的关系.先假设 $0<j<s$.记 t 时刻被占用的线路数为 $n(t)$,则 $P_j(t)=P(n(t)=j)$,由全概公式有

$$P(n(t+h)=j)=\sum_{i=0}^{s}P(n(t+h)=j\mid n(t)=i)P(n(t)=i), \tag{3}$$

由前一小节假设可知,

$$P(n(t+h)=j\mid n(t)=i)=\begin{cases}\lambda h+o(h), & i=j-1,\\ (j+1)\mu h+o(h), & i=j+1,\\ o(h), & |i-j|\geqslant 2.\end{cases}$$

又由

$$\sum_k P(n(t+h)=k\mid n(t)=j)=1,$$

易于得到

$$P(n(t+h)=j\mid n(t)=j)=1-\lambda h-j\mu h+o(h).$$

将这些结果代入(3)式,有

$$\begin{aligned}P_j(t+h)=&\lambda hP_{j-1}(t)+(1-\lambda h-j\mu h)P_j(t)\\ &+(j+1)\mu hP_{j+1}(t)+o(h).\end{aligned}$$

从上式不难得到

$$\frac{\mathrm{d}P_j(t)}{\mathrm{d}t}=\lambda P_{j-1}(t)-(\lambda+j\mu)P_j(t)+(j+1)\mu P_{j+1}(t), \tag{4}$$

$$j=1,2,\cdots,s-1.$$

$j=0$ 与 s 的情况略有不同,此时(3)式中真正起作用的只有两项.完全类似的讨论给出

$$\frac{\mathrm{d}P_0(t)}{\mathrm{d}t}=\mu P_1(t)-\lambda P_0(t),\quad \frac{\mathrm{d}P_s(t)}{\mathrm{d}t}=\lambda P_{s-1}(t)-s\mu P_s(t). \tag{5}$$

上面给出了以 t 为自变量的,系统不同状态概率所满足的常微分方程组,为求解方程组,还需要初始条件.若 $t=0$ 时,系统处于状态 E_i,则初始条件为:

$$P_j(0)=\begin{cases}1, & j=i,\\ 0, & j\neq i.\end{cases}$$

利用如上的方程组与相应初值，可以得到任何时刻系统处于任何状态的概率．然而我们更关心的问题是：当运行时间足够长时，系统的分布是否会稳定下来，即趋于一个平衡分布，如果确实如此，那么，平衡分布形式如何．也就是问：当 t 趋于无穷时，$P_j(t)(j=0,1,\cdots,s)$ 是否存在极限，如果极限存在，它们的值是什么．这一平衡极限分布才是话务工程最为关心的．对于此处所讨论的问题，平衡分布是存在唯一的，它可以由有限状态不可约马氏链的理论严格论证．下面我们直接求出这一平衡分布，从而自然说明了它的存在性．唯一性则可利用线性代数方程组解的唯一性理论．令 P_j 表示平衡分布达到时系统处于状态 E_j 的概率，因为是平衡分布时的值，故这些值与 t 无关．在式(4)和(5)的方程之中，令 t 趋于无穷，得到平衡分布概率满足方程组：

$$\lambda P_{j-1}-(\lambda+j\mu)P_j+(j+1)\mu P_{j+1}=0,\quad j=1,2,\cdots,s-1,$$

$$\mu P_1-\lambda P_0=0,\quad \lambda P_{s-1}-s\mu P_s=0,$$

此外还应有归一条件 $\sum_j P_j=1$．仔细观察上面这组方程，可知它的解满足关系

$$j\mu P_j-\lambda P_{j-1}=0,\quad j=1,2,\cdots,s.$$

这一关系表明，当系统处于平衡时，在任意一段时间中，从任何一个状态转化为另一状态的概率，与同一时间内反向变化的概率相等；因而这种平衡又称做细致平衡．由此再利用归一条件不难解出平衡分布概率是：

$$P_j=\frac{(\lambda/\mu)^j}{j\,!}P_0,\quad j=1,2,\cdots,s,$$

$$P_0=\Big(\sum_{j=0}^{s}(\lambda/\mu)^j\Big/j\,!\Big)^{-1}.$$

这一分布称为截断的泊松分布．

让我们分析一下如上结果．首先，平衡分布只依赖于 λ/μ；注意到 λ 表示单位时间内发生的呼叫次数，μ^{-1} 是一次通话的平均时间，则 $a=\lambda/\mu$ 表示顾客所要求的电话总机服务强度．令

$$\check{a} = \sum_{j=1}^{s} jP_j,$$

当系统平衡时，它表示实际提供服务的平均线路数，另一方面，它也是被占用线路数的时间平均值. 再令 $\rho=\check{a}/s$，这个量表示了每条线路的实际平均负载，或者说系统的效率. 显然，必有 $\rho\leqslant 1$. 其次，由前述可知，系统平衡时处于状态 E_s 的概率是

$$\mathscr{B}(s,a) = \frac{a^s}{s!}\Big/\sum_{k=0}^{s}\frac{a^k}{k!}. \tag{6}$$

当系统处于状态 E_s 时，所有的线路被占用，再来的呼叫不能被服务，因此 $\mathscr{B}(s,a)$ 也表示不能立即接通的通话要求所占的比例；这个量显然对话务工程是重要的，因此式(6)被称做埃尔朗消失公式. 它告诉我们，当 a 给定，即顾客要求的服务强度已知时，s 应如何选择，即设置多少条线路，才能保证一定的通话率. 这一公式也可回答相反的问题，即当 s 一定时，为保证一定的通话率，a 应限定在什么范围. 再有，通过直接计算，对埃尔朗消失系统还可得到

$$\check{a} = a[1-\mathscr{B}(s,a)] = \lambda[1-\mathscr{B}(s,a)]\mu^{-1}.$$

它表示实际的服务强度是顾客要求服务强度的未消失部分. 这一结果还可从另外的角度加以解释. $\check{a}$ 也可解释为任何时刻被服务顾客的平均数，它等于实际进入系统的顾客平均到来速率 $\lambda[1-\mathscr{B}(s,a)]$ 乘以每个顾客在系统内的平均停留时间 μ^{-1}. 这一关系是有一般意义的，它实际是排队论中著名的 Little 定理的特殊情况，感兴趣的读者可参阅有关书籍. 对不同的参数值数值计算 $\mathscr{B}(s,a)$ 及 $\check{a}$ 的值，绘制成图表. 从这些图表的分析可得以下结论: (i) 若使 s,a 均增加，但 $\mathscr{B}(s,a)$ 保持恒定，则 $\rho=\check{a}/s$ 增加. 即当通话率保持不变时，可供使用的线路越多越有效. (ii) 当 s 固定，随着 a 增加 ρ 也增加，即效率提高. 但此时 $\mathscr{B}(s,a)$ 也随之增加，因此一味增加效率是不可取的.

以上模型，排队论中用符号 $M/M/s$ 表示. 第一个 M 表示输入过程为指数分布，第二个 M 表示服务时间为指数分布，第三个数表示系统中有 s 个服务员. 实际上，上述讨论对一般的 $M/M/s$ 系统都是适用的.

1.3 埃尔朗延迟系统

这一小节讨论另外一种情况.假设 s 条线路均被占用时,再发生的呼叫依次排队,等待服务,队列长度没有限制,其他假设不变.这样的系统称做埃尔朗延迟系统.以 E_j 表示系统中有 j 个顾客时的状态,此时 $0\leqslant j<\infty$.当 $j\leqslant s$ 时,所有顾客各自占用一条线路进行通话,$j>s$ 时则有 $j-s$ 个顾客在队列中等待.仍以 $P_j(t)$表示 t 时刻系统处于状态 E_j 的概率.

为便于讨论,将系统在时间间隔$(t,t+h)$内,由状态 E_j 变成状态 E_{j+1} 及 E_{j-1} 的概率依次记为 $\lambda_j h+o(h)$ 与 $\mu_j(h)+o(h)$.系统的输入过程,即呼叫的发生仍由参数为 λ 的泊松过程描述,不受系统状态影响,因此 $\lambda_j=\lambda(j=0,1,2,\cdots)$.然而

$$\mu_j=\begin{cases}j\mu, & j\leqslant s,\\ s\mu, & j\geqslant s+1.\end{cases}$$

这是因为即使系统中的顾客数超过 s,实际也只有 s 条线路在通话,因此在时间间隔$(t,t+h)$内结束一次通话的概率只与 s 成正比.进而利用与上一小节完全相同的方法,可以得到 $P_j(t)(j=0,1,2,\cdots)$ 所满足的无穷维常微分方程组:

$$\begin{aligned}\frac{\mathrm{d}P_j(t)}{\mathrm{d}t}&=\lambda_{j-1}P_{j-1}(t)-(\lambda_j+\mu_j)P_j(t)\\&\quad+\mu_{j+1}P_{j+1}(t),\quad j=1,2,\cdots,\\ \frac{\mathrm{d}P_0(t)}{\mathrm{d}t}&=\mu_1P_1(t)-\lambda_1P_0(t).\end{aligned}$$

与前一小节类似,我们更关心的是时间趋于无穷时,系统状态与初始态无关的平衡分布.利用和前面一样的细致平衡关系,得到平衡分布概率

$$P_j=\frac{a^j}{j\,!}P_0,\quad j=1,2,\cdots,s-1,$$

$$P_j=\frac{a^j}{s\,!\,s^{j-s}}P_0,\quad j=s,s+1,\cdots,$$

$$P_0 = \left(\sum_{k=0}^{s-1} \frac{a^k}{k!} + \sum_{k=s}^{\infty} \frac{a^k}{s!s^{k-s}} \right)^{-1},$$

式中 $a=\lambda/\mu$. 需要指出的是，P_0 的值由一个无穷级数所表示. 当 $a<s$ 时，这一级数收敛，有

$$P_0 = \left(\sum_{k=0}^{s-1} \frac{a^k}{k!} + \frac{a^s}{s!(1-a/s)} \right)^{-1}.$$

但当 $a \geqslant s$ 时，级数发散，$P_0=0$. 因此，对于任一有限指标 j，$P_j=0$. 也就是说，不存在平衡分布，等待服务的队列将持续不断地加长，队列趋于无穷长的概率为 1. 令

$$\begin{aligned} \mathscr{C}(s,a) &= \sum_{j=s}^{\infty} P_j = \frac{a^s}{s!(1-a/s)} P_0 \\ &= \frac{a^s}{s!(1-a/s)} \Big/ \left(\sum_{k=0}^{s-1} \frac{a^k}{k!} + \frac{a^s}{s!(1-a/s)} \right) \quad (0 \leqslant a < s), \end{aligned}$$

上式称为埃尔朗延迟公式. 对所考虑的模型，它表示所有线路被占用，因而一个新到来的呼叫不能被立即服务的概率，显然这一概率和 $\mathscr{B}(s,a)$ 一样，有重要实际意义. 仍以 $\check{a}$ 表示系统平衡时平均占用的线路数，直接计算可得

$$\check{a} = \sum_{j=1}^{s-1} jP_j + s\sum_{j=s}^{\infty} P_j = a.$$

上式的直观意义是清楚的：在埃尔朗延迟系统中，每个来到的顾客最终均被服务，因而系统平衡时必有顾客要求的服务强度等于实际提供的服务强度. 此式也对平衡条件 $a<s$ 提供了解释：当 $a>s$ 时，若能达到平衡，应有 $\check{a}>s$，这意味着要求提供的线路数超过实际可能的线路数，这当然是做不到的；当 $a=s$ 时是临界情况，只有线路毫不间断地充分利用，才可能平衡，但顾客来到是随机的，必然有线路闲置的时刻，这些“浪费”的时间只能累积，因而也达不到平衡.

如上的模型，排队论中以符号 $M/M/s/\infty$ 表示. 前三个符号意义同前一小节所述，第四个符号表示队列长度无限. 显然这里的讨论对参数取值不同的同类模型都是适用的.

§2 排队模型的计算机模拟

数值模拟是依据被模拟对象的数学或逻辑模型,利用数字计算机进行实验的一种技术.随着高速电子计算机的发展与普及,这一手段已经发展成系统分析与运筹学中最广泛使用及普遍接受的工具之一,成为与理论分析、实验室实验并列的重要研究方法.无论是飞机或船舶的设计,还是现代通讯系统的研究、武器系统的评估与改善,众多具有重大意义的科学与工程问题都使用了这一技术.就其实质而言,模拟就是进行一次数值实验.排队论问题一般都很复杂,可由理论分析解决的问题类型是很有限的,多数问题需要通过数值模拟解决.排队论模型的模拟,目的是研究系统性状随时间的发展,特别是它们能否具有某种稳定的时间平均性质,研究系统对参数的敏感性以及系统的优化与设计.这一模拟涉及从一定的概率分布抽取若干随机变量的值,因而属于随机模拟,即蒙特卡洛(Monte Carlo)模拟的范畴.蒙特卡洛模拟是一个内容丰富,不断发展的专门领域,对于不同类型的排队问题,蒙特卡洛模拟的目的,程序组织以及结果的统计分析方法都有不同.此处我们仅通过一简单实例,对一种模拟方式做一概略介绍,使读者对蒙特卡洛模拟有一感性认识.

2.1 实例

考虑一小型机加工车间,该车间加工四种不同类型的零件,零件相继到达的时间间隔 T 是随机的,无妨设其按照 $P(T\leqslant x)=F(x)$ 分布;每次来到的零件类型也是随机的,假设第 i 种类型零件出现的概率是 P_i.为了便于叙述,此处先不考虑所有随机量所服从的具体分布.车间里有三台机床,每台均可加工任何一种零件.如果零件到达时有空闲机床,该零件立即被加工,否则需排队等待,先来到的排在前面.零件的加工时间由类型决定,是非随机量.加工后四种零件分送不同部门,不再跟踪,但要保留一个各种类型加工数量的记录.下面从四个方面叙述模拟方法与有关内容.

2.1.1 系统图像

首先我们需要一组数，用以描述系统在任何时刻所处的状态，这组数称做系统图像. 模拟过程的进展由任何时刻的系统图像决定，它告诉我们：下一事件什么时候发生，发生的是一个什么性质的事件；模拟过程判断这一事件使系统如何变化，并依照这一变化修改系统图像数据，使之描述了下一事件发生后的系统状态；这样，模拟过程便前进了一步.

作为对有关概念及方法的说明，下面对上述实例列出模拟过程中四个相继时刻的系统图像，它们具体化为结构完全相同的四张表格，每张表代表一个时刻；先以表 1 为例，对其中各项的意义及排列方式加以解释.

表 1

	零件类型	加工时间	到达时刻	下一事件时刻
下一零件	3	75	2002	2002
排队零件	—	—	—	—
	1	52	1992	—
	4	43	1976	—
加工零件	4	43	1972	2040
	2	21	1936	2017
	3	75	1896	2003
现在时间				2000
已加工数	(1)33	(2)14	(3)24	(4)22

首先看表 1 中第一行，它表示将要进入系统的下一零件的信息，至于得到这一信息的方法，下文将会说明. 此处设将要到来的零件类型为 3，所需的加工时间是 75 分钟，它将于 2002 分到达. 容易知道，在时钟走到 2002 分之前，不论系统中有任何事件发生，均与这一尚未到达的零件无关，与之有关的下一事件时刻只能是 2002，我们将这一时刻列在最后一列；下面一栏列出的是已经到达但等待加工的

零件信息. 此时只有两个零件在排队，队列按来到的先后顺序，先到达的列在下. 仅从这些零件的类型，所需加工时间及到达时刻，无法知道它们什么时候可以被加工，因为这取决于正被加工零件的完成时间；因此，排队零件的最后一栏，即与这些零件有关的“下一事件时刻”暂时空缺；再下一栏记录正在加工的零件信息. 本例中最多有三个零件. 一旦一个零件开始加工，加工结束时间也就确定了. 这一时间即是列在最后一列的，与该零件有关的下一事件时刻，请注意，最早结束加工的零件排在最下面；下面一行只有一个数 2000 表示现在的时间，单位是分钟. 最后一行记录各种类型零件已加工完毕的数量.

无妨认为 2000 即是模拟开始时刻，如上表格是系统的初始状态，而第一行中下一零件的信息可由对 $F(x)$ 及 $P_i(i=1,2,3,4)$ 的随机抽样得到，具体的抽样方法见 2.2 节. 下面我们来说明模拟过程如何进行.

2.1.2　过程模拟

假设 2000 分为初始时刻，相应的系统图像如第一个表格所示. 为对系统进行模拟，查看所有下一步可能事件的发生时间. 由于正在加工零件的加工结束时间在表中是按顺序排列的，故只要考虑被加工零件一栏最后一行的下一事件时刻，并与第一行下一零件到来时刻比较，看看哪一个更早. 在本例中是下一个零件先到来，时刻为 2002. 这就是下一步模拟所要考虑的时刻. 修改系统图像中的时钟，如表 2 所示，此时对系统图像其他各栏也应做相应修改. 新到来的零件自然加入等待队列，再调用适当的随机数生成程序，对服从分布 $F(x)$ 与 $P_i(i=1,2,3,4)$ 的随机变量抽样，得到下一零件的到达时刻与类型；本例中零件类型为 2，到达时刻 2018. 此时又应开始下一时刻模拟.

此处需要指出：一般不事先计算模拟过程所需的随机变量抽样值，而是需要时随时计算. 即模拟程序交替地在处理系统图像和计算抽样值的子程序间运行.

检查表 2 所示的系统图像,可知下一事件是加工完毕一个 3 型零件,时刻为 2003. 将时钟拨到 2003,加工完的零件从系统移出,相应的统计数字加一. 机床开始加工下一个等待元件,从该元件所需的加工时间,可算出加工完毕时间,填入该零件的下一事件时间. 本例中这一时间为 2046,在所有正在加工元件中,它将最后结束,故排在加工零件一栏的最上一行(见表 3). 下一模拟时刻为 2017,其系统图像如表 4 所示.

表 2

	零件类型	加工时间	到达时刻	下一事件时刻
下一零件	2	21	2018	2018
排队零件	3	75	2002	—
	1	52	1992	—
	4	43	1976	—
加工零件	4	43	1972	2040
	2	21	1936	2017
	3	75	1896	2003
现在时间				2002
已加工数	(1)33	(2)14	(3)24	(4)22

表 3

	零件类型	加工时间	到达时刻	下一事件时刻
下一零件	2	21	2018	2018
排队零件	—	—	—	—
	3	75	2002	—
	1	52	1992	—
加工零件	4	43	1976	2046
	4	43	1972	2040
	2	21	1936	2017
现在时间				2003
已加工数	(1)33	(2)14	(3)25	(4)22

表 4

	零件类型	加工时间	到达时刻	下一事件时刻
下一零件	2	21	2018	2018
排队零件	— — 3	— — 75	— — 2002	— — —
加工零件	1 4 4	52 43 43	1992 1976 1972	2069 2046 2040
现在时间				2017
已加工数	(1)33	(2)15	(3)25	(4)22

2.1.3 统计量的计算

模拟的目的是为了得到系统的统计性质，本例中只按类型统计了加工完毕的零件数. 在不同问题中，根据模拟的实际目的，可以得到各种有关参量的点估计或区间估计. 例如，一个顾客的平均服务时间，平均等待时间，平均队列长度或最大、最小队列长度，系统服务设备开动的时间比率或者任何时刻设备开动的平均数，等等. 需要指出，模拟的目的往往是为得到系统平衡时的统计参数，而在模拟的初始阶段，系统状态不可避免地受到初始状态的影响；因此为得到精度更高的模拟结果，一般需要舍弃一适当长度的初始模拟数据，或者谨慎地选择恰当的初始态. 当然，对于关心系统瞬间状态的模拟而言，应有不同的考虑.

2.1.4 表处理技术

这里简单介绍一项排队论模拟中经常使用的程序技巧. 在上面的例子中，任何时刻，与一个零件有关的信息，在相应的系统图像表格中排在一行，称之为一条“记录”. 随模拟过程前进，每条记录在系统图像表格中的位置不断移动，同时其内容随时被适当修改. 若真的按照这种表格记录方式编制程序，效率是很低的，且不能有效利用存储空间；因为排队零件的数量是不断变化的，无法预知最多有多少，不可能预先指定适当的内存区存放记录. 对于此类问题一个有效的程序技巧即是所谓的“表处理”.

表处理技术是这样的：在计算机内存中，每条记录由固定长度的若干连续单元存放，而系统图像中的连续两条记录则不必连续放置. 每条记录所使用的单元中除一部分用来存放模拟信息外，还留有若干单元存放与该记录有关的表格结构信息. 例如，除最后一条记录外，每条记录在特定位置放置表中下一记录的首地址，这一信息称做指针；最后一条记录的指针位置存放一特殊标记，表示表终止. 另在存储空间的特定位置，放置表中第一条记录的首地址，称之为表头；如果整个表是空的，表头中即是特殊标记. 这样，从表头开始，指针使记录按顺序排列，程序可以按照指针构成的链对记录逐一搜索，而各条记录无须连续存放，这样的数据结构通常叫做链表. 实际上，还可以有另外一组指针，使得能够反向搜索一个链. 甚至可以使一条记录同时属于不同的链，这只需对所有可能的链在每条记录中各指定一指针位置.

当使用表处理技术时，添加，删除或重排记录变成了对指针的操作. 例如要从记录 A,B,C,D 组成的链中除去 C，只需把 B 的指针从指向 C 改为指向 D；为把一条记录 Z 插入 B,C 之间，只需把 B 的指针指向 Z，将 Z 的指针指向 C. 由此不难想象如何完成链的重排或连接等操作. 一条作废了的记录可以归入另一条链，这条链用来提供可自由使用的内存空间，由此使内存得到最有效的利用. “表处理”有广泛的应用，许多离散系统的模拟语言均使用这一技术；实际上，熟悉 C 语言的读者都会发现，该语言中已经考虑了便于表处理的语言结构.

为了更方便地进行排队论模型的计算机模拟，已经设计有用于这一目的的多种专用语言. 例如 GPSS(General Purpose Simulation System)、SIMSCRIPT Ⅱ.5、SLAM Ⅱ 等等. 这些语言把模拟中经常出现的操作，化为一条条意义明确的命令语句，因而大大方便了程序设计.

2.2 随机数生成

在排队模型的数值模拟中，必须按照各种给定的概率分布，得到所需要的随机数. 如在上一小节的例子中,按照给定的分布,决定下一零件的到来时间与类型. 在计算机上,所有这些数都是按照一定的算法生成的,因而不是真正随机的;只不过就其统计特性而言,它们与真正的随机数极其相似,因而称做伪随机数. 在计算机上生成的服从各种分布的随机数中,(0,1)区间上的均匀分布具有特殊意义,它是生成其他分布伪随机数的基础. 一般谈到伪随机数而不特别指明分布时,即是专指这种分布. 下面我们就来简要介绍生成各种伪随机数的常用方法.

2.2.1 均匀分布伪随机数的生成

混同余法　适当取定非负整数 a,c,m 及 x_0,称 x_0 为种子,按以下公式生成一个整数序列,

$$x_{i+1} \equiv ax_i + c \pmod m, \quad i = 0,1,2,\cdots,n. \tag{7}$$

令

$$u_i = x_i/m,$$

则序列$\{u_i\}$即给出(0,1)区间上的均匀分布伪随机数. 易于看出,如上的序列并不是真正随机的. 一个明显的差异在于:这样产生的序列一定有周期. 设周期长度为 p,最大可能周期是 $p=m$. 周期为 m 的伪随机数序列称为具有完全周期. 为使如上的算法给出具有完全周期的伪随机数序列,可以证明参数 a,c,m 的选择必须满足如下条件:

1. 参数 c 与 m 互素,即 c 与 m 没有公因子.
2. 若 g 是 m 的任意一个素因子,要求 $a\equiv1 \pmod g$.
3. 如果 m 是 4 的倍数,则要求 $a\equiv1 \pmod 4$.

对一般的二进制电子计算机,取 $m=2^{\beta}$,因而 c 必须是奇数,且上述条件 3 必须满足. 一般可取 $a=2^r+1$,r 为大于等于 2 的整数. 已经知道当 $m=2^{35}$ 时,取 $a=2^7+1$,$c=1$ 是一组好的参数,所得序列有较好的统计性质.

乘同余法　混同余法中包括乘法与加法两种运算,下面的伪随机数生成方式只包含乘法,故称乘同余法. 取定非负整数 m,a,及 x_0. 令

$$x_{i+1} \equiv a x_i \pmod{m}, \tag{8}$$

均匀分布随机数仍为 $u_i = x_i/m$. 一般说来,乘同余法给出的序列不能达到完全周期;但当 x_0 与 m 互素,a 满足一定条件时,可以达到一个最大周期. 当 $m=2^\beta$,可取 $a=8r\pm3$,r 为正整数,x_0 为任意奇数. 此时应使 a 尽量接近 $2^{\beta/2}$. 例如当 $\beta=35$ 时,取 $a=2^{17}+3$. 近年来广泛应用的一种随机数发生器是所谓的素数模发生器,即 m 为一素数的乘同余发生器,对于适当选取的 a 值,其周期可以达到 $m-1$.

一个微机上的生成方法 需要指出的是:公式(7)与(8)中的运算都是整数运算,不允许随意舍入,舍入会改变周期长度. 这就要求在编制程序时使用定点操作. 现在使用的微型计算机,整数字长不大,使用乘同余法时 m 一般不能超过 15 个二进位,这就限制了周期长度. 为克服此缺陷,下面介绍威奇曼(Wichmann)与希尔(Hill)提出的一组适用于微机的公式,它利用不同周期序列的合成,给出长周期序列. 其具体生成方式如下. 令

$$x_{i+1} \equiv 171 x_i \pmod{30269},$$
$$y_{i+1} \equiv 172 y_i \pmod{30307},$$
$$z_{i+1} \equiv 170 z_i \pmod{30323},$$

再令

$$T_i = (x_i/30269 + y_i/30307 + z_i/30323),$$

所要的随机数是:

$$R_i = T_i - \mathrm{TRUN}(T_i),$$

式中 $\mathrm{TRUN}(x)$表示数 x 的整数部分. 一组好的初始值是 5,11 和 17. 这样生成的随机数序列周期近似 7×10^{12},在每秒运算百万次量级的机器上,需要连续运行几个月,序列才会重复. 因而是一个很实用的方法.

以上介绍了生成均匀分布随机数的方法. 由均匀分布随机数,不难得到任何离散分布的伪随机数. 下面简单讨论连续分布随机数的生成.

2.2.2 生成一般分布的变换法

从均匀分布随机数生成其他分布的随机数有各种方法. 判断方

法好坏的标准主要有两条：一是统计性质如何，一是算法是否简单. 由于模拟过程需要极其大量的随机抽样，因此随机数的算法对工作量的大小是至关重要的. 也正因此，有大量文献讨论各种分布随机数的产生办法. 主要的可有变换法，舍选法，组合法，分层抽样等. 对这些方法我们不可能一一介绍，此处仅简要叙述所谓的变换法，下一小节介绍舍选法. 任何随机变量 η，只要其累积概率分布函数 $F(x)$ 的反函数 $F^{-1}(x)$ 可显式解出，变换法都是可行的，当然不一定是最有效的方法.

设 ξ 在 $(0,1)$ 上均匀分布，随机变量 η 的分布函数为 $F(x)$. 问题是如何从 ξ 的抽样值得到 η 的抽样值. 让我们考查一下随机变量 $F^{-1}(\xi)$ 的分布. 以 $P\{$事件 $A\}$ 表示事件 A 的概率，有

$$P\{F^{-1}(\xi) \leqslant x\} = P\{\xi \leqslant F(x)\} = F(x).$$

也就是说随机变量 $F^{-1}(\xi)$ 的分布函数是 $F(x)$. 由此可知，只需先产生均匀分布的抽样值 ξ，再计算 $F^{-1}(\xi)$，即可得到 η 的抽样值.

作为变换法的一个实例，考虑排队论模型中经常发生的，指数分布随机变量的抽样. 指数分布的累积分布函数形如：

$$F(x) = \begin{cases} 1-\exp(-\lambda x), & x > 0, \\ 0, & x < 0. \end{cases}$$

求 $x>0$ 时 $F(x)$ 的反函数. 令 $\xi = 1-\exp(-\lambda x)$，解得

$$x = -(1/\lambda)\ln(1-\xi).$$

因为 ξ 服从 $(0,1)$ 上的均匀分布时，$1-\xi$ 服从同一分布，故由上式可知，为得到指数分布抽样值，只需计算 $-(1/\lambda)\ln\xi$ 即可. 这一方法的计算公式虽然简洁，但要调用对数子程序.

2.2.3 生成一般分布的舍选法

这一方法是冯・诺伊曼(von Neumann)首先提出的，它通过两个步骤得到所要分布的抽样值：首先从一个适当的简单分布抽样，这一分布并不是所要的分布；再对第一次得到的抽样值进行一次判断，决定接受或拒绝，使被接受的抽样值满足所要的分布. 下面我们以一元随机变量的简单情况为例，说明该方法.

令随机变量 X 的分布密度为 $f_X(x)$，$x \in (a,b)$，其具体形式为：

$$f_X(x) = Ch(x)g(x),$$

式中 $C \geqslant 1$,$h(x)$ 也是 (a,b) 上的一个分布,$0 < g(x) \leqslant 1$. 为实现从 $f_X(x)$ 的抽样,用以下方法:

1. 从 $(0,1)$ 区间上的均匀分布抽取样品 u,从分布 $h(y)$ 抽取样品 y.

2. 如果 $u \leqslant g(y)$,取 $x = y$ 作为分布 $f_X(x)$ 的抽样值.

3. 如果 $u > g(y)$ 拒绝 y.

也就是说:$f_Y(x \mid u \leqslant g(y)) = Ch(x)g(x)$,此处不给出上述结论正确性的形式证明,实际上它的几何意义是十分清楚的,读者可自行考虑. 我们仅仅指出,舍选法的效率是由

$$P(u \leqslant g(y)) = \int_a^b g(\xi)h(\xi)\mathrm{d}\xi = 1/C$$

决定的,C 越大,效率越低,这在直观上也是显然的. 由上述可知,为使舍选法有实际应用价值,应注意以下两方面:首先,从 $h(x)$ 产生随机数必须方便,最简单时可使 $h(x)$ 为均匀分布. 此外,为有高效率,应使 C 尽量接近于 1.

高维分布的舍选法可类似考虑,读者可参阅本章的主要参考文献[2].

2.2.4 正态分布的抽样

首先讨论标准正态分布的抽样. 设 $\xi_1, \xi_2, \cdots, \xi_n$ 是独立同分布的随机变量,均服从 $(0,1)$ 上的均匀分布. 令

$$s_n = \sqrt{12/n}(\xi_1 + \xi_2 + \cdots, + \xi_n - n/2),$$

由中心极限定理,当 n 充分大时,s_n 近似服从 $\mathcal{N}(0,1)$ 分布. 特别取 $n=12$ 时,公式特别简单. 由此可以利用 12 个相互独立的均匀分布伪随机数求和减 6,作为标准正态变量的一个抽样值.

下面给出另外一种方法,它可同时得到两个彼此独立的标准正态变量. 设 ξ_1, ξ_2 是在 $(0,1)$ 区间上均匀分布的两个随机变量,且相互独立. 令

$$z_1 = (-2\ln\xi_1)^{1/2}\cos 2\pi\xi_2,$$
$$z_2 = (-2\ln\xi_1)^{1/2}\sin 2\pi\xi_2.$$

下面说明 z_1,z_2 是两个按照 $\mathcal{N}(0,1)$分布的独立随机变量. 令 $-\ln\xi_1 = u,\xi_2=v$. 由此易得

$$z_1 = (2u)^{1/2}\cos 2\pi v, \quad z_2 = (2u)^{1/2}\sin 2\pi v.$$

进而得到

$$z_1^2 + z_2^2 = 2u, \quad z_2/z_1 = \tan 2\pi v.$$

为得到 z_1,z_2 的分布,先来看一看 u 的分布. 注意到 ξ_1 的分布是已知的,u 是 ξ_1 的函数,若以 $f_\xi(\xi_1)$,$f_u(u)$分别表示 ξ_1 与 u 的分布密度,我们有

$$f_\xi(\xi_1)\mathrm{d}\xi_1 = f_u(u)\mathrm{d}u.$$

然而 ξ_1 服从均匀分布,所以

$$f_u(u) = f_\xi(\xi_1)\left|\frac{\mathrm{d}\xi_1}{\mathrm{d}u}\right| = \mathrm{e}^{-u}, \quad u > 0,$$

这给出了 u 的分布. 以 $f(z_1,z_2)$,$g(u,v)$依次表示 z_1,z_2 和 u,v 的联合分布密度,易知

$$f(z_1,z_2)\mathrm{d}z_1\mathrm{d}z_2 = g(u,v)\mathrm{d}u\mathrm{d}v.$$

由上式与 u,v 的独立性,再利用 v 服从均匀分布,得到

$$\begin{aligned} f(z_1,z_2) &= g(u,v)|J| = f_u(u)f_\xi(v)|J| \\ &= |J|\exp\left(-\frac{1}{2}(z_1^2+z_2^2)\right), \end{aligned}$$

式中$|J|$是从 z_1,z_2 变换到 u,v 的 Jacobi 行列式. 直接计算有$|J| = 1/2\pi$,由此最终得到

$$f(z_1,z_2) = \frac{1}{2\pi}\mathrm{e}^{-(z_1^2+z_2^2)/2}.$$

这就给出了所要的结果. 实际上,如上产生正态随机数的讨论,只应视为一种原理,现今已经找到无须反复计算对数及三角函数,联合使用数种方法的极有效抽样方式,对此不再叙述.

2.3 过程模拟的更新方法

以上介绍的模拟方法可以视为一次随机实验,目的是得到与系统状态有关的统计推断. 此处经典统计方法遇到了一个困难,即相继时刻的系统状态是高度相关的,因而不利于统计分析. 同时传统方法

也不能回答应该模拟多长时间，以及所得到的结果精度如何.克服这些困难的一个方法是使用**更新模拟**(Regenerative Simulation).

由于篇幅所限，此处只能用不精确的语言描述更新模拟的基本思想.粗略地说，考虑一个随机过程$\{x(t);t\geqslant 0\}$，如果存在一系列由过程本身决定的随机时间$0\equiv T_0<T_1<T_2\cdots$，对任何$T_i(i=1,2,\cdots)$，过程未来的统计性质独立于过去的历史，而且过去与未来被同样的概率规律所支配，因而所有的量$T_i-T_{i-1}(i=1,2,\cdots)$独立同分布，那么这一过程称为更新过程，$\{T_i: i\geqslant 0\}$称为更新时间，$T_i-T_{i-1}$称为第$i$个循环的长度.对于一个更新过程而言，由任何相继更新时间所限定的过程段$\{x(t);T_{i-1}\leqslant t<T_i\}$彼此间统计独立而且性质相同.

为更好地理解更新过程，考虑下面的例子.第一个例子是这样的：令$\{x_n;n\geqslant 0\}$是不可约非周期正常返时齐马氏链，状态空间为$I=\{0,1,\cdots\}$，那么这是一个更新过程.令j表示一个固定状态，每次达到状态j的时刻是更新时刻.再一个例子是考虑一单个服务员的排队系统，假设顾客到来的模式是泊松过程，即顾客到来的时间间隔相互独立，且为一指数分布，那么，服务员从工作状态转换为自由态，即等待服务状态的瞬间，也是更新时刻，这与指数分布的无后效性有关.又如前面的加工车间问题，同样假设输入过程是时齐的，初始时刻为三台车床闲置，没有零件等待，而恰有一个零件到来的瞬间，那么以后所有这种时刻都是更新时刻.下面说明统计模拟的更新方法.

设x为一随时间变化，描述系统状态的随机过程，例如队列长度，将其记为$x=x(t),t\geqslant 0$.模拟的目的是得到系统平衡时，某个随机过程的函数$f(x)$的均值$r=E\{f(x)\}$.设在一次模拟过程中，x在时刻j的取值为$x_j(j=1,2,\cdots)$，传统的模拟方法是以充分长时间内$f(x)$的时间平均作为r的近似，即对充分大的时刻N，计算$\sum\limits_{j=1}^{N}f(x_j)/N$，这样得到的$r$近似值称为“点估计”.在相当一般的条件下，理论上可以说明，当N趋于无穷时，这一估计值收敛到r.然而问题在于我们难于知道估计的精度，也不知道多大的N是恰当的.

为克服这一点，对于更新过程可使用另外的处理方式.

考虑一个具有更新性质的排队系统，时间取离散的整数值. $\{T_i: i\geqslant 0\}$是更新时刻. 令 $y_i = \sum_{j=T_i}^{T_{i+1}-1} f(x_j)$，$\tau_i = T_{i+1} - T_i$，那么由更新过程的性质，易于理解$\{(y_i, \tau_i), i\geqslant 1\}$是独立同分布的随机向量. 而且

$$r = E\{f(x)\} = \frac{E(y_1)}{E(\tau_1)}. \tag{9}$$

(9)式实际给出了对 r 做点估计的另一种方式. 令 $z_i = y_i - r\tau_i$，易知 $E(z_i)=0$，且 z_i 的方差是

$$\sigma^2 = \mathrm{var}(y_i) - 2r\mathrm{cov}(y_i, \tau_i) + r^2\mathrm{var}(\tau_i).$$

式中 var(·)及 cov(· , ·)依次表示随机变量的方差与协方差. 令

$$\bar{y} = \frac{1}{n}\sum_{i=1}^{n} y_i, \quad \bar{\tau} = \frac{1}{n}\sum_{i=1}^{n} \tau_i,$$

由中心极限定理，可知

$$n^{1/2}(\bar{y} - r\bar{\tau})/\sigma \Rightarrow \mathcal{N}(0,1), \quad n\to\infty,$$

式中⇒表示左端随机变量序列以右端为其极限分布. 然而上式中的 σ^2 表示 z_i 方差的理论值，为能在实际计算中应用上述结果，需给出 σ^2 的样本估计值 s. 令

$$s^2 = s_{11} - 2\hat{r}s_{12} + \hat{r}^2 s_{22},$$

其中

$$s_{11} = \frac{1}{n-1}\sum_{i=1}^{n}(y_i - \bar{y})^2, \quad s_{22} = \frac{1}{n-1}\sum_{i=1}^{n}(\tau_i - \bar{\tau})^2,$$

$$s_{12} = \frac{1}{n-1}\sum_{i=1}^{n}(y_i - \bar{y})(\tau_i - \bar{\tau}),$$

而 $\hat{r}=\bar{y}/\bar{\tau}$ 是 r 由再生方法得到的点估计. 从概率论可知，当 $n\to\infty$ 时，$s^2\to\sigma^2$. 因而

$$\frac{n^{1/2}(\hat{r} - r)}{s/\bar{\tau}} \Rightarrow \mathcal{N}(0,1), \quad n\to\infty.$$

令 Z_δ 满足

$$\frac{1}{\sqrt{2\pi}}\int_{-Z_\delta}^{Z_\delta}\exp\left(-\frac{x^2}{2}\right)\mathrm{d}x = 1-\delta,$$

则可得到当置信概率为 $1-\delta$ 时量 r 的区间估计：

$$\hat{r}-\frac{Z_\delta s}{\bar{\tau}n^{1/2}}\leqslant r\leqslant \hat{r}+\frac{Z_\delta s}{\bar{\tau}n^{1/2}}.$$

这一区间估计表达式可从两方面加以利用：一方面，它在一定概率意义下给出被估计量的范围，这也就给出了 $\hat{r}$ 的精度；一方面，当 τ 与 s 的一个粗略估计已知时，它告诉我们为使 $\hat{r}$ 达到要求的精度，应进行多长时间的模拟，即取多大的 n；当然，这里的 n 还必须大到保证中心极限定理近似满足. 至于 τ 与 s 的粗略估计则可先由一个短时间模拟得到. 这样，更新模拟就克服了前面提到的一般模拟方法的两个困难. 还要指出，为提高估计精度，(9)式可以用更好的点估计公式近似. 一种可行的替代公式是：

$$\hat{r}_J = \frac{1}{n}\sum_{i=1}^{n}\theta_i,\quad \theta_i = \left(\frac{\bar{y}}{\bar{\tau}}\right)-(n-1)\left(\frac{\sum\limits_{k\neq i}y_k}{\sum\limits_{k\neq i}\tau_k}\right).$$

可以证明：$E(\hat{r}_J(n))=r+O(n^{-2})$.

参 考 文 献

[1] Cooper R B. Introduction to Queueing Theory. Amsterdam: Elsevier North Holland, 1981.

[2] Rubinstein R Y. Simulation and the Monte Carlo method. New York: John Wiley & Sons, 1981.

[3] Tijms H C. Stochastic models: an algorithmic approach. New York: John Wiley & Sons, 1994.

[4] 徐光辉. 随机服务系统. 北京：科学出版社，1988.

第十章　化学反应的扩散模型

本章包括两部分内容.第1节介绍克拉美(H. A. Kramers)利用布朗运动解决化学反应速率问题的数学模型.第2节以第1节为基础,对近年来引起各方关注的模拟退火算法做一数学物理解释,目的在于表明模型对发展与理解数学方法本身的意义.

§1　克拉美的反应速率模型

1.1　问题

本节讨论一个确定化学反应速率的数学模型.在一个分子内部,原子或者说粒子是通过化学键相互制约的.粒子滞留在它的稳定平衡位置,或者说围绕这一位置做微小振荡.当发生化学反应时,粒子被不规则外力,例如分子碰撞所激活,因而有可能克服化学键的约束,与原来的分子脱离.一个脱离了原分子的粒子,有可能与其他粒子结合成新分子,处于更稳定的状态.这样的过程可由图10.1表示.反应物中原来有三种粒子:a,b和c.粒子b与c结合成分子$b\cdot c$,由于化学键的制约,粒子间的结合有一定的稳定性,这相当它们被约束

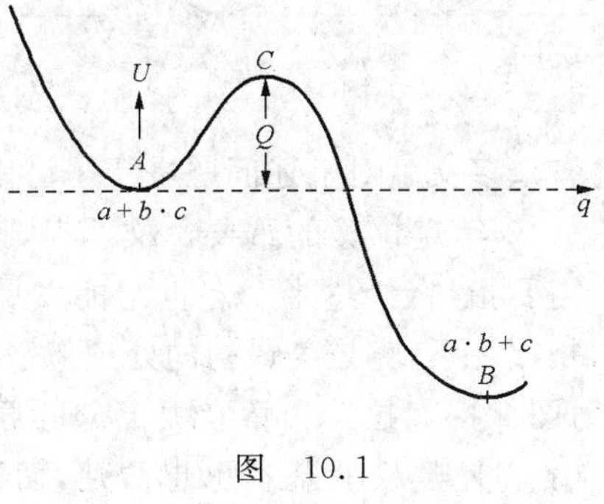

图　10.1

在一定强度的位势场内. 当受到不规则外力作用时,粒子 b 克服粒子 c 的约束,相当越过了某一高度为 Q 的势垒,然后与 a 结合成新的分子 $a \cdot b$. 新分子的结合更为牢固,意味着它们有更低的位能. 由这样的一个图像,可以认为: 受不规则外力推动,势阱中的粒子越过势垒的速率决定了化学反应的快慢. 图 10.1 是一种简化了的情况. 粒子所处的势场可以包含多个"峰"和"谷",即粒子逃逸时要越过一系列势垒. 这意味着在形成最终生成物之前,要经过一系列中间状态. 然而这种情况可以被简化,我们认为中间状态一般而言是不重要的,只要粒子越过了最高势垒,反应就被认为是完成了,作为一种近似,可以归结为只有单一势垒的情况. 称原始反应物粒子为越过最高势垒所必须获得的能量为激活能. 只考虑单一势垒也可有两种不同情况,如图 10.2 与图 10.1 所示. 在图 10.2 中,粒子一旦越过尖点 C,原来所受的引力便突然转化为斥力;而在图 10.1 所示的情况下力场连续变化. 如果粒子有 n 个空间位置坐标,或者说在 $\boldsymbol{R}^n$ 中,那么它的运动可以用 $2n$ 维相空间中的代表点描述,即用 n 个独立的位移坐标 $\boldsymbol{q}=(q_1,q_2,\cdots,q_n)^{\mathrm{T}}$ 和 n 个速度坐标 $\boldsymbol{p}=(\dot{q}_1,\dot{q}_2,\cdots,\dot{q}_n)^{\mathrm{T}}$ 描述粒子的状态. 字母 $q_i(i=1,2,\cdots,n)$ 上的黑点表示对时间的导数. 此时粒子可以从不同的方向逸出势阱,分别对应不同的化学反应.

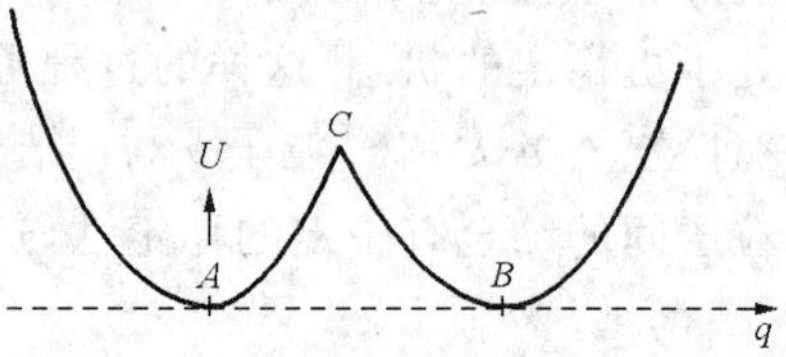

图 10.2

迄今为止,已有众多文献对上述问题进行了讨论. 本节仅以最先讨论这一问题的,1940 年克拉美的重要论文为基础,介绍解决一维问题的数学模型. 需要指出,经过半个多世纪的发展,如上问题的数学表达日臻完美,相比之下,克拉美最初的处理似乎有些过时且不够严密. 然而,本文力图保持克拉美文章有关部分的原貌,因为这种表述有其独特的优点: 它使建模的基本思想清楚,而不陷入烦琐的技术细节,使读者得以看到一个成功数学模型的最初面貌;克拉美似应属于大师之列,看看大师的思考方式是有益的.我们相信,即使对于那些了解布朗运动与有关内容现代理论的读者,看一看克拉美的方法与现代处理的差异也是很有启发的.

1.2 相空间中布朗运动的基本假设

粒子由分子碰撞所受到的随机力,现今在数学物理中通过白噪声型的力来描述,有关的概念和方法可在任何一本讲授随机微分方程的书中找到.然而此处仍然保留克拉美原来采用的方式.

考虑一个单位质量的粒子,在随空间位置变化的外力场 $k(q)$ 下做一维运动,同时受到由周围介质给出的不规则力 $x(t)$ 的作用.此处 q 是空间坐标,t 是时间坐标.以 p 表示粒子的速度,则由牛顿(Newton)定律,相空间中粒子的运动方程为

$$\begin{cases} \dot{p} = k(q) + x(t), \\ \dot{q} = p. \end{cases} \tag{1}$$

为使上述方程有意义,必须首先给出不规则外力 $x(t)$ 的确切描述.为此做如下假设:

1. 存在时间间隔 τ,它具有两重性质:一是 τ 足够小,因此在这样的时间内,粒子速度变化很小;二是 τ 又必须足够大,使随机外力 $x(t+\tau)$ 的值独立于 $x(t)$.

2. 定义随机量

$$B_\tau = \int_t^{t+\tau} x(t_1)\,\mathrm{d}t_1,$$

且设 B_τ 的统计性质与时间 t 无关,亦即假设了 $x(t)$ 的统计性质在不同时刻是一样的.

3. 以符号 $\phi_\tau(B,p,q)$ 表示随机变量 B_τ 的分布密度函数.这一记法表明该分布不仅依赖于 τ,还依赖于粒子速度 p 及位置 q.以后还会知道,这一分布还与温度 T 有关.克拉美假设 ϕ_τ 的 n 阶矩

$$\overline{B_\tau^n} = \int_{-\infty}^{\infty} B^n \phi_\tau \,\mathrm{d}B, \quad (\overline{B_\tau^0} = 1)$$

可由其幂级数展开式 $a\tau+b\tau^2+\cdots$ 的第一个非零项代表.

当 $n>1$ 时,数学上假设 $\overline{B_\tau^n}$ 的展开式中可能包含 τ 一阶项的原因是:B_τ^n 理论上由重积分 $\int\cdots\int x(t_1)\cdots x(t_n)\phi_\tau \mathrm{d}t_1\cdots\mathrm{d}t_n \mathrm{d}B$ 表示,对于充分靠近的 $t_1,t_2,\cdots,t_n$ 诸 $x(t_k)(k=1,2,\cdots,n)$ 不再是相互独立的;由此上述积分沿对角线 $t_1=t_2=\cdots=t_n$ 的一个窄小条带内,可以给出 $\overline{B_\tau^n}$ 正比于 τ 的项. 布朗运动的理论最早是由爱因斯坦(Einstein)提出的,克拉美沿用爱因斯坦所采用的假设,令

$$\overline{B_\tau}=-\eta p\tau,\quad \overline{B_\tau^2}=\nu\tau,\quad \overline{B_\tau^n}=0\cdot\tau+\cdots,\quad (n>2),$$

此处 η 称粘性系数,ν 是另一参数,二者均可以依赖波尔兹曼(Boltzmann)常数取 1 时的绝对温度 T 和位置 q. 同时还应满足关系

$$\nu=2\eta T. \tag{2}$$

这一点是出自如下的物理考虑:如果用一杠表示"系综"平均,粗略地说,即是对所有可能发生的情况平均,那么随机力的作用不会改变对系综的粒子平均动能,即

$$\overline{p(t+\tau)^2}=\overline{p(t)^2}.$$

当仅考虑随机力时,从牛顿第二定律 $\dot{p}=x(t)$,有 $p(t+\tau)=p(t)+B_\tau$,将此式两端平方,先对所有可能的 B_τ 取平均,再对所有可能的 $p(t)$ 取平均,利用上式,有

$$\overline{2p(t)\overline{B_\tau}+\overline{B_\tau^2}}=0,$$

再利用上述对 $\overline{B_\tau}$ 所做的假设,又由于粒子平均动能与绝对温度 T 的关系,$\overline{p^2}=T$,上式就给出了所要的关系式(2). 为方便起见,以下将对 B_τ 各阶矩的假设统一记为

$$\overline{B_\tau^n}=\mu_n\tau. \tag{3}$$

克拉美指出,没有先验的理由说明如上假设是唯一可能的. 下文适当时候,我们还会对此假设进行讨论.

由于粒子受不规则外力作用,单个粒子的运动是随机的,又由于粒子间的相互作用极弱,诸粒子的运动实际是彼此独立的. 由于粒子数量极大,为描述这样的系统,只能采用概率统计方法,为此引进另外一种描述问题的方式. 想象大量的,由同样规律支配的完全相同的

系统，每个系统中只有一个粒子，这样的系统集合构成了所考虑问题的“系综”. 系综中每个系统随时间的发展过程是彼此独立的，这样我们实际上相当考虑了所有可能发生的情况. 然而我们最关心的，或者说现实世界实际发生的应当是那些发生可能性足够大，或者说概率较大的情况. 因此我们引用一个称之为相空间粒子分布密度函数的量 $\rho(p,q,t)$ 刻画所研究过程的性质，其确切意义是：在时刻 t 粒子落入相空间中代表点 (p,q) 处体元 $\mathrm{d}p\mathrm{d}q$ 内的系统数目在系综中的比例为 $\rho(p,q,t)\mathrm{d}p\mathrm{d}q$. 由此只要知道了函数 $\rho(p,q,t)\mathrm{d}p\mathrm{d}q$，就相当知道了系统中粒子运动的统计规律性. 下面即讨论如何确定 $\rho(p,q,t)$，即研究大量粒子在位势场下，同时受不规则外力作用时的运动规律.

1.3 克拉美方程

以下建立函数 $\rho(p,q,t)$ 所应满足的偏微分方程. 粒子运动的任何瞬间，同时受位势力及随机力作用，然而为了便于思考，在建立方程时我们把位势力与随机力分开考虑. 认为时刻 t 时位于相空间某点处，经过一个极短时间间隔移动到一个新位置的粒子，在移动过程中仅受位势力的作用；而作用在粒子上的随机力则只在时刻 t 瞬间发生. 用符号 k 表示位势力，根据上述想法，可以认为时刻 $t+\tau$ 位于相空间中点 (p_1,q_1) 处的粒子，是由在时刻 t 位于 $p_2=p_1-k\tau, q_2=q_1-p_2\tau$ 的粒子移动而来；再把粒子在时刻 t 所受不规则力影响考虑在内，有

$$\begin{aligned}\rho(p_1,q_1,t+\tau) &= \rho(p_2+k\tau,q_2+p_2\tau,t+\tau)\\ &= \int_{-\infty}^{\infty}\rho(p_2-B,q_2,t)\phi(B;p_2-B,q_2)\mathrm{d}B,\end{aligned}$$

右端积分表示考虑 t 时刻在空间点位 q_2 处所有经随机力作用后动量为 p_2 的粒子. 将上式左端在点 (p_2,q_2,t) 泰勒展开到 τ 的一阶项，右端被积函数展成 B 的幂级数，则有

$$\rho+\frac{\partial\rho}{\partial t}\tau+\frac{\partial\rho}{\partial p}k\tau+\frac{\partial\rho}{\partial q}p\tau+O(\tau^2)$$

$$= \int_{-\infty}^{\infty} \left(\rho\phi - B \frac{\partial}{\partial p}(\rho\phi) + \frac{B^2}{2} \frac{\partial^2}{\partial p^2}(\rho\phi) - \cdots \right) \mathrm{d}B.$$

在上式右端交换微分与积分顺序，利用(3)式对$\overline{B_\tau^n}$的假设，得到

$$\frac{\partial \rho}{\partial t} = - k(q) \frac{\partial \rho}{\partial p} - p \frac{\partial \rho}{\partial q} - \frac{\partial}{\partial p}(\mu_1 \rho) + \frac{1}{2} \frac{\partial^2}{\partial p^2}(\mu_2 \rho) - \cdots. \quad (4)$$

上述方程给出了在力场 $k(q)$下，粒子同时因不规则外力做布朗运动时，相空间中粒子密度函数的变化规律. 称之为克拉美方程. 从这一方程可以看出，ρ 随时间的变化率或称密度流包含两个部分，即由 $p\rho$ 组成的由位置变化引起的q 成分及由$k\rho + \mu_1 \rho - \frac{1}{2} \frac{\partial}{\partial p}(\mu_2 \rho) + \cdots$组成的由动量变化引起的 p 成分.

为了对方程(4)的可靠性加以验证，考虑物理学中已知的结果，即考虑波尔兹曼分布函数

$$\rho_B = \exp(-(p^2/2 + U(q))/T),$$

这一函数给出当温度 T 恒定时，在位势场$U(q)$下近似独立的大量全同粒子之平衡分布，它应当是 $k = -\frac{\partial U}{\partial q}$时方程(4)的平稳解. 将 ρ_B 代入克拉美方程，有

$$\frac{\partial}{\partial p} \left\{ -\mu_1 \mathrm{e}^{-p^2/2T} + \frac{1}{2} \frac{\partial}{\partial p}(\mu_2 \mathrm{e}^{-p^2/2T}) - \frac{1}{6} \frac{\partial^2}{\partial p^2}(\mu_3 \mathrm{e}^{-p^2/2T}) \cdots \right\} = 0.$$

这表明{ }中的量应与 p 无关，即应有

$$\left\{ -\mu_1 - \frac{p}{2T}\mu_2 + \frac{1}{2} \frac{\partial \mu_2}{\partial p} + \cdots \right\} \mathrm{e}^{-p^2/2T} = F(q, T).$$

注意到 $\mathrm{e}^{-p^2/2T}$是 p 的偶函数，但从物理观点看来，$\mu_1, \mu_3, \cdots$应该是 p 的奇函数，而 $\mu_2, \mu_4, \cdots$应是 p 的偶函数，这样{ }内应是 p 的奇函数. 要使奇偶函数之积与变量无关，只有花括号内的表达式为零. 容易看出，爱因斯坦假设

$$\mu_1 = -\eta p, \quad \mu_2 = 2\eta T, \quad \mu_3 = \mu_4 = \cdots = 0$$

是使花括号内的量等于零的最简单方式. 克拉美提出，其他形式的假设仍应是可能的，因而克拉美方程有可能应包含高于$\overline{B_\tau^2}$的展开项. 保拉(Pawula)于 1967 年讨论了这一问题. 保拉的论证实际相当简

单,由施瓦茨(Schwarz)不等式易知,

$$(\overline{B_\tau^{2n+m}})^2 \leqslant \overline{B_\tau^{2n}} \cdot \overline{B_\tau^{2n+2m}},$$

所以$\overline{B_\tau^{2n}}$为零时$\overline{B_\tau^{2n+m}}$($m=1,2,\cdots$)必然是零;$\overline{B_\tau^{2n+2m}}$是零时,$\overline{B_\tau^{2n+m}}$也必须是零.由此只要任何一个$\overline{B_\tau^{2r}}=0$($r\geqslant1$),即可推出$\overline{B_\tau^3}=\overline{B_\tau^4}=\cdots=0$.利用这一点易于说明,如果(2)式是正确的,那么克拉美方程中或者只含μ_1,μ_2不等于零的项,即采用爱因斯坦假设,或者包含无穷多项.在爱因斯坦假设下,克拉美方程形式为

$$\frac{\partial\rho}{\partial t}=-k(q)\frac{\partial\rho}{\partial p}-p\frac{\partial\rho}{\partial q}+\eta\frac{\partial}{\partial p}\left(p\rho+T\frac{\partial\rho}{\partial p}\right). \tag{5}$$

1.4 大粘性情况

克拉美原来的文章,区别大粘性与小粘性两种不同情况对(5)式进行了讨论.此处我们只介绍大粘性下的结果.所谓大粘性意味着如下假设:

(i) 作用在粒子上的粘性阻力比起位势力或称场力$k(q)$而言大得多,即假设粘性系数η是很大的.

(ii) 在$\sqrt{T}/\eta$量级的距离上,场力$k(q)$变化不大.也就是说,在局部范围内,$k(q)$可视为是均匀的.

在上述条件下,可以合理地预期,无论ρ的初始分布如何,经过一段极短的,量级为$1/\eta$的时间之后,由于所发生的大量碰撞,在任何一个局部,即在每一个q值的小邻域内,粒子速度分布均已达到了局部平衡;也就是说,在每一个局部,粒子均形成麦克斯韦(Maxwell)分布,即

$$\rho(q,p,t)\approx\sigma(q,t)\mathrm{e}^{-p^2/2T}, \tag{6}$$

其中$\sigma(q,t)$是一个依赖于局部坐标和时间的量,称之为局部密度参数.此后随着时间的发展,经过一个相对慢沿q坐标方向的粒子扩散过程,粒子相空间分布才最终趋于平衡.换言之,可以认为对每一个坐标q而言,瞬间即可建立起局部热力学平衡,但此时粒子分布在整体上仍然是不平衡的,因而粒子要经历一个扩散过程,这种扩散是由局部平衡参数σ间的差异引起的.下面就来讨论σ所应满足的扩散

方程. 将方程(5)改写成:

$$\frac{\partial\rho}{\partial t}=\eta\left(\frac{\partial}{\partial p}-\frac{1}{\eta}\frac{\partial}{\partial q}\right)\left(p\rho+T\frac{\partial\rho}{\partial p}-\frac{k}{\eta}\rho+\frac{T}{\eta}\frac{\partial\rho}{\partial q}\right)$$
$$-\frac{\partial}{\partial q}\left(\frac{k}{\eta}\rho-\frac{T}{\eta}\frac{\partial\rho}{\partial q}\right),$$

将如上方程左右两端沿直线 $q+p/\eta=q_0$ 从 $p=-\infty$ 到 ∞ 积分，并认为被积表达式中的 ρ 取(6)式形式，得到

$$\frac{\partial}{\partial t}\int\rho\mathrm{d}p=-\int_{q+p/\eta=q_0}\frac{\partial}{\partial q}\left(\frac{k}{\eta}\rho-\frac{T}{\eta}\frac{\partial\rho}{\partial q}\right)\mathrm{d}p. \tag{7}$$

当 ρ 形如(6)时，对积分的主要贡献来自于 $|p|\leqslant\sqrt{T}$ 的区间及其临近；当 p 在这样的范围内变化时，沿所考虑的直线 q 的变化是 $\sqrt{T}/\eta$ 量级. 由假设，在这样的 q 值范围内 $k(q)$ 因而 $\sigma(q,t)$ 及其导数的变化均是小的，近似可用同一点上的值表示. 由这样的考虑，从(7)式可以认为

$$\frac{\partial\sigma(q,t)}{\partial t}=-\frac{\partial}{\partial q}\left(\frac{k}{\eta}\sigma-\frac{T}{\eta}\frac{\partial\sigma}{\partial q}\right), \tag{8}$$

这是局部平衡参数 $\sigma(q,t)$ 所满足的对流扩散方程. 由上式可以看出，当温度 T 恒定，粒子分布达到平衡时，一个平稳的扩散流应满足条件:

$$w=\frac{k}{\eta}\sigma-\frac{T}{\eta}\frac{\partial\sigma}{\partial p}=\text{常数},$$

注意到 $k=-\dfrac{\partial U}{\partial q}$，$U$ 为势函数，则有

$$w=-\frac{T}{\eta}\mathrm{e}^{-U/T}\frac{\partial}{\partial q}(\sigma\mathrm{e}^{U/T})=\text{常数}.$$

将上式变形为

$$w\cdot\eta\mathrm{e}^{U/T}=-T\frac{\partial}{\partial q}(\sigma\mathrm{e}^{U/T}),$$

再对 q 从 A 到 B 积分，有

$$w=\left(T\sigma\mathrm{e}^{U/T}\Big|_B^A\right)\Big/\int_A^B\eta\mathrm{e}^{U/T}\mathrm{d}q. \tag{9}$$

1.5 粒子逸出概率

本节讨论大粘性条件下粒子从势垒中逸出的速率,这将回答本章开始所提出的化学反应速率问题. 令势函数 U 如图 10.1 所示. 粒子最初在点 A 处,势垒高度 Q 与绝对温度 T 相比有 $Q \gg T$. 考虑与这样的系统相应的系综. 在点 A 和 B 处,粒子都处于被约束状态,而在 B 有更低的势能. 在热力学平衡时,相空间粒子密度分布函数正比于 $e^{-E/T}$,E 是粒子在任何一点的能量;在达到热力学平衡状态下,在以 q 为坐标的一维空间中,任何时刻从 A 流到 B 的净粒子数是零. 但是,如果假设初始时刻位于 A 的粒子数大大高于平衡时应有的粒子数,则将发生一个从 A 到 B 的扩散过程,才能使系综逐渐趋于平衡. 在上述 Q 极大于 T 的假设下,这一过程将是非常缓慢的,因而可视为一个准静态过程. 也就是说,在任何固定时刻可认为系综处于平衡,尽管平衡态在不同时刻是不同的. 在这样的假设下,即使初始时刻谷 A 处的粒子不服从波尔兹曼分布,由于扩散极为缓慢,在有大量粒子从 A 逃逸之前,A 周围处的局部波尔兹曼分布也早已建立起来了. 由上面的讨论,我们可以把所考虑的过程归纳为如下的图像: 系综中有大量的,几乎可视为无穷的粒子集中在 A 处,这些粒子形成局部波尔兹曼分布,它们极其缓慢地,以准静态的方式越过 C 流向 B. 在相当长的时间内,到达 B 的粒子数目是小的,因而实际可以忽略. 由于任何时刻系综近似处于平衡,因而可以利用描述平衡时扩散流的表达式(9). 以 σ_A 表示 $\sigma e^{U/T}$ 在 A 点的值,在所假设的图像下,有

$$w \approx \frac{T}{\eta}\sigma_A\left(\int_A^B e^{U/T}dq\right)^{-1},$$

w 是单位时间内从 A 越过点 C 的粒子数,上式中已经利用了 B 处粒子数可忽略的假设. 进一步假设在点 A 处坐标 $q=0$,在其邻近势函数可近似表示为 $U \approx (2\pi\alpha)^2 q^2/2$,其中 α 为一参数;这相当以 A 点为位能起算点,展开到二阶项. 那么可以近似计算在 A 点周围势能低谷中的全部粒子数:

$$n_A \approx \int_{-\infty}^{\infty} \sigma_A e^{-(2\pi\alpha)^2 q^2/2T} dq = \frac{\sigma_A}{\alpha}\sqrt{\frac{T}{2\pi}},$$

令 $r=w/n_A$,易知它表示一个 A 处粒子在单位时间内逃逸到 B 的概率,我们有

$$r = \frac{\alpha}{\eta}\sqrt{2\pi T}\left(\int_A^B e^{U/T} dq\right)^{-1},$$

对上式积分的主要贡献,来自于临近 C 具有大势能的小区域. 在图 10.1 所示的势场光滑情况,若类似于 A 点假设,将 C 点临近的位势场取为

$$U_c = Q - \frac{1}{2}(2\pi\alpha')^2 (q-q_c)^2,$$

式中 q_c 是 C 点坐标,α'为另一参数. 那么

$$\int_A^B e^{U/T} dq \approx e^{Q/T}\int_{-\infty}^{\infty} e^{-(2\pi\alpha')^2 (q-q_c)^2/2T} dq$$

$$= \frac{1}{\alpha'}\sqrt{\frac{T}{2\pi}} e^{Q/T},$$

由此逃逸概率或者说反应速率可近似表示为:

$$r \approx \frac{2\pi\alpha\alpha'}{\eta} e^{-Q/T}. \tag{10}$$

当势场为图 10.2 所示的不光滑情况时,设在 A 与 C 之间精确地有 $U=(2\pi\alpha)^2 q^2/2$,而 BC 间的场与 AC 间的场对过 C 的垂线对称. 那么在 C 点两侧将位场近似为两段不同斜率的对称直线,有

$$\int_A^B e^{U/T} dq \approx 2e^{Q/T}\int_0^{\infty} e^{-(2\pi\alpha)^2 q_c (q-q_c)/T} d(q-q_c)$$

$$= \frac{2T}{(2\pi\alpha)^2 q_c} e^{Q/T} = \frac{2T}{2\pi\alpha\sqrt{2Q}} e^{Q/T},$$

反应速率为

$$r \approx \frac{2\pi\alpha^2}{\eta}\sqrt{\frac{\pi Q}{T}} e^{-Q/T}.$$

在两种不同情况下,反应速率尽管不同,但当 Q 足够大时,二者随 Q 指数变化的部分均为 $e^{-Q/T}$,这一点对下一节是极为重要的. 至此我

们已经完成了对化学反应速率数学模型的描述.

§2 关于模拟退火算法

模拟退火是20世纪80年代出现的一种寻求全局极小的非线性优化算法,由柯克帕垂克(S. Kirkpatrick)等人所提出,是全局优化算法的一次突破.他们最初的想法是将计算过程与统计物理对比,以后经过进一步工作,算法的收敛性从数学上得到了严格证明.本节即对此方法做一概要介绍,侧重点在于说明方法背后的物理思想,或者说方法所依据的数学物理模型.目的在于表明:不单单数学方法对解决实际问题是有用的,反过来,物理思想对于理解数学方法的本质,促进数学本身的发展也有重要作用.在具体陈述之前,先让我们叙述今天数学物理中所采用的布朗运动定义以及这一定义与上节所述概念的关系.

2.1 有关布朗运动的进一步说明

现今数学物理中,用布朗运动描述粒子的不规则运动,布朗运动的数学定义与前一节利用 B_τ 并采用爱因斯坦假设描述粒子不规则运动的方式有所不同,但实质是一样的.此处仅对空间一维情况做一简要说明.数学上一维布朗运动是一个随机过程,记为 $w\equiv\{w(t);t\in\boldsymbol{R}^+\}$,无妨设 $w(0)=0$ 且要求满足如下条件:

1. 对任何一次观测,$w(t)$的轨道是连续的;

2. 对任何 $s\geqslant 0,u\geqslant 0,w(t+s)-w(t)$ 与 $w(t)-w(t-u)$ 是与 t 无关,相互独立的随机变量;

3. 时刻 s 位于 x 处的粒子,$t>s$ 时刻落在区间$[a,b]$中的概率,即转移概率为:

$$P(a\leqslant w(t)\leqslant b\mid w(s)=x)=[2\pi(t-s)]^{-1/2}\int_a^b \mathrm{e}^{-(y-x)^2/[2(t-s)]}\mathrm{d}y.$$

利用如上性质不难推出对任意时间序列 $t_1\leqslant t_2\leqslant\cdots\leqslant t_n$,$(w(t_1),w(t_2),\cdots,w(t_n))$的联合分布是均值向量为零的 n 维正态分布,它的

协方差矩阵可由上述增量独立性条件及转移概率函数所包含的关系 $Ew^2(t)=t$ 算出. 事实上,无妨设 $t>s$,那么

$$\begin{aligned}Ew(t)w(s) &= E[w(t)-w(s)]w(s)+Ew^2(s)\\ &= E[w(t)-w(s)]\cdot Ew(s)+s=s=\min(t,s).\end{aligned}$$

如上定义的布朗运动具有一系列深刻有趣的性质,此处只指出与下文有关的一点,即如果 $w(t)$ 是布朗运动,那么

$$w_2(t) = cw\left(\frac{t}{c^2}\right)$$

对任意 $c>0$ 仍是布朗运动. 这一点是不难验证的.

以下说明如上定义与上节概念本质是一样的. 考虑一个单位质量的粒子在某种介质中做一维运动. 粒子受到随机力的作用,这一随机外力利用本节定义的布朗运动描述. 除此之外,粒子运动时还受到介质的粘滞阻力. 这种阻力起源于粒子运动时与介质分子的迎头碰撞. 以 $v(t)$ 表示粒子在 t 时刻的速度,假设阻力大小与速度成正比,比例系数为 β,那么粒子的运动方程为

$$\mathrm{d}v(t) = -\beta v(t)\mathrm{d}t+\gamma \mathrm{d}w(t),$$

式中 $\gamma \mathrm{d}w(t)\equiv\gamma(w(t+\Delta t)-w(t))$ 表示由随机力所造成的粒子速度改变. 所以不将上式写成通常的微分方程,原因在于数学上对任何一次观测而言,$w(t)$ 均是不可导的. 将上式从 0 到 τ 积分,τ 是一个小的时间间隔. 利用 $w(0)=0$,有

$$v(t)-v(0) = -\beta v(0)\tau+\gamma w(\tau)+O(\tau^2),$$

此时没有考虑有势力的作用,$v(t)-v(0)$ 实际是上一节定义的量 B_τ,利用 $w(\tau)$ 的均值为零方差为 τ,不难得到在 τ 的一阶范围内,有

$$\overline{v(\tau)-v(0)} = -\beta v(0)\tau, \qquad \overline{(v(\tau)-v(0))^2} = \gamma^2\tau.$$

不难看出,只须令 $\beta=\eta$ 为粘性系数,$\gamma^2=\nu=2\eta T$ 即可使如上定义的粒子速度随机变化与爱因斯坦对 $\overline{B_\tau^n}$ 的假设一致. 也就是说,当参数如此选择时,本节对随机作用的描述方式与上节利用 $x(t)$,B_τ 的方法可以认为是相同的. 二者差别主要在于,现今的描述方法从随机力中区分出了粘滞阻力,而将余下的部分由数学上的布朗运动描述.

下面讨论在大粘性下,在位势场中,除场力外同时受随机力影响

做布朗运动的粒子运动规律的简化.为了便于说明问题,此处采用了一种物理直观的方式,需要指出:严格的数学论证是可能的,而且其实质和这里的方法是一样的.将场力记为 $k(x)$,x 为空间坐标;设粒子有单位质量,以"·"表示对时间的导数,那么由牛顿定律,形式上有:

$$\dot{x} = v, \quad \dot{v}\mathrm{d}t = -\beta v\mathrm{d}t + k(x)\mathrm{d}t + \gamma\mathrm{d}w(t).$$

由此可以得到

$$\ddot{x}\mathrm{d}t + \beta\dot{x}\mathrm{d}t = k(x)\mathrm{d}t + \gamma\mathrm{d}w(t).$$

在 β 很大即粘滞性很大的条件下,上式左端 $\ddot{x}$ 项可以略去,即与 $\beta\dot{x}$ 相比,加速度是很小的.这样我们有

$$\beta\dot{x}\mathrm{d}t = k(x)\mathrm{d}t + \gamma\mathrm{d}w(t),$$

做变量替换 $s=\beta^{-1}t$,即取新的更长时间单位,由于 $w(\beta s)/\sqrt{\beta}$仍是布朗运动,有

$$\mathrm{d}x = k(x)\mathrm{d}s + \varepsilon\mathrm{d}w(s), \tag{11}$$

式中 $\varepsilon=\gamma/\sqrt{\beta}$.注意到 $\gamma^2=2\eta T$,$\beta=\eta$,因此 $\varepsilon^2=2T$.上式给出了大粘性时,在场力 $k(x)$作用下,同时做布朗运动的粒子位置随时间的变化.数学上这种含 $\mathrm{d}w$ 的方程称之为随机微分方程.(11)式表明:粒子在任何时刻的漂移速度仅由位置坐标决定,由于大的粘滞性,场力在任何一点给出的加速度不会累积;不规则布朗运动的强弱正比于温度 T.

2.2 粒子密度的平衡分布

上节已经说明,由于所讨论的问题涉及全同粒子作布朗运动的随机过程,因而描述现象的恰当工具是粒子分布密度函数 $\rho(p,q,t)$,并在(8)式中给出了局部平衡参数 $\sigma(q,t)$所应满足的对流扩散方程.此处利用同样的思想,令 $P(x,t)$表示时刻 t 时粒子位于点 x 的概率,更为形式化地导出 $P(x,t)$所应满足的类似于(8)的方程,并给出相应的平衡分布.

考虑扩散方程初值问题:

$$\begin{cases}\dfrac{\partial P}{\partial t}=\dfrac{\varepsilon^2}{2}\dfrac{\partial^2 P}{\partial x^2},\\ P(x,t)\mid_{t=0}=P(x,0).\end{cases}$$

由数学物理方程可知,它的解由泊松积分给出,即

$$P(x,t)=\frac{1}{\sqrt{2\pi\varepsilon^2 t}}\int_{-\infty}^{\infty}P(\xi,0)\exp\left(-\frac{(x-\xi)^2}{2\varepsilon^2 t}\right)\mathrm{d}\xi.$$

这一积分是基本解

$$\frac{1}{\sqrt{2\pi\varepsilon^2 t}}\exp\left(-\frac{x^2}{2\varepsilon^2 t}\right)$$

经过坐标平移后按初值函数为权的线性叠加. 易于看出,如令 $\varepsilon^2 t=\sigma^2$,基本解实际是以 σ^2 为方差的正态分布密度,可以认为当 $t\to 0$ 时,它的"极限"是 $\delta(x)$. 下面考查基本解的物理意义. 众所周知,扩散方程描写扩散现象,基本解意味着当初始时刻所有粒子集中在原点时,随着时间发展,这些粒子扩散到数轴上的各个点,时刻 t 时点 x 处的粒子百分数是均值为零方差为 $\varepsilon^2 t$ 的正态密度值. 将其与数学上定义的一维布朗运动相比较,不难发现它实际就是 $\varepsilon w(t)$ 的转移密度. 这也就是说: 数学上定义的布朗运动就是从微观角度描写的扩散现象;扩散方程是不考虑外力场时,粒子数密度所应满足的守衡定律.

下面我们把问题推进一步,考虑除布朗运动外,在空间任何一点 x 粒子有宏观速度 $a(x)$,那么在扩散之外还应考虑对流. 由此粒子密度守衡反映为:

$$\frac{\partial P}{\partial t}=-\frac{\partial}{\partial x}(aP)+\frac{\varepsilon^2}{2}\frac{\partial^2 P}{\partial x^2}, \tag{12}$$

特别在有势力大粘性条件下,$a(x)=k(x)=-\dfrac{\partial U}{\partial x}$. 当温度恒定粒子分布达到平衡时,粒子空间分布不再随时间变化,由此,平衡分布函数 $P(x)$满足条件

$$0=\frac{\partial}{\partial x}\left(\frac{\partial U}{\partial x}P\right)+\frac{\varepsilon^2}{2}\frac{\partial^2 P}{\partial x^2}=\frac{\partial}{\partial x}\left[P\left(\frac{\partial U}{\partial x}+\frac{\varepsilon^2}{2}\frac{\partial P}{\partial x}\Big/P\right)\right],$$

方括号内的量是扩散流,平衡时值为零. 令

$$\frac{\partial U}{\partial x}+\frac{\varepsilon^2}{2}\frac{\partial \ln P}{\partial x}=0,$$

解得平衡分布

$$P(x)=c\exp\left(-\frac{2U(x)}{\varepsilon^2}\right).$$

注意到$\frac{\varepsilon^2}{2}=T$,这就是前节出现过的波尔兹曼分布,前后两节是完全一致的.

2.3 模拟退火算法及其物理解释

本节介绍模拟退火算法并对其收敛机制做一解释性说明. 这一算法有连续与离散两种形式,我们着重讨论其连续形式. 在科学与工程计算中,经常发生的一个问题是在 $\boldsymbol{R}^n$ 中或者它的一个有界区域上求某个非线性函数 $f(\boldsymbol{x})$的极小点. 在 $f(\boldsymbol{x})$可导时,一个最基本的算法就是最速下降法. 这一方法从某一选定的初值开始,利用如下公式进行迭代,即

$$\boldsymbol{x}_{n+1}=\boldsymbol{x}_n-\eta_n\nabla f(\boldsymbol{x}_n), \tag{13}$$

此处 ∇f 表示函数梯度,η_n 是一个与迭代步数有关的参数,它的适当选取,保证每步迭代均使函数值下降. 除此之外,还存在多种寻求函数极小的算法. 然而以速降法为代表的传统算法具有共同的缺点,它们都不保证求得全局极小,只能保证收敛到一个由初值 $\boldsymbol{x}_0$ 决定的局部极小点. 柯克帕垂克等人提出的模拟退火算法就是为了解决这一问题. 数学上可以严格证明,在相当宽的条件下,这一算法保证依概率收敛到一个全局极小点. 算法的计算公式与(13)式十分接近,本质上只须添加一个随机项,即

$$\boldsymbol{x}_{n+1}=\boldsymbol{x}_n-\nabla f(\boldsymbol{x}_n)\Delta t+\frac{c}{\sqrt{\ln(t_0+t)}}\Delta\boldsymbol{w}(t_n), \tag{14}$$

式中 Δt 是时间步长,c 是一个事先给定的正常数,为保证算法收敛,c 必须足够大. t_0 是初始时刻,为避免计算上的困难,取 $t_0=1$ 即可. $\Delta\boldsymbol{w}$ 是均值向量为零,协方差矩阵为 ΔtI 的 n 维正态随机向量;事实上它可被理解为由 n 个彼此独立的一维布朗运动构成. 如果求解范

围是一个有界区域，那么当 x_n 越出边界时，可采用反射边界条件将其拉回.(14)式实际是一个理论公式，只有 t 真的趋于无穷时，随机项的系数才趋于零，算法才可能真正依概率收敛. 然而实际计算不可能无限持续，必然存在一个事先给定的充分大的迭代次数 N 作为计算终止条件. 因而实际计算只能采用"退化"的格式，例如用一列非负递降参数 $c_0 > c_1 > \cdots > c_m \geqslant 0$ 代替 $c/\sqrt{\ln(t_0+t)}$，这一列参数下降于零的速度比理论上的对数速率快得多. 由此可知，模拟退火方法的实际结果仍可能陷入局部极小. 但无论如何，这是一个理论上可以保证得到全局极小的算法. 这一点也表明，对模拟退火的实际计算而言，上述参数列的选取是很重要的，它可有不同的处理办法，并非一定自始至终单调下降，也并非一定事先给定，可以利用某种"自适应"准则；但无论怎样，整体上必然以较(14)式对数项更快的衰减速度下降到零，否则无法在机器上实现，对此不再赘言. 下面集中说明为什么公式(14)保证在概率意义下收敛到全局极小，为简单，我们限定讨论一维空间，即 $n=1$ 的情况. 对 $n=1$ 将(14)式改写成相应的随机微分方程；由于 $c/\sqrt{\ln(t_0+t)}$ 随时间衰减极为缓慢，因此先来考察布朗运动项系数为常数的情况. 此时

$$\mathrm{d}x = -U_x(x)\mathrm{d}t + \varepsilon \mathrm{d}w(t),$$

我们发现，只需令 $k(x) = -U_x(x)$，上式便与(11)式形式完全相同. 这意味着，用模拟退火算法进行计算，在一段有限时间内，可以将计算出的点的轨迹视为温度恒定的布朗粒子在位势场 $U(x)$ 下的运动路径. 由前述可知，与这一运动对应的粒子平衡分布可近似视为温度 $T=\varepsilon^2/2$ 恒定时的波尔兹曼分布，即

$$P(x) \approx c_0 \exp\{-U(x)/T\},$$

式中 c_0 为规一化常数. 由上式清楚地可以看出，当 T 趋于零时，所有的粒子将以任意接近于 1 的概率集中在 $U(x)$ 的极小点. 然而问题发生了：上式仅当 T 等于常数，时间 t 趋于无穷才成立，但为了收敛到全局极小点，又必须令 T 随时间变化，这实际涉及两个完全不同又彼此交叉的极限过程. 为解决上述相互矛盾的要求，物理上采用了充满辩证思想的概念"准静态过程"，即认为温度以极其缓慢的速度趋

于零，以至在任何瞬间，均可认为系统处于平衡态. 然而在数学上则不能允许这种语言，我们必须更确切地回答：T 趋于零的速度缓慢到什么程度，过程才可视为“准静态”的. 在回答这一问题之前，首先做一点数学上的准备.

设有两个状态 A 与 B；令 $0=t_0<t_1<t_2<\cdots<t_n<\cdots$，将时间轴 $[0,\infty)$ 划分为可列个区间，在时间间隔 $[t_k,t_{k+1})(k=0,1,\cdots)$ 内，一个粒子由状态 A 转移到状态 B 的概率为 P_k，$k=0,1,\cdots$，若初始时刻粒子处于状态 A，问当时间趋于无穷时，粒子肯定转移到状态 B 的条件是什么. 为回答这一问题，我们作如下考虑.

容易知道，对任何固定的 n，在时刻 t_n 以前，粒子保持在状态 A 的概率为：

$$\prod_{i=0}^{n-1}(1-P_i)=1-\{\text{粒子在 } t_n \text{ 前转移到 } B \text{ 的概率}\},$$

如果粒子必然在某一有限时间内转移到状态 B，应有

$$\lim_{n\to\infty}\prod_{i=0}^{n-1}(1-P_i)=0,$$

从无穷乘积理论这相当

$$\lim_{n\to\infty}\sum_{i=0}^{n}P_i=\infty. \tag{15}$$

反之，当条件(15)满足时，无穷乘积发散到零，粒子以任意接近于 1 的概率转移到 B. 故(15)就是所寻求的条件. 当对连续的时间进行考虑时，假设时刻 t 的转移概率为 $P(t)$，这一条件改写为对任意的 $a>1$，

$$\int_a^{\infty}P(t)\mathrm{d}t=\infty.$$

现在回到模拟退火问题. 假设位势函数已经给定，粒子从初值点到达极小点所要越过的最大势垒高度为 Q. 可以认为，粒子只要越过了最高势垒，便落入了极小点范围. 由前节可知，当温度为 $T=\varepsilon^2/2$ 时粒子越过这一势垒的概率阶为 $\exp(-Q/T)$，其实际数值除一常数量级因子外还可能相差一个 T 的幂次. 如果令温度的衰减方式为 $T=c^2/\ln t$，c 为一待定常数，t 为时间变量，那么 $\exp(-Q/T)=$

t^{-Q/c^2}，任一时刻粒子转移到极小态的概率粗略地表示为 $A(\ln t)^{\alpha}t^{-Q/c^2}$，其中 A,α 均为一常数量级的量. 利用前面的数学结果，为使粒子最终以任意接近于1的概率转移到极小点，应使

$$\int_a^{\infty} A(\ln t)^{\alpha}t^{-Q/c^2}\,\mathrm{d}t$$

发散. 容易看出，要使这一条件满足，应有 $Q/c^2\leqslant 1$，即 $c\geqslant\sqrt{Q}$，也就是说，在模拟退火计算时，布朗运动项的系数应取

$$\varepsilon\geqslant\sqrt{2Q}/\sqrt{\ln t};$$

如果 $c<\sqrt{Q}$，上述积分收敛，则不能保证以任意接近于1的概率求得全局极小. 换言之，当温度以上文给出的速率衰减时，过程可视为"准静态"的. 当然，这只是一个理论结果，前面已指出，实际计算必须采用一个"退化"的版本.

作为本章的结束，下面给出离散情况时的模拟退火算法.

设 $X=\{1,2,\cdots,N\}$ 是一有穷集合，称为状态空间. $E\geqslant 0$ 是定义在 X 上的非负实函数，称为能量. 问题是：求 $i\in X$，使 $E(i)=\min\limits_{j\in X}E(j)$. 求解这一问题的模拟退火算法可表述如下：

1. 选择初始状态 i_0，称之为当前状态. 选择一个初始温度值 $T>0$. 此时为第一个循环.

2. 设处于第 k 次循环，当前状态为 i_k. 按照某种规则，例如由事先给定的状态转移概率矩阵进行抽样，随机选取一个状态 j，称之为预选态.

3. 计算 $\Delta E=E(j)-E(i_k)$；如果 $\Delta E<0$，代替状态 i_k 取预选态 j 为当前状态；否则进行一次(0,1)区间上均匀分布随机数的抽样，以概率 $\exp(-\Delta E/T)$ 取 j 为当前状态，以概率 $1-\exp(-\Delta E/T)$ 保留原有的当前状态.

4. 如经过了相当多的循环，当前状态的 E 值没有实质上的下降，则按照某种规则适当减小 T.

5. 如经过了一段足够长的时间 E 没有任何变化，且 T 已近似为零，则停止计算；取当前状态为极小态.

6. 返回步骤 2.

作为状态空间离散时模拟退火算法的应用，建议读者考虑旅行推销员问题. 这一问题的提法已在第二章中给出，那里还说明了当城市个数较大时，用整数规划是不现实的. 然而，如果采用模拟退火一类的算法，即使在微型计算机上，求解上百个城市的问题，也只需不长的时间；利用速度更高的机器，规模更大的问题也可望在合理的时间内解出.

在使用模拟退火算法时，任何一条满足要求的封闭回路是一个可能位形，回路长度是算法中的能量 E. 需要说明的是，如何从一个已知位形出发，通过随机抽样得到一个新位形. 为实现这一点，可以有多种不同方法，经常采用的是一种称为 Lin-2-opt 的处理方式. 其办法如下：设问题中包括 N 个城市，那么任何一条回路可视为 $1,2,\cdots,N$ 的一个排列，记为 $f(1),f(2),\cdots,f(N)$；推销员从 $f(1)$ 出发到 $f(2)$，再到 $f(3),\cdots$，最后再从 $f(N)$ 回到 $f(1)$. 为得到新回路，只需以等概率从 1 到 N 中随机抽取两个相异整数 i，j，无妨设 $i<j$，切断从 $f(i)$ 到 $f(i+1)$ 与从 $f(j)$ 到 $f(j+1)$ 的路径，然后连接 $f(i)$ 与 $f(j)$，$f(i+1)$ 与 $f(j+1)$，这样一条新的回路便产生了. 这一方法的优点之一是：为计算新回路长度，只需考虑四对城市间的距离.

实际计算时，温度 T 的变化方式，即退火方式是极端重要的，往往要多次实验才能选定. 需要指出，由于不可能按照理论上规定的 $1/\sqrt{\ln(t+t_0)}$ 的量级使温度衰减，模拟退火的实际结果仍然可能是局部极小，但它终究提供了得到全局极小的可能，至少得到较传统梯度型算法更好的解. 还应指出，在一般情况下，当状态空间离散时，理论上为保证收敛到全局极小点，除退火速率外，还应对决定预选态的规则有一定要求，对此不再叙述，有兴趣的读者可参阅本章主要参考文献[3].

参考文献

[1] Kramers H A. Brownian Motion in a Field of Force and the

Diffusion Model of Chemical Reactions. Physica vii, No. 4, April 1940.
[2] Risken H. The Fokker-Planck Equation. Berlin: Springer-Verlag, 1984.
[3] Winkler G. Image Analysis, Random Fields and Dynamic Monte Carlo Methods. Berlin: Springer, 1995.

第十一章　进化模型与遗传算法

本章首先讨论遗传学中的哈代-温伯格(Hardy-Weinberg)定律,然后给出一个描述生物进化过程的微分方程模型,最后简单介绍遗传算法.遗传算法是近年来颇受关注的仿生类算法之一,就笔者个人意见,其理论尚待完备,前景也还有待时间的考验.然而,在某种意义上,这一算法本身就是生物进化过程的一个数学模型,就这一点而言,它是极具启发意义的,因此我们将其列入了本书.在叙述本章主要部分之前,首先对有关的生物学背景知识作一粗略介绍.

§1　生物学背景知识

生命活动的重要特征之一是自我繁殖后代,在繁殖过程中显示出遗传及变异现象,由此使生物不断进化;所有这些现象的物质基础包含在生物组织的细胞之中.

1.1　染色体与基因

高等生物不同组织的细胞可以有很不相同的特点,但除极少数例外,它们都含有一个细胞核,而细胞核中的染色体则是生物遗传功能的物质载体,决定了生物体的遗传特性.染色体是由基因组成的链,它们的数目随物种变化,染色体在体细胞中永远成对出现,但与性别直接有关的染色体则可单独发生,为区分这两种情况,分别称之为二倍体与单倍体.形态与结构相同的,成双的一对染色体称为同源染色体,不同的同源染色体互称非同源染色体.细胞分裂时,体细胞中的染色体被复制,每个子代细胞得到一个完整的染色体对集合,如图 11.1 所示.

生物体的某些遗传特征,例如眼睛的颜色与血型,称为表现型,表现型是表现出来的性状,肉眼可以看到,或可由物理、化学方法测定.在最简单情况下,每一遗传特征是由一对同源染色体特定位置上的两个基因共同决定的.这一特定位置称为该遗传特征的染色体位置.在很多情况下,几种不同类型的基因都可能占据同样一个染色体位置,它们被称为等位基因,可记为 $A_1,A_2,\cdots,A_n$.所谓基因型是指实际占据某染色体位置的一对基因,形为 A_iA_i 的基因型称为纯合体,而 $A_iA_j(i\neq j)$的基因型称为杂合体.需要指出的是:基因型与表现型并非一一对应,在基因型为杂合体时,有可能 A_iA_j 表现出与 A_iA_i 相同的遗传特性,此时 A_i 称为显性基因,A_j 则称为隐性基因.当然杂合基因型也可以表现出与纯合体不同的遗传特征,但基因型 A_iA_j 与 A_jA_i 是没有差别的,即它们决定同样的遗传特性.

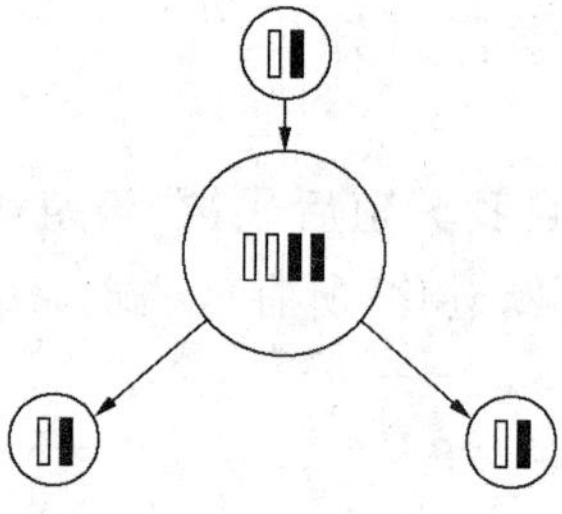

图 11.1

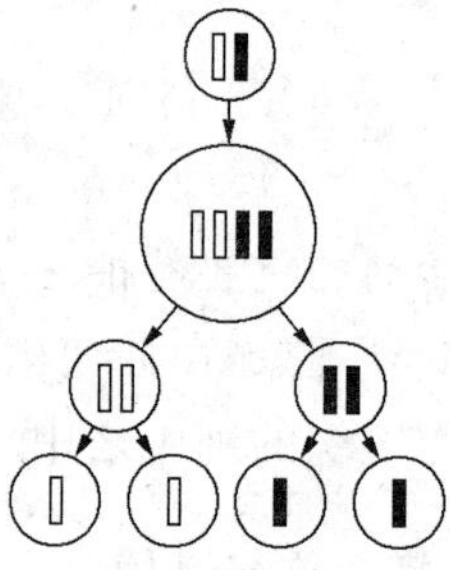

图 11.2

1.2 减数分裂

在生殖过程中,雌雄两性的体细胞经过所谓的减数分裂过程产生出单倍体(见图 11.2),每个单倍体只含原来染色体对的一半,这一半称为配子.交配时,双亲的两个配子相融合,重新得到了完整的染色体对,新形成的二倍体细胞称之为受精卵,它是一个新生命的起点,从双亲各获取一半基因.在减数分裂时,不同染色体对的分裂是独立进行的.

对哺乳动物而言,雌性与性有关的染色体对由两个 X 染色体组成，雄性则包括一个 X 染色体，一个 Y 染色体. 由于减数分裂，雄性配子即精子半数为 X 染色体，半数为 Y 染色体；雌性配子即卵细胞则一律携带 X 染色体. 两性结合时，以相等概率导致染色体对 XX（女儿）与 XY（儿子）的出现. 发生在性染色体上的基因称为与性有关的基因.

1.3 重组（recombination）

如上描述的减数分裂过程过于理想化了，生物体内实际发生的情况远较这一描述复杂. 在染色体复制及减数分裂过程中，同源染色体对的对应部位还可能发生如图 11.3 所示的重组或交叉（crossing over）.

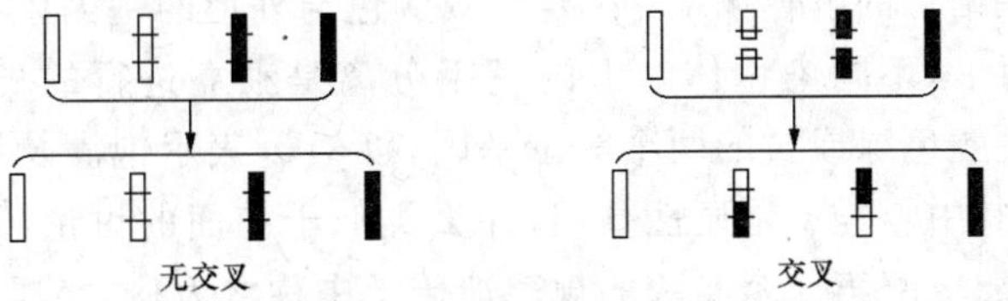

图　11.3

1.4 孟德尔（Mendel）实验

遗传定律首先是孟德尔于 1866 年在其论文“植物杂交试验”中提出的. 孟德尔是一个修士，他在修道院的花园中进行了试验工作. 在一次试验中，孟德尔种植了两种不同的纯种豌豆，一种开红花，另一种开白花. 把杂交后的第一子代记为 F_1，这一代的植株完全开红花. 从 F_1 再培育下一代，但采用自花授粉，将第二子代植株记为 F_2，第二子代中重又出现了开白花的植株，而且开红花与开白花的植株之比为 3∶1.

孟德尔认识到在决定花朵颜色的基因位置上有两个等位基因：r 和 w，其中 r 是显性基因. 基因型 rr 与 rw 导致红花表现型，而 ww 的表现型是白花. 最初一代豌豆是纯种，开红花的基因型为 rr，开白花的是 ww，前者的配子全都得到基因 r，后者的配子全都得到 w. 两

种杂交后的下一代 F_1 基因型均为 rw，表现型为红花. 这一代的配子，一半含基因 r，一半含基因 w，这些配子随机结合，以等概率产生了基因型 rr, rw, wr, ww. 因而表现型中以 1/4 概率出现白花，3/4 出现红花. 如上规律遗传学中称为分离定律，它表明：杂种体内的基因在形成配子时，互不干扰地分离到各个配子中去.

在另一实验中，孟德尔同时研究颜色和形状两种遗传特征. 他将两行纯种豌豆进行杂交，一行是子粒饱满的黄豌豆，一行是表面皱缩的绿豌豆，再次得到了具同一特性的子代 F_1，收获的豆粒都是黄色饱满的. 但从 F_1 代继续培育的结果产生了所有可能的表现型，即绿色皱缩的，绿色饱满的，黄色皱缩的，黄色饱满的；四种豆粒的比例是 1∶3∶3∶9.

这一结果的解释如下：决定豌豆颜色与外形的基因位于不同的染色体对上，不同染色体对上的基因分离是独立进行的. 若以 g, y 表示有关颜色绿或黄的两个等位基因，以 s, w 表示饱满及皱缩的等位基因，其中 y 与 s 是显性基因，那么类似于前面的讨论，不难得到上述结果. 支配第二个实验的规律遗传学中称之为独立分配定律，其实质是：位于不同染色体对上的多对等位基因，在形成配子时，互不干扰彼此独立地分离，而配子间的结合是自由、随机、机会均等的. 这一定律又称为自由组合定律.

1.5 选择

达尔文(Darwin)把生物进化解释为自然界进行选择的结果. 他在其名著《物种起源》中讲到人工选育鸽子的方法，培育者从每代鸽子中挑选尾羽最多的来繁殖，这样一代代选育的结果，从一般只有 12～14 根尾羽的岩鸽，培育出有 40 甚至更多尾羽的扇尾鸽.

自然选择以与人工选择非常相近的方式进行，当然，自然并没有自觉的目的，但是其方法却和育种者极其相似. 随着自然环境的不断变化，选择对不同品性的物种发生作用，适应环境的物种繁衍出更多的后代，如果有关的品性是能够遗传的，那么具有该品性的生物物种比例增加了. 这就是所谓的“物竞天择，适者生存”. 本章的主要内容之一,就是建立一个数学模型,说明选择在生物进化过程中的作用.

1.6 变异

直至20世纪初,达尔文主义与孟德尔遗传学说仍处于争论之中,实验似乎表明,培育只能选择已存在的特性,而不能进一步发展它们,即没有新的物种可以仅仅从选择中产生.然而,人们很快认识到,生物的进化来自两个不同的方面:仅由环境引起的变化不能通过遗传留给下一代;然而基因本身的变化,即变异,则可遗传下去.变异是由偶然的机会造成的,然而这种偶然发生的变异却为选择提供了起作用的可能性.本章最后一节介绍遗传算法,读者从中可进一步理解变异的独特作用.

§2 哈代-温伯格定律

2.1 基因频率与基因型频率

如果两个等位基因 A_1,A_2 可以发生在一对染色体的特定位置上,那么将有三种可能的基因型:A_1A_1,A_1A_2 和 A_2A_2.令 N_{11},N_{12} 和 N_{22}依次表示具有每种基因型的生物个体数,则 $N=N_{11}+N_{12}+N_{22}$表示总的群体大小;各种基因型出现的频率依次是:$x=N_{11}/N$,$y=N_{12}/N$,和 $z=N_{22}/N$.易于知道,基因总数是 $2N$,基因 A_1 的总数是 $2N_{11}+N_{12}$,A_2 的总数是 $2N_{22}+N_{12}$,因而基因 A_1,A_2 发生的频率依次是:

$$p=(2N_{11}+N_{12})/2N=x+y/2,$$
$$1-p=(2N_{22}+N_{12})/2N=z+y/2.$$

上式表明,基因频率由基因型频率唯一决定;反之,只有在一定条件下,基因频率才能决定基因型频率.哈代-温伯格定律即是说明基因频率如何决定基因型频率.为讨论方便,下文推导中将区分基因对 A_1A_2 和 A_2A_1,尽管在生物学上二者表示同样的基因型.

2.2 哈代-温伯格定律

记双亲一代等位基因 A_1 的频率是 p,A_2 的频率为 $1-p$,如果假设频率等同于概率,且配子以等概率独立地随机结合,那么子代基因对 A_1A_1,A_1A_2,A_2A_1,A_2A_2 发生的频率分别为: p^2,$p(1-p)$,$(1-p)p$,和$(1-p)^2$. 由此得到基因型 A_1A_1,A_1A_2,A_2A_2 的频率为 p^2,$2p(1-p)$和$(1-p)^2$. 再利用基因型频率得到子代基因 A_1 发生的频率是: $x+y/2=p^2+p(1-p)=p$,这恰是上一代的频率. 由此得到了在一对等位基因条件下的哈代-温伯格定律: 从上一代到下一代,基因频率保持不变;从第一子代起,基因型频率即为

$$x=p^2,\quad y=2p(1-p),\quad z=(1-p)^2.$$

下面考查等位基因多于两个的情况. 设有 n 个等位基因 A_1,A_2,$\cdots$,A_n,它们出现的频率依次为 p_1,p_2,$\cdots$,p_n,基因对 A_iA_j 出现的频率是 p_{ij} $(1\leqslant i,j\leqslant n)$,由于基因 A_i 以等概率出现在有关基因对的第一或第二个位置上,因此

$$p_i=\frac{1}{2}\sum_j p_{ij}+\frac{1}{2}\sum_j p_{ji}.$$

以 p_i' 和 p_{ij}' 表示下一代的相应频率,在配子随机结合假设下,$p_{ij}'=p_ip_j$,因此

$$p_i'=\frac{1}{2}\Big(\sum_j p_{ij}'+\sum_j p_{ji}'\Big)=\sum_j p_ip_j=p_i.$$

由此哈代-温伯格定律表述为:

(i) 从上一代到下一代,基因频率保持不变.

(ii) 从第一子代起,基因型 A_jA_j 的频率是 p_j^2,而杂合基因型 A_iA_j $(i\neq j)$的频率是 $2p_ip_j$.

如果把每一代所有基因构成的集合形象地称做"基因池",则如上定律所刻画的进化过程是极其简单的,由基因频率$(p_1,p_2,\cdots,p_n)$描述的基因池状态一代一代保持不变,由$\{p_{ij}\}$刻画的基因型空间的状态,即基因间的组合规律,经过一代即达到平衡,不再变化.

上面的结论是有条件的,其中用到的一个基本假设是配子的随

机结合，这一假设在很多情况下是正确的，例如海胆直接把配子释放到水中，很多植物利用风力传播花粉，这时配子间的结合确有随机性. 但在有些情况下这一假设并不成立，例如一般而言身材高大的人倾向于寻找高个子的配偶. 此外，如上讨论中等同了频率和概率，只有对于大尺度的总体这样做才是允许的. 上述讨论中也未考虑选择的影响，所研究的是不相重叠的世代. 最后特别应指出：当涉及与性别有关的基因时，上述结论应加以修正，对此请见下一小节.

2.3 基因与性别有关的情况

考虑出现在 X 染色体上的两个等位基因 A_1, A_2. 雌性个体有两个 X 染色体，记第 n 代雌性基因型 A_1A_1，A_1A_2 和 A_2A_2 的频率为 $x(n)$，$y(n)$和 $z(n)$，而以 $p^f(n)$和 $1-p^f(n)$表示第 n 代所有雌性基因中 A_1 和 A_2 发生的频率. 雄性个体只有一个 X 染色体，这是从母亲处得到的，将雄性第 n 代基因 A_1 和 A_2 的频率依次记为 $p^m(n)$和 $1-p^m(n)$. 因为雄性从母亲一方得到 X 染色体上的基因，所以

$$p^m(n+1) = p^f(n). \tag{1}$$

雌性后代的有关基因一个来自父亲，一个来自母亲，再次假设配子随机结合，有

$$\begin{aligned} x(n+1) &= p^f(n)p^m(n), \\ y(n+1) &= p^f(n)(1-p^m(n)) + (1-p^f(n))p^m(n), \\ z(n+1) &= (1-p^f(n))(1-p^m(n)). \end{aligned}$$

利用 $p^f(n+1)=x(n+1)+y(n+1)/2$，得到

$$p^f(n+1) = (p^f(n) + p^m(n))/2, \tag{2}$$

即子代雌性基因频率是双亲基因频率的平均值. 为讨论 n 趋于无穷时的极限性状，由(1)式，只需考虑各代雄性基因频率序列的变化. 由前述诸式，有

$$\begin{aligned} p^m(n+2) &= p^f(n+1) = (p^f(n) + p^m(n))/2 \\ &= (p^m(n+1) + p^m(n))/2. \end{aligned}$$

以 u_n 记 $p^m(n)$，则上式化为

$$u_{n+2} = (u_{n+1} + u_n)/2. \tag{3}$$

这是一个二阶差分方程，当 u_0,u_1 已知时，可由递推对任何的 n 决定 u_n 的值. 为便于理论讨论，以下给出 u_n 的解析表达式. 设 $u_{n+2}=au_{n+1}+bu_n$，利用矩阵向量记号，我们有

$$\begin{bmatrix}u_{n+2}\\u_{n+1}\end{bmatrix}=A\begin{bmatrix}u_{n+1}\\u_n\end{bmatrix},\quad A=\begin{bmatrix}a & b\\1 & 0\end{bmatrix}.$$

矩阵 A 的两个特征值 λ_1,λ_2 满足方程

$$\det(A-\lambda I)=\lambda^2-a\lambda-b=0.$$

若方程的根 $\lambda_1\neq\lambda_2$，则矩阵 A 可对角化，即存在 2×2 矩阵 S，使

$$A=SDS^{-1},\quad D=\begin{bmatrix}\lambda_1 & \\ & \lambda_2\end{bmatrix},$$

$$A^n=SD^nS^{-1},\quad D=\begin{bmatrix}\lambda_1^n & \\ & \lambda_2^n\end{bmatrix}.$$

容易知道

$$\begin{bmatrix}u_{n+1}\\u_n\end{bmatrix}=A\begin{bmatrix}u_n\\u_{n-1}\end{bmatrix}=A^n\begin{bmatrix}u_1\\u_0\end{bmatrix},$$

由此得到

$$u_n=c_1\lambda_1^n+c_2\lambda_2^n,$$

此处 c_1,c_2 是由初值决定的两个常数. (3)式中，a 与 b 均为 $1/2$，由此 $\lambda_1=1,\lambda_2=-1/2$，因而

$$p^m(n)=u_n=c_1+\left(-\frac{1}{2}\right)^n c_2. \tag{4}$$

注意到初始值为 $u_0=p^m(0),u_1=p^m(1)=p^f(0)$，由此解得

$$c_1=\frac{1}{3}[p^m(0)+2p^f(0)],\quad c_2=\frac{2}{3}[p^m(0)-p^f(0)].$$

由(4)式可知，当 $n\to\infty$ 时，$p^m(n)$ 收敛到 c_1，将 c_1 改记为 p，容易看出 $p^f(n)$ 也收敛到 p，因此

$$\lim_{n\to\infty}x(n)=p^2,\quad \lim_{n\to\infty}y(n)=2p(1-p),\quad \lim_{n\to\infty}z(n)=(1-p)^2,$$

即无穷世代后的极限值仍然达到哈代-温伯格平衡；但请注意，在与性染色体无关的情况，这一平衡只需一代时间即可达到.

§3 选择的作用

3.1 选择模型

本节研究选择对生物进化的效果,假设所研究的是一个大的生物群体,因而频率等同于概率.考虑一特定的染色体位置,设有 n 个等位基因,记为 $A_1,A_2,\cdots,A_n$.令 $p_1,p_2,\cdots,p_n$ 为上述基因在双亲一代交配时出现的频率.由配子随机结合假设,受精卵有基因对 A_iA_j 的频率是 p_ip_j.令 w_{ij} 表示具有基因对 A_iA_j 的个体存活到成年的概率,$w_{ij}\geqslant 0$ 称为选择值,它反映了基因对 A_iA_j 对环境的适应能力.显然,$w_{ij}=w_{ji}$,这是因为 A_iA_j 与 A_jA_i 是同样的基因型.因此,选择矩阵 $W=(w_{ij})_{n\times n}$是对称矩阵.

以 N 表示作为新一代生命开始的受精卵数,则 p_ip_jN 是其中具有基因对 A_iA_j 的数目;$w_{ij}p_ip_jN$ 是其中活到成年的部分.由此达到性成熟阶段的个体总数是

$$N\sum_{r,s=1}^{n}w_{rs}p_rp_s,$$

假设这个数不为零.以 p_{ij}' 表示新一代在成熟阶段有基因对 A_iA_j 的频率,则

$$p_{ij}'=w_{ij}p_ip_jN\Big/\sum_{r,s=1}^{n}w_{rs}p_rp_sN,$$

由于 $w_{ij}=w_{ji}$,故 p_{ji}'有相同的表达式.以 p_i' 表示新一代成熟阶段等位基因 A_i 的频率,易知

$$p_i'=\Big(\sum_j p_{ij}'+\sum_j p_{ji}'\Big)\Big/2,$$

由此得到

$$p_i'=p_i\sum_j w_{ij}p_j\Big/\sum_{r,s=1}^{n}w_{rs}p_rp_s. \tag{5}$$

上式描述了从上一代到下一代基因频率的变化,推导过程所依据的基本假设除已明确提到的频率等同于概率之外,尚需以下诸点:

(1) 世代之间是分离的;(2) 配子随机结合;(3) 选择作用由存活概率表达;(4) 只考虑一个染色体位置,不考虑变异等其他效应.

为深入讨论,将以上问题进一步加以抽象.令双亲一代基因池状态由基因频率向量 $\boldsymbol{p}^{\mathrm{T}}=(p_1,p_2,\cdots,p_n)$表示,而相应下一代状态则由$(\boldsymbol{p}')^{\mathrm{T}}=(p_1',p_2',\cdots,p_n')$给出,向量 $\boldsymbol{p}$ 与 $\boldsymbol{p}'$ 均属于集合

$$S_n=\{\boldsymbol{x}=(x_1,x_2,\cdots,x_n)\in\boldsymbol{R}^n:\sum x_i=1,\\ x_i\geqslant 0,i=1,2,\cdots,n\},$$

它是 $\boldsymbol{R}^n$ 中 $n-1$ 维凸集,凸集的顶点是

$$\boldsymbol{e}_i=(0,0,\cdots,0,1,0,\cdots,0),\quad i=1,2,\cdots,n.$$

向量 $\boldsymbol{e}_i$ 中的分量 1 出现在第 i 个位置上.(5)式描述了在选择作用下,一代到一代基因频率向量的变化,形式上我们将其记成

$$\boldsymbol{p}'=T\boldsymbol{p},\tag{6}$$

其中 T 表示由(5)式决定的从 S_n 到 S_n 的映射.在这样的表示下,从状态 $\boldsymbol{p}$ 出发,经过 k 代之后,基因池状态为 $T^k\boldsymbol{p}$.无论从数学上还是从进化论的角度,一个重要的问题是:当 k 充分大,即经过充分长的世代之后,基因池的状态将如何.

数学上,由(6)式所描述的迭代过程,称为一个动力系统;状态序列 $\boldsymbol{x},T\boldsymbol{x},T^2\boldsymbol{x},\cdots$ 称为从点 $\boldsymbol{x}$ 出发的轨道.在动力系统中有重要意义的状态是 $\boldsymbol{x}=T\boldsymbol{x}$,这样的状态称为不动点或平衡点.

3.2 自然选择的基本定理

为书写方便,记

$$(W\boldsymbol{p})_i=\sum_{j=1}^{n}w_{ij}p_j,\quad \boldsymbol{p}^{\mathrm{T}}W\boldsymbol{p}=\sum_{i=1}^{n}p_i(W\boldsymbol{p})_i=\overline{W}(\boldsymbol{p}),$$

注意到 w_{ij} 是反映基因对 A_iA_j 适应能力的选择值,而 p_ip_j 是基因对 A_iA_j 出现的概率,故 $\overline{W}(\boldsymbol{p})$可以看做群体的平均适应能力,或称平均选择值;而$(W\boldsymbol{p})_i$ 则可视为等位基因 A_i 的平均适应能力.利用如上记号,选择基本定理表述为:

定理 3.1 对于由 $p_i'=p_i(W\boldsymbol{p})_i\big/\overline{W}(\boldsymbol{p})$所表示的动力系统

$\boldsymbol{p} \longmapsto \boldsymbol{p}' = T\boldsymbol{p}$，平均选择值沿着轨道是增加的，即

$$\overline{W}(\boldsymbol{p}') \geqslant \overline{W}(\boldsymbol{p}), \tag{7}$$

当且仅当 $\boldsymbol{p}$ 是平衡点时，式中等号成立.

在证明这一定理之前，先来看一下在平衡点基因频率向量的特点. 若 $\boldsymbol{p}$ 是一个平衡点，由定义 $\boldsymbol{p}' = \boldsymbol{p}$，即

$$p_i = p_i(W\boldsymbol{p})_i / \overline{W}(\boldsymbol{p}), \quad i = 1, 2, \cdots, n.$$

这意味着对任何指标 i，或者 $p_i = 0$，或者 $(W\boldsymbol{p})_i = \overline{W}(\boldsymbol{p})$，即所有实际出现的等位基因平均适应能力相等.

现在我们来证明(7)式. 由(5)式，

$$\begin{aligned}(\boldsymbol{p}^{\mathrm{T}}W\boldsymbol{p})^2(\boldsymbol{p}'^{\mathrm{T}}W\boldsymbol{p}') &= (\boldsymbol{p}^{\mathrm{T}}W\boldsymbol{p})^2 \sum_{i,k} p_i' w_{ik} p_k' \\ &= \sum_{i,j,k} p_i w_{ij} p_j w_{ik} p_k (W\boldsymbol{p})_k,\end{aligned}$$

交换指标 j 和 k，

$$\begin{aligned}\text{上式} &= \sum_{i,j,k} p_i w_{ik} p_k w_{ij} p_j (W\boldsymbol{p})_j \\ &= \sum_{i,j,k} p_i w_{ik} p_k w_{ij} p_j ([(W\boldsymbol{p})_j + (W\boldsymbol{p})_k]/2) \\ &\geqslant \sum_{i,j,k} p_i w_{ij} p_j w_{ik} p_k (W\boldsymbol{p})_j^{1/2} (W\boldsymbol{p})_k^{1/2} \\ &= \sum_i p_i \sum_j w_{ij} p_j (W\boldsymbol{p})_j^{1/2} \sum_k w_{ik} p_k (W\boldsymbol{p})_k^{1/2} \\ &= \sum_i p_i \Big[\sum_j w_{ij} p_j (W\boldsymbol{p})_j^{1/2}\Big]^2 \\ &\geqslant \Big[\sum_i p_i \sum_j w_{ij} p_j (W\boldsymbol{p})_j^{1/2}\Big]^2 \\ &= \Big[\sum_j p_j (W\boldsymbol{p})_j^{1/2} \Big(\sum_i p_i w_{ij}\Big)\Big]^2 \\ &= \Big[\sum_j p_j (W\boldsymbol{p})_j^{1/2} \Big(\sum_i p_i w_{ji}\Big)\Big]^2 \\ &= \Big[\sum_j p_j (W\boldsymbol{p})_j^{1/2} (W\boldsymbol{p})_j\Big]^2 = \Big[\sum_j p_j (W\boldsymbol{p})_j^{3/2}\Big]^2 \\ &\geqslant \Big[\sum p_j (W\boldsymbol{p})_j\Big]^{(3/2)\cdot 2} = (\boldsymbol{p}^{\mathrm{T}}W\boldsymbol{p})^3.\end{aligned}$$

如上一串等式与不等式的两端给出：

$$(\boldsymbol{p}^{\mathrm{T}}W\boldsymbol{p})^2(\boldsymbol{p}'^{\mathrm{T}}W\boldsymbol{p}') \geqslant (\boldsymbol{p}^{\mathrm{T}}W\boldsymbol{p})^3, \tag{8}$$

此即表明

$$\overline{W}(\boldsymbol{p}') \geqslant \overline{W}(\boldsymbol{p}).$$

显然，对于平衡点上式等号成立；反之，若上式等号成立，从上述推导过程可知，必须有

$$\left[\sum p_j(W\boldsymbol{p})_j^{3/2}\right]^2 = \left[\sum p_j(W\boldsymbol{p})_j\right]^3,$$

由颜森不等式等号成立的条件，必须要求对一切 $p_j>0$ 的指标 j，有 $(W\boldsymbol{p})_j=$常数，这意味着 $\boldsymbol{p}^{\mathrm{T}}=(p_1,p_2,\cdots,p_n)$是一个平衡点. 定理证毕.

下面对如上内容作两点简单讨论. 首先，选择基本定理告诉我们，生物群体对环境的适应能力是一代一代增加的，且沿着进化轨道向平衡点逼近. 由此自然产生的问题是：平衡点有多少，如何确定. 前面已经说明，向量 $\boldsymbol{p}$ 所代表的点属于集合 S_n，将 S_n 的内部区域记为

$$\mathrm{int}S_n = \{\boldsymbol{p} \in S_n: p_i > 0, i = 1,2,\cdots,n\}.$$

对于一个属于 S_n 内部区域的平衡点，应满足方程

$$(W\boldsymbol{p})_1 = (W\boldsymbol{p})_2 = \cdots = (W\boldsymbol{p})_n,$$

$$p_1 + p_2 + \cdots + p_n = 1.$$

这是由 n 个方程组成的包含 n 个变量 $p_1,p_2,\cdots,p_n$ 的线性代数方程组，由于 W 的不同，在 $\mathrm{int}S_n$ 上，可能发生无解、有唯一解或无穷多解的不同情况，粗略说来，当 w_{ij} 间不存在线性关系时有唯一解. 进而，令 J 是$\{1,2,\cdots,n\}$的一个真子集，记

$$S_n(J) = \{\boldsymbol{x} \in S_n: x_i = 0, \forall i \notin J\},$$

显然 $S_n(J)$是 S_n 的一个边界面；这一集合与 S_n 结构相似，但有较低的维数，如果 $\boldsymbol{p}\in S_n(J)$，容易知道必有 $\boldsymbol{p}'\in S_n(J)$，而且，限定在 $S_n(J)$上的映射 $\boldsymbol{p}\longmapsto\boldsymbol{p}'$仍由(5)式确定，只不过除去了 $i\notin J$ 的分量，因而可类似地在 $S_n(J)$上讨论平衡点. 类似于对 $\mathrm{int}S_n$ 的讨论，可知当 W 满足一定条件时，在每一 $S_n(J)$内部只有一个平衡点. 考虑

所有的 $S_n(J)$，可以得到属于 S_n 的全部平衡点. 特别应指出：S_n 的每一角点，即每一单位向量 $\boldsymbol{e}_i$ 均是一个平衡点. 当所有平衡点均为孤立点时，不同的轨道将趋向于不同的平衡点. 这表明在同样的选择因素作用下，不同的物种依据自身的遗传特性，将会有完全不同的进化方式，反映了生物适应环境方式的多样性.

为对上述模型有一个更具体的概念，下面进一步讨论只有两个等位基因的简单情况. 在此情况下，只需一个参数 p，利用 $p_1=p$ 和 $p_2=1-p$ 即可表示基因频率 p_1,p_2，由此(5)式所定义的[0,1]区间上的动力系统可以表示为：

$$p' = F(p) = \frac{a_1}{a_1 + a_2},$$

式中

$$a_1 = p(w_{11}p + w_{12}(1-p)), \quad a_2 = (1-p)(w_{12}p + w_{22}(1-p)).$$

此时平均适应能力 $\overline{W}(p)$ 的表达式为：

$$\begin{aligned}\overline{W}(p) &= a_1 + a_2 \\ &= p^2[(w_{11}-w_{12})+(w_{22}-w_{12})] - 2p(w_{22}-w_{12}) + w_{22}.\end{aligned}$$

此时可以直接研究相继两代 p 的变化，即

$$p' - p = \frac{p(1-p)}{2\overline{W}(p)} \frac{\mathrm{d}}{\mathrm{d}p}\overline{W}(p),$$

由上式可知，不动点只能是区间[0,1]的端点及 $\overline{W}(p)$ 的极值点，此时有以下几种可能：

1. 当 $w_{12}=(w_{11}+w_{22})/2$ 时，属于退化情况. 此时 $\overline{W}(p)$ 是 p 的线性函数；如果 $w_{11}=w_{22}=w_{12}$，则 $\overline{W}(P)=w_{22}$ 为常数，选择不起作用，p 的任何取值都对应一平衡点；反之当 $\overline{W}(p)$ 有非零斜率时，p 收敛到 0 或 1，即最后进化到具有高适应性的同型结合的基因型.

2. 当 $w_{12}\neq(w_{11}+w_{22})/2$ 时，$\overline{w}(p)$ 是抛物线，极值点为

$$\bar{p} = (w_{22}-w_{12})/[(w_{11}-w_{12})+(w_{22}-w_{12})],$$

此时又可进一步划分为以下不同情况：

(i) 若 $(w_{11}-w_{12})(w_{22}-w_{12})\leqslant 0$，即 w_{12} 界于 w_{11} 和 w_{22} 之间，则 $\bar{p}\notin[0,1]$，所有状态空间中的轨道最终收敛到[0,1]区间具有最大

$\overline{W}$ 值的一个端点，此时生物群体中最终取得支配地位的，是具有高适应能力的同型结合的基因型（包括 $w_{12}=w_{11}$ 或 $w_{12}=w_{22}$ 时，一个等位基因处于支配地位的情况在内）.

(ii) 若 $\bar{p}\in[0,1]$，还可有两种可能性：(a) 当 $w_{12}>w_{11}$ 和 $w_{12}>w_{22}$ 时，即杂合基因型有优势的情况；由 $\overline{W}(p)$ 的表达式易知，在此情况下 $\overline{W}(p)$ 在 $\bar{p}$ 有极大值. (b) 其他情况下，$\overline{W}(p)$ 在 $\bar{p}$ 取极小. 对于任何一种情况，由前述可知，从 $(0,\bar{p})$ 和 $(\bar{p},1)$ 中出发的任何轨道，都向 $\overline{W}(p)$ 增大的方向前进，又由于轨道的连续性，它们都不可能越过 $\bar{p}$，因而必须各自保持在原来的区间内. 因此(a)，(b)两种情况分别给出如图 11.4 右面两图所示的进化路径. 对于情况(a)，当达到平衡时，两种等位基因都存在；而在情况(b)，由于初始条件的不同，最终只剩下一种基因. 图 11.4 最左一幅是情况(i)的图示.

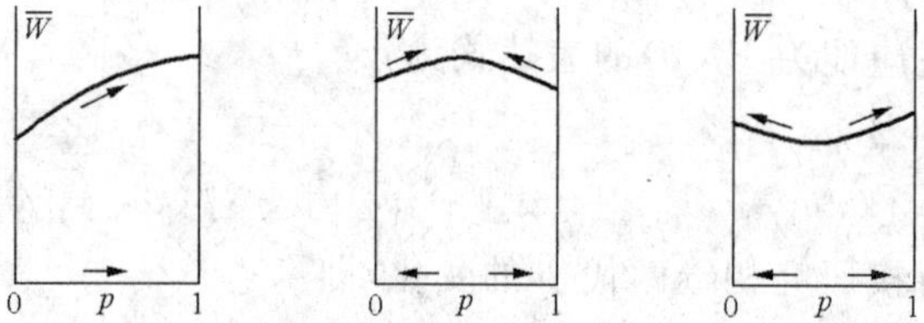

图 11.4

上述生物群体进化过程的数学模型还可进一步复杂化，可将变异等因素考虑在内，得到若干有意义的结论. 对此不再详述，有兴趣的读者可参阅本章的主要参考文献[1]. 下面简单介绍由生物进化过程所启示，近年来引起注意的遗传算法.

§4 遗传算法

本节介绍遗传算法，这是一种优化或者说搜索方法，在某种意义上，它是“仿生学”在数学领域的直接应用. 就作者所知，到目前为止，该方法的有效性尚未有严格的数学论证；然而该算法却日益引起了各方面的注意，这是因为在实践上这一算法已有成功的实例，无论是在科学与工程计算，还是在商业以及社会科学领域都已发表了相当数量应用遗传算法的研究报告. 下面我们仅仅通过一个例子，介绍该算法最简单然而也是最基本的形式，以说明该算法的特点.

所讨论的例题是：在区间[0,31]上，求使函数 $f(x)=x^2$ 达到极大的整数值. 为解决这一问题，遗传算法按以下步骤进行：首先在[0,31]范围内按某种分布，比如均匀分布，随机抽取 n 个整数，作为一个例子，无妨取 $n=4$；将抽取到的四个整数分别记为 $x_1^1, x_2^1, x_3^1, x_4^1$，同时将它们用二进制编码表示. 在我们的例子中，每个数只需五个二进位. 例如：

$$x_1^1 = 01101, \qquad x_2^1 = 11000,$$
$$x_3^1 = 01000, \qquad x_4^1 = 10011.$$

计算函数值 $f(x_i^1) \equiv f_i^1 (i=1,2,3,4)$，然后按以下步骤反复循环，假设当前是第 n 个循环.

1. 繁殖(reproduction)：对已有的四个整数值 $x_i^n (i=1,2,3,4)$ 分别赋予概率 $p_i^n = f(x_i^n) \Big/ \sum\limits_j f(x_j^n)$；利用上述概率，对这四个整数进行四次有放回的随机抽取，产生四个新的整数，记为 $\tilde{x}_i^n (i=1,2,3,4)$. 显然，概率大的数有更大的机会被抽中. 本例的一种可能结果是：

$$\tilde{x}_1^n = 11000, \qquad \tilde{x}_2^n = 10011,$$
$$\tilde{x}_3^n = 11000, \qquad \tilde{x}_4^n = 01101.$$

2. 杂交(crossover)：将 $\tilde{x}_i^n (i=1,2,3,4)$ 随机结合成两组，每组两个数；对每一组再进行一次随机抽样，以等概率从 1,2,3,4 中选取一个数 m. 假设在上述例子中恰恰 $\tilde{x}_1^n=11000$，$\tilde{x}_2^n=10011$ 分为一组，随机抽取得 $m=3$，那么将由二进制表示的 $\tilde{x}_1^n$ 与 $\tilde{x}_2^n$ 从最低位开始的后三位互换，得到两个新的二进制整数，记为 $\hat{x}_1^n, \hat{x}_2^n$. 对另外一组数可类似处理，假设另一组抽得 $m=2$，这样得到了四个新的整数，结果是：

$$\hat{x}_1^n = 11011, \qquad \hat{x}_2^n = 10000,$$
$$\hat{x}_3^n = 11001, \qquad \hat{x}_4^n = 01100.$$

3. 变异(mutation)：将杂交得到的四个二进制数，每个数每个二进位进行一次随机抽样，以一个小概率 p，例如 1/1000 将该位取反，即由 0 变 1，由 1 变 0；以概率 $1-p$ 保持该位数字不变. 这样得到的四个新数记为 $x_i^{n+1}(i=1,2,3,4)$，计算它们的函数值 $f(x_i^{n+1})(i=1,2,3,4)$，回到步骤 1.

可以事先规定一个最大允许循环次数，以使计算得以终结，而以计算过程中达到最大函数值的 x_i^n 作为所要的解. 这就是最简单形式的遗传算法.

这一算法也可用于求解旅行推销员问题，本章参考文献[2]中包括对一小规模此类问题应用遗传算法的实验结果及编码技巧，然而其工作量仍然是很大的，结果并不优于模拟退火型的随机优化方法. 从上述中可以看出，遗传算法实际是一种搜索方式，对那些标准数学方法难以奏效的问题，给出了一种处理办法. 文献[2]的作者曾以此方法解决过天然气管线的优化设计与其他工程问题，并由于在遗传算法领域的工作获得美国总统青年奖.

与传统算法相比，遗传算法有以下特点：

1. 在求解过程中，遗传算法考虑一个可行解的集合，或者说解的"群体"，而不是一个单一的解.

2. 遗传算法要求对有关数据用适当的编码表示，计算过程中包含有与编码有关的运算操作.

3. 对解的搜索由概率抽样来完成，在某种意义上说来，搜索是"盲目"的，不需要对问题本身的机制有所掌握.

4. 算法是对有选择的生物进化过程的模拟.

对遗传算法及其应用更为详细的介绍与讨论，可参见本章参考文献[2]和[3].

参考文献

[1] Hofbauer J & Sigmund K. The Theory of Evolution and Dynamical Systems. Cambridge (England): Cambridge Univ. Press, 1988.

[2] Goldberg D E. Genetic Algorithms in Search, Optimization, and Machine Learning. Reading (Mass): Addison-Wesley Publishing Company Inc., 1988.
[3] 徐宗本,李国.解全局优化的仿生类算法(I).运筹学杂志,1995,14(2):1—13.

第十二章 生态学中的微分与差分方程模型

生态学研究有机体和生存环境间的关系，特别是研究不同种群间的相互作用. 就其研究内容而言，它可划分为三个不同水平：生理生态学、群体生态学和生态系统研究. 其中群体生态学以生物种群的增长及不同种群间的相互作用为其研究内容，例如人口的增长，不同生物群体间的相互依存、竞争或排斥关系. 在有关的研究中，数学模型起着重要作用，它不仅揭示了许许多多生态学的奥秘，而且对于20世纪自然科学的重大突破之一，即混沌现象的发现与认识做出了重要贡献. 下面仅就有关的模型做一简要介绍.

§1 两种不同的人口模型

我们首先讨论如何利用数学模型研究人口变化的规律. 人口数只能取离散的整数值，然而，为了以微积分作为工具，我们假设人口数随时间连续变化，并且进一步假设对时间可微分. 这种处理方式是允许的，因为全体人口总量极大，任何时刻的少量人口变化与总数相比极其微小，故无妨视人口为连续量. 对此有疑虑的读者可考虑一下电子计算机数系，机器中实际出现的数是离散的，但相邻数的间隔十分小，因此我们一般认为机器可以连续地表示实数.

英国人口学家马尔萨斯(Malthus)于1798年提出了人口增长的指数模型，其基本假设是：单位时间内人口增加的数量与当时人口数成正比，且比例系数为常数，或者说任何时刻人口的净增长率 r (出生率减去死亡率)是常数. 以 $x(t)$ 表示 t 时刻的人口数，记 $t=0$ 时的人口数为 x_0，则依据上述假设，有

$$x(t+\Delta t)-x(t)=rx(t)\Delta t,$$

两端除以 Δt，再令 Δt 趋于零，得到

$$\begin{cases} \dfrac{\mathrm{d}x(t)}{\mathrm{d}t} = rx(t), \quad r = 常数 > 0, \\ x(0) = x_0. \end{cases}$$

易知，如上方程的解为

$$x(t) = x_0 \exp(rt).$$

上式表明，人口随时间将按指数形式增长，这种增长当然是人类无法承受的. 实际上，如上模型只与 19 世纪以前的欧洲人口统计资料相吻合，而与 19 世纪后的统计数据有相当大的差异，其原因在于：模型中忽略了资源与环境对人口增长的限制. 当把这一因素考虑在内时，荷兰数学家沃哈斯特(Verhulst)于 1845 年提出了如下的 Logistic 模型.

将马尔萨斯模型中 r 为常数的假设加以修正，将其视为人口数 x 的函数，由于资源与环境对人口增长的限制，$r(x)$应是 x 的减函数，特别是当 x 达到某一最大允许量 x_m 时，应有净增长率 $r(x)=0$，当人口数 x 超过 x_m 时，应当发生负增长. 基于如上想法，可令

$$r(x) = r\left(1 - \frac{x}{x_m}\right), \quad r = 常数,$$

由此导出的微分方程模型是

$$\begin{cases} \dfrac{\mathrm{d}x(t)}{\mathrm{d}t} = r\left(1 - \dfrac{x}{x_m}\right)x(t), \quad r = 常数 > 0, \\ x(0) = x_0. \end{cases}$$

易于解出

$$x(t) = \frac{x_m}{1 + \left(\dfrac{x_m}{x_0} - 1\right)\mathrm{e}^{-rt}}.$$

在这一模型下，人口数不会爆炸性增长，且无论初值 x_0 大于还是小于 x_m，当时间趋于无穷时，人口数均以 x_m 为极限. 当对模型中出现的参数适当加以选择时，可利用这一模型预测未来的人口数. 实际上除人口外，Logistic 模型还可用来讨论一般生物种群的变化规律，并可用于其他领域，例如研究化学动力学.

§2 沃尔泰拉(Volterra)弱肉强食模型

上节讨论了由单一方程给出的人口模型,本节则介绍一个由一常微分方程组描述的生物种群间的相互作用模型——弱肉强食模型.第一次世界大战期间,奥地利与意大利间的敌对状态造成了亚得里亚海捕鱼业的破坏与停滞,战后发现亚得里亚海中以小鱼为食物的大鱼密度高于正常水平.为什么停止捕捞有利于大鱼密度的上升,这一问题引起了意大利数学家沃尔泰拉的兴趣,他的研究导致了如下模型.

以 $x(t)$表示 t 时刻小鱼密度,即单位体积中的小鱼数,$y(t)$代表相应的大鱼密度.先考虑小鱼密度的变化规律.如果不存在大鱼,类似于马尔萨斯人口模型,假设小鱼密度的净增长率为一常数 $a>0$.当有大鱼存在时,由于大鱼捕食小鱼,使得小鱼的净增长率下降,这一下降的速率正比于 $y(t)$,其比例系数设为另一常数 b,由此小鱼密度满足方程

$$\dot{x}/x = a - by \quad (a,b>0). \tag{1}$$

类似的考虑导致大鱼密度方程

$$\dot{y}/y = -c + dx \quad (c,d>0). \tag{2}$$

式中系数 c,d 前的符号与小鱼方程系数 a,b 的符号相反,这是因为当不存在小鱼时,大鱼由于没有食物而死亡,因而数量下降.下面对由方程 $\dot{x}$ 与 $\dot{y}$ 组成的常微分方程组进行分析.

容易看出,如上方程组有三组特定的解,即

(i) $x(t)=y(t)=0$.

(ii) $x(t)=0, y(t)=y(0)\exp(-ct) \quad (\forall\, y(0)>0)$.

(iii) $y(t)=0, x(t)=x(0)\exp(at) \quad (\forall\, x(0)>0)$.

在 Oxy 平面上,对应不同的初值 $x(0)$和 $y(0)$,这三组解的轨道构成区域 $\boldsymbol{R}_+^2=\{(x,y)\in\boldsymbol{R}^2: x\geqslant 0, y\geqslant 0\}$的边界.将上述区域的内部记为 $\mathrm{int}\boldsymbol{R}_+^2=\{(x,y)\in\boldsymbol{R}^2: x>0, y>0\}$,由常微分方程组解的存在唯一定理,不同的积分轨道不能相交,所以初值点在 $\mathrm{int}\boldsymbol{R}_+^2$ 内的积

分轨道永远保持在同一区域内，不能越过它的边界．在这一区域内，存在唯一一组不随时间变化的平衡解，它可由令 $\dot{x}=\dot{y}=0$ 解得，即

$$\bar{x}=c/d,\quad \bar{y}=a/b.$$

在 Oxy 平面上，过点 $(\bar{x},\bar{y})$ 分别作平行于 x 轴与 y 轴的直线，这两条直线把区域 $\mathrm{int}\boldsymbol{R}_+^2$ 划分为四个部分，如图 12.1 所示．如果所讨论的方程组存在有如图中封闭轨线所表示的周期解，那么由轨线上任何一点相对于点 $(\bar{x},\bar{y})$ 的位置，不难知道该点 $\dot{x}$，$\dot{y}$ 的符号，由此知道这样的周期轨道是逆时针方向旋转的，即周而复始的从区域Ⅰ经由Ⅱ进入Ⅲ再进入Ⅳ，然后回到Ⅰ…．以下说明这样的周期解是确实存在的．

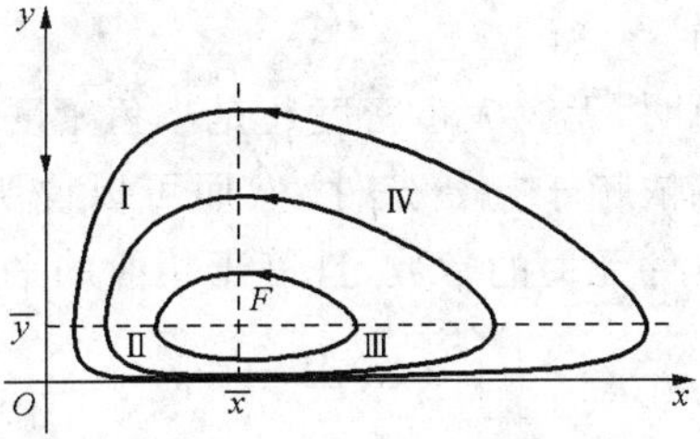

图　12.1

将方程(1)乘以 $c-dx$ 与(2)乘以 $a-by$ 相加，整理后得到

$$\frac{\mathrm{d}}{\mathrm{d}t}(c\ln x-dx+a\ln y-by)=0.\tag{3}$$

注意到 $\bar{x},\bar{y}$ 的值，令

$$H(x)=\bar{x}\ln x-x,\quad G(y)=\bar{y}\ln y-y,$$
$$V(x,y)=dH(x)+bG(y),$$

则(3)式化为

$$\frac{\mathrm{d}}{\mathrm{d}t}V(x(t),y(t))=0,$$

或者等价地有

$$V(x(t),y(t))=\text{常数},$$

即定义在 $\mathrm{int}\boldsymbol{R}_+^2$ 上的函数 V 沿方程组(1)和(2)的任何一条轨道取常数值，这一常数称为运动常数．

因为函数 $H(x)$满足

$$\frac{\mathrm{d}H}{\mathrm{d}x}=\frac{\bar{x}}{x}-1,$$

$$\frac{\mathrm{d}^2H}{\mathrm{d}x^2}=-\frac{\bar{x}}{x^2}<0,$$

所以 $H(x)$在点 $x=\bar{x}$ 达到极大,类似可知函数 $G(x)$在点 $y=\bar{y}$ 达到极大,由此函数 $V(x,y)$唯一的极大值在平衡点$(\bar{x},\bar{y})$达到. 还可说明沿从平衡点$(\bar{x},\bar{y})$出发的任何一条射线,$V(x,y)$单调下降,因而集合$\{(x,y)\in \mathrm{int}\boldsymbol{R}_+^2 : V(x,y)=$常数$\}$是围绕平衡点的闭曲线. 由于 $\mathrm{int}\boldsymbol{R}_+^2$ 内的任何一组解必须保持在 $V(x(t),y(t))$等于常数的集合上,因此随着时间的推移,解的代表点必然回到它的初始位置,因而轨道一定是周期的.

如上的讨论说明,无论大鱼密度还是小鱼密度都是周期振荡的,而且振幅与频率都依赖于初始条件. 然而可以说明: 密度的时间平均值则是与初始条件无关的常数,且等于相应的平衡值,即

$$\frac{1}{T}\int_0^T x(t)\mathrm{d}t=\bar{x},$$

$$\frac{1}{T}\int_0^T y(t)\mathrm{d}t=\bar{y},$$

此处 T 是解的周期. 这一结论可按下述方式说明: 由

$$\frac{\mathrm{d}}{\mathrm{d}t}(\ln x)=\frac{\dot{x}}{x}=a-by$$

积分,有

$$\int_0^T\frac{\mathrm{d}}{\mathrm{d}t}\ln x(t)\mathrm{d}t=\int_0^T(a-by(t))\mathrm{d}t,$$

即

$$\ln x(T)-\ln x(0)=aT-b\int_0^T y(t)\mathrm{d}t.$$

因为 $x(T)=x(0)$,上式给出

$$\frac{1}{T}\int_0^T y(t)\mathrm{d}t=\frac{a}{b}=\bar{y}.$$

类似地可以讨论 $x(t)$的平均值.

利用上述结果，沃尔泰拉说明了战争期间大鱼密度上升的原因.捕捞的效果是降低小鱼的生殖率，提高大鱼的死亡率，因此当考虑捕捞时，如上模型中的系数应当调整，方程(1)中的 a 应由 $a-k$ 代替，k 是某一正数，而(2)中的 c 则应代之以 $c+m$，m 也是正数，而系数 b,d 反映大小鱼间的相互作用，故保持不变.与这组系数相对应，大鱼平均密度变为 $(a-k)/b$，即低于停止捕捞时的值，小鱼平均密度变为 $(c+m)/d$，高于停止捕捞时的值.这样就说明了停止捕捞将使大鱼密度上升，小鱼密度下降.

如上讨论可适用于较(1)和(2)更为实际的描述生态活动的方程组，类似的讨论启示我们，要谨慎地使用那些无选择性的农药.因为这些农药既杀死害虫，也杀死害虫的天敌，产生类似捕捞鱼群的效果，使得虫口密度相对于天敌密度上升，就此而言，这样施用农药的效果是值得怀疑的.

如上模型在一定近似意义下描写了某些生态系统，实际上只要对方程适当加以修正，还可讨论生物种群间更复杂的共生、竞争或排斥关系，特别是，可以讨论种群数大于二的沃尔泰拉方程组.当种群数为二时，这一方程组可能展示的所有情况可在理论上分类；然而对于高维情况，很多问题仍有待解决.数值模拟表明，即使只有三个种群时，即可能产生某种混沌运动：即随着时间流逝，方程组的解表现出极不规则的奇异行为，而且对初值高度敏感，因而不可能对解的长期行为作出预报.下面利用一个更为简单的生态学模型，说明什么是混沌.

§3 Logistic 差分模型

本节讨论与 Logistic 微分方程模型类似的差分模型.生态学中最简单的系统之一是那些只在一定季节中生存，没有世代重叠的群体，例如庄稼或果园中的害虫.以 N_n 表示这样一个群体第 n 代的数量，生态学往往以如下的简单模型决定其下一代的值，即令

$$N_{n+1}=N_n(a-bN_n), \tag{4}$$

其中 a,b 为两个适当的非负常数. 读者容易看出构造如上模型与构造 Logistic 微分方程模型所遵循的类似思想，因此(4)式称之为 Logistic 差分方程模型. 当 $b=0,a>1$ 时，(4)式表明虫口随世代指数增长，其增长行为类似于马尔萨斯人口模型. 当 $b\neq 0$ 时，N_{n+1} 是 N_n 的二次式，有一个峰值，当 a 增大时，峰值上升. 为便于从数学上研究这一模型，做变量替换 $x=bN/a$，将(4)化为如下标准形式：

$$x_{n+1} = ax_n(1-x_n). \tag{5}$$

下面讨论由(5)式所描述的生物种群的演化过程，这一模型将会展示与 Logistic 微分模型完全不同的性质. 在数学上，(5)式表示从 x_n 到 x_{n+1} 的一个离散映射，或者说决定了一个离散动力系统. 为行文方便，以下简称 x_n 为第 n 代虫口数.

一位受过数学训练的生物学家罗伯特·梅(R. May)对上述模型作了认真研究，他对不同的 a 值考查(5)式给出的序列 $\{x_n\}$. 今天已经知道，这一简单模型具有极其复杂的动力学行为，它已成为混沌研究的一个典型对象，下面对有关内容做一简略介绍.

容易看出，无论 $a>1$ 取任何值，若在某一时刻 x_n 大于 1，那么由(5)式给出的迭代值将随 n 的增长趋于 $-\infty$，这意味着种群灭绝. 另一方面，因为 x_n 表示第 n 代虫口数，它是不应该取负值的，因此我们只讨论 $x_n\in[0,1]$ $(n=1,2,\cdots)$ 的情况.

再来考虑参数 a 取值范围. 当 $x_n\in[0,1]$ 时，若 $0\leqslant a\leqslant 1$，则无论初始值如何，对(5)式给出的迭代，$x_n\to 0$ $(n\to\infty)$. 当 $a>4$ 时，对 $x_n=1/2$ 有 $x_{n+1}>1$. 因此参数 a 真正有意义的范围是 $1<a\leqslant 4$，此时(5)式表示从[0,1]到自身的映射.

下面研究(5)式表示的从 x_n 到 x_{n+1} 的映射，先考查 $1<a\leqslant 3$. 在这一参数范围内，对每一 a 值，$x_n=0$ 及 $x_n=1-1/a$ 是两个不动点，所谓映射 $y=F(x)$ 的不动点是指满足条件 $x^*=F(x^*)$ 的点 x^*. 依据导数 $F'(x^*)$ 的绝对值小于或大于 1，可以区分稳定与不稳定的两类不动点. 这是因为若假设 $F(x)$ 连续可导，对于临近 x^* 的任何 x，有

$$F(x)-x^{*}=F(x)-F(x^{*})=\left.\frac{\mathrm{d}F}{\mathrm{d}x}\right|_{x=c}\cdot(x-x^{*}),$$

$$c\in(\min(x,x^{*}),\max(x,x^{*})).$$

当 x^{*} 为稳定不动点时，$|F'(x^{*})|<1$，由连续性，只要 x 充分靠近 x^{*}，$F'(c)$ 的绝对值也必然小于 1，故迭代值 $F(x)$ 比初值 x 更靠近 x^{*}. 这表明即使初始值与 x^{*} 有小的偏差，只要偏差足够小，历次迭代的结果仍将收敛到该不动点. 反之，对于不稳定的不动点，只要初值不精确地落在该点上，则无论初始偏差多么小，迭代值将越来越远离该点. 将上述论证用于 Logistic 差分方程(5)，可知两个不动点中只有 $x^{*}=1-1/a$ 是稳定的.

现在考虑参数范围 $3<a\leqslant 1+\sqrt{6}$. 对应这一区间内的任一 a 值，0 与 $1-1/a$ 都是不稳定不动点，然而此时有新的现象发生. 取任意初值 x_0 进行迭代，当 $n\to\infty$ 时，由(5)式给出的序列趋向于在两个点

$$x_1^{*},x_2^{*}=(1+a\pm\sqrt{(a+1)(a-3)})/(2a)$$

之间振荡，这两个点满足

$$\xi=F(F(\xi)),\quad \xi\neq F(\xi).$$

对于一个动力系统 $T: X\to X$，如果存在正整数 $k>1$ 和 $x\in X$，使得 $T^{k}x=x$，但 $T^{j}x\neq x(j=1,2,\cdots,k-1)$，则称 x 为一个 k 周期点. 因此 x_1^{*},x_2^{*} 是(5)式所表示的系统之二周期点. 如果把 $a\leqslant 3$ 时唯一的稳定不动点看做周期一的解，那么当参数值跨越 $a=3$ 时，模型系统的稳定解由周期一变为了周期二，这是一个一分为二的过程，参数值 $a=3$ 是一个分支点，跨越这一参数值，系统性质发生突变. 系统性态随参数发生这一变化的原因可由图 12.2 加以解释.

以 $F(x_n)$ 表示(5)式右端的函数关系，那么从第一代虫口数 x 出发，第三代虫口数为 $F(F(x))=F^{(2)}(x)$. 易知 $F^{(2)}(x)$ 是个四阶多项式，在 1/2 处有一局部极小，在 1/2 的左和右，对称地各有一局部极大. 除 0 点外，第一象限分角线与 $F^{(2)}$ 有一交点 x^{*}，当 $1<a<3$ 时，这一交点是唯一的，它满足条件 $x^{*}=F(x^{*})=F^{(2)}(x^{*})$，它就是 $F(x)$ 的不动点 $x^{*}=1-1/a$. 由复合函数微分法则，$F^{(2)}$ 在点 x^{*} 的导数为

$$\frac{\mathrm{d}}{\mathrm{d}x}F^{(2)}(x^*)=\frac{\mathrm{d}F}{\mathrm{d}x}(x^*)\cdot\frac{\mathrm{d}F}{\mathrm{d}x}(x^*)=(2-a)^2,$$

由此可知,当 $0<a<3$ 时,x^* 也是 $F^{(2)}$ 的稳定不动点,但当 $3<a<4$ 时,这一不动点失稳,此时 $F^{(2)}$ 的图形与分角线还在另外的两点 x_1^* 与 x_2^* 相交,这两点是 $F^{(2)}$ 的不动点,且满足

$$F(x_1^*)=x_2^*,\quad F(x_2^*)=x_1^*.$$

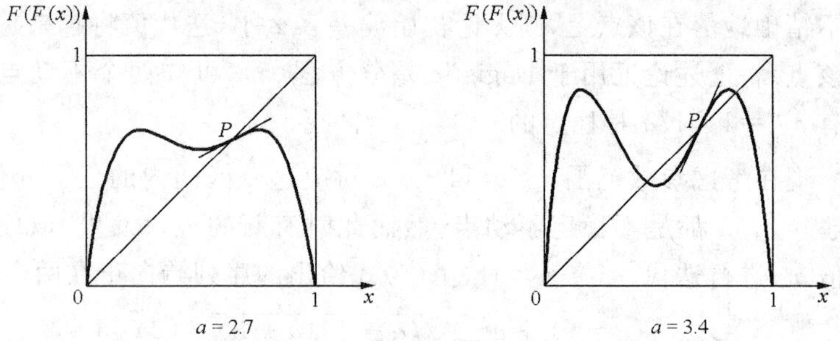

图 12.2

在 Logistic 差分模型中所出现的周期振荡是可以理解的:对于 Logistic 微分方程模型,人口对时间的导数随人口数连续变化,而在差分模型中下一代虫口数则由上一代虫口数决定,即对变化的控制有时间为一个世代的延迟,这一延迟可以导致虫口的"过度"增长或下降,即其数值从平衡点的一侧跳到另一侧,因此可以造成不衰减的周期振荡.

可以说明,当 a 的值跨越 $1+\sqrt{6}$时,新的分支现象发生了,原来的周期为二的解失稳,出现了周期为四的解,有四个稳定的四周期点;也就是说,类似于 $a=3$ 处的一分为二,发生了二分为四的分支现象.进而,当 a 的值继续增长时,将继续依次发生四分为八,八分为十六……的一系列分支现象,相应出现周期为 $2^3,2^4,\cdots\cdots$ 的一系列周期点.下面表格列出的是前八次分支的情况及与分支点参数 a 有关的值.

n	分支情况 2	a_n	$(a_n-a_{n-1})/(a_{n+1}-a_n)$
1	1 分为 2	3.000000	—
2	2 分为 4	3.449489	4.7514
3	4 分为 8	3.544090	4.6562
4	8 分为 16	3.564407	4.6682
5	16 分为 32	3.568759	4.6687
6	32 分为 64	3.569691	4.6691
7	64 分为 128	3.569891	4.6692
8	128 分为 256	3.569934	4.6692

如上的分支过程如图 12.3 所示. 这一系列的分支点 $a_1, a_2, \cdots$ 当下标趋于无穷时有一极限值 $a_\infty=3.569945672\cdots$. 当参数 a 取这一值时,系统的稳态解"周期"为 2^∞,有无穷多个"周期"点. 实际上,无穷周期不是周期解,现行的说法是,当参数连续变化达到 a_∞ 时,系统经由倍分支途径进入"混沌"状态. 混沌态既不是一个不动点,也不是一个周期解,它是一个"奇怪吸引子".

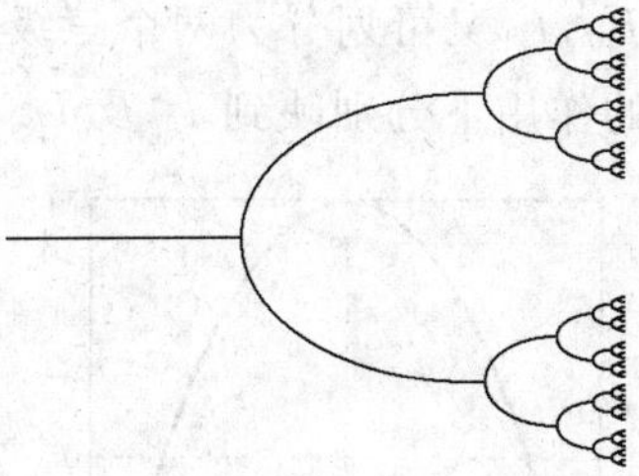

图 12.3

上述过程还有一个引人注目的特点,即

$$\lim_{n\to\infty}\frac{a_n-a_{n-1}}{a_{n+1}-a_n}=\delta \tag{6}$$

存在,且 $\delta=4.669201609$,这个值称为费根包姆(Feigenbaum)常数,它对于那些由单峰映射确定的动力系统是"普适"的,也就是说,当这些系统经由倍分支途径进入混沌时,按(6)式得到的极限值都是 δ,因此它和 π,e 一样是有特殊意义的常数.

参数 $a_\infty<a\leqslant 4$ 的范围,一般称为混沌区,混沌区中系统性态随

参数的变化更为复杂，但该区域同时也具有十分重要的结构. 混沌区中，所有整数周期的轨道均会出现，同时还有不可数的非周期轨道. 为了解更具体的情况，有兴趣的读者可参看有关书籍，例如本章主要参考文献[2]，[3]，此处不再叙述. 下面仅就 $a=4$ 时，映射(5)的性质做一简单研究，此处的讨论在数学上是不够严格的，但有助于理解什么是混沌.

当 $a=4$ 时，(5)式等号右端所表示的抛物线极大值达到 1. 将自变量的取值范围[0,1]划分为

$$I_0 = [0,1/2] \quad 及 \quad I_1 = [1/2,1]$$

两个子区间，(5)式将每个子区间一一地映到[0,1]上，称这两个子区间为一级子区间. 令 $q=(1-1/\sqrt{2})/2$，将 I_0 进一步分解为两个二级子区间 $I_{00}=[0,q]$，$I_{01}=[q,1/2]$，则(5)式将这两个子区间依次映到 I_0 及 I_1. 类似地，将 I_1 分解为

$$I_{10} = [1-q,1], \quad I_{11} = [1/2,1-q]$$

两个二级子区间，它们也被(5)依次映到 I_0 及 I_1（见图 12.4）. 进而，每一个区间 I_{00}，I_{01}，I_{10}，I_{11} 又可划分为两个三级闭子区间，它们在连续两次映射，即 $F^{(2)}$ 的作用下分别映到 I_0 及 I_1.

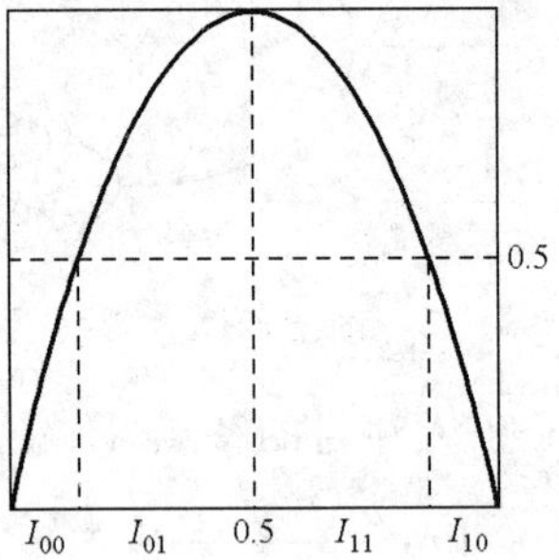

图 12.4

递归地重复以上手续 n 次，可以得到 2^n 个 n 级闭子区间，每个这样的子区间在映射 $F^{(n)}$ 的作用下映到区间[0,1]. 由此又可得到 2^{n+1} 个 $n+1$ 级闭子区间.

为标识各级闭子区间，采用了特定的符号系统，每个 n 级闭子区

间由 n 个二进制位表示，其意义举例说明如下. 取 $x\in I_{0101}$，如果在逐次映射中，它的像不被映到 0，那么将有 $x\in I_0$，$F(x)\in I_1$，$F^{(2)}(x)\in I_0$，$F^{(3)}(x)\in I_1$. 可以说明，对于给定的任何有限或无限二进制序列，我们一定可以找到点 x，使之在参数 $a=4$ 的映射(5)连续作用下，按照给定顺序依次访问区间 I_0 或 I_1.

从上述讨论还可知道，[0,1]区间上的任何两个点无论如何接近，对于充分大的 n，必将分属两个不同的 n 级闭子区间. 因此，当 $a=4$ 时，在(5)式的连续映射下，只要这两个点不被映射到 0 或 1，它们最终就会有完全不同的命运，也就是说，小的初始差异将导致迥然不同的最终结果. 实际上，任何初值点只能在一定精度下给定，因此我们无法预知迭代映射的长期行为. 请注意，此处我们还完全没有考虑计算中舍入误差的影响. 由此可知，发生混沌运动时，存在有这样的初值点，它的历次迭代值保持在有界范围内，但从不重复地由一个值跳到下一次的值，尽管这一过程由一确定性映射决定，然而在外貌上与随机运动无法区分. 这是一种发人深思的现象.

对混沌现象的这一简单讨论，蕴涵着极为深刻的内容. 它至少告诉我们：就其本质而言，“可计算”的事物并不等于是“可预报”的，长时间内的确定性运动与随机运动可以是无法区分的，特别是一个极为简单的递归关系，竟然包含有分支、混沌等极为复杂的运动方式.

再次指出，上述对于 Logistic 差分模型的数学介绍是极其简略的，映射(5)的动力学行为远较我们的简单描述复杂，有一系列重要的现象及理论此处均未涉及. 如欲深入了解有关内容，除阅读有关文献及书籍外，我们转述罗伯特·梅的建议：每个学生都应当使用一个计算器，计算一下 Logistic 差分方程. 这些看似简单的计算，会使你受益无穷.

最后，我们说明上述讨论对生态学以至更一般对数学建模的意义. 罗伯特·梅的研究解决了 20 世纪 70 年代生态学家中的一个根本性争论，即生物群体的变化规律到底是有序的，受调节和稳定的，还是可能发生离奇古怪的变化. 在生态学中早已积累了大量资料，记录了多种多样的不规则变化，长期以来它们没有得到合理的解释. 例如在流行病学中，众所周知，很多疾病以周期形式发生，而周期可以规则也可以不规则，诸如麻疹，水痘或小儿麻痹的发病率都是时而上升时而下降. 梅认识到这一类情况均可由非线性模型再现. 尽管简单数学模型只是自然界真实规律“漫画”式的描述，但它们的确给了理论生物学一个强大的推动力，对于那些看来杂乱无章、无法理解的生态学与流行病学数据，从混沌的观点开始理解了其中隐含的意义.

如上的模型绝不限于描述生态学问题，例如它还可用来研究经济学中某种商品购买人数的变化，或者社会学中不同社会结构下谣言传播的规律，当把 x_n 视为经过 n 个时间单位学习后掌握的信息量，同一映射还可从理论上说明学习的规律，具有想象力的读者还会发现同一模型的更多解释.

如上模型在数学上也很重要，混沌现象的发现与研究极大地推动了数学理论的发展与应用，事实上混沌研究已成为当今科学界的中心课题，可以视为 20 世纪以来最为重大的科学进展之一，它甚至影响了人类对世界的整体看法.

从上述讨论还应得到一个重要启示，即不要忽视简单模型. 实际上，简单模型可以产生复杂现象，蕴涵深刻内容. 反之，复杂模型应当遵循简单基本规律，后者实际是一切科学研究的前提.

在结束本节前，还要做两点较为具体的说明：

1. 生态学中类似(5)式的另一简单模型是

$$x_{n+1} = x_n \exp(r(1 - x_n)),$$

其中 r 是一正参数. 考虑 $x_n > 0$ 的范围，当 x_n 的值低于 1 时，种群密度指数增长，高于 1 则指数衰减. 当 r 从 0 变化到 ∞ 时，上述模型与 Logistic 差分模型有类似的性状. 此处参数 r 的变化范围无界，但当 r 足够大时，x_n 的迭代值终将非常接近于零，实际意味着种群灭绝. 事实上，对于 $x_{n+1} = F(x_n)$，只要 $F(x)$ 是单峰函数，都有与 Logistic 差分模型类似的动力学行为.

2. 请注意上述 Logistic 微分模型与差分模型性质上的显著差异. 二者都是一阶的，但差分模型包含了更为丰富的内容.

§4 捕获鲑鱼的最有效方法

Logistic 差分模型是一个一阶差分方程，它已具有十分复杂的动力学行为. 如果一个生态系统由两个彼此偶合的一阶差分方程所描述时，可以预期，它将产生十分有趣的现象. 下面就来考虑 1985 年美国大学生数学建模竞赛中的一个有关问题.

原来的问题是这样的：自然界中有的动物群体生活在资源有限的环境下，即具有有限的食物、生存空间和水，等等. 要求参赛者选择一种鱼类或一种哺乳动物（例如北美矮种马、鹿、兔、鲑鱼、带条纹的欧洲鲈鱼等）以及一个能够获得所需数据的生存环境，制订一种获取该种动物的最佳方案. 一组获得优胜的参赛者讨论了其生命过程在湖与海两种不同环境下度过的洄游鱼类——鲑鱼，现将他们的建模思想及处理方法简单转述如下，详细内容请见本章主要参考文献[4].

鲑鱼幼年时期生活在淡水河湖中，二至四岁期间迁徙到海中，在那里继续生活二至四年，成熟后洄游到淡水产卵，产卵期后的成年鱼迅速死亡. 捕捞只在洄游过程中进行.

为建立一个描述鲑鱼种群数量变化的数学模型，参赛者将鲑鱼生命过程视为由两种不同环境组成的封闭系统，将河湖与海中的鱼群视为两个种群，二者的数量由迁徙与洄游规律相关联，并由与存活率有关的参数加以控制. 所涉及的参数如下表，由于与问题的定性讨论无关，此处略去了具体数值.

参数	意义
k_1	卵被孵化为湖鱼的百分数
k_2	河湖中的鱼存活到下一年的百分数
k_3	每年未向海洋迁徙的湖鱼百分数
k_4	海中鱼群的年死亡率
k_5	每年洄游产卵的海鱼百分数
k_6	向海迁徙的鱼群存活率
r_b	一条雌鱼每年产卵期所产卵数

采用离散时间，连续两个时刻的间隔为一年，以符号 L_t 和 O_t 依次表示第 t 年湖中与海中的鱼数. 由前述可知，第 $t+1$ 年湖中鱼的数量，等于由 $(L_t k_2)k_3$ 表示的上一年存活下来且未向海洋迁徙的鱼数加上此期间由卵孵化的幼鱼，即加上 k_1 乘以所产卵数；此外还应考虑湖的自然资源限制决定了鱼群的最大数量 $L_{\max}$，湖中鱼数超过这一数值越多，死亡率越大且上升越快，但鱼数稍大于这一值时，死亡率只稍有增加，引入指数项 $\exp[1-(L_t/L_{\max})^2]$模拟这一死亡效应. 上述诸项的表达方式隐含了迁徙、孵化与死亡均为瞬间完成的假设.

对海洋环境的建模方式是类似的. 海洋中第 $t+1$ 年鱼数等于前一年活下来的数目，减去洄游产卵鱼数 $O_t(1-k_4)k_5$，还要加上从湖中游来且存活的鱼数 $(1-k_3)k_6 L_t$. 假设海洋具有无限资源，对鱼群繁殖无约束.

离开海洋向河湖洄游的鱼群是可以捕捞的. 洄游鱼的数量表示为 $k_5(1-k_4)O_t$，减去捕捞数后，剩下的雌鱼可以产卵，假设剩下的鱼中雌雄各 1/2，每条雌鱼产卵数为 r_b，由此每年所产总卵数为 $r_b(k_5(1-k_4)O_t-$捕捞数$)/2$，而捕捞数的确定则取决于所采用的捕捞策略. 一种便于数学处理的捕捞策略是假设捕捞量与可捕鱼数成正比，以字母 E 表示捕捞强度，$0\leqslant E\leqslant 1$，强度为 E 时每年的捕捞量为 $k_5(1-k_4)E\cdot O_t$.

综上所述，得到如下描写湖鱼与海鱼数量变化的差分方程组：

$$L_{t+1}=[k_2k_3L_t+k_1k_5(r_b/2)(1-k_4)(1-E)O_t]\cdot\exp[1-(L_t/L_{\max})^2],$$

$$O_{t+1}=(1-k_3)k_6L_t+(1-k_4)(1-k_5)O_t.$$

为简化方程，引入新参数，即令

$$\alpha_1=k_2k_3,\qquad \alpha_2=k_1k_5(r_b/2)(1-k_4),$$

$$\alpha_3=(1-k_3)k_6,\qquad \alpha_4=(1-k_4)(1-k_5).$$

再以 $L_{\max}$ 为单位，作变量替换

$$U_t=L_t/L_{\max},\quad V_t=O_t/L_{\max},$$

则如上方程组化为

$$U_{t+1} = [\alpha_1 U_t + \alpha_2(1-E)V_t]\exp(1-U_t^2),$$
$$V_{t+1} = \alpha_3 U_t + \alpha_4 V_t. \tag{7}$$

首先考虑差分方程组(7)的平衡解,即方程组

$$U = [\alpha_1 U + \alpha_2(1-E)V]\exp(1-U^2),$$
$$V = \alpha_3 U + \alpha_4 V$$

的解. 从第二个方程立即可以得到

$$V = \alpha_3 U/(1-\alpha_4),$$

将其代入前一方程,得到

$$U\left[\left(\alpha_1 + \frac{\alpha_2(1-E)\alpha_3}{1-\alpha_4}\right)\exp(1-U^2) - 1\right] = 0.$$

由此容易得到两组平衡解,一组是平凡的,即 $V_s=0$,$U_s=0$. 另一组解是

$$U_s = \sqrt{1+\ln\left(\alpha_1 + \frac{\alpha_2(1-E)\alpha_3}{1-\alpha_4}\right)},$$

$$V_s = \frac{\alpha_3}{1-\alpha_4}\sqrt{1+\ln\left(\alpha_1 + \frac{\alpha_2(1-E)\alpha_3}{1-\alpha_4}\right)}.$$

需要关心的是平衡解是否稳定,为解决这一问题,采用以下处理方法: 将(7)式记为

$$U_{t+1} = F_1(U_t, V_t),$$
$$V_{t+1} = F_2(U_t, V_t),$$

再将 F_1 与 F_2 在点(U_s, V_s)做泰勒展开,有

$$U_{t+1} - U_s = \left.\frac{\partial F_1}{\partial U_t}\right|_{(U_s,V_s)}(U_t - U_s) + \left.\frac{\partial F_1}{\partial V_t}\right|_{(U_s,V_s)}(V_t - V_s) + \text{高阶项},$$

$$V_{t+1} - V_s = \left.\frac{\partial F_2}{\partial U_t}\right|_{(U_s,V_s)}(U_t - U_s) + \left.\frac{\partial F_2}{\partial V_t}\right|_{(U_s,V_s)}(V_t - V_s) + \text{高阶项}.$$

引入向量记号 $Z_t = (U_t - U_s, V_t - V_s)^{\mathrm{T}}$,略去高阶项,得到线性化了的方程组

$$Z_{t+1} = \begin{bmatrix} \dfrac{\partial F_1}{\partial U} & \dfrac{\partial F_1}{\partial V} \\ \dfrac{\partial F_2}{\partial U} & \dfrac{\partial F_2}{\partial V} \end{bmatrix}_{(U_s,V_s)} \times Z_t = AZ_t.$$

容易知道，系数矩阵 A 由诸参数 $\alpha_i(i=1,2,3,4)$ 及 E 所决定. 如果对于一组参数，系数矩阵有模大于 1 的特征根，则显然相应的平衡解是不稳定的；反之，若所有特征根的模均小于 1，则所讨论的平衡解必然稳定. 当 $\alpha_i(i=1,2,3,4)$ 给定之后，矩阵特征根只是捕捞强度 E 的函数，我们可以 E 为自变量，画出相应矩阵 A 特征根之模的图形. 图 12.5 与图 12.6 就是本章参考文献[4]中给出的，当参数 $\alpha_1=0.335,\alpha_2=0.10,\alpha_3=0.033,\alpha_4=0.01$ 时，与零解及非零平衡解对应的，A 的特征根之模随 E 变化的示意图.

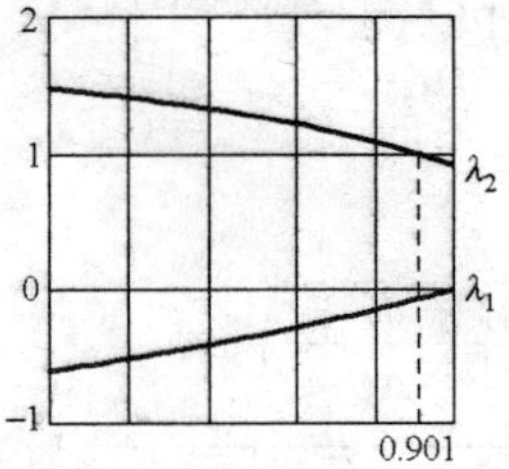

图　12.5

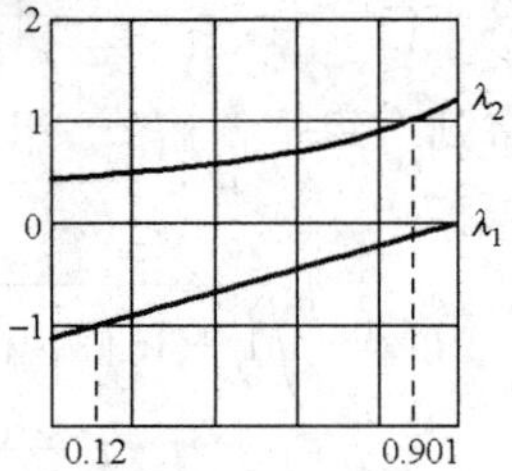

图　12.6

从对解的稳定性分析可得以下结论：

1. 在 $E=0.12$ 临近，有一个分支点，当捕捞强度低于分支值时解在两个状态间振荡. 这种现象是不难解释的：当捕捞强度过低时，湖中的鱼过量繁殖超过了自然资源允许的最大值，因而造成第二年湖鱼数大大降低，但由于过量繁殖鱼群的迁徙，第二年的海鱼数则大大增加了，这就引起了第三年湖中新孵化的幼鱼数急剧上升，这就形成了周期振荡.

2. 当 $0.12<E<0.901$ 时，非零平衡解是稳定的，零解不稳定. 零解不稳定的原因是捕捞强度没有达到极限，因而总会有孵化的幼鱼到达湖中.

3. 当 $0.901<E$ 时，只有零解稳定，这是过度捕捞的结果.

最后讨论最佳捕捞强度的确定. 当捕捞强度为 E 时，对于非零平稳解年捕鱼量为

$$Y=k_5(1-k_4)EO_s=k_5(1-k_4)L_{\max}EV_s,$$

由 V_s 表达式可知，为得到稳定的最大年捕获量，应当选择 E 使函数

$$Y_1 = E^2\left[1+\ln\left(\alpha_1+\frac{\alpha_2\alpha_3(1-E)}{1-\alpha_4}\right)\right]$$

极大. 为此，利用极值的必要条件，令函数 Y_1 对 E 的导数为零，导致如下超越方程

$$\left[1+\ln\left(\alpha_1+\frac{\alpha_2\alpha_3(1-E_{\text{opt}})}{1-\alpha_4}\right)\right]-\frac{E_{\text{opt}}\alpha_2\alpha_3/2}{\alpha_1(1-\alpha_4)+\alpha_2\alpha_3(1-E_{\text{opt}})}=0,$$

由数值方法得到 $E\approx 0.623$.

另一种捕捞方案是规定每年捕捞量为一常数 Y_0，此时应对上述模型进行相应的修改，但修改后的差分方程无法得到平衡解的解析表达式，故相继的讨论只能以数值方式进行.

原来的参赛者除对问题进行理论讨论外，还作了大量数值计算，数值结果支持有关的理论.

参考文献

[1] Hofbauer J and Sigmund K. The Theory of Evolution and Dynamical Systems. Cambridge (England): Cambridge University Press, 1988.

[2] May R M. Simple Mathematical Models with very Complicated Dynamics. Nature, Vol. 261, June 10, 1976. p. 459.

[3] Devaney R L. An Introduction to Chaotic Dynamical Systems. San Francisco: The Benjamin/Cummings Publishing Co. Inc. 1985.

[4] Anthony J, Frohme M, Ramey J and Haberman R. An Effective Method for Harvesting Salmon. Mathematical Modelling, Vol. 6, 512—524, 1985.

[5] 朱照宣. 非线性动力学中的混沌. 力学进展, 1984, 14(2): 129—145.

第十三章　有关传染病发生与防治的几个模型

§1　引　　言

在历史上的各个时期，鼠疫、天花、肺结核等恶性疾病的流行都曾严重威胁过人类的生存，直至当代，这种威胁从未停止过. 2003年，非典型性肺炎(SARS)疫情的爆发极大地影响了我们正常的社会生活，在此之后，联合国有关组织又宣称：艾滋病(AIDS)的传播是比恐怖主义更为严重的事情. 由于这些传染病的严重危害，人们一直在利用各种手段、通过各种方法，探寻它们的传播途径、传染规律，试图找出有效的预防和治疗方案，以便减少损失，控制或完全消灭它们. 尽管这一目标还十分遥远，而且，完全消灭某种病毒，可能是不现实的.

在各种可能的研究方法之中，为传染病的发生模式建立数学模型是一种独特的方法. 它是生物数学，尤其是医学生物学的重要课题之一. 其目的是研究疫病流行的时空规律、探索对各种因素，特别是药物与不同防疫手段的评价，寻找可供实际应用的途径，估计疾病的严重程度，等等. 这是一个既有理论趣味又有重大实际价值的课题，至今已有大量文献，提出了各种不同的模型. 各种模型的差异首先来自于所论问题本身的差异，它首先与所研究的传染病本身特点有关. 例如，病程的长短、是否有潜伏期、发病率与年龄有无关系、传染途径、能否获得后天免疫能力、死亡率等因素. 针对问题的特点不同，所建立的数学模型自然不同. 例如：对于流行时间较短的疾病可以忽略人口出生的影响，研究性病的传播至少要分别考虑男女两个不同人群的健康与发病情况，而对于麻疹等疾病则需在人群中引入年龄结构. 另一方面，作为科学研究的一般规律，我们往往遵循由简到繁、由易到难的原则. 即首先只考虑疾病流行与防治中的最主要因素，建立数学上相对简单的模型,然后再引入更多的特点,建立较为复杂的模型,讨论更多的细节.例如,开始时,如果只关心传染病是否能够流行,可以只讨论染病与健康人数随时间的变化,建立简单的常微分方程模型,进而,再讨论疾病传播的时空规律和其他特点.此处需要强调的是:不要小视简单模型,下文的叙述将表明,简单模型往往能对问题的理解给出极其重要的启示,这已不只一次地被历史所证实.

还要说明的是:下文讨论的模型不仅适用于对疾病流行模式的研究,它们还可以用于更广泛的场合.例如稍加修改或重新解释之后,就可利用类似模型探讨某种时尚的流行方式,谣言与小道消息的扩散规律、甚至某种赌博方式或者某种新型毒品的传播过程.本节的讨论主要遵循文献[1],[2]中莫瑞(J. D. Murray)所提供的线索.

§2 一个简单的经典模型

此处首先介绍于1927年即已提出的虽然简单但有价值的柯马克-麦肯瑞希(Kermack-Mckendrich)模型.所讨论的不是具体特定的疾病,模型的基本假设考虑了一般传染病的共有特点,它可归纳为以下几个方面:首先假设该种疾病是可传染的,但感染者不必然死亡,既可恢复健康,也可能去世;再假设包括对该种疾病有免疫能力和已死亡的个体数在内,所考虑的群体总个体数不变;进而将这一总体划分为三类:可被感染的健康人群,其人数或人口密度记为S,染病者群体,人数或密度记为I,第三个群体的人数或密度用R表示,它既可以包括得病后复原,并获得终身免疫能力的幸运者,也可包括染病后被与外界完全隔离的人,还可包括死亡的病人.总之,这一类型中的个体不再与S和I中的个体发生关系,他们可被理解为从整个群体中除掉的部分.这样的模型称为SIR模型.它既可以简化为SI模型,也可进一步细化为SEIR模型,后一模型把总体分为四部分,除上述三类外,用符号E表示已感染了疾病但还处于潜伏期的人群.显然,在SIR模型的基本假设下,无论何时,三类人群的个体或密度总数为常数,记为N.为确定起见,不妨将S,I,R均理解为是相应类型的人口数.数学模型所要解决的基本问题是：当整个人群中突然出现了由少数被感染者组成的群体 I 时，随时间的进展，情况如何变化？感染者群体 I 的人数是不断下降，最终完全消失，还是首先上升，然后在增长到极大值后再下降.我们把后一种情况理解为疫情发生了扩散，即有流行性传染病发生.

为给出具体模型，进一步假设：任何时刻群体 S 中健康人被感染的机会正比于他们与染病群体 I 中个体接触的次数多少与时间长短，任何时刻健康人群与染病人群可能的接触次数用 SI 表示，接触单位时间新增加的感染人数记为 rSI，r 是一个比例系数，作为一个参数它的数值表示任何时刻一次单位时间接触健康人染病的比例，显然 $r>0$.这种假设背后隐含了健康人和感染者是均匀混合的.这并不适合任何传染病.例如：诸多性传染病的传播只限定在两性接触的情况.另一个模型假设是：初始时刻 $R=0$，此后不断增长，且任何时刻 R 类个体数的增长正比于当时 I 类的人数，即表示为 aI，$a>0$ 是另一个比例系数，表示任何时刻 R 类的增长率，即单位时间一个染病者康复或死亡的可能；由此 $1/a$ 可以视为一个染病个体从感染时刻起，属于 I 类的时间长度的度量，即或者获得终身免疫，或者死亡的时间长度.在下面的讨论中，我们还忽略了疾病的潜伏期.在这些假设下，利用守恒关系，容易得到如下的微分方程组：

$$\frac{\mathrm{d}S}{\mathrm{d}t}=-rSI,\quad \frac{\mathrm{d}I}{\mathrm{d}t}=rSI-aI,\quad \frac{\mathrm{d}R}{\mathrm{d}t}=aI;$$

$$S(0)=S_0>0,\quad I(0)=I_0,\quad R(0)=0.$$

现在的问题是：对给定的参数值 r,a 和初值 S_0,I_0，问传染病可否扩散开来？从如上方程组中 I 所满足的要求可知，当 $t=0$ 时，若要求

$$\left[\frac{\mathrm{d}I}{\mathrm{d}t}\right]_{t=0}=I_0(rS_0-a)<0,$$

必须 $S_0<\rho=a/r$，即只有在 $S_0<a/r$ 条件下，在 $t=0$ 时刻群体 I 的个体数才是下降的；这意味着感染人数减少.再结合方程组中 S 所应满足的要求，易知 S 永远是非增的，即永远有 $S(t)\leqslant S_0$，把这一点用于 I 所满足的方程可知传染病不能流行的条件是

$$\frac{\mathrm{d}I}{\mathrm{d}t}=I(rS-a)\leqslant 0,\quad \forall t\geqslant 0.$$

上式中的等号只能在 $I=0$ 时达到. $S_0<a/r$ 的条件将使传染病最终完全被消灭. 反之,如果 $S_0>a/r$,那么在 $t=0$ 时刻感染人数就要增加,即存在时刻 $t>0$,使 $I(t)>I_0$. 在这个意义上,我们认为传染病将流行开来. 但应指出,由于 S 随时间永远是下降的,因此即使在传染病流行的情况下,I 也不可能永远上升. 当假设 $R(0)=0$ 时,I_0 从满足条件 $S_0+I_0=N$ 的初值开始随时间上升,而 S 持续下降;当 S 下降到 $S(t)=a/r$ 时,感染群体的人数 $I(t)=I_{\max}$ 达到极大,此后转为随时间下降,且必有 $I(t)\to 0(t\to\infty)$. 也就是说,在如上的模型中,感染者群体最终一定消亡.

从上面的讨论可知,$\rho=a/r$ 是一个重要的临界值,当 $S_0>\rho$ 时,传染病会流行,而 $S_0<\rho$ 时则没有疫情发生. 如果记 $C_r=rS_0/a$,我们来看一看它的意义. 注意: rS_0 表示初始时刻单位时间内一个染病者所能传染的人数,即新发病的人数;而 $1/a$ 是一个感染者存活的时间,或更确切地说进入 R 类之前,仍然属于染病群体的时间. 因此 C_r 表示一个最初的感染者在他"离去"前使群体 I 增加的新人数目,或者说,由他传染的新发病人数. 如果这个数为 1,那么由于作为传染源的最初感染者的"离去",群体 I 的人数将不发生变化. 而 $C_r>1$ 则意味着感染群体人数上升,即有传染病流行;相反的情况则意味疫情衰减,最终将被消灭. 由此可以看出,C_r 是一个至关重要的量. 称之为"感染者再生速率". 在实际问题中,它的决定可能是十分困难和复杂的.

从 C_r 的意义可以得到防止传染病流行的三种主要途径: 一是为使 C_r 尽量减小,应降低易感染健康人群的初始密度 S_0,以使 $C_r<1$. 为做到这一点,可采用多种方式: 例如免疫接种是十分有效的方法. 一个典型例子是接种牛痘,它已使人类免受了天花之害;对麻疹、小儿麻痹等多种疾病,免疫接种都可使发病率大大降低,在某些发达国家甚至消灭了相应的疾病. 对此处所讨论的不考虑潜伏期的数学模型而言,降低 S_0 的方法还包括疏散疫区大城市的人口,避免大型

公共集会,等等. 减少 C_r 的另一途径是减少 r,即降低传染率. 降低传染率的措施是多种多样的,例如对健康人群而言,可用多种措施加强个人防护,隔离患病个体,注意环境卫生,保持空气清新,等等;避免疫情发生的第三个途径是提高患病群体的死亡率,这听起来荒谬,但确实是一个可以采用的有效方法. 例如:禽流感是人与动物的共患疾病,当其发生时,将疫区养殖的所有家禽全部捕杀,就是这样的手段.

在如上的讨论中,疫情是否发生的标准是:存在时刻 $t>0$,使 $I(t)>I_0$,但未考虑疫情的严重程度. 然而,患病人群的数量 $I(t)$ 会达到一个最大值 $I_{\max}$,如果 I_0 与 $I_{\max}$ 非常接近,那么即使疫情扩散,新增的感染人数和疫病流行的时间都不会很大,即疫情并不严重. 因此,在有疫情流行时,我们还需要一个衡量疫情严重程度的指标;显然,最大感染人数 $I_{\max}$ 就是这样一个可用的参数.

为得到 $I_{\max}$ 的表达式,将模型中 I 与 S 的方程两端相除得到

$$\frac{\mathrm{d}I}{\mathrm{d}S}=-\frac{(rS-a)I}{rSI}=-1+\frac{a}{rS}=-1+\frac{\rho}{S},$$

在 (I,S) 平面上,积分上式,得到

$$I+S-\rho\ln S=\text{常数}=I_0+S_0-\rho\ln S_0.$$

注意 $R(0)=0$,$I_0+S_0=N$,而且 $\forall\, t>0$,$0\leqslant S(t)+I(t)\leqslant N$. 从 $\frac{\mathrm{d}I}{\mathrm{d}S}$ 的表达式还可以知道,I 作为 S 的函数在 $S=\rho$ 达到极大值 $I_{\max}$. 利用 I 作为 S 函数的表达式,不难得到

$$I_{\max}=\rho\ln\rho-\rho+I_0+S_0-\rho\ln S_0=N-\rho+\rho\ln\left(\frac{\rho}{S_0}\right).$$

这个量可以弥补仅考虑发病人数上升就判定疫病流行的不足之处.

表征疫情严重程度的另一指标是从 $t>0$ 开始到 $t=\infty$ 的所有已感染或曾被感染的人数. 注意到三类群体的总人数永远为常数 N,而 $I(\infty)=0$,故只需得到 S_∞,即可得到全部曾被感染者的数目,即

$$I_{\text{全部曾被传染者}}=I_0+S_0-S_\infty.$$

式中 S_∞ 的值可按下述方式计算:

从最初模型出发,容易知道

$$\frac{dS}{dR} = -\frac{S}{\rho}.$$

由此解出 $S=S_0\exp(-R/\rho)$. 显然 $0<S_\infty\leqslant N$. 再次注意 $I(\infty)=0$,有

$$S_\infty = S_0\exp\left(-\frac{R_\infty}{\rho}\right) = S_0\exp\left(-\frac{N-S_\infty}{\rho}\right).$$

从这一关系解出 S_∞,就可得到全部曾经感染过疫病的人数.

如上判断传染病是否发生的模型是最基本、最简单的,然而,它已经可以对若干与疫情发展和防治有关的重要问题提供启示. 这样的模型当然可以从多方面被改进. 正如前文已指出的:随疾病特点和传染途径的不同,所考虑的种群类别应进一步细化;对持续时间较长的疾病还应考虑种群正常的繁殖与死亡;不同的传染途径也会影响方程中感染人数时间变化率的表达,等等. 对这些问题我们都不再叙述,下面我们转向讨论一个比上述仅考虑疫情随时间变化的模型更为复杂,然而仍保持相对简单,但考虑了疫病同时在时间与空间中传播的模型.

§3 传染病在时空中的传播

3.1 描述传染病发生的偏微分方程

上文给出了一个最基本的数学模型,它是一个常微分方程组,描述当有传染病出现时,易感染健康群体 S、已感染群体 I 和第三个群体 R 的人数随时间的变化,它不涉及疫情如何在空间,即在染病地域间的扩散. 然而,传染病随时间在不同地域间的传播无疑是一重要问题,下面我们建立一个仍然是相对简单的模型,但此模型不仅考虑时间变化,还要考虑疫情发展的空间特征.

假设某种恶性传染病在某一地区开始出现,在现有的医疗水平下,感染者没有治愈的可能,不可避免地在短期内死亡. 我们将该地区的居民划分为两部分,一为已感染人群,另一为虽无免疫能力但尚未感染的人群. 分别以 $I(x,t)$,$S(x,t)$表示他们在 t 时刻空间 x 点处

的群体密度，即该地区 t 时刻在 x 点临近的单位面积内已感染和未感染的居民数. 为简单起见，此处可假设区域是一维的，即假设 $-\infty < x < \infty$. 用以下偏微分方程组描写疫病在地域间随时间的传播，它们是

$$\frac{\partial S}{\partial t} = -rIS + D\nabla^2 S,\quad \frac{\partial I}{\partial t} = rIS - aI + D\nabla^2 I. \tag{1}$$

构造这一模型的思想与上一节基本相同，但现在任何群体的密度不仅仅是时间的函数，还与空间位置有关，因而与前一模型不完全相同. 首先，任何一点上未感染人口密度的时间变化率现在由两部分组成：一部分仍是由于与已染病者接触所造成的健康人口密度下降，这一项与上节一样，仍由 $-rIS$ 表示，但现在变量 I 与 S 不仅与时间 t 有关，同时还随空间变量 x 变化；r 仍是刻画该种疾病传染能力的参数，另一部分则来自于人口迁移，或者说扩散对群体密度造成的影响，这是前节模型没有的部分，用 $D\nabla^2 S$ 表示，其中 D 是扩散系数. 本模型还假设两类群体迁移活动的强度是一样的，即在 I 的方程中，相应的项类似表示为 $D\nabla^2 I$；对 I 的方程而言，与 S 方程的差别在于疾病的传播造成 $I(x,t)$ 的增长，这反映在 rIS 项取＋号上，此外 I 的方程中还多出一项 $-aI$，它表示单位时间内由染病所造成的被感染群体人口密度的下降. 其中参数 a 现在表示死亡率. 而 $1/a$ 可视为染病者的平均寿命.

为使问题相对简单，还假设 $t=0$ 时刻在未发生过疫病的区域内，未感染群体密度是一样的 $S=S_0$，即种群密度是均匀的，而已感染人口初始密度分布 $I=I(x,0)$ 有紧支集，即在局部范围内有感染者出现. 还假设初始时刻两个变量都是 x 的连续函数. 我们关心的问题是，在这样的条件下，此种疾病是否会随时间在地域间蔓延.

在解决如何判定传染病随时间将在地域间流行的问题之前，我们先来讨论另一个必须首先处理的重要问题，即如何将上述方程组无量纲化.

任何一个表示客观规律的数学等式或方程，不仅意味着两端的数值相等，而且要求两端使用同样的计量单位. 对此方程(1)也不例外. 注意，方程(1)中的量 S,I 以及参数 r,D,a 与所采用的计量单位

有关，单位不同时数值将不同. 例如 rS 的数值表示 t 时刻 x 地点单位时间内一个感染者所能传染的人数，那么所谓的"单位时间"是多长呢？显然时间单位不同，r 的数值应不同. 参数 r 的值将随时间单位变化. 这种情况对数学讨论是不利的. 一方面，计量单位变化时，所涉及的量和常数要调整；一方面，由于可采用不同单位制的原因，很难比较不同参数的数量大小关系，因此也无法简单地依据参数大小，判断各自对问题的重要性. 解决这一问题的方法是将方程无量纲化.

所谓"无量纲化"并不是物理量没有单位，而是针对手头的具体问题，选择具有典型意义的量，即此问题的"特征量"作为同种物理量的单位. 由此出发，对问题中的常量及变量适当加以变换，使变换后的量是"无量纲"的，即为纯粹的"数". 更确切地说，这个"数"实际表示它是本问题相应特征量的"倍数". 为说明这一点，我们具体讨论方程(1)的无量纲化. 注意方程中出现的量 I,S 有相同量纲，初始时刻在未曾感染区域内均匀分布的无免疫能力的未感染人口密度 S_0 可以作为种群密度的一个特征量. 再选定对问题有典型意义的时间和长度，作为问题的特征时间 t 及特征长度 l. 为方便，以下用符号 $[y]$ 表示量 y 的量纲，从参数 r, a, D 的实际意义可知，$[r]=[t]^{-1}[S_0]^{-1}$，$[a]=[t]^{-1}$，$[D]=[l]^2[t]^{-1}$. 由此可通过如下变换将问题中出现的所有常量和变量无量纲化，即令

$$I^* = \frac{I}{S_0},\quad S^* = \frac{S}{S_0},\quad t^* = rS_0 t,\quad x^* = \left(\frac{rS_0}{D}\right)^{1/2} x,\quad \lambda = \frac{a}{rS_0}.$$

此时 $I^*, S^*, t^*, x^*, \lambda$ 都是无量纲量. 在(1)中作相应的变量替换，不难得到由无量纲量表示的方程组. 为书写简单，仍然略去 $*$ 号，有

$$\frac{\partial S}{\partial t} = -IS + \frac{\partial^2 S}{\partial x^2},\quad \frac{\partial I}{\partial t} = IS - \lambda I + \frac{\partial^2 I}{\partial x^2}. \tag{2}$$

对变换后的方程组，方程两端仅仅表示数量相等，无须考虑所用的单位. 我们还发现，对变换后的方程，$S_0=1$，且方程组(1)中原来包括三个参数 r,a,D，而无量纲方程中参数只有一个，即 λ，这唯一的参数也是无量纲的，即是一个纯数. 这无疑是无量纲化的一大优点，它大大简化了问题的数学讨论. 在其他问题中无量纲化还会显示出更

多的好处. 例如：当特征量选定之后，参数的单位也就选定，因而数值不再随意. 这使得有可能根据它们的量级决定取舍，忽略某些表示非主要因素的项，使问题大大简化.

无量纲化的本质在于：针对具体问题选择最贴切的度量单位. 这并不是什么奇特的想法. 事实上，任何通用的物理单位，都是涉及一个具体问题的特征量. 例如：时间单位"小时"、"分"、"秒"，都与地球环绕太阳运动的周期有关，而长度单位"米"最初则是通过穿越法国巴黎的地球子午线长度来定义. 用这些"通用"的计量单位讨论一切问题，显然不是最方便、最恰当的选择.

3.2 传染病是否在地域间传播的判定方法——方程行波解的存在

此处首先要考虑的问题是：在什么样的条件下，局部地区出现的传染病会在整个空间传播开来. 直观上说来，最初有限范围内的疫情如果随时间在空间中传播，那么在疫区与非疫区间应该存在一个陡峭的界面，这一界面随时间以一定速度向非疫区移动. 界面前方疫情尚未影响之处，S 与 I 保持初值，健康人群密度 $S(x,t)=S_0=1$，染病人群密度 $I(x,t)=0$. 然而对严重的疫病，邻近界面处健康人群的密度即急剧下降，染病人数急剧上升，直至延续一段适当的时间之后，由于病人的死亡才使染病人口密度下降，最终活下来的健康人口密度达到稳定. 如果模型假设在界面经过的所有各点上一切条件都是均匀的，可以合理地设想，疫区与非疫区的界面始终以一个恒定速度传播，而波面通过的任何地点，健康人口密度始终单调下降，而染病人群密度 $I(x,t)$ 随时间变化的形态也都是一样的. 数学上，这种情况可以由方程组(2)的一个形态不变的行波解 $I(z)$，$S(z)$ 来描写，即问在什么条件下，方程组(2)有形如

$$I(x,t)=I(z),\quad S(x,t)=S(z),\quad z=x-ct$$

的解，当然它们都还必须是非负函数；c 是一个待定常数，表示传染病"波"在地区间推进的速度. c 的正负，表示波是从左向右还是从右向左，即沿 x 轴正向传播还是相反. 这样的解存在时，意味着疫病可

以流行开来.反之,行波解不存在则意味着疫病不能流行.

为确定起见,以下讨论波速为正,即 $c>0$ 时解存在的条件,这样的解 $I(z)$与 $S(z)$还应满足:

$$I(-\infty)=I(\infty)=0,\quad 0\leqslant S(-\infty)<S(\infty)=1.$$

$S(z)$是全空间的单调增的光滑函数,而 $I(z)$是有紧支集的非负光滑函数.它们的形状定性如图 13.1 所示,在图 13.1 中横轴表示 z 轴.当然初值函数应与这些条件相适应.

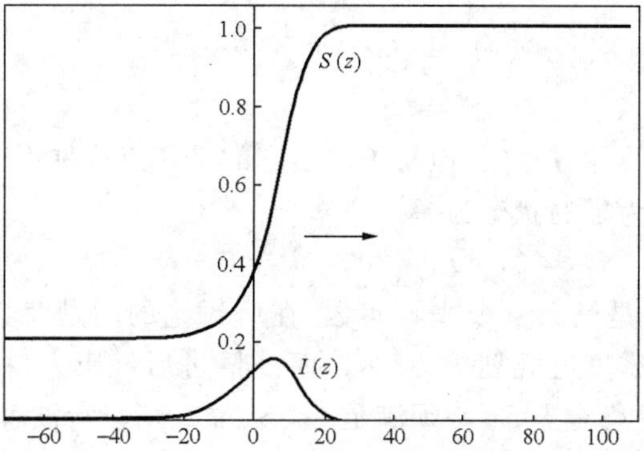

图 13.1 行波解曲线示意图

根据如上的想法,判断疫情是否会在地域间传播开来的问题,归结为判断方程组(2)是否存在满足如上要求的行波解.注意到方程组(2)虽然外表简单,但实际上是一个非线性方程组,非线性方程组的直接严格讨论是困难的.事实上对非线性方程而言,我们并没有充分的数学理由,事先便认定刻画疫情传播的行波始终以常速行进;此处退而求其次,讨论对(2)在满足一定要求的某个平衡点给出的线性化方程组如上行波解的存在,尽管这在数学上不严密,不是原方程的行波解,但至少在波前邻近,线性化方程的解与原方程的解十分接近;因而它在一定意义上满足了我们的需要,提供了与原方程组(2)密切关联的信息,特别是行波的波速,它直接与疫情的传播快慢相关联.显然,这样给出的只是一个启发性分析.

为得到适当的线性化方程组,按照以下的手续进行:首先将假

设的行波解函数 $S(z)$,$I(z)$代入原来的偏微分方程组(2),得到如下的常微分方程组:

$$I'' + cI' + I(S-\lambda) = 0, \quad S'' + cS' - IS = 0. \tag{3}$$

其中的求导是对变量 z 而言. 这是一个由两个二阶方程构成的联立方程组,为便于讨论,引入新变量 $I'=I_1$,$S'=S_1$,将方程组(3)化为如下的一阶方程组:

$$\begin{aligned} I_1' &= -cI_1 - IS + \lambda I, \\ S_1' &= -cS_1 + IS, \\ I' &= I_1 \\ S' &= S_1. \end{aligned} \tag{4}$$

这是一个非线性方程组,但易于求出它的平衡点或称不动点,即使诸方程右端均为零的状态为

$$I_1 = 0, \quad S_1 = 0, \quad I = 0, \quad S = S_*, \tag{5}$$

其中 $S_* > 0$ 是任意一个非零实数. 在所讨论的问题背景下,未感染的初始种群密度已规划为 $S_0 = 1$,而疫情过后健康人口密度只能下降,故相应的稳定态 S_* 必须满足 $0 < S_* < 1$. 所以行波解两端所连接的极限状态是: $(I(-\infty), S(-\infty)) = (0, S_*)$,与$(I(\infty), S(\infty)) = (0,1)$.

首先考虑在如上平衡点线性化的方程若存在行波解时,波速 c 所应满足的条件. 为得到所要的结果,将如上方程组在平衡点$(0,0,S_*,0)$线性化,得到

$$\frac{\mathrm{d}}{\mathrm{d}z}\begin{bmatrix} I_1 \\ S_1 \\ I \\ S \end{bmatrix} = \begin{bmatrix} -c & 0 & \lambda - S_* & 0 \\ 0 & -c & S_* & 0 \\ 1 & 0 & 0 & 0 \\ 0 & 1 & 0 & 0 \end{bmatrix} \begin{bmatrix} I_1 \\ S_1 \\ I \\ S \end{bmatrix} = A \begin{bmatrix} I_1 \\ S_1 \\ I \\ S \end{bmatrix}$$

这一方程组的解可以表示为

$$\begin{bmatrix} I_1 \\ S_1 \\ I \\ S \end{bmatrix} \propto \sum_{\Lambda} c_{\Lambda} \exp(\Lambda z) \mathbf{V}_{\Lambda}. \tag{6}$$

式中 Λ 是矩阵 A 的特征值，即满足条件

$$|\Lambda I - A| = \Lambda(\Lambda + c)[\Lambda^2 + c\Lambda + (S_* - \lambda)] = 0.$$

容易解出四个根是

$$\Lambda = 0, \quad \Lambda = -c, \quad \Lambda_{1,2} = \frac{1}{2}[-c \pm \sqrt{c^2 - 4(S_* - \lambda)}].$$

而 $\boldsymbol{V}_\Lambda$ 是对应于 Λ 的特征向量，c_Λ 是依 Λ 而变的适当常数；易于验证(6)是线性化方程的解. 如果原方程存在行波解，线性化解至少在波前（指波的传播面前方，临近波的界面处）接近状态 $(I,S)=(0,1)$ 的局部范围内定性与所求行波是相同的. 注意行波解所要满足的无穷远条件，即 $I(-\infty)=I(\infty)=0, 0\leqslant S(-\infty)<S(\infty)=1$，可以看出仅仅依靠 $\Lambda=0$ 和 $\Lambda=-c$ 的特征解不可能得到所需要的行波. 也就是说，对应于 $\Lambda_{1,2}$ 有关的成分对行波解的存在是必需的. 利用这一点可以导出对波速的一个必要条件. 注意到 I,S 都必须取正值，S 在波前临近保持单调，I 的极限值又是零，故解中不能有振荡项（否则会破坏 S 的单调性，或有 $I<0$ 的值发生），这就限定 $\Lambda_{1,2}$ 都必须是实根，即有

$$c^2 \geqslant 4(S_* - \lambda) \quad 或 \quad c \geqslant 2(S_* - \lambda)^{1/2}.$$

注意 S_* 最大可取值 1，故波速 c 应满足的一个条件是

$$c \geqslant 2(1-\lambda)^{1/2}.$$

实际上，最小波速条件可以更简单地论证：仅考虑模型中量 $I(x,t)$ 所满足的无量纲方程，即

$$\frac{\partial I}{\partial t} = IS - \lambda I + \frac{\partial^2 I}{\partial x^2}.$$

将此方程在状态 $(I,S)=(0,1)$ 处线性化，即在行波波前上一点邻近线性化，仍以 I 表示线性化后的变量，方程化为

$$\frac{\partial I}{\partial t} = (1-\lambda) I + \frac{\partial^2 I}{\partial x^2}.$$

设在波前范围量 I 随 z 指数衰减，即行波解形式为

$$I \propto \exp(-\alpha z) = \exp[-\alpha(x - ct)] \quad (z \to +\infty), \quad \alpha > 0.$$

将如上形式的行波代入 I 所满足的线性化方程，得到

$$c\alpha = (1-\lambda) + \alpha^2,$$

由此解出

$$c = \frac{1-\lambda}{\alpha} + \alpha.$$

即行波解中 I 在波前的衰减速度(由参数 α 表征)决定了波速 c;把 c 视为 α 的函数,由于 I 极小值为 0,故解不能有振荡,即 α 必须为实数,易知这一函数在 $\alpha=\alpha_0=\sqrt{1-\lambda}$时有极小值 $c_0=2\sqrt{1-\lambda}$,即波速 c 应满足 $c\geqslant 2(1-\lambda)^{1/2}$. 我们再次得到了前面的结果. α 与波速 c 间的关系称为**色散关系**.

上式的一个直接推论就是:为使方程组可以有行波解,必须要求 $1-\lambda\geqslant 0$,即无量纲参数 $\lambda\leqslant 1$. 回到有量纲参数表达的意义,这相当于要求

$$\lambda \leqslant \frac{a}{rS_0} \leqslant 1.$$

上式的实际含义是十分清楚的:为使行波解存在,即传染病得以流行,必须要求单位时间内由染病而死亡的人数小于一个感染者在此期间内所传染的健康人数. 当感染者来不及散布疫病便死去时,传染病不会流行.

3.3 关于波速的进一步说明

3.2 节说明如果方程的行波解存在,波速必须满足 $c\geqslant 2(1-\lambda)^{1/2}$. 我们对这一结果加以稍许进一步的说明. 此处简要叙述有关的结果并给出初步的启发式讨论,并不是严格的数学分析.

此时的关键问题是:什么样的初值条件将会使原方程组演化出如上讨论的行波解;如果所假设的行波解存在,波速又应如何?事实上,对于如上的非线性方程组,并没有充足的理由,假设行波波速必然为常数,但如上的讨论还是有价值的,求解诸如费歇-柯尔莫哥洛夫方程等类似方程的经验告诉我们:除例外情况,在一般常见条件下,对此处所讨论的方程组,行波解最终将演化为具有上述最小波速的波形. 对此有如下的说明.

前已指出,为产生正向传播的行波解,方程组的初值应满足一定

的无穷远条件，即 $I(-\infty)=I(\infty)=0, S(-\infty)=S_{*}<1, S(\infty)=1$；此处初始健康人口密度已规划为 1. 还假设初值函数是连续的. 以下说明：当自变量趋于无穷时，初值函数逼近无穷远条件的速度，对行波解的波速实际构成又一个限制. 仍假设 $z=x-ct$，行波解为 $S(z), I(z)$；仍然考虑 $x \to \infty$ 的情况，x 趋于负无穷的讨论完全类似. 为简单起见，只考虑染病群体. 设初值满足渐近条件

$$I(x,0) \sim A\exp(-\alpha x) \quad (x \to \infty, A>0, \alpha>0).$$

又令 $\alpha_0=(1-\lambda)^{1/2}>0$. 即当上式中 $\alpha=\alpha_0$ 时对应最小波速解 $c_{\min}=2(1-\lambda)^{1/2}$.（注意到 S 与 I 的关系，按照上述，这实际也假设了 S 初值在正无穷方向的渐近形式.）仍然寻找形如

$$I(x,t)=A\exp(-\alpha(x-ct))$$

形式的行波解，把如上形式的 $I(x,t)$ 想象为解在波前主导边临近的表达式，代入 I 所满足的线性化方程，再次得到波速 c 与参数 α 间的色散关系.

对上述做法我们注意以下几点：(1) 如果这一形式的解的确是方程可以实现的，那当然是最理想的情况；(2) 但应注意，所求的行波解只需满足方程且在端点满足初值，并不要求其形态和初值函数的渐近形态参数一致，因而如上形式的解不是必需的；(3) 色散关系表明波速 c 和 α 之间并不一一对应，对行波解重要的参数是波速，但一个 c 并未唯一决定一个 α，α 作为 c 的函数有两支，因而可以合理地预期只有其中一支是实际可能的；(4) 对微分方程的行波解而言，无论波速还是波面的形态都是随时间连续变化的.

注意了这几点之后，首先对大的正 x 考虑 $\exp(-\alpha x)$ 和 $\exp(-\alpha_0 x)$.

(i) 如果 $\alpha<\alpha_0$，即

$$\exp(-\alpha x)>\exp(-\alpha_0 x),$$

对充分大的 x，和 $0<t\ll 1$，如果行波解有形式为 $I(x,t)=A\exp(-\alpha(x-ct))$，此时波前上的点将决定波速为 $c>c_{\min}$，这不会产生任何矛盾；而且这个解不会自发演化为最小波速解，因为那将需要“反扩散”作用使波形更狭窄，而现在的方程扩散项为正. 在此种情

况下初值的渐近形式与行波解一致.

(ii) 如果 $\alpha>\alpha_0$,那么

$$\exp(-\alpha x)<\exp(-\alpha_0 x),$$

此时行波解形式为 $\exp(-\alpha_0 x)$,即行波解具有最小波速.对此或许可以这样来理解:如果仍考虑由参数 $\alpha>\alpha_0$ 决定的解,那么波速将大于最小波速,且波形较最小波速解更"陡";这样的解将在方程中所包含的对流与扩散作用下,波速降低,波形变缓,自发演化为最小波速解;而相反的过程是不会自动出现的.

因此除掉少数例外情况,在多数常见的初值条件下,至少在行波解传播一段时间之后,它必然演化为具有最小波速的波形;或者说,不可能以超过最小波速的速度一直传播下去.

3.4 防止传染病在地域间流行的措施

前面已经说明,行波解存在的一个条件是 $\lambda=a/(rS_0)<1$.在本文的讨论中,行波解存在意味着传染病在地域间的传播.因此,如上条件是否满足对应着传染病是否能够流行.为便于阅读,此处再次给出参数 a,r,S_0 的含义.它们依次刻画该种疫病的死亡率、传染性和未感染地区健康人口最初的种群密度.从如上条件易于知道可以定义三个临界值:当 a,r 给定时,存在一个健康人口初始密度的临界值 $S_c^*=a/r$.当 $S<S_c^*$ 时,传染病不会流行开来;而当 a,S_0 给定时,存在一个临界传染系数 $r_c^*=a/S_0$,当 $r<r_c^*$ 时,疫情也不会爆发.类似地可以定义临界死亡率 $a_c^*=rS_0$.当 $a>a_c^*$ 时,该种疾病也不会传播.

这三个临界值中的任何一个都预示着一种防止传染病流行的方法,在最简单的不考虑空间变量的模型中已有完全类似的讨论.其中一项重要的预防方法是可以利用各种手段,降低易感染的健康种群初始密度 S_0,使之低于临界密度 S_c^*,反之,如果有大量健康的易感人群突然涌入已发生疫病的地区,则会使传染病的流行大大加剧.

现在的模型增加了空间因素,这是第一个模型没有的,针对这一点,我们对如何利用临界值 S_c^* 防止传染病流行的方法做更进一步

的讨论. 容易理解，为防止疾病流行，在大范围内普遍降低健康的易感种群密度 S_0 十分困难，甚至是不现实的. 一个可能的替代办法是：将整个区域划分为若干子区域，相邻的子区域之间由一定宽度的隔离带分开，在隔离带中使 $S_0<S_c^*$；这样即使有疫情发生，也只能限制在有限范围之内，而不致急剧传播到整个地区. 这种方法现今也已付诸实践. 例如：在欧洲的一些国家，为防止狂犬病通过森林中的狐狸传播，就已经采用了基于这一原理的方法. 然而，一个数学问题发生了：隔离带应当有多宽，其中的易感种群密度应当低到何种程度，才可有效地起到防止传染病流行的作用.

应当指出，在本文上面所建立的数学模型中，无论是健康易感染群体还是已感染群体，其密度都是在时空中连续分布的，而且，在疫病的传播中考虑了扩散的作用. 由于扩散项的存在，无论隔离带的宽度多大，被感染群体总有一个小的"正概率"渗透过去，从而扩散到更大范围，绝对的隔离是做不到的. 那么应当如何决定隔离带的宽度和其中的健康易感染种群密度呢？

利用分析方法从数学上严格定义隔离带的宽度是困难的，显然这一宽度与多种因素有关. 从上述数学模型出发，通过数值模拟，选择一个相对合理的带宽，可能是最为实际的方法. 为简单，仍考虑一维情况，其具体计算可参照如下步骤：假设隔离带从 $x=0$ 开始，向 $x>0$ 方向延伸，其宽度 x_T 待定. 还将隔离带内的易感群体密度记为 S_T，显然它应低于临界值；其他参数均利用所要考虑的能够产生行波解的实际值. 初始疫情发生在 $x<0$ 的有限区域. 在这种条件下对微分方程模型进行数值模拟. 当行波波前到达隔离带边缘 $x=0$ 时，由于在 $x>0$ 范围易感群体密度 S_T 小于临界值，行波不再能向前传播，但被感染的群体密度会在 $x>0$ 范围扩散，范围越来越大. 容易知道，任何时刻在 $x>0$ 范围的任何一点由扩散引起的感染群体密度均要小于在 $x=0$ 处的值，而且任何时刻距 $x=0$ 越远，扩散后的密度越小；随着时间的流逝，$x=0$ 处的被感染群体密度也会下降. 选择一个小正数 $p>0$，使在某一时刻 t_T 有 $I(0,t_T)<p$. 再选定一个小参数 $m\ll 1$，利用关系 $I(x_T,t_T)=mI(0,t_T)\leqslant S_T$ 决定一点 x_T，那么

x_T 即可作为隔离带宽度的一个参考值.

易知,这一带宽的确定除与问题中给定的参数有关外,还直接依赖 S_T, p, m 的选择.

如上的偏微分方程模型在非线性模型中同样是最简单的,例如,它仅仅考虑一维空间;仅仅考虑易感和被感染两个群体;且假设健康群体的初始密度在未感染和疫情已结束的地区分别是处处均匀的.不考虑群体的繁殖,等等.它尽管捕捉到了问题的许多主要特征,但也忽略了很多重要方面.这样的模型可以从不同角度加以改进,使之所描述的现象更符合实际.前面我们对最基本的常微分方程模型如何改进所说的一切,此处同样适用.下面我们简单介绍一个具体的改进模型,说明数学描述的小改进,有时可以收到意想不到的结果.

在上面的模型中,易感种群密度的行波解是一个单调函数,这与实际情况是有差别的.事实上,传染病疫情过后种群密度 $S(x,t)$ 是会发生振荡的,并非保持平稳.而描述被感染种群密度变化的波形也并非只有单峰.相反,很多历史资料表明,在疫情过后的很多年,同样的传染病往往会再次爆发,且呈现某种"周期性".例如,欧洲大陆从 1347 年开始鼠疫流行,大量人口死亡.而在 1350 年左右,疫情已经过去.然而,1356 年疫情再次在德国爆发.从那以后,似乎每隔数年,鼠疫就要发生一次,虽然都不如首次爆发那样严重.

实际上,为得到 $S(x,t)$ 与 $I(x,t)$ 的振荡,只需对方程稍加修改.仍考虑一维情况,如下的微分方程组就可以很好地描述这样的变化.保持原来的变量记号,考虑

$$\frac{\partial S}{\partial t} = -rIS + bS\left(1 - \frac{S}{S_0}\right) \quad (\text{其中 } b \text{ 是一个正常数}),$$

$$\frac{\partial I}{\partial t} = rIS - aI + D\frac{\partial^2 I}{\partial x^2}.$$

也就是说,在无量纲化之前的原来模型中保持被感染群体密度的方程不变,但对易感群体密度忽略扩散的影响,再进一步考虑由简单的 Logistic 增长项模拟的群体密度变化因素,得到了一个新的模型.当初值与前面的模型相同时,从这一方程组的数值结果可以看出流行

病爆发的“准周期性”和易感群体密度的振荡. 如果考虑二维模型,还可看出初始易感群体密度不均匀的作用. 在群体密度大的地区,代表疫情传播的波前速度更快. 因而,波的推进速度在空间是不均匀的.

§4 评价生物数学模型的基本观点与有关艾滋病研究的一个例子

上文主要介绍了两个与传染病流行有关的模型,无论常微分方程模型还是偏微分方程模型都是最基本、最简单的. 它们无疑可以,而且应该进一步细化,以便描述更丰富的实际现象,作出更准确的预测,更有助于我们对传染病流行与预防机制的理解. 然而,此处要强调的是: 评价一个模型最基本的出发点在于模型是否能告诉我们什么,而不是着眼于数学工具的复杂程度. 从应用的角度看来,如果两个模型解决同样的问题,哪一个涉及的数学工具更简单、更初等就更好. 某些应用文章,故意采用了十分抽象的数学表达,借口“这一方式可能有潜在的应用价值”,这看来并不是一个好的倾向. 与此有关的是不要忽视简单模型,当使用得当时,简单模型也能给出十分有意义的信息. 下面就是这方面有关如何认识艾滋病的一个例子.

我们知道,艾滋病是由于患者感染了人类免疫缺陷病毒(HIV)造成的. 当一个成年人感染了 HIV 之后,在最初的 2 至 10 周内,体内免疫细胞(CD4T 淋巴细胞)的数量急剧下降,而对 HIV 的抗体数量迅速上升,而体内病毒数量先是上升然后下降到一个相对较低的水平. 在此阶段之后,在一段相当长的时间,甚至可长达十年的时间内,患者体内病毒数量及 HIV 抗体水平保持相对平稳,而免疫细胞数量则有很缓慢的下降. 这种情况一直持续到免疫能力衰弱到一定程度时,艾滋病病情最终全面爆发. 这种现象曾经导致人们对艾滋病病程的一种错误认识,即认为在患者各种有关指标相对平稳的时间内,艾滋病进程缓慢,HIV 病毒处于某种接近“休眠”的状态. 但是,只需使用简单的数学模型,实际临床数据即可说明,这种认识是不正确的.

以 $V(t)$ 表示时刻 t 人体血液内 HIV 病毒的数量. 用如下简单的常微分方程描述 V 随时间的变化，即

$$\frac{\mathrm{d}V}{\mathrm{d}t} = p - cV,$$

其中 $p \geqslant 0$ 表示病毒的产生速率，而 cV 一项则表示单位时间内体内病毒被清除的数量正比于当时体内的病毒数，常数 c 则反映了病毒被清除的比例. 病毒被清除可以出自多种原因，例如：免疫细胞的作用、被其他细胞吸收、随体液流向他处，等等. 在此处的简单模型中把所有这些有关作用统一归并到常数 c 之中.

现在给病人服用了某种药物，这种药物可以阻断新病毒的产生. 为简单，假设阻断是完全的，即假设服药后 $p=0$，那么方程简化为

$$\frac{\mathrm{d}V}{\mathrm{d}t} = -cV.$$

容易解出 $V(t)=V_0\exp(-ct)$. 从中可以知道病毒水平下降到 $V_0/2$ 所需的时间是 $t_{1/2}=\ln 2/c$. 根据临床对病人的化验资料可以估计出 $t_{1/2}$ 的平均值，这个值大约是 2.1±0.4 天. 显然从这个值可以估算出 c 的值.

假设在服用病毒阻断药物之前，病人处于准稳定状态，即血液中所含的病毒量近似常数. 因而可以认为 V 对时间的导数为零，即 $p=cV$. 注意，我们不仅知道 c 的估计值，从病人的检验数据还知道初始病毒水平 V_0. 由此可以直接得到服用阻断药物前的病毒产生率 p. 由这一途径，利用实测资料估计的 p 值表明，即使在艾滋病病人各项指标相对稳定期间，每天产生的病毒颗粒单位数量也在 10 亿量级. 注意，这一估计是在药物可以完全阻断新病毒发生的假设下得到的，而这只是理想情况，实际上任何药物不会有百分之百的效果. 因此如上估计中的 c 是低估了，这使得 p 也被低估了，也就是说，服药前实际每天产生的病毒单位数在 10 亿以上.

这是一个非常重要的结果. 它与病情相对平稳期病毒近似处于休眠状态的认识是矛盾的. 这一估计改变了人们对艾滋病病程发展的认识. 这无疑具有重要的理论及实践意义.

最理想的数学模型当然在描述客观实际问题及数学的逻辑与优雅两方面都要求完美，但限于当前数学与医学及生物学的发展现状，我们更强调的是模型本身对实际的指导意义，而不是脱离医学现实的数学游戏. 简单的数学模型或者不完全完美的数学方法只要使用得当，同样可以提供十分有价值的信息. 在生物数学模型，甚至在一切为解决实际问题而建立的数学模型中，首要的标准应当是模型与方法的有效性；和纯粹数学不同，追求数学形式的完美，在此处于第二位.

参考文献

[1] Murray J D. Mathematical Biology Vol. 2, Chapter 13, "Geographic Spread and Control of Epidemics", pp660—721. New York: Springer, 2002.

[2] Murray J D. Mathematical Biology Vol. 1, Chapter 10, "Dynamics of Infections Diseases: Epidemic Models and AIDS", pp315—394. New York: Springer, 2002.

第十四章　关于“幻视”的数学讨论

所谓“幻觉”是指当不存在外界客观事物的真实作用时，人体自发产生的知觉体验. 正常人偶尔也会出现短暂的幻觉，这可能是过度疲劳或者未完全从睡眠状态醒来的缘故. 但反复发生的幻觉则肯定是一种病态. 与不同的感觉功能相应，幻觉也可以区分为幻听、幻视、幻嗅、幻味、幻触以及更为复杂的其他幻象. 本文所要讨论的是幻视. 长期以来，为什么会产生幻视一直困扰着人类，然而只是从 20 世纪中期以后，人们才认真研究幻视形成的原因与机制. 已经知道多种疾病可以引发幻视. 例如：偏头痛患者在发病前往往在眼前呈现虚幻的水纹或亮点；癫痫患者自觉看到不同色彩的火花或闪电，甚至更为复杂的景物与图像. 此外，酒精中毒者、缺铁性贫血病人、梅毒患者均可产生幻视. 但本文所要讨论的则是另外一种原因引发的幻视，即由药物作用所诱发的幻视，其早期特点是：幻视者自觉看到的是一些简单而基本的几何形体. 当然，这些图像与真实事物无关，也与幻视产生者的其他经验无关. 下面，我们略微详细地描述一下有关这种幻视的内容.

实验表明，当人们服用了足够剂量的某些药物，例如从仙人掌中提取的一种生物碱墨斯卡灵(mescaline)时，就会产生幻视. 此时，幻视者“看到”的图像大致可划分为四种类型(分别如图 14.1(a)，(b)，(c)，(d)所示). (a)类图形包括格栅、晶格、六角性蜂房和棋盘状网格等；(b)类图形是由同心圆弧和从圆心出发的射线构成的蛛网；(c)类图形是螺旋形曲线；(d)类图形则由隧道、漏斗或锥形物构成. 上述图形中前两类有共同特点，即它们都是由若干相同或相似的基本单元拼接而成，而后两类图形则表现了更多的整体特征. 除上述分类外，药物产生的幻象同时还具有以下两方面特点：一是以上的各类集合形体不仅反复出现，而且彼此组合、拼接、镶嵌，形成更富装饰性的精致图案;二是每种构成元素都有几何形式的边界.

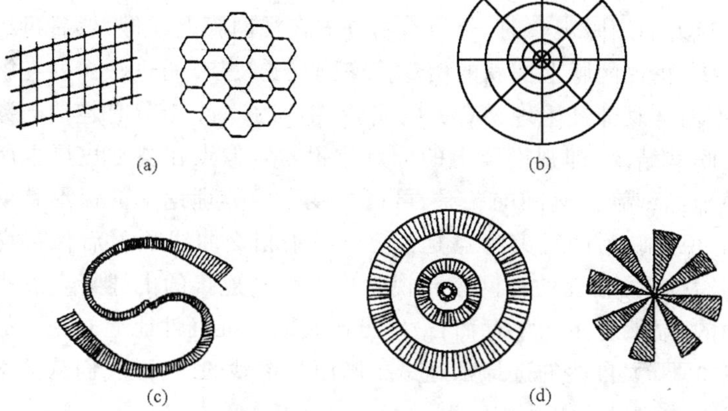

图 14.1　幻视者“看”到的四类基本几何图形

实验还表明,这些幻视的产生可以彻底排除外界光线的作用,它们完全起源于幻视者的大脑视觉皮层.其证据是:实验是在黑暗的环境下进行的,且受试者中包括一些完全失明的盲人,他们仅有自发的“视觉”经验.另一个佐证是:当你紧闭双目,但用手压迫眼球时;或者更直接地,用微电极直接刺激视觉皮层区域时,你都会“看到”一些图形.

以上述实验为依据,科学工作者试图建立一个适当的数学模型,通过对此模型的分析,他们希望说明:由药物引发的,以简单几何模式为组元的幻视来自于视觉皮层神经细胞状态的某种不稳定性,这种不稳定性起因于对神经细胞激发与抑制刺激的失衡,过度的刺激导致了神经细胞状态与幻视图像相关联的某种空间分布.它是神经细胞间的相互作用造成的.

在介绍这一模型之前,我们先来阐明几个有关的基本问题,一方面为叙述模型做必要的准备,另一方面,这些问题还具有独立的意义.

§1 视网膜与视觉皮层的神经关联

当人们用眼观察时,外界事物首先在视网膜上成像,然后再经神经系统,将视网膜上捕获的信息传递到视觉皮层.通过一系列与解剖学、生理学及神经生理学有关的实验,得到了一个十分有趣的与数学相关联的结果,即视网膜上的像点位置与该像点在视觉皮层上所激发的神经细胞位置间的关系,可以由复变函数理论中的保形映射来刻画.保形映射的最大特点是:任何两条相交曲线映射后保持交角不变.从实验发现的视网膜到视觉皮层神经连接的上述特点看来是合理的,显然对生物生存而言,对方向判断的准确性比起对距离的估计更重要.大自然的选择永远是正确而又奇妙的.下面我们从数学上给出上述映射的表示.

根据形状,在视网膜上建立一(特定的)极坐标系(r,θ),原点取在视网膜的中心凹陷(fovea)处.而用直角坐标系(x,y)刻画大脑皮层的视觉区域.1978 年 Cowan 说明两个区域间点的对应关系数学上可以表示为

$$x=\alpha\ln[\beta r+(1+\beta^2r^2)^{1/2}],\quad y=\alpha\beta r\theta(1+\beta^2r^2)^{-1/2},$$

其中α,β是与视觉器官生理结构有关的常数.此处我们略去了与生理学有关的细节,例如参数的生理学意义、物理量特征单位的选择,等等.

在接近视网膜中心凹陷处,$r\ll1$,利用 Taylor 展开,从上式不难得到

$$x=\alpha\beta r,\quad y=\alpha\beta r\theta\quad(r\ll1).$$

而当r足够大,即点的位置距中心凹陷足够远时,近似有

$$x=\alpha\ln[2\beta r],\quad y=\alpha\theta;$$

上面这一行的关系式可以利用复变函数表达得更为简洁,即令

$$w=x+\mathrm{i}y,\quad z=2\beta r\exp[\mathrm{i}\theta],$$

那么除了r很小的极小部分的例外情况,对于视域的主要部分,变换可以表示为:

$$w = \alpha \ln z.$$

这是复变量的对数变换，在这样的变换下，z 平面上的圆 $z=2\beta r\exp[i\theta]$ $(0\leqslant\theta<2\pi)$变成了 w 平面上与 y 轴平行的直线 $x=\alpha\ln(2\beta r)$；z 平面上的射线 $z=r\exp[i\theta]$$(0<r<\infty)$变成了 w 平面上平行于 x 轴的直线 $y=\alpha\theta$. 也就是说：极坐标下的坐标曲线网变成了直角坐标下的坐标网. 图 14.2 给出了幻视者视网膜与视觉皮层间图形的对应关系.

现在我们来考察一下，在如上的对数变换下，当由药物诱发的幻视的四类基本图形真正发生在视网膜时，它们在大脑视觉皮层的映像将是什么. 也就是说：视觉皮层细胞的什么状态，对应了所"看到"的幻象.

由药物诱发的幻视的四类基本几何图形已表示于图 14.1 之中. 其中图 14.1(b)所示的蛛网由 z 平面上的同心圆与从原点出发的射线组成，由复对数变换的性质可知，它们在视觉皮层上的映像是由两族相互垂直的平行直线所构成的网格. 而图 14.1(a)所示的任何一个图形中的直线段在变换后都会发生一定的畸变，但当原线段长度不大时，其变换后的像也可近似视为直线段；特别是变换前后任何线段间的夹角不变，这样变换后的图形仍是近似的、略有畸变的格栅、晶格、棋盘或蜂房. 因此，幻视者所感觉到图 14.1 中的(a)，(b)两类图形均可认为是由视觉皮层上被激发的神经细胞构成以四边形或六边形的基本单元，而且彼此连接，铺满某个平面区域造成的(见图 14.2(a)，(b)). 图 14.2 还展示了幻视者所感知的(c)，(d)两类图案的典型例子在对数映射下的像，无论是隧道、漏斗还是螺旋，都化成了平行于某个特定方向的平行条带. 它们可以被想象成是一种"滚动"而成的模式.

基于如上论述，如果幻视起源于视觉皮层的说法是正确的，对下文所给出的说明幻视产生机制的数学模型，我们就应该能够论证：在某种条件下，模型可以在视觉皮层神经元中产生出前面所指出的两类模式：即四边形或六边形为基本单元的拼接模式和"滚动"模式. 从数学上看来，这两类模式有共同的特点，它们都是所谓的双周期模式，即利用某种基本图形的重复，可以铺满二维平面.

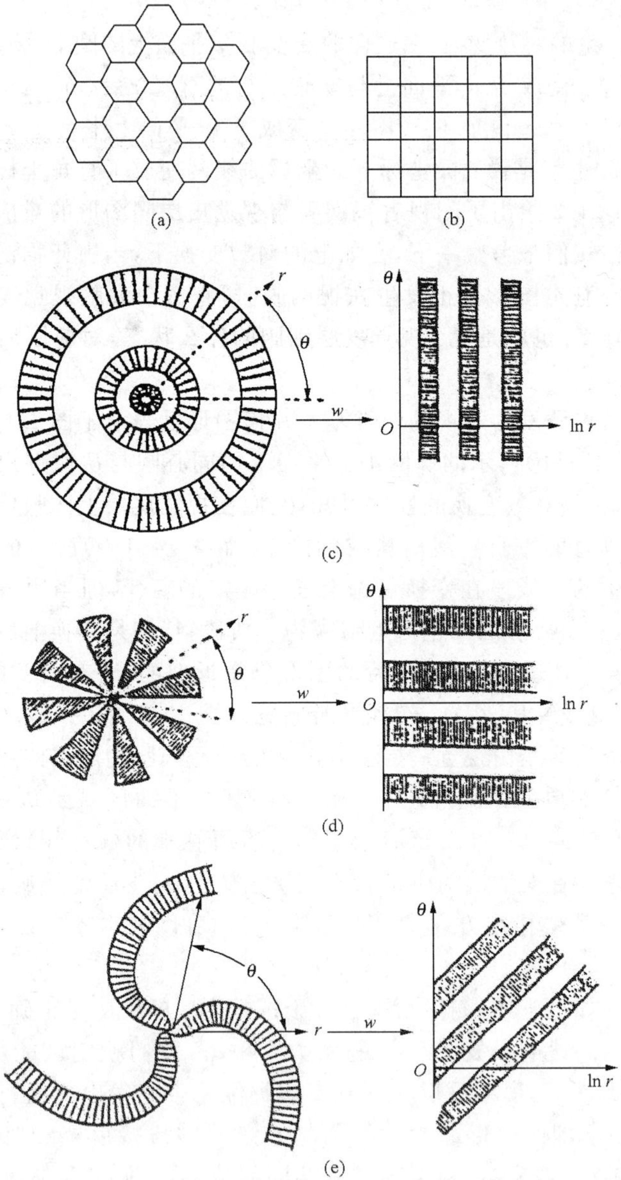

图 14.2　幻视者视网膜与视觉皮层间图形的对应关系

在直接讨论幻视的数学模型之前，先来说明一个数学结果，即可以铺满二维平面的基本图形：矩形、正六边形、菱形都可以作为适当的拉普拉斯方程边值问题的解得到.

在平面区域 R 上考虑如下特征值问题：

$$\nabla^2\Psi + k^2\Psi = 0, \quad \boldsymbol{r} \in R,$$
$$(\boldsymbol{n}\cdot\nabla)\Psi = 0, \quad \boldsymbol{r} \in \partial R.$$

式中 R 是一适当的多角形区域，∇^2 是拉普拉斯算符，k^2 是特征值，Ψ 是相应的特征函数，$\boldsymbol{n}$ 是区域边界的外法向单位向量. 所以采用零通量边界条件是因为实际问题中区域内外无相互作用. 数学上可以说明：在相当一般的条件下，这样的特征值问题一定有解，而且与特征值 $k^2=1^2,2^2,3^2,\cdots$ 相应的所有特征函数 $\{\Psi\}$ 在适当的函数空间中组成一个完备正交系，即可以视为该空间的一组标架，任何一个该空间中的函数都可以按照这组标架展开. 显然，只要区域 R 满足一定的对称性条件，例如此区域是矩形、菱形或正六边形，就可以把这样的两个解在公共边界上连续拼接，用不断重复这一基本单元的方式构造更大范围，甚至覆盖全平面的解. 为简单起见，此处不做一般性论述，我们仅对 R 是正方形、正六边形和菱形的情况，给出相应的解，并简略加以讨论.

首先设 R 是正方形，即 R：$\{-1<x<1, -1<y<1\}$. 令

$$\Psi(x,y) = \frac{1}{2}(\cos n\pi x + \cos n\pi y) \quad (n = 0,1,2\cdots).$$

易于验证，$\Psi(x,y)$ 是如上特征值问题相当 $k=n\pi$ 时的特征函数，而且满足零通量边界条件. 常数因子 1/2 的作用是将原点的函数值标准化为 1，这是无关本质的. 在边界 $x=\pm 1$ 处，Ψ 只是 y 的函数，在 $y=\pm 1$ 处是 x 的函数. 如上 Ψ 对两个变量都有很好的对称性. 因此我们可以利用在 x 轴与 y 轴两个方向上的平移，以如上的 Ψ 为基本单元，构造出铺满全平面的满足特征方程的解. 特别值得一提的是：当

$$y = \pm x + \frac{1}{n}(2k-1) \quad (k = 0, \pm 1, \pm 2, \cdots)$$

时,对所拼接的解 $\Psi(x,y)=0$,即 $\Psi(x,y)$ 的零线,或称节线,是平面上的两组彼此正交的平行直线. 请参阅图 14.3 中间的图(b). 将 $\Psi>0$ 与 $\Psi<0$ 的区域分别涂以黑白颜色,则构成了平面上的棋盘是覆盖. 这种染色方式背后隐含的是某种非线性的开关机制.

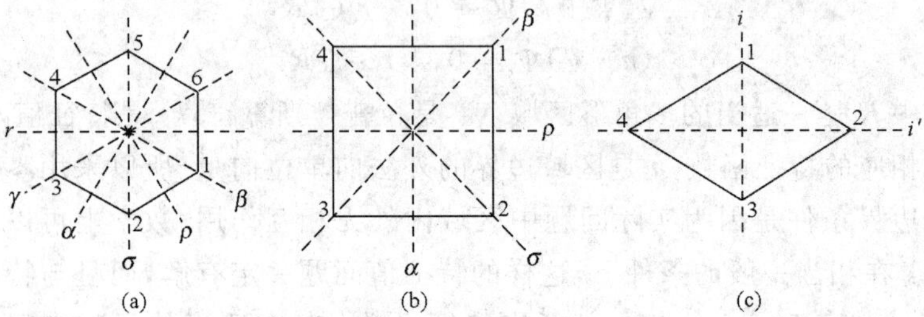

图 14.3　正六边形、正方形和菱形与坐标轴的相对位置及基本对称关系

如果只考虑一维情况,如上的解退化为

$$\Psi(x,y) = \cos n\pi x \quad (n = 0,1,2,\cdots).$$

此时 $x=(2k\pm1/2)/n$ $(k=0,\pm1,\pm2,\cdots)$ 是零点. 如果仍以黑白两色表示解在平面上取正负值的不同范围,这个解给出了相当于垂直 x 轴的平行条带"滚动"的幻视模式.

以下讨论区域为正六边形的情况. 此时前述特征值问题的解可以表示为:

$$\begin{aligned}\Psi(x,y) &= \frac{1}{3}\left[\cos n\pi\left(\frac{\sqrt{3}}{2}y+\frac{x}{2}\right)+\cos n\pi\left(\frac{\sqrt{3}y}{2}-\frac{x}{2}\right)+\cos n\pi x\right]\\ &= \frac{1}{3}[\cos(n\pi r\sin(\theta+\pi/6))+\cos(n\pi r\sin(\theta-\pi/6))\\ &\quad +\cos(n\pi r\sin(\theta-\pi/2))].\end{aligned}$$

常数因子 1/3 仍然起规划零点函数值的作用. 这一函数满足特征方程是显然的. 从这个解的表达式,特别是第二个等号后的表达式,容易看出,这个解在使正六边形仍然变到自身的所有对称变换下保持不变. 利用这个性质,可以说明 Ψ 满足零通量边条件. 为便于说明,考虑如图 14.3 所示的正六边形. 由于解的旋转对称性,我们只需说明解在一条边,例如图中正六边形最右端的垂直边上满足零通量条件即可；将此边记为 AB，在 AB 上的点坐标为 $(x,y)=(2,y)$ $(-2\sqrt{3}/3\leqslant y\leqslant 2\sqrt{3}/3)$，法线方向 $(1,0)$. 直接计算给出，零通量条件相当要求

$$\left.\frac{\partial\Psi}{\partial x}\right|_{AB}=-\frac{1}{3}n\pi\left(\cos\frac{\sqrt{3}}{2}n\pi y\cdot\sin\frac{n\pi}{2}x-\sin n\pi x\right)\bigg|_{AB}=0,$$

显然，当 $x=2$，$-2\sqrt{3}/3\leqslant y\leqslant 2\sqrt{3}/3$ 时上式满足，即 $(\boldsymbol{n}\cdot\nabla)\Psi=0$ $(n=\pm1,\pm2,\cdots)$.

最后讨论菱形区域. 设菱形中心在 $(0,0)$，斜边与 x 轴夹的锐角为 ϕ. 此时令

$$\Psi(x,y)=\frac{1}{2}\{\cos[n\pi(x\cos\phi+y\sin\phi)]+\cos[n\pi(x\cos\phi-y\sin\phi)]\}.$$

易于看出，如上的解满足方程，且具有菱形的所有对称性，即对两个坐标轴的反射对称和对原点的中心对称. 下面验证它满足零通量边条件. 令

$$p=x\cos\phi+y\sin\phi,\quad q=x\cos\phi-y\sin\phi,\quad \phi\neq 0,\pi/2.$$

由此得到

$$x=\frac{1}{2\cos\phi}(p+q),\quad y=\frac{1}{2\sin\phi}(p-q).$$

而

$$\Psi=\frac{1}{2}(\cos(n\pi p)+\cos(n\pi q)).$$

直接计算

$$\frac{\partial\Psi}{\partial x}=-\frac{n\pi}{2}\cos\phi[\sin(n\pi p)+\sin(n\pi q)],$$

$$\frac{\partial\Psi}{\partial y}=-\frac{n\pi}{2}\sin\phi[\sin(n\pi p)-\sin(n\pi q)].$$

考虑如图 14.3 所示的菱形，由对称性，只需考虑一条边，例如图中右上方斜边 AB 上的零通量条件. 用 $(\cos\phi,-\sin\phi)$ 表示 AB 的方向向量，相应的法向为 $(\sin\phi,\cos\phi)$，直接计算可得

$$(\boldsymbol{n}\cdot\nabla)\Psi=-\frac{n\pi}{2}\cos\phi\sin\phi\{[\sin(np\pi)+\sin(nq\pi)]$$

$$+[\sin(np\pi)-\sin(nq\pi)]\}$$
$$=-n\pi\cos\phi\sin\phi\sin(np\pi).$$

为使上述表达式为 0，p 可取任意整数，即

$$x\cos\phi+y\sin\phi=\pm k \quad (k=0,\pm 1,\pm 2,\cdots)$$

时上式成立. 对菱形的另一组边可类似讨论，得到的结果可归纳为：最基本的菱形是 $x\cos\phi+y\sin\phi=\pm 1$ 和 $x\cos\phi-y\sin\phi=\pm 1$ 所限定的范围. 而两组平行直线 $x\cos\phi\pm y\sin\phi=\pm k$ 所给出的基本菱形的所有平移覆盖了全平面. 由解的对称性，在相邻菱形的边上解连续. 特别是此时也可以考虑 $\Psi(x,y)=0$ 的点的轨迹，即 Ψ 的节线. 当 $n=1$ 时，容易计算节线方程为

$$x\cos\phi=k+\frac{1}{2},\quad y\sin\phi=k_1+\frac{1}{2},\quad k,k_1=0,\pm 1,\pm 2,\cdots.$$

上述讨论说明，与药物所诱发的幻视有关的基本几何图形，本质上都可以由拉普拉斯方程零通量边条件下的特征解构造.

§2 神经细胞激发机制的一维模型

说明幻视机制的完整数学模型应是二维的. 在讨论二维模型之前，此处先讨论一个简化的，描述神经细胞活动的一维模型. 它和二维模型有共同的本质特点，但叙述起来相对简单，有了这一模型更便于对下文的表达与理解. 但应说明：由于问题的复杂性，即使对此处的简化模型，我们的叙述本质上也是描述性的，不是严格的数学. 以下假设神经细胞一维连续分布.

神经生理学告诉我们，一个神经细胞可以处于激发或抑制两种不同状态. 当一个神经细胞突然处于积极活动状态时，可以形象地称之为此细胞被“点火”. 由此可以利用一个称之为“点火率”，即被激发之频率的量刻画神经细胞在任一时刻的状态(当神经细胞被激发时，它会产生输出电流，因此刻画细胞状态的另一个可用的量是输出电流强度). 任何神经细胞都可以一个常数点火率反复地被激发，即重复点火. 然而，一个神经细胞是否被激发则取决于两个因素：一是细

胞本身的性质,即它自身所具有的点火率;另一则是相邻细胞对它的影响,即外部输入的作用.这种输入可以来自最紧邻的细胞,也可是远距离的其他细胞的输入.

为确定起见,此处以 $n(x,t)$ 表示 t 时刻位置在 x 的神经细胞的点火率(理解为输出电流也未尝不可).显然,从这个量的实际意义应有 $n(x,t)\geqslant 0$.当不考虑对细胞的外部输入时,细胞可以有两个稳定的特定状态,分别以 $n=0$ 及 $n=1$ 标识,依次表示细胞稳定的抑制态与另一个具有定常点火率 1 的稳定激发态;当不考虑外部因素,而细胞状态被扰动时,$n(x,t)$ 按以下规律演化,即

$$\frac{\partial n}{\partial t}=f(n),$$

其中表示点火率随时间之变化率的函数 $f(n)$ 定性上是图 14.4 所示的一条三次曲线. 0 与 1 和中间一点 n_c 是 $f(n)$ 的三个零点,但 0 与 1 是方程的稳定点,而 n_c 是不稳定点.这样的数学表达实际是说,抑制与激发是神经细胞的两个可能的稳定态,当处于状态 $n=0$ 时的扰动大于 n_c 时,细胞可以从抑制态 $n=0$ 跳到 $n=1$ 的激发态.

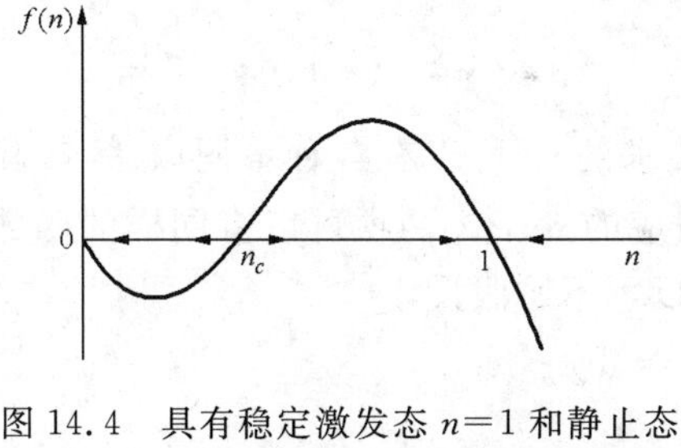

图 14.4 具有稳定激发态 $n=1$ 和静止态 $n=0$ 的函数 $f(n)$ 的典型例子

现在考虑 x 点之外的其他神经元对 $n(x,t)$ 时间变化率的影响.一个合理的假设是:位置在 x' 的神经元对 x 处神经元的作用强弱取决于 $|x-x'|$.无论这一作用是激发还是抑制,$|x-x'|$ 越小,影响越强;越大则越弱.可选用一个适当的权函数 $w(|x-x'|)$ 来刻画这一关系.实际上,w 是外界激发与抑制作用的代数和,即 $w=w_e-w_i$,两项都是 $|x-x'|$ 的函数,依次表示细胞间的激发与抑制作用.

$w(|x-x'|)>0$ 表示当 x' 处的神经元处于激发态(即 $n(x',t)>1$)时,它将对 $n(x,t)$ 的增长有正贡献;而 $w(|x-x'|)<0$ 表示相反的作用. 在这样的考虑下,$n(x,t)$ 满足如下的微分-积分方程,即

$$\begin{aligned}\frac{\partial n}{\partial t} &= f(n) + \int_D w(|x-x'|)[n(x',t)-1]\mathrm{d}x' \\ &= f(n) + w*(n-1).\end{aligned}$$

此处 D 表示对点 x 处细胞状态有影响的所有细胞组成的区域. 易于看出,$n=1$ 是如上方程的一个解.

为得到一个完整模型,需要确定 $w(|x-x'|)$ 的具体形式. 在此之前,先讨论一下 w 应具有何种性质. 首先,由于 w 的值取决于 $|x-x'|$,这意味着 $w(x-x')=w(x'-x)$,即 w 是自变量的偶函数. 另外,$n=0$ 是 $f(n)$ 的一个零点,所以由上面 $\frac{\partial n}{\partial t}$ 的表达式,令 $n\to 0$,得到

$$\frac{\partial n}{\partial t} = -\int_D w(|x-x'|)\mathrm{d}x',$$

但由问题的实际意义,n 不允许取负值,这就相当于要求

$$\int_D w(|x-x'|)\mathrm{d}x' < 0.$$

满足如上要求的 w 可以有各种不同取法,实际上,与细胞间激发与抑制作用对应的 w_e,w_i 两项可以有同样的函数形式,只是参数不同. 例如本节以下不妨假设

$$\begin{aligned}w(|x-x'|) &= w_e - w_i \\ &= b_1 \exp\left[-\left(\frac{x-x'}{d_1}\right)^2\right] - b_2 \exp\left[-\left(\frac{x-x'}{d_2}\right)^2\right], \\ &\qquad b_1 > b_2, \quad d_1 < d_2.\end{aligned}$$

图 14.5 定性地显示了 w_e,w_i 以及由它们合成的 w 的图像. 当积分区域无界时,$w=w(x-x')$ 是 $z=x-x'$ 的对称函数,且满足 $w(z)\to 0$ $(|z|\to\pm\infty)$.

为说明如上模型可能产生的模式,我们先来分析这一微分-积分方程的解 $n=1$ 的稳定性. 为此,令 $u=n(x,t)-1$,$u\ll 1$,即考虑对解

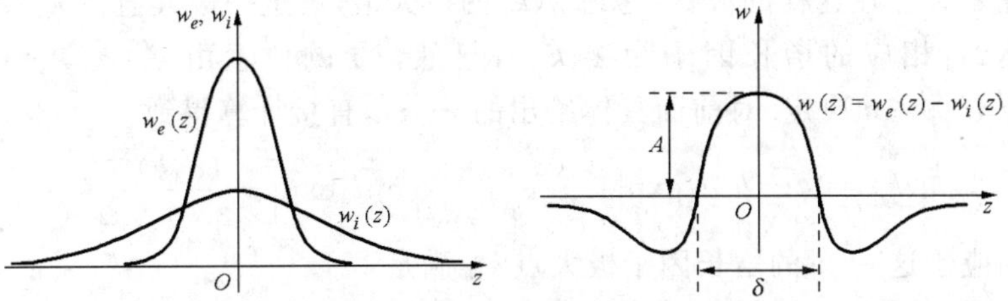

图 14.5　分别具有激发和抑制功能的积分核以及二者的合成形式

$n=1$ 的扰动. 将方程右端非线性项在 $n=1$ 做泰勒展开, 取一阶项, 得到

$$\frac{\partial u}{\partial t}=-au+\int_{-\infty}^{\infty}w(|x-x'|)u(x',t)\mathrm{d}x',$$

式中 $a=-|f'(1)|$. 以下说明在一定条件下, u 可以有随时间指数增长的解. 也就是说, 描述神经细胞点火速率 $n(x,t)$ 的方程, 在一定条件下, 可以从状态 $n=1$ 演化出线性不稳定解. 为此, 对上述线性化方程两端作傅里叶变换, 得到

$$\frac{\partial \hat{u}}{\partial t}=-a\hat{u}+\hat{w}\hat{u}=(-a+\hat{w})\hat{u}=\lambda\hat{u}.$$

式中 $\hat{f}$ 表示函数 f 的傅里叶变换. 从 $\hat{u}$ 与 u 的关系, 容易看出

$$u(x,t)\propto\exp[\lambda t+\mathrm{i}kx],$$

式中 k 是波数. 因为

$$\lambda=-a+\int_{-\infty}^{\infty}w(z)\exp(\mathrm{i}kz)\mathrm{d}z=-a+\hat{w}(k),$$

解的增长因子 λ 是波数 k 的函数, 此处 $\hat{w}(k)$ 是前述所假设的 $w(z)$ 的傅里叶变换.

对这样的线性化方程, 首先的一个要求是: 它应当有稳定的常数解, 即与零波数对应的特征值 $\lambda(0)$ 应当取负值. 注意,

$$\lambda(0)=-a+\hat{w}(0)=-a+b_1d_1-b_2d_2,$$

式中, a 的值为 $|f'(1)|$, 适当选择参数 b_1,b_2,d_1,d_2, 即令 $b_1d_1-b_2d_2<0$, 如上条件是一定可以满足的. 如果存在有波数 k, 使得 $\lambda(k)>0$, 那么解中相应的波数成分将随时间指数增长, 即解是不稳定的. 为研

究是否存在这样的波数，考虑 $\lambda(k)$ 的极大值，设这一极大值在 $k=k_m$ 达到，相应的增长因子为 $\lambda(k_m)$，显然，k_m 的位置由 $\lambda'(k_m)=0$，$w''(k_m)<0$ 决定. 对前面具体给出的 $w(z)$，直接计算得到

$$\widehat{w}(k)=\sqrt{\pi}\left\{b_1 d_1 \exp\left[-\frac{(d_1 k)^2}{4}\right]-b_2 d_2 \exp\left[-\frac{(d_2 k)^2}{4}\right]\right\}.$$

相应于这一 w 的增长因子极大点 k_m 满足

$$k_m^2=\frac{4}{(d_2^2-d_1^2)}\ln\left[\frac{b_2}{b_1}\left(\frac{d_2}{d_1}\right)^3\right].$$

前面为满足常数解稳定所选择的参数值已保证了 $b_2 d_2/b_1 d_1>1$，再注意 $d_2>d_1$，就保证了上式大于零，则极大波数 $k_m>0$ 一定存在. 注意 $\lambda=-a+\widehat{w}(k)$，记 $\widehat{w}(k_m)=a_c$. 则相应的特征值 $\lambda=-a+a_c$. 由此当 $a>0$ 足够大时，对所有的波数 $\lambda(k)<0$，如上线性化方程的解永远是稳定的；但当 a 逐渐减小时，一个临界的分支点 a_c 被达到，在该点 $\lambda=0$，当 $0<a<a_c$ 时，则存在有波数范围 $k_1<k<k_2$，使 $\lambda(k)>0$，即波数落在此范围的模态给出了不稳定解. 也就是说

$$u(x,t)\doteq\int_{k_1}^{k_2}A(k)\exp[\lambda(k)t+\mathrm{i}kx]\mathrm{d}k$$

将随时间无限增长. 可以预期，上述积分中随时间增长处于支配地位的应当是增长最快的成分，即与 $\lambda(k_m)$ 对应的波数成分. 在数学上，这一点反映为由拉普拉斯方法计算如上积分的渐近展开，即

$$u(x,t)\doteq A(k_m)\left\{\frac{-2\pi}{t\lambda''(k_m)}\right\}^{1/2}\exp[\lambda(k_m)t+\mathrm{i}k_m x].$$

上述讨论实际表明，在所讨论的问题中 a 是一个重要参数，在它的某个临界值，方程的解要产生分支现象. 显然，临界分支点 a_c 的位置与方程积分核的具体形式有关.

应当说明，当 $u(x,t)$ 增长到一定限度，上述线性分析的前提已经失效. 因此如果如上方程所描述的系统最终存在有限的定常解，则是由于方程的非线性因素在起作用. 数学上严格的非线性分析是十分困难的，常常不得不借助于数值方法研究. 因此，如上的线性分析是不完整的. 但线性分析的作用不可小视，它为最终定常解如何发生提供了一种启示，描述了一种可能的机制. 特别是它提供了各种与非

线性相关的可能现象发生的参数范围，为数值研究提供了指导. 在非线性问题无法精确解决时，线性分析不失为一种现实可行的有效途径.

在结束本节之前，让我们利用如上微分-积分方程与微分方程模型的关系，简单讨论一下此方程解的稳定性问题. 如果上面模型中反映神经元间相互作用强弱的函数 $w(z)$ 的支集仅限定在 $z=0$ 的一个小邻域内，则可将函数 $n(x+z)$ 在 $x=0$ 作 Taylor 展开，即令

$$\frac{\partial n}{\partial t}=f(n)+[n(x,t)-1]\int_{-\infty}^{\infty}w(z)\mathrm{d}z+\frac{\partial n}{\partial x}\int_{-\infty}^{\infty}zw(z)\mathrm{d}z+\frac{1}{2}\frac{\partial^2 n}{\partial x^2}\int_{-\infty}^{\infty}z^2w(z)\mathrm{d}z+\frac{1}{3!}\frac{\partial^3 n}{\partial x^3}\int_{-\infty}^{\infty}z^3w(z)\mathrm{d}z+\cdots,$$

由 $w(z)$ 的对称性，与 z 奇次幂对应的积分为零，则上式简化为

$$\frac{\partial n}{\partial t}=f(n)+w_0(n-1)+w_2n_{xx}+w_4n_{xxxx}+\cdots,$$

其中 $w_{2m}=\int_{-\infty}^{\infty}z^{2m}w(z)\mathrm{d}z/(2m)!\,(m=0,1,2,\cdots)$. 显然这些项的系数正还是负，取决于函数 w 的具体形式. 若自 w_4 开始可以忽略时，上式简化为

$$n_t=f(n)+w_0(n-1)+w_2n_{xx},$$

这是一个典型的反应扩散方程，其适定的条件是 $w_2>0$. 当 $w_2\leqslant 0$ 时，负扩散项表示不稳定作用，即微分方程不适定，上文给出的权函数的例子，当 $b_1d_1-b_2d_2<0$ 时就是如此. 此时如果进一步考虑四次导数项，即考虑方程

$$n_t=f(n)+w_0(n-1)+w_2n_{xx}+w_4n_{xxxx},$$

增加的项相当于考虑了在更大范围内发生的远程扩散作用. 可以说明：如果 $w_4<0$，四阶项是起稳定作用的.

§3 药物诱发幻觉的数学模型

此处构造模型的基本想法是：药物作用引起了视觉皮层神经活动的不稳定性，正是这一不稳定性导致幻视者所感受到的视觉模式.

假设视觉皮层由两种类型的神经细胞所组成,其功能分别是对有关联细胞的激发或抑制信号做出反应,依次以 E 或 I 表示. 它们有以下基本性质:

(1) 不论何种细胞,每个神经元 j 任何时刻有一个电位 $v_j(t)$.

(2) 每个神经元的输出电流 I_j 是其电位的非线性函数,即 $I_j = S(v_j)$. 函数 S 的形式与细胞类型有关,分别记为 S_e 与 S_i.

(3) 第 j 个神经元对第 k 个元的作用依赖于距离 $|j-k|$,可以表示成

$$\Psi_{jk} = \alpha w(|j-k|) I_j,$$

式中 $w(|j-k|)$ 是由距离决定的权因子,α 是一个系数,依 j,k 的细胞类型不同,权函数 w 可取不同的形式,而 α 可取不同的值,分别表示为 $w_{ee}, w_{ie}, w_{ei}, w_{ii}$ 和 $\alpha_{ee}, \alpha_{ie}, \alpha_{ei}, \alpha_{ii}$.

权函数的选取要满足如下要求: 任意一类权函数可以表示为 $w(x^2+y^2)$,令 $\sqrt{x^2+y^2}=r$ 为细胞间的距离,则

(i) $w(r) \geqslant 0$;

(ii) $\int_{-\infty}^{\infty} dx' \int_{-\infty}^{\infty} w(x'^2+y'^2) dy' = 1$;

(iii) $\hat{w}(k^2+l^2) = \int_{-\infty}^{\infty} dx' \int_{-\infty}^{\infty} w(x'^2+y'^2) \exp(ilx'+iky') dy'$

是 $\omega^2 = l^2+k^2$ 的减函数.

(4) 两个神经元间的作用实际与时间历史有关,即神经元 j 对元 k 在时刻 t 的作用实际应表示为

$$\Phi_{jk} = \int_{-\infty}^{t} h(t-\tau) \Psi_{jk}(\tau) d\tau,$$

式中 $h(t)$ 是一个综合反映了延迟与衰减效应的响应函数. 具体可取 $h(t)=\exp(-t/\mu)/\mu$,而 μ 是时间常数;下文简单地取 $\mu=1$.

(5) 神经元 k 在所有其他有关联的细胞作用下产生的电位是 $v_k = \sum_j \Phi_{jk}$. 由此 t 时刻所产生的输出电流是

$$I_k(t) = S\left(\sum_j \Phi_{jk}\right) = S\left(\sum_j \int_{-\infty}^{t} h(t-\tau) \alpha w(|j-k|) I_j(\tau) d\tau\right).$$

下面我们考虑两种类型的神经元在大脑皮层上的二维连续分布，将点(x,y)处的两种元在时刻 t 的电流输出记为 $E(x,y,t)$ 和 $I(x,y,t)$，按照上述假设中的表达式，且将权 w 中的激发与抑制作用分离，针对不同类型间的细胞有不同作用常数，可以得到

$$E(x,y,t) = S_e\left(\int_{-\infty}^{t} \mathrm{d}\tau h(t-\tau)[\alpha_{ee}w_{ee} * E(\tau) - \alpha_{ie}w_{ie} * I(\tau)]\right),$$

$$I(x,y,t) = S_i\left(\int_{-\infty}^{t} \mathrm{d}\tau h(t-\tau)[\alpha_{ei}w_{ei} * E(\tau) - \alpha_{ii}w_{ii} * I(\tau)]\right),$$

式中 w 与一个函数的卷积定义为：

$$w * f(\tau) = \int_{-\infty}^{\infty} \mathrm{d}x' \int_{-\infty}^{\infty} \mathrm{d}y' w[(x-x')^2 + (y-y')^2] f(x',y',\tau).$$

S_e, S_i 是两个形式相同，但依细胞类型可以有定量不同的函数. 一般而言，要求满足如下条件：(i) $S_m(v)$ 是 v 的非减函数；(ii) 当 $v\to\pm\infty$ 时均保持有界；(iii) 两种函数均有唯一的拐点，是所谓的"自变量的阈值函数". 以下还不妨假设阈值 $v=0, S_m(0)=0$.

事实上，任何时刻人所感知到的视觉图像与神经皮层细胞状态依赖在此时刻之前的"历史"，即它们实际取决于量 $\tilde{E}$ 和 $\tilde{I}$，其定义是

$$\tilde{E} = \int_{-\infty}^{t} \exp[-(t-\tau)]E(\tau)\mathrm{d}\tau, \quad \tilde{I} = \int_{-\infty}^{t} \exp[-(t-\tau)]I(\tau)\mathrm{d}\tau.$$

从 E, I 所满足的关系式与 $h(t)$ 所假设的具体形式，容易得到对 $\tilde{E}, \tilde{I}$ 的方程：

$$\frac{\partial\tilde{E}}{\partial t} = -\tilde{E} + S_e[\alpha_{ee}w_{ee} * \tilde{E} - \alpha_{ie}w_{ie} * \tilde{I}],$$

$$\frac{\partial\tilde{I}}{\partial t} = -\tilde{I} + S_i[\alpha_{ei}w_{ei} * \tilde{E} - \alpha_{ii}w_{ii} * \tilde{I}].$$

这就是我们为说明药物如何诱发幻视所建立的二维数学模型，如上方程组应能产生与幻视者所感知到的集合图形相对应的解.

在具体讨论此方程组解的性质之前，让我们先简单地将其与上节介绍的一维模型作一对比. 易于看出它们都是非线性的. 从数学观点来看，保持非线性是重要的，因为所讨论的是非线性现象，幻视所产生的几何模式是线性模式失稳的结果，只是在非线性作用下，才可保持有界. 如果更仔细地观察，可以发现，两个模型实际有几乎相同

的线性化形式，只是常数系数可能有所差别.这就保证了它们有类似的线性分析结果.这说明二者实际是遵循了同样的建模思想.

为说明上述模型可以产生幻视图像，按照一维模型讨论时已叙述过的条件，先来检验对最后的模型均匀静止态 $\widetilde{E}=\widetilde{I}=0$ 的线性稳定性.将方程组在所讨论的静止态线性化，得到对静止态的扰动所满足的方程.仍以符号 E,I 表示未知量，有

$$\frac{\partial E}{\partial t}=-E+S_e'(0)(\alpha_{ee}w_{ee}*E-\alpha_{ie}w_{ie}*I),$$

$$\frac{\partial I}{\partial t}=-I+S_i'(0)(\alpha_{ei}w_{ei}*E-\alpha_{ii}w_{ii}*I),$$

注意这一线性化方程组中的变量 E,I 是小量，$S_e'(0)$，$S_i'(0)$是两个正常数，分别是两个函数在零点的斜率.为完成所要求的静止态的稳定性讨论，作未知函数 E,I 对卷积有关变量的傅里叶变换，分别记为 $\hat{E},\hat{I}$，将它们满足的方程写成矩阵向量形式：

$$\begin{bmatrix}\dfrac{\partial\hat{E}}{\partial t}\\[2mm]\dfrac{\partial\hat{I}}{\partial t}\end{bmatrix}=\begin{bmatrix}-1+S_e'(0)\alpha_{ee}\hat{w}_{ee}(k) & -S_e'(0)\alpha_{ie}\hat{w}_{ie}(k)\\ S_i'(0)\alpha_{ei}\hat{w}_{ei} & -1-S_i'(0)\alpha_{ii}\hat{w}_{ii}\end{bmatrix}\begin{bmatrix}\hat{E}\\ \hat{I}\end{bmatrix}.$$

容易看出，如上微分方程组解有界的条件是系数矩阵的特征值实部小于零.与上一节类似，为深入讨论必须具体给出有关权函数的具体形式.对于现在的二维情况，一种简单的取法是令诸 w 均有形式 $w(r)=\exp[-b(x^2+y^2)]$，但不同的权函数可有不同的参数.这一函数的 Fourier 变换为

$$\hat{w}(k)=\frac{\pi}{b}\exp\left(-\frac{k^2}{4b}\right)\quad(k^2=k_1^2+k_2^2).$$

进而，为处理方便用如下方式表示前面模型中所出现的与相互作用有关的参数，即令

$$S_e'(0)\alpha_{ee}=pa_{ee},\quad S_e'(0)\alpha_{ie}=pa_{ie},$$

$$S_i'(0)\alpha_{ii}=pa_{ii},\quad S_i'(0)\alpha_{ei}=pa_{ei}.$$

此处引入了一个新参数 p，且假设所有其他反映相互作用强弱的参数均正比于 p.可以将 p 理解为引起幻视的药物剂量.这一假设看来

是合理的，随 p 的增加，服药者会产生幻觉，这意味着模型方程的解应产生分支，即 p 是一个分支参数.

在参数 p 的表示下，如上线性微分方程组右端系数矩阵的特征值 λ 满足条件

$$\begin{vmatrix} -\lambda-1+pa_{ee}\widehat{w}_{ee} & -pa_{ie}\widehat{w}_{ie} \\ pa_{ei}\widehat{w}_{ei} & -\lambda-1-pa_{ii}\widehat{w}_{ii} \end{vmatrix} = 0.$$

将上式展开，得到对特征值 λ 的二次方程

$$\lambda^2 + L(k)\lambda + M(k) = 0,$$

其中

$$L(k) = 2 + p(a_{ii}\widehat{w}_{ee}(k) - a_{ee}\widehat{w}_{ee}),$$

$$M(k) = p^2(a_{ie}a_{ei}\widehat{w}_{ie}(k)\widehat{w}_{ei}(k) - a_{ee}a_{ii}\widehat{w}_{ee}(k)\widehat{w}_{ii}(k)) + p(a_{ii}\widehat{w}_{ii}(k) - a_{ee}\widehat{w}_{ee}(k)) + 1.$$

如果 $\mathrm{Re}(\lambda)<0$，那么线性化方程的解稳定，如果 $\mathrm{Re}(\lambda)>0$ 则不稳定. 但 λ 是波数 k 的函数，因而稳定不稳定与波数 k 有关. 解中与波数 k 对应的成分，称为波数 k 所对应的模态.

首先我们要求空间均匀的定常解必须是稳定的，即当 $k=0$ 时，$\mathrm{Re}\lambda(k=0)<0$. 注意到特征方程有实系数，若有复根必然是共轭的. 因此 $k=0$ 时特征根实部小于零的条件等价于：或者两共轭复根之和小于零；或者两实根同取负号. 利用根与系数的关系，$\lambda(k=0)<0$ 的条件是：$L(0)>0, M(0)>0$. 通过 L 与 M 的表达式，这实际对使解稳定的参数取值范围作了某种限制. 又因为 $\lambda(k)$ 对 k 连续变化，这要求 $\lambda(k)$ 在原点附近必须取负值.

对前述权函数 $w(k)$ 的典型形式要求 $\widehat{w}(k)\to\infty(k\to 0)$，即对充分大的 k，特征方程可以近似为

$$\lambda^2 + 2\lambda + 1 \doteq 0,$$

因而，对足够大的 k，$\lambda(k)$ 也是小于零的，即相应解的模态也是稳定的. 如上的定性讨论表明：$\mathrm{Re}\lambda(k)>0$ 的不稳定情况只能发生在 $k_1^2\leqslant k^2\leqslant k_2^2$ 的一个有限波数范围. 请注意 $\lambda(k)$ 中还包含有一个参数 p，耗散关系 $\lambda=\lambda(k)$ 随参数 p 的取值不同而异，它们构成一族曲线（在二维情况应当是一族曲面，此处的图 14.6 可理解为是曲面族的一适

当截面)，其典型形式如图14.6所示. 从中可以看出，对参数 p 而言，存在有一个临界值 p_c，当 $p<p_c$ 时所有模态都是稳定的，即对任何波数 $\lambda(k)<0$. 当 $p=p_c$ 时，有临界的 k_c 存在，使 $\mathrm{Re}\lambda$ 的极大值为零，即 $\sup_k \mathrm{Re}\lambda(k)=\lambda(k_c)=0$. 而当 $p>p_c$ 时则出现了不稳定的波数范围 $k_l^2\leqslant k^2\leqslant k_h^2$. 其中有一点 $k_c^2=k_1^2+k_2^2$ 给出 λ 实部极大值. k_1, k_2 分别对应 x 与 y 方向. 由此可知参数 p 的变化可以导致线性定常解失稳，这可以解释为服用药物超过一定剂量时诱发了幻视.

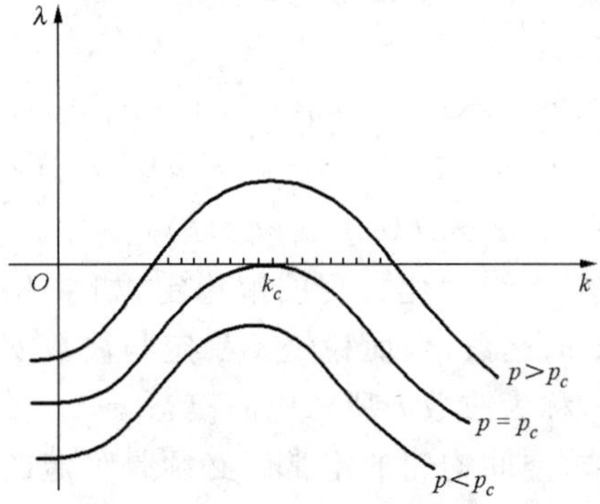

图 14.6 $\lambda(k)$随 k 的变化与参数的关系示例

为使论述完整，下面说明幻视者所“看到”的基本几何图形的确与上面叙述的线性不稳定解相关联. E, I 所满足的线性化方程的解可以从它们的傅里叶变换得到，特别是当参数取值在临界点之上邻近时，解向量 $(E\quad I)^{\mathrm{T}}$ 近似可以表示为

$$\begin{bmatrix} E \\ I \end{bmatrix} = \sum_k c_k \mathbf{V}_k(p_c, k_c^2)\exp(\lambda t + \mathrm{i}k_{1c}x + \mathrm{i}k_{2c}y),$$

其中 $k_{1c}^2+k_{2c}^2=k_c^2$, k_{1c}, k_{2c} 是 x 轴与 y 轴方向波数的临界值，$\mathbf{V}_k$ 是与 k_c^2 相应的特征向量. 还应指出的是，当权函数 w 对某一角度具有旋转不变性时，无论是原方程的解还是线性化方程的解在同样变换下还是解. 利用这一性质和如上 E 或 I 的形式，不难说明，它们完全可以产生对应于幻视基本图形的解.

以沿 x 轴方向的水平条带的滚动模式为例，我们需要的解形如

$$\begin{bmatrix} E \\ I \end{bmatrix} = \mathbf{V}(p_c, k_c^2)\cos(a + k_c x),$$

a 是一个常数，其作用是决定原点位置. 上述解的周期是 $2\pi/k_c$. 解 E,I 沿 x 轴方向是常数. 由三角函数与复指数函数的关系，

$$\cos(a + k_c x) = \{\exp[\mathrm{i}(a + k_c x)] + \exp[-\mathrm{i}(a + k_c x)\}/2,$$

显然，前式右端两项都是 $\exp[\mathrm{i}(k_{1c}x + k_{2c}y)]$的特殊形式，且彼此共轭，或者说，将 x,y 换为 $-x,-y$ 可以从一项得到另一项. 这也就表明它们可以是同一线性化方程的解，这两个解的组合产生了幻视者见到的沿 x 轴方向的滚动模式.

利用第一节中关于正方形、菱形和正六边形的与拉普拉斯方程特征值问题的关系及它们的集合对称性的数学表示，可类似讨论其他幻视基本图形的产生，此处不再详述.

总之，本节所建立的模型，可以产生与药物诱发的幻视图形相对应的解的空间模式. 这样的解是在某一反映药物剂量的分支参数达到一个临界值时，也就是反映神经细胞间的激发与抑制作用强度的参数达到临界值时出现的. 它是一种不稳定现象. 这与我们对致幻药物作用的预期是一致的.

应当说明，如上的讨论从严格的数学观点看来是不完整的. 事实上，作为严格的数学论证，除上述讨论外，还必须进一步说明线性化方程失稳的解，如何在非线性作用下保持有界，并演化成最终的，整个非线性方程的定常解. 在本文所引文献产生的阶段，这还是一件未能完成的工作. 无论如何完全的非线性讨论是困难的，一个替代的办法是进行数值模拟，即利用线性分析所提供的参数值对方程数值求解. 对上述模型而言，数值结果支持所得到的结论. 说明模型的基本思想是可靠的.

§4 一些有趣的联想

上面讨论了产生幻视的一种可能的机制. 如本文开始所述，这样产生的幻觉其图像基本组元是一些简单的几何图形，而这些基本图

形可以彼此组合、镶嵌,构成更为复杂的图像.西方有些学者注意到在全世界广泛散布的岩画具有某种共同特征,而且与前面讨论过的药物诱发的幻视图像有类似之处,即它们都是由一些基本几何形体组合而成.以前,考古工作者一般从人类文化的角度来解释岩画,但从 20 世纪后半期以来,在与幻视图案放在一起考虑之后,很多研究者开始猜测:岩画的作者很可能是巫师一类的人物,而且是他们在服用了某种药物后,在幻视状态下的作品.我们知道:很多含有致幻成分的植物,例如仙人掌,在人类历史的早期,就已在不同的地区、不同的文化背景下广泛使用,上面的说法似乎有其合理之处.图 14.7 展示的是几幅取自不同文化、不同地区的岩画构图,它们表明上述论点并非无稽之谈.这当然是一个很有趣的研究线索.

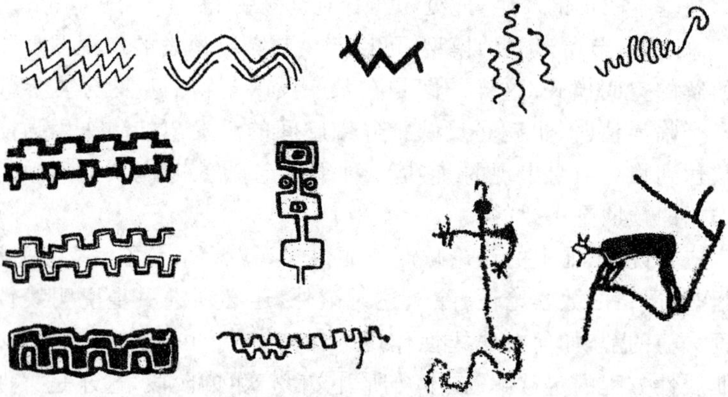

图 14.7　出现在非洲和美洲不同地区的岩画举例

与幻视基本图形有关的另一有趣的事情是幼儿的图画.学者们注意到所有 2 岁到 4 岁儿童的绘画有与种族无关的共同特点.它们也是由简单的几何图案组成,学者们推测,这些绘画活动不是直接对事物观察描绘所致,而是幼儿视觉系统神经活动的表现,即类似于产生幻视的机制造成的.这一观点启发我们的另一联想:当代的许多画家,包括毕加索这样的名家在内,都曾热衷于以简单的几何图形为组件构图.他们为什么要这样画?他们要表现什么?对于很多人说来这是一个令人费解,难于回答的问题.然而在了解了幻视产生的机制之后，我们是否可以认为，这样的作品也是来自于画家视觉皮层的神经活动，表达了画家在神经高度兴奋状态下对世界的感悟，因此他们才如此珍视这些看似荒诞的作品.

参考文献

[1] Murray J D. Mathematical Biology II Spatial Models and Biomedical Applications. Third Edition. New York: Springer, 2003.

[2] Ermentrout G B and Cowan J D. A Mathematical Theory of Visual Hallucination Patterns. Biol. Cybernetics, 1979, 34: 137—150.

第十五章　有关流体力学的数学模型

本章共三节.第1节取材于本章参考文献[1],讨论一个日常生活问题,即从塑料小袋把牛奶倒入奶锅要花多少时间.为解决此问题,引用了伯努利(Daniel Bernoulli)定律.第2节介绍如何从连续介质假设出发,建立描述流体运动规律的微分方程模型,即欧拉方程组及纳维-斯托克斯(Navier-Stokes)方程组,并推导了伯努利定律.第3节则从乌拉姆(S. Ulam)与冯·诺伊曼的元胞自动机概念开始,介绍基于简单系统模拟,数值研究纳维-斯托克斯方程的一条新途径,即格气自动机模型或称离散流体模型,附带介绍了与元胞自动机有关的康维(J. Conway)所提出的生命游戏.目的在于使读者对现有的流体力学模型有一概括了解.

§1　从塑料袋中流出的奶

1.1　基本原理

考虑如图15.1所示的半角为 α 的一个漏斗形容器,其中储有密度为 ρ 的液体,放置于压力 p_0 的空气之中,漏斗的上端与下端是开放的,其中的液体成一股射流从下端流出.坐标系 y 以漏斗出口为原点,垂直向上.如果漏斗足够大,出口面积充分小,液面下降十分缓慢,在一段时间内,可以近似认为流动是定常的,即流动状态不随时间变化.在定常状态下,液体流出速率 u(速度的大小)可利用伯努利定律求得.为说明伯努利定律,必须引进流线的概念.所谓流线就是速度场的矢量线,在定常流动下,即稳定流动状态下,流线也就是流体质点的运动轨迹.对于定常流动,伯努利定律告诉我们,若考虑重力作用时,沿每条流线 $p+\rho u^2/2+\rho g y$ 是一与流线有关的常数,令

u_A, u_B 依次表示 A, B 两点的速率，由此沿流线 AB 有

$$p_B + \rho u_B^2/2 = p_A + \rho u_A^2/2 + \rho gh, \tag{1}$$

此处 h 是出口以上的液面高度，g 是重力加速度. 容易看出，无论在 A 点还是在 B 点流体压力均等于外部压力 p_0. 此外，在任何两条流线所限定的区域内，由于流动状态不随时间改变，单位时间内穿过任意两个水平截面的流体质量必然相等，漏斗出口面积大大小于上端面积，因此与 u_B^2 相比，u_A^2 可以忽略. 由此从(1)可以得到 $\frac{1}{2}\rho u_B^2 = \rho gh$，也就是说：

$$u_B^2 = 2gh. \tag{2}$$

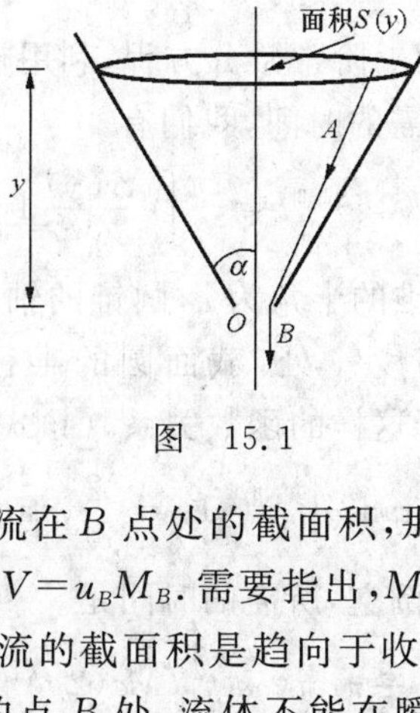

图　15.1

若以 M_B 表示射流在 B 点处的截面积，那么单位时间内从容器中流出的流体体积为 $V = u_B M_B$. 需要指出，M_B 一般不等于漏斗出口面积 M_0，这是因为射流的截面积是趋向于收缩的. 这一效应的原因在于，靠近如图所示的点 B 处，流体不能在瞬间完全改变其运动方向，因此流体运动最终所要转过的角度越大，收缩效应也越明显. 定义收缩比 $c = M_B/M_0$，对于轴对称射流，这一比值取决于容器的边与射流轴向间的夹角 α. 收缩比 c 作为 α 的函数可由实验测定，在若干特定情况下还可由理论计算，根据已有的理论与实验结果，对于 $\alpha = 45°$的三维轴对称射流，c 近似可取 0.745，下文将使用这一数值. 关心 c 值确定方法的读者可参阅本章文献[1]及其中的引文，有关的内容超出了本书范围.

1.2 倒空位置固定容器所需的时间

考虑一位置固定的容器，无妨设仍是上一小节的漏斗，初始时刻液面在一小孔之上高 h 处，从 $t=0$ 开始，流体从小孔流出.

假设在时刻 t，液面高度为 y，液体上表面截面积为 $S(y)$，在 Δt 时间内液面下降 Δy，那么容器内流体体积变化为 $-S(y)\Delta y$；由前一小节可知，流体流出的速率是 $(2gy)^{1/2}$，所以流出的流体体积是：$Mc(2gy)^{1/2}\Delta t$，此处 M 是出口处截面积，c 是收缩系数. 显然如上两个流体体积数值应当相等，故有

$$-S(y)\frac{\mathrm{d}y}{\mathrm{d}t}=Mc(2gy)^{1/2}. \tag{3}$$

这是一个可分离变量的一阶常微分方程，利用初条件 $y(0)=h$，可得液面降低到 $y<h$ 处所需的时间，我们有

$$Mc(2g)^{1/2}t=-\int_h^y\frac{S(y)}{y^{1/2}}\mathrm{d}y. \tag{4}$$

假设漏斗是圆锥型的，锥的半角为 α，圆锥的轴垂直放置，锥角向下，锥顶是原点，那么在高度 y 处，截面圆的半径是 $y\tan\alpha$，截面积为 $S(y)=\pi(y\tan\alpha)^2$. 对于这样的函数关系，(4)式右端可以积出，有

$$Mc(2g)^{1/2}t=-\pi\tan^2\alpha\int_h^y y^{3/2}\mathrm{d}y=\frac{2}{5}\pi\tan^2\alpha(h^{5/2}-y^{5/2}),$$

液面高度 $y=0$ 时容器倒空，所需的时间是

$$t=\frac{2}{5}\pi\tan^2\alpha h^{5/2}\Big/Mc(2g)^{1/2}. \tag{5}$$

从 $t=0$ 时容器中的流体体积与容器流空时间，容易算出流体流出的平均速率为 $\frac{5}{6}(2gh)^{1/2}$；与最小流出速率 0 相比，这一平均流出速率非常接近最大流出速率 $(2gh)^{1/2}$. 这表明多数流体是在高度接近 h 时流出的. 平均速率中的常数 5/6 是由容器的特定形状决定的. 对于一个圆柱形容器，截面积不随高度改变，容易知道这一常数是 1/2；而对于任何上部比下部更“粗”的容器，这个常数则大于 1/2.

1.3 倒空袋装奶的时间

消毒奶装在聚乙烯袋中,其形状大致如图 15.2 所示. 牛奶通过在 B 点的一个小洞倒出,空气由 A 点剪开的洞进入,由于 A 点有洞,奶袋限定有一个最大倾角 θ,这一角度初始时近似为 $10°$,随着奶面下降,可以逐渐增大.

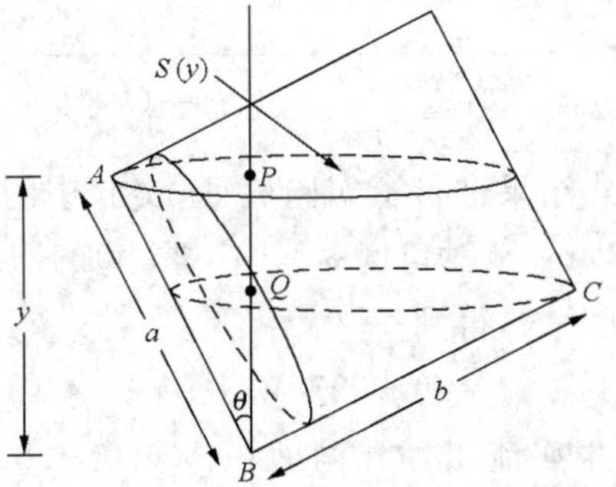

图 15.2

作为一个初步模型,取 θ 为常数值 $\alpha(=10°)$. 在初始时刻,牛奶体积由两部分组成,下面一部分为剪切作用后的圆锥,锥顶向下,在图示情况下,高度为 $h_1=b\sin\alpha$,底部近似是一面积为 S_0 的椭圆;上部则是一个倾斜的柱体,高 $PQ=h-h_1$, $h=a\cos\alpha$,上部柱体与下部锥的底面可视为是相同的. 由此高度 y 处的表面积为

$$S(y)=\begin{cases}S_0(y/h_1)^2, & 0\leqslant y\leqslant h_1,\\ S_0, & h_1\leqslant y\leqslant h.\end{cases} \tag{6}$$

利用上一小节中的公式(4),有

$$\begin{aligned}Mc(2g)^{1/2}t&=\int_0^{h_1}S_0\left(\frac{y}{h_1}\right)^2\frac{\mathrm{d}y}{y^{1/2}}+\int_{h_1}^{h}S_0\frac{\mathrm{d}y}{y^{1/2}}\\&=2S_0\left(h^{1/2}-\frac{4}{5}h_1^{1/2}\right).\end{aligned} \tag{7}$$

易于验证,当 $h_1\to 0$ 或 $h_1\to h$ 时,上述结果分别与流体体积为圆柱与圆锥的结果相一致. 由(7)式,牛奶流出时间为

$$t = 2S_0h\left\{1-\frac{4}{5}(h_1/h)^{1/2}\right\}\Big/\{Mc(2gh)^{1/2}\}, \tag{8}$$

S_0 与 h_1 和 h 的关系，由牛奶的初始体积确定，即

$$V_0 = \frac{1}{3}S_0h_1 + S_0(h-h_1) = S_0\left(h-\frac{2}{3}h_1\right),$$

从上式解出 S_0，代入(8)，有

$$t = \frac{2V_0}{Mc(2gh)^{1/2}} \cdot \frac{1-\frac{4}{5}(h_1/h)^{1/2}}{1-\frac{2}{3}(h_1/h)}. \tag{9}$$

文献[1]中对(9)式结果进行了实验验证，实验中的奶袋尺寸为，$a=12.7\ \mathrm{cm}$，$b=15.2\ \mathrm{cm}$，倾斜角度 $\alpha=10°$，重力加速度 $g=985\ \mathrm{cm/s^2}$. 把这些数据代入(9)式，得到

$$t = 0.00938V_0/(Mc). \tag{10}$$

当 $V_0=568\ \mathrm{cm^3}$，牛奶流出处孔洞面积 $M=0.258\ \mathrm{cm^2}$，收缩比 c 为 0.745(相当 $\alpha=45°$的轴对称射流)时，$t=27.7$ s. 而实地实验结果为 25 s. 二者是相当符合的. 然而即使一个相当粗糙的模型，也可能得到与实验很一致的结论，这是由于恰巧有一些理论上未加考虑的因素彼此抵消了. 下面探讨如上模型的改进.

1.4 初始阶段的影响

以上讨论利用了定常流动假设，即假设上端液面高度为 y 时，流出速率为$(2gy)^{1/2}$. 但显然可知，初始瞬间牛奶流出速率必然是零，至少要经过一段时间以后，定常流动假设才是正确的. 因而前面一节的讨论应当是低估了倒空一袋奶所需的时间.

对于一个具有自由边界的流体运动的初始阶段，至今知之甚少. 然而对于本节所讨论的情况，有关的流体力学知识则已获得. 当射流从壁上开有一道缝的容器中流出，且器壁与射流对称轴夹角满足 $2\alpha=\pi$ 时，解的不定常性随时间以 $\exp(-\lambda t)$的方式衰减，λ 的最小值是

$$\lambda = \frac{(\pi+2)U}{2d}(2-\sqrt{2}) = \frac{1.506U}{d},$$

式中 U 是定常状态时射流的流速，$2d$ 是容器开口的宽度. 利用这一结果，可以假定，从半径为 a 的圆洞中流出的轴对称射流衰减常数的量级是

$$\lambda = \frac{1.506U}{a} \approx \frac{1.506(2gh)^{1/2}}{a}.$$

由上述可知，对于一个截面积为 $S(y)$ 的容器，当考虑非定常效应时，类似于(3)，液面高度 $y(t)$ 所满足的方程可表示为

$$-S(y)\frac{\mathrm{d}y}{\mathrm{d}t} = Mc(2gy)^{1/2}(1-\mathrm{e}^{-\lambda t}),$$

这相当假设流出速率精确等于 $(2gy)^{1/2}(1-\mathrm{e}^{-\lambda t})$. 上述方程仍然是可分离变量的，从时间 0 到 t 进行积分，有

$$-\int \frac{S(y)}{y^{1/2}}\mathrm{d}y = Mc(2g)^{1/2}\int(1-\mathrm{e}^{-\lambda t})\mathrm{d}t$$

$$= Mc(2g)^{1/2}\left\{t+\frac{1}{\lambda}(\mathrm{e}^{-\lambda t}-1)\right\}.$$

将上式与(4)式比较，可以看出，由流体运动不定常性对预测倒空奶袋时间所造成的误差，最大是

$$\frac{1}{\lambda} = \frac{a}{1.506(2gh)^{1/2}} = \frac{0.664a}{(2gh)^{1/2}}.$$

对于上一小节中给出的数据，由计算可得 $\lambda^{-1}=0.0012\,\mathrm{s}$，由此可知，流体运动的不定常效应是无须考虑的，只有牛奶从一个大得多的洞流出时，这一因素才会造成有意义的影响.

1.5 优化奶袋倾斜角度的效应

在前面的讨论中，没有考虑与牛奶流出的洞相邻的两个边相对于垂直方向不是对称放置的. 初始时刻，为保证牛奶不从上面的气孔处漏出，倾角必须受限制；然而随着奶的流出，使倾角逐渐加大，奶袋最终达到对称位置是可能的. 对于一定体积的牛奶，奶袋处于上述对称位置时液面高度最大，这一最大高度将加大奶的流出速率，因而减少流空所需的时间. 下面就来计算这一效应有多大影响.

假设初始时刻的奶袋位置仍如图 15.2 所示，此时液面恰在角点

A 之下；当角 θ 从初值 α 逐渐增加到 $\theta=\arctan(a/b)$ 时，液面恰恰沿着对角线 AC，当 θ 继续加大时，情况如图 15.3 所示.

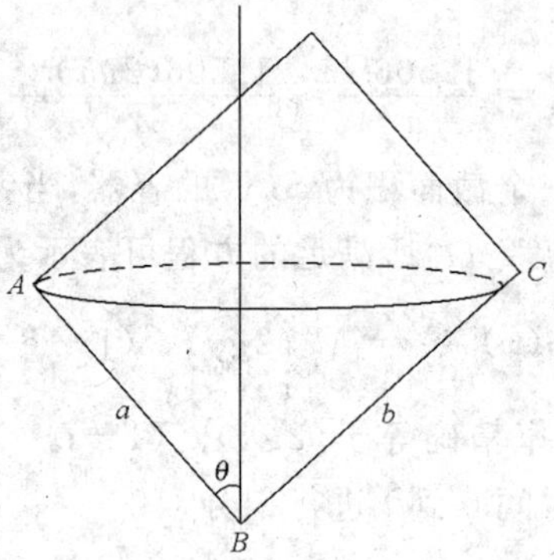

图 15.3

从奶开始流出到液面沿 AC 直线考虑为第一阶段. 令 S 表示牛奶的表面积. 粗略说来，表面形状可视为椭圆，其长轴是 $b\sec\theta$，短轴近似地不随倾角改变. 由此在倾角 θ 时的表面积可近似为：

$$S = S_0\cos\alpha\sec\theta,$$

其中 α 是初始时刻角度，S_0 是初始面积. 类似于 1.3 小节中的讨论可知，第一阶段中，随倾角 θ 变化的牛奶体积是

$$V = S(y - b\sin\theta) + \frac{1}{3}S(b\sin\theta), \tag{11}$$

上式右端两项分别是底面积为 S 高为 $y-b\sin\theta$ 的倾斜圆柱及有同一底面积而高为 $b\sin\theta$ 的斜圆锥的体积，其中液面高度 $y=a\cos\theta$. 利用如上关系，消去量 S 和 y，得到

$$V = S_0\cos\alpha\left(a - \frac{2}{3}b\tan\theta\right). \tag{12}$$

进而，由前面的讨论可知 V 对时间的变化率等于负的牛奶流出速率，即 $-Mc(2gy)^{1/2}$，由此，利用(12)式得到

$$-\frac{\mathrm{d}V}{\mathrm{d}t} = \frac{2}{3}S_0 b\cos\alpha\sec^2\theta\,\frac{\mathrm{d}\theta}{\mathrm{d}t} = Mc(2ga\cos\theta)^{1/2}. \tag{13}$$

在上述方程中分离变量 θ 与 t，有

$$\frac{3}{2}\frac{Mc(2ga)^{1/2}}{S_0 b\cos\alpha}t_1=\int_{\tan\alpha}^{a/b}(1+\tau^2)^{1/4}\mathrm{d}\tau,\qquad(14)$$

式中 t_1 为第一阶段所花的时间，变量 $\tau=\tan\theta$，上式右端积分可由数值方法计算.

由液面从沿 AC 直线倾斜到 θ 角成 45° 的瞬间视为第二阶段. 这一阶段开始时刻液面面积为

$$S=S_1=S_0\cos\alpha\sec\{\arctan(a/b)\}=S_0\cos\alpha(1+a^2/b^2)^{1/2}.$$

在此之后，将底面近似看做是半径为 $r=\frac{1}{2}a\csc\theta$ 的圆，这个圆的面积是

$$S=S_1\csc^2\theta\cdot\sin^2\left\{\arctan\left(\frac{a}{b}\right)\right\}=S_1\frac{a^2}{a^2+b^2}\csc^2\theta,\qquad(15)$$

因此牛奶体积是

$$V=\frac{1}{3}Sy=\frac{1}{3}S_1\frac{a^3}{a^2+b^2}\csc^2\theta\cdot\cos\theta.$$

类似于前面的论证，再次有

$$\begin{aligned}-\frac{\mathrm{d}V}{\mathrm{d}t}&=Mc(2ga\cos\theta)^{1/2}=-\frac{1}{3}S_1\frac{a^3}{a^2+b^2}\frac{\mathrm{d}}{\mathrm{d}\theta}(\csc^2\theta\cdot\cos\theta)\frac{\mathrm{d}\theta}{\mathrm{d}t}\\&=\frac{1}{3}S_1\frac{a^3}{a^2+b^2}[\cot^2\theta+\csc^2\theta]\csc\theta\cdot\frac{\mathrm{d}\theta}{\mathrm{d}t}.\end{aligned}$$

将上述方程分离变量、积分，得到

$$\frac{3Mc(2ga)^{1/2}(a^2+b^2)}{S_1a^3}t_2=\int_{\arctan(a/b)}^{\pi/4}\frac{\cot^2\theta+\csc^2\theta}{\sin\theta\cdot\cos^{1/2}\theta}\mathrm{d}\theta,$$

式中 t_2 是倾角从 $\arctan(a/b)$ 到 $\pi/4$ 所要花费的时间. 做变量替换 $\tau=\tan\theta$，有

$$\frac{3Mc(2ga)^{1/2}(a^2+b^2)^{1/2}b}{S_0a^3\cos\alpha}t_2=\int_{a/b}^{1}\frac{2+\tau^2}{\tau^3(1+\tau^2)^{1/4}}\mathrm{d}\tau.\qquad(16)$$

上式右端再次可由数值积分计算，从而得到 t_2.

第三阶段从 θ 达到 45° 的瞬间至奶袋倒空. 在这一阶段中，奶袋保持在固定位置，牛奶可视为从一椭圆锥中流出，由(5)式，流空所需的时间是

$$t_3 = \frac{2}{5} y_2 S_2 \Big/ Mc(2gy_2)^{1/2},$$

式中 y_2 是锥的高度，易知 $y_2 = a\cos(\pi/4) = a/\sqrt{2}$，而 S_2 是 $\theta = \pi/4$ 时牛奶上表面之面积. 由(15)式可得

$$S_2 = S_1 \frac{a^2}{a^2+b^2}\csc(\pi/4) = \frac{2S_0 a^2 \cos\alpha}{b(a^2+b^2)^{1/2}},$$

由此

$$\frac{Mc(2ga)^{1/2}(a^2+b^2)^{1/2} b}{S_0 a^3 \cos\alpha} t_3 = \frac{2^{7/4}}{5}. \tag{17}$$

由(14)，(16)和(17)式，倒空奶袋所需的总时间 T 满足

$$\frac{Mc(2ga)^{1/2}}{S_0 a\cos\alpha} T = \frac{2b}{3a}\int_{\tan\alpha}^{a/b} (1+\tau^2)^{1/4} \mathrm{d}\tau$$

$$+ \frac{a^2}{b(a^2+b^2)^{1/2}} \left\{ \frac{1}{3}\int_{a/b}^{1} \frac{2+\tau^2}{\tau^3(1+\tau^2)^{\frac{1}{4}}} \mathrm{d}\tau + \frac{1}{5}(2)^{7/4} \right\}. \tag{18}$$

对于所讨论的问题，由计算可知

$$b/a = 1.2, \quad (2ga)^{\frac{1}{2}} = 158\ \mathrm{cm/s}, \quad Mc = 0.192\ \mathrm{cm}^2,$$

$$a\cos\alpha = 12.51\ \mathrm{cm}, \quad S_0 = 52.86\ \mathrm{cm}^2. \tag{19}$$

由辛普森(Simpson)公式数值计算(18)式中的积分，得到

$$T = 12.2 + 2.1 + 7.8 = 22.1(\mathrm{s}).$$

由此可知，当模型考虑倾角变化时，倒空奶袋时间可从 28 s 降为 22 s. 但此时要求奶袋精确地按照最优方式倾斜，实际操作时很难完全作到，因此尽管实验时努力遵循这样的方式，仍需 25 s 时间，应该认为，这与模型给出的结果是十分符合的.

1.6 使奶袋倾斜所需的时间

细心的读者已经注意到，如上讨论中还有一点是不符合实际的，即上文假设了 B 点的洞被剪开时，奶袋已经倾斜到初始角度，然而实际总是先把奶袋放正，在上缘两端剪好两个洞，再尽快倾斜至图 15.2 所示位置. 在这一过程中，已有少量奶流出，因而初始倾角可取一个比 α 更大的值 β，只需 $\tan\beta \leqslant a/b$. 设这一初始倾斜时间为 t_0，则 β

的大小与 t_0 内流出的奶量有关. 当把 t_0 以及在 t_0 之前的流出效应考虑在内时，利用(18)式及(19)式中的数据，总的流出时间 T 化为

$$T = t_0 + 17.43\int_{\tan\beta}^{0.8355}(1+\tau^2)^{1/4}\mathrm{d}\tau$$

$$+ 3.905\int_{0.8355}^{1}\frac{2+\tau^2}{\tau^3(1+\tau^2)^{1/4}}\mathrm{d}\tau + 7.82$$

$$= t_0 - 17.43\int_{\tan\alpha}^{\tan\beta}(1+\tau^2)^{1/4}\mathrm{d}\tau + 22.1(\mathrm{s}). \qquad (20)$$

上式后一等号右端第二项，系由于 t_0 之前已有奶流出使原来第一阶段所减少的时间，现在的问题是当 t_0 已知时，如何决定以 $\tan\beta$ 为上限的这一项积分值. 我们从有奶流出的最初瞬间开始计时，简单地假设 t_0 之前洞 B 上的牛奶高度 y 随时间线性增加，t_0 时达到 y_0，即

$$y = y_0 t/t_0.$$

由(13)式，容易计算在此过程中流出的奶量是

$$Mc(2g)^{1/2}\int_0^{t_0} y^{1/2}\mathrm{d}t = \frac{2}{3}Mc(2gy_0)^{1/2}t_0.$$

假设在 t_0 时，倾角 $\theta=\beta$，那么由(12)式，

$$S_0\cos\alpha\left(a - \frac{2}{3}b\tan\beta\right) = V_0 - \frac{2}{3}Mc(2gy_0)^{1/2}t_0, \qquad (21)$$

注意到 $y_0 = a\cos\beta$ 及已经给出的有关物理量的数值，从(21)式直接计算得出

$$\tan\beta - \tan\alpha = 0.0383(\cos\beta)^{1/2}t_0. \qquad (22)$$

利用上式，可对任意假设的 β 值计算相应的 t_0；同时对不同的 β 又可数值计算(20)中的第二项，即

$$17.43\int_{\tan\alpha}^{\tan\beta}(1+\tau^2)^{1/4}\mathrm{d}\tau,$$

这样得到了上式与 t_0 间的对应，再利用最小二乘法可知，至少在二位有效数字之内，当 t_0 不大于 20 s 时，近似地有

$$17.43\int_{\tan\alpha}^{\tan\beta}(1+\tau^2)^{1/4}\mathrm{d}\tau \approx 0.666t_0 - 0.002t_0^2.$$

假设 t_0 取 2 s，即用 2 s 时间使奶袋达到初始倾斜位置，那么，第一阶段节省时间近似为 1.3 s，总的倒奶时间近似为 22.8 s.

至此,我们所讨论的牛奶流出问题可以告一段落,上述内容除了告诉我们如何利用伯努利定律解决有关问题外,还说明了在建立数学模型时如何考虑各种主次不同的因素.

§2 刻画流体运动的偏微分方程模型

上面一节中讨论了牛奶从聚乙烯袋中流出所需的时间,依据的原理是伯努利定律,该定律是从描写流体运动的一般数学模型欧拉方程导出的.下面首先讨论用偏微分方程模型描写流体运动时所需的基本假设,然后简单介绍刻画无粘流体运动的欧拉方程组和决定粘性流体运动的纳维-斯托克斯方程组(以下简记为 N-S 方程组),最后利用欧拉方程导出伯努利定律.请读者特别注意本节偏微分方程模型与下节离散模型在基本假设上的明显差异,这说明为描写同一自然现象,可以有完全不同的出发点.

2.1 连续介质假设

无论气体还是液体,都由大量分子所组成.气体分子不是紧密排列的,分子间被远远大于分子自身尺度的真空隔开.对于液体,虽然可以认为分子在彼此间斥力所允许的范围内紧密排列,但分子质量主要集中在组成液体分子的原子核中,因此质量在液体所占据的空间同样不是均匀分布的.另一方面,无论气体还是液体,任何一个分子都在无休止地不规则运动着,分子间不断发生碰撞,通过碰撞,彼此交换着动量和能量.这样一幅图像告诉我们,从微观角度看来,无论对空间而言,还是对时间而言,流体的结构与运动都是离散、不均匀和随机的;然而,对于众多的理论与实际问题而言,我们所关心的是流体的宏观结构与运动,经验告诉我们,流体的宏观结构与运动明显地表现出连续性,均匀性,而且遵从确定的规律.流体力学的研究对象,就是流体宏观运动的规律与特性.

迄今为止,研究流体宏观运动的基本途径是从连续介质假设出发,引用普遍适用的物理守恒定律,建立描写流体运动的偏微分方程

组. 所谓连续介质假设,概括说来可归结为以下诸点:

1. 真实流体所占有的空间被“流体质点”连续地,无间隙地填满.

2. 任何时刻,空间任何位置的流体质点有稳定的宏观物理量,例如:质量、速度、压力、密度等;这些物理量的变化,遵从一切普遍成立的物理定律,例如:牛顿定律、守恒定律、热力学定律以及扩散、粘性、热传导等输运性质所服从的规律.

3. 除去个别的间断线和间断面之外,刻画流体性质的所有物理量对空间与时间坐标都是连续的,而且具有连续的导数.

在一般情况下,连续介质假设是合理的,这一点已被实验所证实. 在流体力学实验中,为测量某一物理量而插入流体中的装置对其周围一小块敏感体积内的流体性质作出响应,所给出的数据实际是这一敏感体积内流体性质的平均值,往往也是一段类似的极短敏感时间内的平均值;测量装置的构造要保证敏感体积足够小,使测量是局部的;而这一敏感体积又必须包含足够多的流体分子,以使测量不受涨落影响. 在实验室进行的多数流体力学实验,流体至少占据线度为 1 cm 的空间区域,而除了激波等少数特殊情况,流体的物理和动力学性质一般在 10^{-3} cm 距离上没有什么变化. 由此可知,当测量装置的敏感体积为 10^{-9} cm^3 时,测量值的确反映了局部性质. 相对于整个流体体积而言,这一敏感体积是足够小了,然而,在常温常压下,这一体积仍含有 3×10^{10} 个气体分子,这些分子在 10^{-4} s 内,要发生 10^{10} 次碰撞. 因此足以使分子物理量达到稳定的局部平衡分布,从而给出稳定的统计平均值.

正是如上的实验事实导致连续介质的概念,这一概念中的流体质点,并不是一个几何学上的“点”,而是代表一个宏观小,微观大的分子团. 宏观小是指与所研究问题的特征尺度相比,分子团的尺度足够小,可以把该尺度范围内的物理量视为均匀,因而可以把分子团的空间范围收缩为一个“点”;微观大则是指分子团中要包含足够多的流体分子,流体质点的任何物理量,实际是分子团中大量分子相应物理量的统计平均值,而且一个小比例的分子进出分子团,不影响平均值的稳定性. 如上说明对于时间坐标也是适用的. 在连续介质假设下,所谓某一时刻,事实是指一个宏观短,微观长的时间间隔. 流体质点所具有的物理量,不仅是局部空间平均的结果,也是一小段时间内诸分子物理量的平均. 这一段时间与问题的特征时间相比足够小,因而宏观上可视为"一瞬";但从微观看来足够长,足以使流体质点所包含的大量分子相互进行了充分多次的碰撞,通过碰撞,动量和能量在分子间重新分配,从而使有关分子物理量达到了一个稳定平衡分布,这样其平均值才有明确的含义.

然而,并非任何时候,连续介质假设都是正确的. 例如导弹与卫星在极高的高度飞行时所遇到的气体密度极低的极端情况,以及气体密度随位置急剧变化的激波中,由于无法得到一个恰当的敏感体积,连续介质假设均不能应用.

下一小节从连续介质假设出发,以数学分析为工具,利用物理守恒定律,建立刻画流体运动规律的偏微分方程模型,先考虑无粘流体,再考虑粘性情况.

2.2 描述流体运动的偏微分方程模型

首先考虑流动时流体质量的守恒性质. 令 $\rho=\rho(\boldsymbol{x},t)$ 是密度函数,即时间 t 空间点 $\boldsymbol{x}$ 处单位体积内的流体质量,那么流场中空间区域 Σ 内的流体质量等于 $\int_\Sigma \rho \mathrm{d}V$, 其中 $\mathrm{d}V$ 为体积微元. 以 $\boldsymbol{v}=\boldsymbol{v}(\boldsymbol{x},t)$ 表示时刻 t 点 $\boldsymbol{x}$ 处的流体速度,$\partial\Sigma$ 表示 Σ 的二维表面,其外法线方向取做正向,记为 $\boldsymbol{n}$,那么单位时间内从区域 Σ 流出的流体质量是

$$\oint_{\partial\Sigma} \rho \boldsymbol{v} \cdot \boldsymbol{n} \mathrm{d}S = \oint_{\partial\Sigma} \rho \boldsymbol{v} \cdot \mathrm{d}\boldsymbol{S},$$

$\mathrm{d}\boldsymbol{S}$ 表示面元,$\mathrm{d}S$ 表示面元大小. 质量守恒定律要求

$$-\partial_t \int_\Sigma \rho \mathrm{d}V = \oint_{\partial\Sigma} \rho \boldsymbol{v} \cdot \mathrm{d}\boldsymbol{S} = \int_\Sigma \nabla \cdot (\rho \boldsymbol{v}) \mathrm{d}V,$$

后一等号利用了场论中的高斯(Gauss)公式. 由区域 Σ 的任意性,从如上积分等式可以得到

$$\partial_t \rho + \nabla \cdot (\rho \boldsymbol{v}) = 0, \tag{23}$$

上式称为连续性方程或质量守恒方程.

下面引进压力概念.考虑一流体体元,周围流体作用在该体元表面上的力是面力.面力用分布密度来表示,所谓面力分布密度即是指单位面积元上所受的面力,又称应力,它不仅与面元的位置有关,而且与它的法线方向有关.对于理想流体,即不考虑粘性作用时,流体不能承受任何切向变形,对于任何表面积元,应力只有法线分量;又因为流体不能承受拉力,法向应力方向必然朝向表面元的内法向,这个力就是压力.还可说明压力的数值仅与空间坐标及时间有关,将这一数值记为 $p=p(\boldsymbol{x},t)$,由此,某一时刻,对占据区域 Σ 的理想流体而言,周围流体通过表面对其施加的总压力为 $-\oint_{\partial\Sigma} p\,\mathrm{d}S$,由斯托克斯定律,可以写成

$$-\oint_{\partial\Sigma} p\,\mathrm{d}S=-\oint_{\Sigma}\nabla p\,\mathrm{d}V.$$

上式说明,任何时刻在流场任何一点,流体质点所受到的压力作用可用 $-\nabla p$ 度量.当除压力外不考虑任何其他外力时,由牛顿第二定律,对任何时刻位于流场任何位置的流体质点,应有

$$\rho\frac{\mathrm{d}\boldsymbol{v}}{\mathrm{d}t}=-\nabla p,$$

此处 $\mathrm{d}\boldsymbol{v}/\mathrm{d}t$ 是固定流体质点的加速度,$\boldsymbol{v}$ 是空间坐标与时间坐标的函数,对固定流体质点,空间位置又是时间的函数,因此由复合函数微商法则,有

$$\rho\frac{\mathrm{d}\boldsymbol{v}}{\mathrm{d}t}=\rho\{\partial_t\boldsymbol{v}+(\boldsymbol{v}\cdot\nabla)\boldsymbol{v}\},$$

将这一关系代入牛顿第二定律,得到

$$\partial_t\boldsymbol{v}=-(\boldsymbol{v}\cdot\nabla)\boldsymbol{v}-\frac{1}{\rho}\nabla p,\tag{24}$$

这就是不考虑粘性作用时理想流体的欧拉方程,或称运动方程.

为考虑有粘性作用时的流体运动方程,首先将欧拉方程改写为一种更方便的形式.为此,我们来求与一流体体元有关的动量通量.设流体体元所具有的动量是 $\rho\boldsymbol{v}$,则其各个分量的时间变化率是

$$\partial_t(\rho v_i) = (\partial_t\rho)v_i + \rho(\partial_t v_i),\quad i = 1,2,3,$$

利用方程(23)和(24),可以把 $\partial_t\rho$ 和 $\partial_t v_i$ 表示成对空间变量的导数,由此

$$\partial_t(\rho v_i) = -\partial_k \Pi_{ik}, \tag{25}$$

式中 $\Pi_{ik} \equiv p\delta_{ik} + \rho v_i v_k$,称为动量通量张量,$\delta_{ik}$ 则为克罗内克(Kronecker)记号;而(25)式等号右端两次出现的同一下标 k,表示对 $k=1,2,3$ 求和. 这种求和表示方式称为爱因斯坦求和约定.

将(25)式两端积分,可以看出动量通量张量的意义. 由斯托克斯定理

$$\partial_t\int_\Sigma \rho v_i \mathrm{d}V = -\int_\Sigma \partial_k \Pi_{ik}\mathrm{d}V = -\oint_{\partial\Sigma}\Pi_{ik}n_k\mathrm{d}S,$$

上式左端是空间体积 Σ 中动量分量 ρv_i 的时间变化率,$\Pi_{ik}n_k\mathrm{d}S$ 是单位时间内从表面元 dS 流出的相应速度分量的动量. 显然可见,Π_{ik} 是沿方向 k 单位时间单位表面积上流出的动量之 i 分量. 如果将向量 $\Pi_{ik}n_k$ 表示为 $p\boldsymbol{n} + \rho\boldsymbol{v}(\boldsymbol{v}\cdot\boldsymbol{n})$,动量通量张量的意义可以看得更清楚. 方程(23),(24),(25)是不考虑粘性耗散作用时经典流体的基本方程.

以下介绍描述经典耗散流体运动规律的 N-S 方程组. 当考虑耗散效应,例如考虑粘性应力对流体的作用时,出现在方程(25)中的张量 Π_{ik} 要加以修正. 引入描写未知粘性应力的张量 σ'_{ik},将动量通量张量形式改变为

$$\Pi_{ik} = p\delta_{ik} + \rho v_i v_k - \sigma'_{ik} \equiv \sigma_{ik} + \rho v_i v_k,$$

此处$\{\sigma_{ik}\}=\{p\delta_{ik}-\sigma'_{ik}\}$称为应力张量,$\{\sigma'_{ik}\}$称为粘性应力张量. 以下给出三条基本假设,并从中导出$\{\sigma'_{ik}\}$的一般形式. 记 $\sigma'=\{\sigma'_{ik}\}$. 假设

1. 流体速度场的梯度变化极其缓慢,因而粘性应力张量 σ' 只线性依赖于 $\nabla\boldsymbol{v}$,即 σ' 和 $\nabla\boldsymbol{v}$ 由某种线性变换相联系,进而 $\boldsymbol{v}=\boldsymbol{0}$ 时,σ' 是零.

2. 应力张量 σ' 在刚性旋转及平移变换下保持不变;由此可知,如果 U 是一个正交矩阵,那么

$$\sigma'(U\nabla\boldsymbol{v}U^{-1}) = U\sigma'(\nabla\boldsymbol{v})U^{-1}.$$

这一假设是合理的,因为当流体做刚性旋转时,不会有动量扩散.

3. 张量 σ' 是对称的.

下面推导 σ' 的具体形式. 因为 σ' 是对称的, 因此由前述假设, 它只可能依赖于 $\nabla \boldsymbol{v}$ 的对称部分 $D=\frac{1}{2}(\nabla \boldsymbol{v}+(\nabla \boldsymbol{v})^{\mathrm{T}})$, 又因为 σ' 是 D 的线性函数, 故 σ' 和 D 可交换, 因而可同时对角化, 即 σ' 的特征值是 D 特征值的线性函数. 又由假设 2, σ' 的所有特征值作为 D 所有特征值的线性函数, 还必须在如下意义下是对称的, 即当我们适当选取 U, 使 D 的两个特征值彼此交换时, σ' 的相应特征值必须同时交换. 在这样的对称意义下, 且当 $\nabla \boldsymbol{v}$ 为零时, $\sigma'=0$ 的唯一可能的线性函数形式为

$$\sigma_i' = \lambda(d_1 + d_2 + d_3) + 2\mu d_i, \quad i = 1,2,3, \tag{26}$$

σ_i' 与 d_i 依次为 σ' 和 D 的特征值. 注意到 $d_1+d_2+d_3=\mathrm{div}\boldsymbol{v}$, 上式表明在对角化形式下,

$$\begin{bmatrix} \sigma_1' & & \\ & \sigma_2' & \\ & & \sigma_3' \end{bmatrix} = \lambda(\mathrm{div}\boldsymbol{v})I + 2\mu \begin{bmatrix} d_1 & & \\ & d_2 & \\ & & d_3 \end{bmatrix},$$

回到一般坐标系, 有

$$\sigma' = \lambda(\mathrm{div}\boldsymbol{v})I + 2\mu D,$$

即

$$\sigma_{ik}' = \mu(\partial_k v_i + \partial_i v_k) + \lambda\delta_{ik}\partial_j v_j.$$

爱因斯坦求和约定适用于上式, μ 和 λ 是未知系数, 应由实验决定. 通常将 σ' 改写为

$$\sigma' = 2\mu\left[D - \frac{1}{3}(\mathrm{div}\boldsymbol{v})I\right] + \zeta(\mathrm{div}\boldsymbol{v})I,$$

其中 $\zeta=\lambda+\frac{2}{3}\mu$, 此时方括号内的矩阵迹是零. μ 称为第一粘性系数, ζ 称第二粘性系数.

对于不可压缩流体, 即密度 ρ 为常数的流体, 容易看出连续性方程将化为 $\nabla\cdot\boldsymbol{v}=0$; 当考虑粘性效应时, 将欧拉方程中的应力张量按上述方式加以修正, 同时注意不可压缩条件对粘性应力张量所造成的简化, 则可得到描述不可压缩流体运动的 N-S 方程. 两个方程合

成如下的方程组：

$$\nabla \cdot \boldsymbol{v} = 0,$$

$$\partial_i v_i + (\boldsymbol{v} \cdot \nabla) v_i = -\frac{1}{\rho} \partial_i p + \nu \frac{\partial^2}{\partial_k \partial_k} v_i, \quad i = 1, 2, 3,$$

式中 $\nu = \mu / \rho_0$. 这一方程组刻画了粘性不可压缩流体的流动性质.

2.3 伯努利定律

作为流体运动偏微分方程模型的一个应用，我们从欧拉方程推导伯努利定律. 当考虑重力作用时，欧拉方程形为：

$$\frac{\partial \boldsymbol{v}}{\partial t} + (\boldsymbol{v} \cdot \nabla) \boldsymbol{v} = -\frac{1}{\rho} \nabla p + \boldsymbol{g}, \tag{27}$$

式中向量 $\boldsymbol{g}$ 表示单位质量流体所受重力，其作用方向沿负 z 轴垂直指向下，如果以 U 表示重力位函数，则 $\boldsymbol{g} = -\nabla U$. 对于定常流动，速度向量对时间的偏导数为零；又由矢量分析可知，

$$\frac{1}{2} \nabla (\|\boldsymbol{v}\|^2) = (\boldsymbol{v} \cdot \nabla) \boldsymbol{v} + \boldsymbol{v} \times \mathrm{rot} \boldsymbol{v},$$

若再假设 $\rho =$ 常数，则(27)式化为

$$\mathrm{grad}\left(\frac{\|\boldsymbol{v}\|^2}{2} + \frac{p}{\rho} + U \right) = -\boldsymbol{v} \times \mathrm{rot} \boldsymbol{v},$$

将上式两端与速度方向单位向量 s 点乘，容易得到沿流线方向的方向导数满足

$$\frac{\partial}{\partial s} \left(\frac{\|\boldsymbol{v}\|^2}{2} + \frac{p}{\rho} + U \right) = 0,$$

而重力位函数 $U = gz$，其中 g 为重力加速度之数值. 由此推知，

$$\frac{\|\boldsymbol{v}\|^2}{2} + \frac{p}{\rho} + gz = C(\psi),$$

式中 $C(\psi)$ 表示依流线而不同的常数. 这就是伯努利定律.

§3 格气自动机模型

上一节从连续介质假设出发，利用守恒定律，得到了描写流体运动

规律的偏微分方程组. 事实上,这些方程还可以从完全不同的途径得到.

如果认为每个流体分子的运动均受牛顿定律所支配,分子间按照一定规律彼此相互作用,那么如果列出所有分子的运动方程组,追踪每个分子的运动,流体系统的整体运动性质也就清楚了. 然而这一方案显然是不切实际的,我们既不能追踪如此大量的单个分子,也无法从微观上确定每个分子的初始状态. 如上想法的一个替代方案是建立一个粗略些的模型,即不考虑比某一小的空间尺度与时间尺度更精细范围内的运动细节,代替对单个分子运动的精确描述,转向于概率方式的描述. 定义一个函数 $f(\boldsymbol{r},\boldsymbol{p},t)$,称为粒子数分布密度函数,简称分布函数,其含义是:时刻 t 在空间点 $\boldsymbol{r}$ 处的体积元 $d^3r=dxdydz$ 内,速度落在动量空间点 $\boldsymbol{p}$ 处的体积元 $d^3p=dp_xdp_ydp_z$ 中的平均粒子数为 $f(\boldsymbol{r},\boldsymbol{p},t)d^3rd^3p$,我们来研究这一函数所遵循的变化规律,描述这一规律的即是所谓的波尔兹曼方程. 当宏观流体系统的性质,无论随时间及空间均变化缓慢时,那么在任何时刻,就各个局部而言,流体状态是接近热力学平衡的;这一随时间与空间变化的局部平衡可由波尔兹曼方程的近似解所刻画. 描述局部平衡的诸参数:平均密度,动量及热能必须满足某些一致性条件,这些条件实际上就是流体宏观运动所必须满足的规律. 统计物理即是沿着这一途径导出流体力学方程组的,近年来出现的对 N-S 方程进行数值研究的一种新技术,即格气自动机或称离散流体模型,也是利用了这样一条考虑问题的线索. 格气自动机属于一类更广泛的描述自然现象的离散模型——元胞自动机(cellular automaton 单数,或 cellular automata 复数),在介绍格气模型之前,先来简单叙述一下元胞自动机的起源及其基本形式.

3.1 元胞自动机模型

今天描述自然现象所采用的各种离散模型,其基本原型是由乌拉姆和冯·诺伊曼在 20 世纪 50 年代初期提出的;在此之前不多几年,冯·诺伊曼才设计出了最早的有内存程序功能和能够作出内部决策的串行式计算机. 这样的计算机由能够处理二进制编码的电子逻辑元件所组成，所有元件按一定体系组合起来，构成一个可高速完成一系列算术与逻辑运算的装置；利用有限差分技术或其他数学方法，把描述物理规律的微分方程转换成离散形式，极其复杂的数学问题均可利用冯·诺伊曼所设计的机器求解，因而具有大量内存单元高速运行的冯·诺伊曼机立即被视为模拟物理现象的标准工具.

然而，随着串行式计算机系统的发展，乌拉姆和冯·诺伊曼很快认识到，对许多问题的求解这种机器不是最自然最有效的；他们特别被生物学的事例所影响，看来生物系统在处理问题时，既不需要算术运算，也不需要对连续系统使用离散近似，就可以完成许多涉及计算的任务. 尽管受生物系统处理信息的复杂方式所启发，乌拉姆和冯·诺伊曼并没有具体研究生物系统是如何解决问题的. 生物进化是在变化着的不利环境下，经历了极长时间的优化过程，在这一过程中，生物发现了最为有效而往往又是非常不同的方式来处理事情. 作为对生物方式的一种替代，冯·诺伊曼提出利用计算机研究复杂程度最低，但又有自组织能力的离散系统；乌拉姆则为解决冯·诺伊曼所提出的问题以及现今的许多不同离散模型提供了一个抽象框架，即元胞空间(cellular space)，发展到今天，元胞空间更通行的名字是元胞自动机. 元胞自动机的思想轮廓如下：

乌拉姆的目的是明确的，即利用尽可能简单的逻辑规则，给出一种随时间演化的动力学，使之有足够的能力模拟尽可能多的复杂系统. 他所提出的解决办法是：设想一个空间点阵(lattice)，在每一个结点上放置一仅取有限状态的组件，称之为元胞. 在最简单情况下，每一元胞只取两个状态，无妨分别记为 0 或 1，因此只需一个二进位即可表示. 一般情况下，表示元胞的所有可能状态也仅需不多的二进位. 点阵中的结点按一定的几何方式彼此连接. 取离散的时间变量，诸元胞状态随离散时间变化；假设某一时刻所有元胞状态均已给定，那么下一时刻每个元胞的状态，仅仅由环绕它的某一小邻域中上一时刻的其他元胞状态决定. 概括说来，元胞自动机的主要特征有：

1. 空间是离散的；

2. 时间是离散的；

3. 状态取值是离散的;

4. 演化规则是局域的.

在这样一个总框架下,元胞自动机的具体形式可以多种多样.例如点阵的几何结构可以不同,邻域可按不同方式规定,诸元胞状态更新可以同步也可以异步,演化规则可以是决定性的,也可是概率性的.然而其基本原则是不变的,即以大量简单元件,通过简单的连接和简单的局部运算规则,模拟丰富而复杂的自然现象.

作为一个简单例子,可以把一个元胞自动机想象成是由导线结成的渔网,渔网按一定的几何结构织成,每个结点上放置一盏灯,每盏灯可亮可灭.环绕每个结点,以网格间距为半径画一圆盘.如果网格为方形,则每个圆盘边缘有四盏灯,对等边三角形网则有六盏.每一时刻圆盘中心灯的状态只取决于上一时刻圆盘边缘灯的状态,而不依赖任何其他因素.想象渔网中所有的圆盘,在任何离散时刻,每个圆盘中心的灯按照同一规则改变状态.一般而言,网上全部灯所给出的模式将随时间而变化.这一装置即是乌拉姆和冯·诺伊曼所称的最近邻域连接的元胞空间,或者说元胞自动机,它是空间并行计算的最简单情况.

重要的问题在于如上定义的元胞自动机有什么用途.可以说明利用特定的元胞自动机能够实现任何串行计算机的结构与功能,然而元胞自动机最重要的意义在于它所具有的模拟能力,今天元胞自动机已在模拟多种自然现象方面得到了广泛的应用.在凝聚态物理中它用来模拟晶体的生长、悬浮体的聚集、缺陷的产生、无序有序的转化、自旋系统的相变等;在流体力学中模拟流体的各种流动,诸如平板绕流、圆柱绕流、楔形物绕流、开尔文-赫姆霍茨(Kelvin-Helmholtz)不稳定性、湍流尾迹等;在化学中用来模拟反应扩散系统中的振荡与螺旋波;在生命科学中用来模拟心脏的纤颤、肿瘤的生长、贝壳或毛皮上由于色素沉积所生成的花纹;天文学中用来模拟星系悬臂结构的形成;地质学中用来模拟地壳的断层,以及多孔介质中的渗流,等等.本节将介绍用元胞自动机模拟二维流体运动的一个模型——格气的FHP模型,我们将重点放在模型的描述上,对于理论上如何从该模型导出 N-S 方程只作简单的概括性叙述.然而,在介绍这一主要内容之前,让我们暂时脱离一下正题,先来介绍英国剑桥大学数学家康维所提出的,称之为“生命”的一种游戏,这一游戏首先由马丁·加德纳(Martin Gardner)于 1970 年 10 月在《科学美国人》杂志上的“数学游戏”专栏加以介绍.在某种意义上,康维的游戏模拟了有机生物的发生、演化及衰亡,是生命过程的模拟;读者不难发现这一游戏与元胞自动机的联系.为了玩这种单人游戏,至少要有一个大棋盘,围棋盘象棋盘都可以,当然还必须有大量的棋子.然而最理想的工具是计算机和显示屏幕.棋盘的每一方格视为一个“细胞”,当方格中有棋子时,该细胞视为是活的,而空格则表示死亡.棋子的任何一种分布均称为一个位形,游戏从有限个棋子的任意初始位形开始,观察这一位形如何按照康维的“遗传规则”演化下去.这些规则相当简单,假设棋盘无限大,与每个格子相邻的四周八个格子称做中心格子的邻域,演化规则有三条:

1. 生存:每个“活”细胞当其邻域中有两或三个“活”细胞时,继续生存下去;

2. 死亡:有四个或多于四个邻居的“活”细胞将由于人口过剩而死亡;只有一个邻居或全无邻居的“活”细胞将因过分孤独而死亡;

3. 繁殖:当一个空格精确地与三个“活”细胞相邻时,下一时刻将转化为一个“活”细胞,即应放一个棋子进去.

游戏按离散的时间进行,所有格子的生存,死亡与繁殖是同时发生的,任何时刻的所有细胞构成了“一代”,或者说构成了初始位形生存历史中的一次“移动”.康维的规则是经过精心考虑的,初始位形随时间的变化往往是不可预期的,而又是美丽奇妙的.在一些情况下,经过若干代后,整个细胞群体全部死亡,然而多数初始位形最终将达到一个不再变化的稳定图形,或者成为一个反复振荡的模式,当然也存在有那样的位形,它将不停地演化下去.

图 15.4 显示了由三个活细胞构成的初始位形的演化,其中 a,b,c 在第二次移动时死亡,d 在一次移动后变为一个稳定的块,e 则形成一个最简单的振荡模式.康维研究了大量初始位形的演化,其最

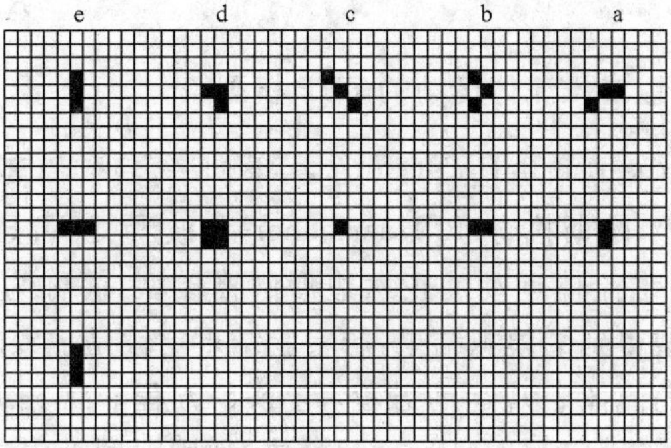

图 15.4

重要的成果或许是发现了如图 15.5 所示的“爬虫”. 这一图形经过两次移动后,空间位置稍许变化,图形沿“对角线”反射,再经过两次移动后,图形恢复原状,但与初始位置相比,沿对角线移动了一个网格.

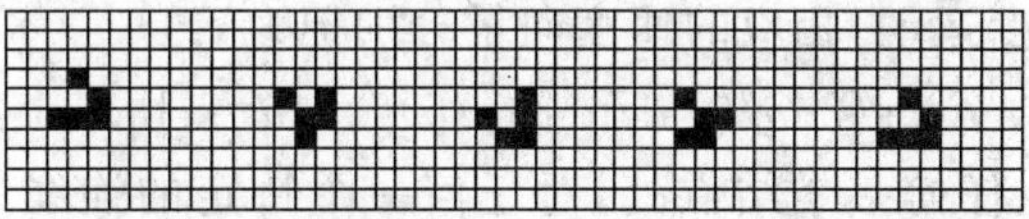

图 15.5

康维猜测,由有限棋子组成的任何初始位形,不可能使活细胞数不断增长,以至超过一个有限的上限,然而他本人对此找不到确切的依据. 为此康维悬赏 50 美元,奖励能在 1970 年底证明或否定这一猜测的第一个人. 然而不出一个月,康维的奖金即被 M. I. T. 的一个人工智能研究小组赢得. 他们找出了一个能够连续不断地“发射”爬虫的“枪”,此外还做出了许多极其有趣的发现. 我们建议读者无妨在计算机上玩玩这一游戏,它实际就是一种元胞自动机. 康维的游戏激发了对元胞自动机的极大兴趣,甚至有人设想,说不定人类生存于其中的时间与空间本身就是粒子化的,由离散的单元所组成;宇宙就是一个按照某种规则运行的元胞自动机. 宏观上一艘宇宙飞船的运动,实际就是微观上元胞状态的转化过程,类似于康维爬虫的移动. 这当然是一个十分大胆的想法,目前还只能属于对时空观进行探讨的哲学范畴,下面我们还是回到更为现实的,利用元胞自动机描述流体运动的具体模型.

3.2 模拟二维流体运动的 FHP 模型

作为格气自动机方法(LGA)的一个例子,我们简要介绍由佛瑞士(U. Frisch)、哈斯拉奇(B. Hasslacher)与波米奥(Y. Pomeau)所提出的,模拟二维流体运动的正六边形网格模型,简称为 FHP 模型.利用这一模型得到的模拟结果,与实验结果定性是一致的;理论上由该模型导出的流体宏观运动方程,与 N-S 方程非常相似.在低速流动条件下,对于固定雷诺(Reynolds)数,利用时间变量的重新标度,在一定精度内,该方程形式上可化为二维不可压缩流体运动的 N-S 方程.

考虑如图 15.6 所示平面上正六边形所组成的网格.每个六边形的中心结点与其边上的六个结点连接.粒子可沿任何一条连线方向以确定的速度运动,相应的速度向量分别记为 $\boldsymbol{e}_\alpha$,

$$\boldsymbol{e}_\alpha = (\cos(2\pi\alpha/6), \sin(2\pi\alpha/6)), \quad \alpha = 1, 2, \cdots, 6.$$

任何时刻,在任何一个结点处,对任何一个特定的连线方向 α,最多只允许存在有速度为 $\boldsymbol{e}_\alpha$ 的一个粒子.因而在一个结点处,同一时刻最多有六个具有不同速度方向的粒子.假设所有粒子都是相同的,质量均为 1,由此每个粒子的速度与动量均由相应的 $\boldsymbol{e}_\alpha$ 表示.这样模型中所有粒子的动能相等,不具有势能.

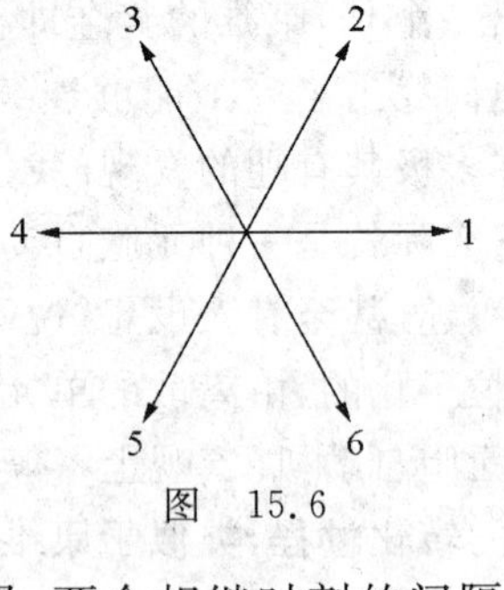

图 15.6

取离散的时间变量,两个相继时刻的间隔是 1.这样,随着时间流逝,粒子由 t 时刻所在的位置,按照其速度方向 $\boldsymbol{e}_\alpha$,在 $t+1$ 时刻移动到某一相邻结点.同时来到同一结点但具有不同速度方向的粒子,将会发生碰撞,碰撞粒子将按照如图 15.7 所示的散射规则重新安排它们的速度方向.如果把在一条直线上的两个相反方向依次记为 i 和 $i+3$,与 i 相差正负 60 度角的方向记为 $i\pm1$,那么如图所示,当从

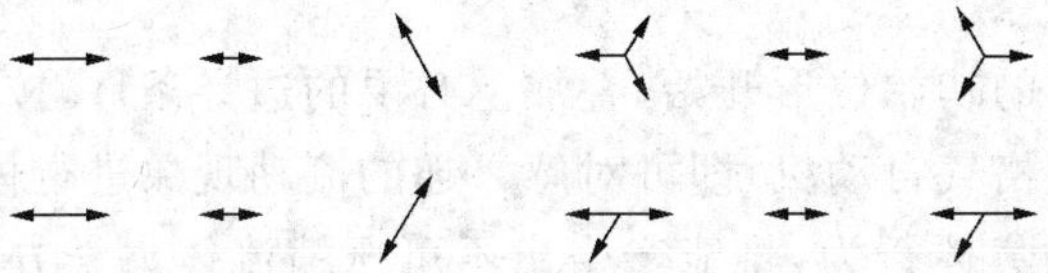

图 15.7

i 和 $i+3$ 两个相反方向同时有粒子来到同一结点时,两粒子发生正碰,它们将依照适当规则,或者散射到($i+1$,$i+4$)方向,或者散射到($i-1$,$i-4$)方向.当(i,$i+2$,$i+4$)三个方向的粒子发生碰撞时,它们将被散射至($i+1$,$i+3$,$i+5$)方向;而具有(i,$i+3$,$i+4$)方向的三个粒子将不发生散射.从任何初始位形出发,如上规则决定了 FHP 模型随时间的演化.下面对模型做几点简要说明:

1. 最早的格气模型采取正方形网格,称为 HPP 模型,但从该模型导出的宏观方程应力张量不满足各向同性的要求.而 FHP 模型则是具有与 N-S 方程类似性状宏观方程之最简单模型.当然这一模型可以进一步复杂化,以满足更多的要求.

2. 由方向(i,$i+3$)的两个粒子正碰撞产生的散射有两种选择,若指定任何一个,将得到确定性规律,但丧失了镜像对称下的不变性.为避免这一点,可利用等概率或者利用时间坐标与空间坐标的奇偶性,给出一种随机或伪随机的选取规则.需要指出的是:若以不相等的概率选择两种散射方式,并不影响由模型导出的宏观方程的一般形式,受到影响的只是方程的参数,例如粘性的数值.

3. 若只考虑二元碰撞,则在任何一对相反方向(i,$i+3$)上,粒子数之差守恒.这意味着除了总粒子数守恒(即质量守恒)与动量守恒外,模型引入了一个人为的守恒关系.这将使模型的行为背离实际流体.为克服这一点,引入了三元碰撞.

4. 以上模型的所有状态和规则都可由逻辑变量来表示.任何时

刻系统的变化，由所有结点的状态变化决定，而任何结点的状态改变是由与其相邻六个结点的局部状态决定的，而局部状态是有限的. 这样结点状态的改变可由查表的方式实现，因而系统的运行极易由数字计算机进行模拟. 当然，也可根据上述原理设计大规模并行计算的硬设备.

从一定的初始位形开始，叠加上必要的边界条件，按照上述给定的规则运行格气自动机，即可对感兴趣的流动现象进行模拟. 格气模型中粒子的集体行为，将能产生出不可压缩流体力学方程组所能描写的性状. 下一段中即来说明这一点.

3.3 由 FHP 模型导出的宏观方程

对 FHP 模型的理论分析，就物理学家说来几乎在模型提出的同时就已经完成，如何从上述离散模型导出这一模型所遵循的宏观方程可见本章主要参考文献[2]与[3]中沃尔夫兰(Wolfram)和佛瑞士、哈斯拉奇与波米奥等人的文章，他们说明了由 FHP 模型所导出的宏观方程与 N-S 方程几乎有相同的形式. 限于本书的性质与篇幅，此处不可能详细引述有关内容，但为了使读者有一个大致概念，下面给出一极其简化的说明，不当之处，应由本书编著者个人负责.

考虑一个结点数为 L 的正六边形有限点阵，总粒子数为 N，考虑这 N 个粒子所有可能的初始分布，以及由每一个初始分布按照 FHP 模型规则可能演化出的所有系统. 在任何确定时刻，这些系统的粒子分布给出了所有可能的粒子分布形式. 每一个特定的粒子分布形式称为一个位形. 用统计物理的语言来说，所有这些系统构成一个系综. 这一系综的特点是：其中的每个系统有相同的不随时间变化的能量. 因而可以合理地认为，系综中每个系统是以等概率发生的.

以 X,T 表示 FHP 模型中离散格点的空间坐标与时间坐标，定义单个粒子分布函数 $f_\alpha(X,T)$，它的含义是：在时刻 T，在系综所有可能的位形中，在空间点 X 处发现一个具有速度 $\boldsymbol{e}_\alpha$ 的粒子之概率. 造成 f_α 变化的原因有两个：一是粒子的运动，一是粒子的碰撞. 如

果不考虑碰撞，则模型的演化规则蕴涵

$$f_\alpha(X+\boldsymbol{e}_\alpha,T+1)=f_\alpha(X,T). \tag{28}$$

对尺度极大于网格间距的点阵和长的时间间隔，空间变量与时间变量可以认为是连续的，即可以定义新的空间与时间变量 $\boldsymbol{x}=\delta_x X$，$t=\delta_t T$，且 $\delta_x,\delta_t\ll 1$，即对于新的长度及时间单位而言，元胞自动机的网格间距和时间单位只相当 δ_x 与 δ_t 的小量. 在新变量下，方程(28)化为

$$f_\alpha(\boldsymbol{x}+\delta_x\cdot\boldsymbol{e}_\alpha,t+\delta_t)-f_\alpha(\boldsymbol{x},t)=0. \tag{29}$$

将上式在点 $\boldsymbol{x},t$ 做 Taylor 展开，保留 δ_x,δ_t 的一阶项，并假设 $\delta_x=\delta_t$，有

$$\partial_t f_\alpha(\boldsymbol{x},t)+\boldsymbol{e}_\alpha\cdot\nabla f_\alpha(\boldsymbol{x},t)=0, \tag{30}$$

这就是不考虑碰撞作用时，单粒子分布函数 f_α 所要满足的波尔兹曼方程. 碰撞作用一般是复杂的，为简单，此处只笼统地以 Ω_α 表示当考虑碰撞作用时，式(30)所应附加的修正项. 我们不考虑 Ω_α 的具体形式，然而如欲得到宏观方程中所有系数的表达式，Ω_α 的具体形式则必须给出. 在 FHP 模型中，假设 Ω_α 只依赖单粒子分布函数 f_α($\alpha=1,2,\cdots,6$)的局部值，且不直接依赖它们的导数. 引入这一碰撞项后，式(30)化为

$$\partial_t f_\alpha(\boldsymbol{x},t)+\boldsymbol{e}_\alpha\cdot\nabla f_\alpha(\boldsymbol{x},t)=\Omega_\alpha(\boldsymbol{x},t). \tag{31}$$

单粒子分布函数可以决定宏观物理量，特别是

$$\sum_\alpha f_\alpha=n,\quad \sum_\alpha \boldsymbol{e}_\alpha f_\alpha=n\boldsymbol{u} \tag{32}$$

依次定义了总粒子密度 $n(\boldsymbol{x},t)$ 和动量密度 $n\boldsymbol{u}$，此处 $\boldsymbol{u}(\boldsymbol{x},t)$ 是宏观流体速度. 如果考虑一个均匀流，则 $\nabla f_\alpha=0$，由此(31)化为

$$\partial_t f_\alpha=\Omega_\alpha.$$

对于一个均匀系统，$n,\boldsymbol{u}$ 不随时间变化，将上式对 α 求和，再利用(32)式有

$$\sum_\alpha \Omega_\alpha=0, \tag{33}$$

类似地可有

$$\sum_{\alpha} \boldsymbol{e}_{\alpha} \Omega_{\alpha} = 0. \tag{34}$$

实际上(33),(34)对非均匀流也是正确的,因为它们可视为 FHP 模型在任何时刻任何一点的粒子散射遵从粒子数守恒与动量守恒的结果.利用(33)式,从(31)式得到

$$\partial_t \sum_{\alpha} f_{\alpha} + \sum_{\alpha} \boldsymbol{e}_{\alpha} \cdot \nabla f_{\alpha} = 0, \tag{35}$$

把第二项写成 $\nabla \cdot \left(\sum_{\alpha} \boldsymbol{e}_{\alpha} f_{\alpha} \right)$,利用(32)式得到

$$\partial_t n + \nabla \cdot (n\boldsymbol{u}) = 0, \tag{36}$$

这就是通常所称的连续性方程,它表达了流体质量守恒的要求,这是格气自动机平均性状满足的第一个宏观方程.利用(31),(34)式,还可得到动量守恒方程

$$\partial_t \sum_{\alpha} \boldsymbol{e}_{\alpha} f_{\alpha} + \sum_{\alpha} \boldsymbol{e}_{\alpha} (\boldsymbol{e}_{\alpha} \cdot \nabla f_{\alpha}) = 0.$$

定义动量通量张量

$$\Pi_{ij} = \sum_{\alpha} (\boldsymbol{e}_{\alpha})_i (\boldsymbol{e}_{\alpha})_j f_{\alpha}, \tag{37}$$

则动量方程化为

$$\partial_t (n\boldsymbol{u})_i + \partial_j \Pi_{ij} = 0, \tag{38}$$

后一项对指标 j 适用爱因斯坦求和约定.从(32)式不能给出一个简单的,由宏观量组成的 Π_{ij} 的表达式,为通过宏观量表示 Π_{ij} 必须首先得出 f_{α} 与宏观量的关系.

在局部平衡假设下,描述微观粒子分布的函数 f_{α} 仅应依赖宏观参数 $\boldsymbol{u}(\boldsymbol{x},t)$,$n(\boldsymbol{x},t)$和它们在$(\boldsymbol{x},t)$的导数,一般而言依赖关系可能是很复杂的.然而,如果假设 $\boldsymbol{u}(\boldsymbol{x},t)$,$n(\boldsymbol{x},t)$随时间与空间变量变化缓慢,且限定$\|\boldsymbol{u}\| \ll 1$ 的低速流动时,近似地可以认为

$$\begin{aligned} f_{\alpha} = f \Big\{ & 1 + c^{(1)} \boldsymbol{e}_{\alpha} \cdot \boldsymbol{u} + c^{(2)} \left[(\boldsymbol{e}_{\alpha} \cdot \boldsymbol{u})^2 - \frac{1}{2} \|\boldsymbol{u}\|^2 \right] \\ & + c_{\nabla}^{(2)} \left[(\boldsymbol{e}_{\alpha} \cdot \nabla)(\boldsymbol{e}_{\alpha} \cdot \boldsymbol{u}) - \frac{1}{2} \nabla \cdot \boldsymbol{u} \right] \Big\} + \cdots, \end{aligned} \tag{39}$$

忽略的是高阶项.式中诸 $c^{(i)}$ 是待定常数,花括号中除去常数项 1 外,前面的项表示微观粒子密度对宏观速度的依赖,最后一项表示对速

度一阶导数的依赖.这些项的形式是由要从向量 $\boldsymbol{e}_\alpha,\boldsymbol{u},\nabla$形成数量函数 f_α 所决定,$\|\boldsymbol{u}\|$与 $\nabla\cdot\boldsymbol{u}$ 两项的引进是为了使 f_α 满足(32),在确定它们前面的系数时,利用了 FHP 模型满足关系

$$\sum_\alpha(\boldsymbol{e}_\alpha)_i(\boldsymbol{e}_\alpha)_j=3\delta_{ij}.$$

由(39)与(32)式易于得到 $f=n/6,c^{(1)}=2$. 为得到 $c^{(2)}$ 和 $c_\nabla^{(2)}$ 需使用更复杂的近似方法,此处略去有关的讨论.即使不知道这两个系数的值,也不影响推导宏观方程的形式.在统计物理中,如(39)所表达的近似式称为查普曼-恩斯柯克(Chapman-Enskog)展开.利用 f_α 的近似展式(39)以及对 FHP 模型成立的关系式

$$\sum_\alpha(\boldsymbol{e}_\alpha)_i(\boldsymbol{e}_\alpha)_j(\boldsymbol{e}_\alpha)_k=0,$$

$$\sum_\alpha(\boldsymbol{e}_\alpha)_i(\boldsymbol{e}_\alpha)_j(\boldsymbol{e}_\alpha)_k(\boldsymbol{e}_\alpha)_l=\frac{3}{4}(\delta_{ij}\delta_{kl}+\delta_{ik}\delta_{jl}+\delta_{il}\delta_{jk}),$$

从(37)式可以得到

$$\begin{aligned}\Pi_{ij}=&\frac{n}{2}\delta_{ij}+\frac{n}{4}c^{(2)}\left[u_iu_j-\frac{1}{2}\|\boldsymbol{u}\|^2\delta_{ij}\right]\\&+\frac{n}{8}c_\nabla^{(2)}\left[\partial_iu_j+\partial_ju_i-\frac{1}{2}(\nabla\cdot\boldsymbol{u})\delta_{ij}\right]+\cdots.\end{aligned}$$

将上式代入(38)式,得到宏观运动方程

$$\begin{aligned}\partial_t(n\boldsymbol{u})+\frac{1}{4}nc^{(2)}\left\{(\boldsymbol{u}\cdot\nabla)\boldsymbol{u}+\left[\boldsymbol{u}(\nabla\cdot\boldsymbol{u})-\frac{1}{2}\nabla\|\boldsymbol{u}\|^2\right]\right\}\\=-\frac{1}{2}\nabla n-\frac{1}{8}nc_\nabla^{(2)}\nabla^2-\Xi,\end{aligned}\tag{40}$$

Ξ 表示所有在近似展开式(39)中没有明确写出的项所引起的效应.如果从(29)式导出(30)式时保留了二阶项,那么由计算可知,连续性方程(36)无须修正,而运动方程(40)右端还应添加一个修正项

$$\psi=-\frac{1}{16}nc^{(1)}\nabla^2\boldsymbol{u}=-\frac{1}{8}n\nabla^2\boldsymbol{u}.$$

3.4 宏观方程与 Navier-Stokes 方程的比较

为将宏观方程式(40)与 N-S 方程加以比较,首先略去(40)中不

必要的项.由前述,Ξ 包括所有不出现在近似展式(39)中的项所引起的效应,这意味着其中是高阶项,因而可以除去;其次,由连续性方程可知,$n(\nabla\cdot\boldsymbol{u})$ 与 $\boldsymbol{u}\cdot\nabla n$ 是同量级的,后者不出现在(39)中,故 $n(\nabla\cdot\boldsymbol{u})$ 同样视为应忽略的项,所以相应的项也应从式(40)中除去.这样最终保留下来的项给出方程

$$\partial_t(n\boldsymbol{u})+\frac{1}{4}c^{(2)}n\left\{(\boldsymbol{u}\cdot\nabla)\boldsymbol{u}-\frac{1}{2}\nabla\|\boldsymbol{u}\|^2\right\}$$

$$=-\frac{1}{2}\nabla n-\frac{1}{8}c_{\nabla}^{(2)}n\nabla^2\boldsymbol{u}.\qquad(41)$$

现在将(41)式与 N-S 方程逐项加以比较.首先 $n(\boldsymbol{u}\cdot\nabla)\boldsymbol{u}$ 是对流项,与 N-S 方程的差别是该项前面多出了一个不等于 1 的因子 $\mu=c^{(2)}/4$.这表明格气模型不具有伽里略(Galilei G.)不变性,这与 N-S 方程是不同的;(41)式右端的 $-\frac{1}{8}nc_{\nabla}^{(2)}\nabla^2\boldsymbol{u}$ 是粘性项.$\nu_c=-\frac{1}{8}c_{\nabla}^{(2)}$ 是运动学粘性系数,取正值.如果在推导方程的过程中,考虑了二阶校正项,则粘性系数化为 $\nu=\nu_c-1/8$,后面的 $-1/8$ 反映点阵离散的效果.式中 $-\nabla n/2$ 项对应 N-S 方程的压力项,相当有状态方程 $p=n/2$;但(41)式中还有一项 $\nabla\|\boldsymbol{u}\|^2$,它可以和 ∇n 项组合起来,产生一个将流体动能对压力的影响包括在内的压力项.至此我们已经看到,FHP 模型导出的宏观方程与 N-S 方程有类似的结构.还需指出,在低速流动条件下,对于固定雷诺数,将时间变量适当地重新加以标度,在一定精度范围内,可使宏观方程与 N-S 方程形式上相同.

由于对任何时刻,在任何结点上,对任一确定速度方向,FHP 模型所允许存在的粒子数只能是 0 或 1,因此在它所导出的宏观方程中出现了破坏伽里略不变性的因子和一些非物理效应项,从而模型只能在低马赫数下运行.为消除这些缺点,1988 年又出现了格点变量取连续值的格点波尔兹曼方程模型(LBE),加上随后出现的对碰撞项的重要改进,消除非物理效应与破坏伽里略不变性的因子已不再是一个困难.至今,这些方法都还在继续发展之中,并已得到了若干令人惊叹的模拟结果.这些模型是极具启发性的,希望读者从中能够有所收获.

参考文献

[1] Andrews J G, McLone R R. Mathematical Modelling. Woburn (Mass): Butterworths, 1976.

[2] Doolen G D. Lattice Gas Methods for Partial Differential Equations. Reading (Mass): Addison-Wesley, 1989.

[3] Hasslacher B. Discrete Fluids. Los Alamos Science, 1987, Special Issue.

[4] 赵凯华,朱照宣等. 非线性物理导论. 北京大学非线性中心,1992.

附录　1985—1998 美国大学生数学建模竞赛(MCM)试题*

1985 问题 A　动物群体生态模型

自然界中某些动物群体生活在资源有限的环境下，即具有有限的食物，生存空间和水，等等. 试选择一种鱼类或一种哺乳动物(例如北美矮种马、鹿、兔、鲑鱼、带条纹的欧洲鲈鱼等)，以及一个你能获得所需数据的生存环境，制订一个获取该种动物的最佳方案.

1985 问题 B　战略储备物资的管理

钴对许多工业是至关重要的(1979 年全世界钴产量的 17%用于防务部门). 但是美国本土不生产钴，所需钴的大部分来自于政治上不稳定的中非地区.

1946 年制定的战略及稀有物资存储法令要求钴的储存量应足以保证美国度过三年的战争时期. 20 世纪 50 年代政府按此要求建立了钴储备，但是在 70 年代卖掉了其中的大部分，70 年代后期决定重建这一储备，储存的指标是 8540 万磅(85.40 million pounds). 到 1982 年，储备达到这一数字的一半左右.

试建立一个数学模型，对金属钴的战略储备进行经营管理. 你需要考虑以下一些问题：诸如储备量应多大？应以什么样的速率建立这一储备？购买这些钴的合理价格是多少？你还应当考虑以下问题：当储备量达到多大时，储备的钴可以被动用；应以什么样的速率消耗这一储备？出售这些金属的合理价格如何？这些钴应怎样分配？有关钴的数据及资料见下文中的图 1—图 3.

---

* 试题原文是英文，为尽量保持试题原貌，翻译时文中使用英制单位的物理量未转换为公制，请读者注意.

关于钴的有关资料

1985 年政府计划需要 2500 万磅金属钴.美国国内大约有一亿

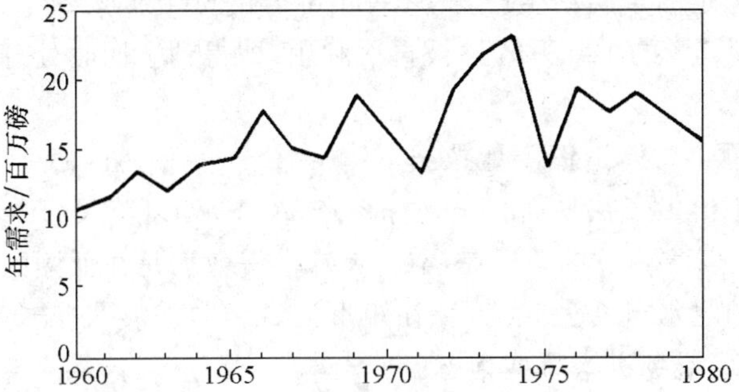

图 1　1960—1980 美国钴的毛需求

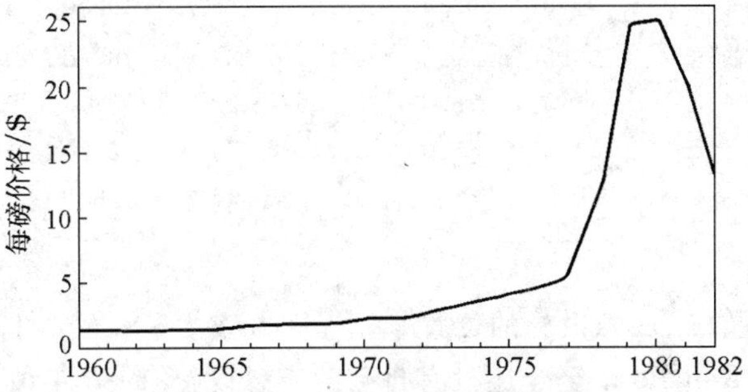

图 2　1960—1980 美国市场钴价格

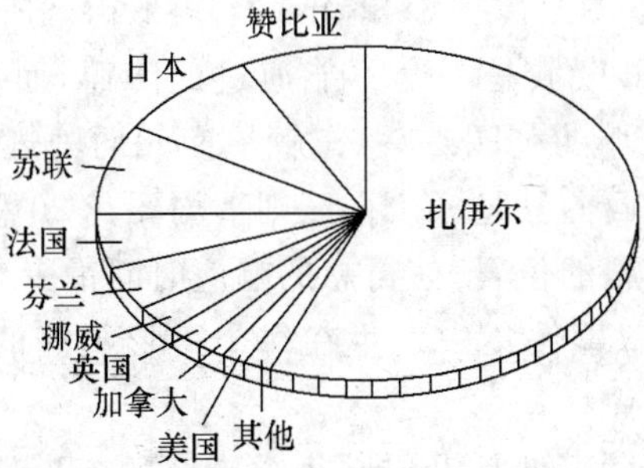

图 3　1979 年精炼金属钴及其(或其)氧化物的生产国及其所占比例

磅靠得住的钴矿储藏量，只有当价格达到 22 美元一磅时，在本土开采生产才是经济上可行的(1981 年数据). 从开采起，需时四年才能有持续稳定的金属钴生产，此后每年可产钴 600 万磅. 又：1980 年占总消耗量 7%的 120 万磅钴被再次利用，即得到了回收处理.

1986 问题 A　水道图测量数据

表 1 给出了在平面直角坐标系点(X,Y)处以英尺(ft)为单位的水深 Z，坐标 X,Y 的单位是码(yard)，水深数据是在低潮时测得的.

船的吃水深度为 5 英尺. 在矩形区域(75,200)×(－50,150)范围内，船应避免进入哪些地方.

表 1　水道图测量数据，低潮时测得的水深

X	129.0	140.0	108.5	88.0	185.5	195.0	105.5
	157.5	107.5	77.0	81.0	162.0	162.0	117.5
Y	7.5	141.5	28.0	147.0	22.5	137.5	85.5
	－6.5	－81.0	3.0	56.5	－66.5	84.0	－38.5
Z	4	8	6	8	6	8	8
	9	9	8	8	9	4	9

1986 问题 B　应急设施的位置

Rio Rancho 镇至今还没有自己的应急设施. 1986 年该镇获得了建立两个应急设施的安全专款. 每个设施都把救护站，消防队和警察所结合在一起. 下图给出了 1985 年每个矩形街区所发生的紧急事件次数. 北面的 L 形区域是一个不能通过的障碍，而南面的长方形区域是一有浅水池塘的公园. 应急车辆沿南北向驶过一个街区平均需时 15 秒，而沿东西向驶过一个街区则平均要花 20 秒. 你的任务是确定这两个应急设施的位置，使得总的响应时间最少.

(I) 假定紧急事件集中发生在每个矩形街区的中心，而应急设施位于街角处.

(II) 假定紧急事件是沿包围每个街区的街道均匀分布的，而应急设施可位于街道的任何位置.

N ←

5	2	2	1	5	0	3	2	4	2
2	3	3	3	3	4	1	3	0	4
4	3	3		3	4	0	0		0
1	2	0		4	3	2	2	0	1
3	3	2	5	3	2	1	0	3	3

1985 年 Rio Rancho 镇每个矩形街区紧急事件的数目

1987 问题 A　盐的存储

美国中西部的一个州,过去近 15 年间一直把冬天用来撒马路的盐储存在一个具有穹顶的圆形仓库里,下图表示这些盐是如何在库中存放的,它们是利用铲斗在前面的装载机,沿着由盐所铺成的坡道运进运出仓库的. 利用铲斗,盐已经堆到了 25～30 英尺高.

最近,一个专门小组确定这种做法是不安全的. 如果装载机太靠近盐堆边缘,盐可能会滑动,那样装载机就要翻到为加固仓库所筑的拥壁上去. 该小组建议,如果必须使用装载机堆放盐,那么盐堆最高不得超过 15 英尺.

就此问题建立一个数学模型,对仓库中可允许的盐堆最大高度提出建议.

图中仓高 50 英尺,拥壁高 4 英尺,仓的外直径 103 英尺,门净高 19 英尺 9 英寸(inch),装载机高 10 英尺 9 英寸.

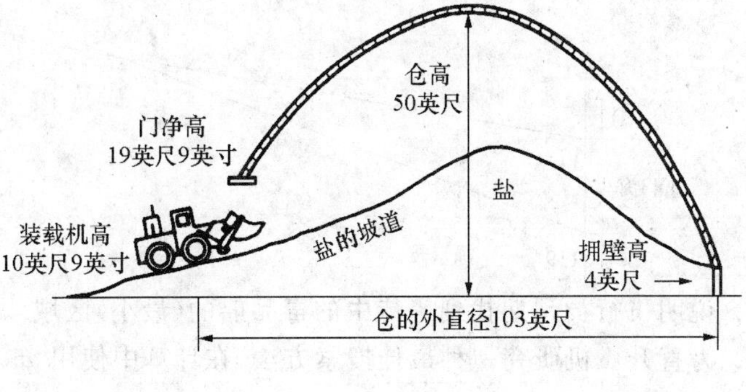

1987 问题 B　停车场

在 New England 的一个镇上，有一位于街角处面积 100×200 平方英尺的停车场，场主请你代为设计停车车位的安排方式，即设计在场地上划线的方案.

容易理解，如果将汽车按照与停车线构成直角的方向，一辆紧挨一辆地排列成行，则可以在停车场内塞进最大数量的汽车. 但是对于那些缺乏经验的司机说来，按照这种方式停靠车辆是有困难的，它可能造成昂贵的保险费用支出. 为了减少因停车造成意外损失的可能性，场主可能不得不雇用一些技术熟练的司机专司停车. 另一方面，如果从通道进入停车位有一个足够大的转弯半径，那么，看来大多数的司机都可以毫无困难地一次停车到位. 当然通道越宽，场内所能容纳的车辆数目也就越少，这将使得场主减少收入.

1988 问题 A　确定毒品走私船的位置

两个相距 5.43 海里的监听站同时监测到一个短暂的无线电信号. 两台测向仪分别测出该信号来自 111°和 119°方向(见下图). 测向仪的精度为±2°. 这一信号来自一毒品交易活跃的区域，推断该处有一支机动船正在等人去提取毒品. 当时正值黄昏，无风，无潮流. 一架小型直升飞机飞离 1 号监听站，并能精确地沿 111°方向飞行. 直升飞机的航速是走私船船速的三倍. 在距船 500 英尺的范围内，船上能听到飞机的声音. 飞机只装备有一种侦察仪器——探照灯. 在距离 200 英尺处，探照灯只能照亮半径为 25 英尺的圆域.

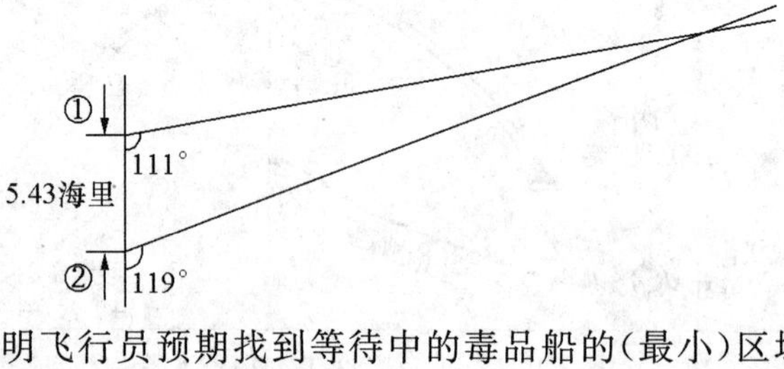

1. 说明飞行员预期找到等待中的毒品船的(最小)区域.

2. 为直升飞机研究一种最佳搜索方法. 在计算中使用 95%的置

信度.

1988 问题 B　两辆铁路平板车的装载问题

有七种规格的货箱要装到两辆铁路平板车上去.货箱的宽度和高度是一样的,但厚度(t,以厘米计)及重量(w,以千克计)不同.下表给出了每种货箱的厚度,重量及数量.每辆平板车有 10.2 米长的地方用来装运货箱(如下图示,按面包片方式加以排列),载重为 40 吨.为遵守当地的货运规定,对 C_5,C_6,C_7 三类货箱的总数要附加一个特别限制:这三类货箱所占的总空间(厚度)不得超过 302.7 厘米.请把这些货箱装到两辆平板车上去,使得未被利用的空间最小.

	C_1	C_2	C_3	C_4
t(厘米)	48.7	52.0	61.3	72.0
w(千克)	2000	3000	1000	500
件数	8	7	9	6
	C_5	C_6	C_7	
t(厘米)	48.7	52.0	64.0	
w(千克)	4000	2000	1000	
件数	6	4	8	

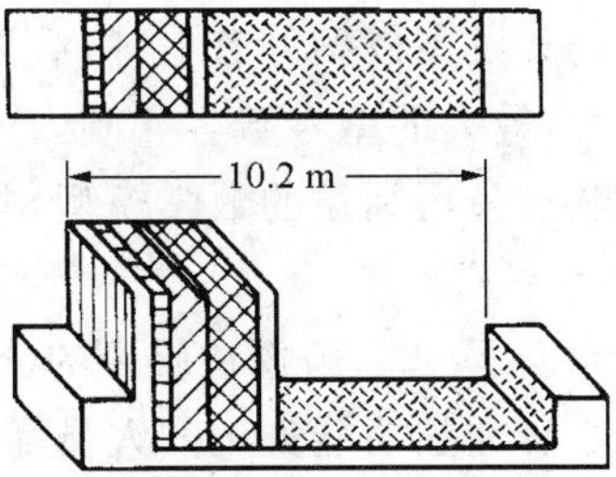

1989 问题 A　蠓虫分类

记为 Af 与 Apf 的两种蠓虫已于 1981 年被 W. L. Grogen 和 W. W. Wirth 两位生物学家依据它们的触角长度与翼长做了识别.附图(见正文图 6.1)中,9 支 Af 种的蠓虫均由空心圆标记,6 支 Apf 种的蠓虫则由实心圆标记.一个重要问题是根据给出的触角与翼的长度,判断任何蠓虫标本属于 Af 还是 Apf.

1. 给定一已知属于 Af 或 Apf 的蠓虫,你如何将其正确归类.

2. 将你的分类方法用于三个类别待定的标本,它们的触角长和翼长分别为(1.24,1.80),(1.28,1.84)和(1.40,2.04).

3. 假设 Af 种蠓虫是有益的花粉传播者,而 Apf 种蠓虫却是一种虚弱病的载体,考虑到这一点,你的分类方法是否需要修改?如需要,如何改?

1989 问题 B　飞机排队

机场通常都按“先来先服务”的原则为飞机分配跑道，即一旦一架飞机准备离开登机口，驾驶员立即呼叫地面控制中心，并加入等候起飞的队列.

假设控制塔可从快速联机数据库中得到每架飞机的下列信息：

1. 离开登机口的预定时间；
2. 离开登机口的实际时间；
3. 机上乘客人数；
4. 预定在下一站转机的人数和转机时间；
5. 到达下一站的预定时间.

又设飞机型号有七种，载客量从 100 人起，以 50 人为一个级次递增，最大的型号载客 400 人. 试建立一个既考虑使乘客满意，又考虑航空公司利益的数学模型，并加以分析.

1990 问题 A　药物在脑中的分布

研究脑功能失调的人员需要测试新药物，例如测试治疗帕金森氏症的多巴胺脑内注射的效果. 为此，必须估计注射后药物在脑内空间分布区域的大小和形状，以精确估计受药物影响的范围，

研究数据包括 50 个测量值，每个值表示一圆柱状脑组织样品中的药物含量. 每个圆柱长 0.76 毫米，直径 0.66 毫米，这些圆柱互相平行，它们的中心位于一间距为 1 毫米×0.76 毫米×1 毫米的规则格网上，如附图所示，这些圆柱间仅在圆形底面上可能接触，侧面互相分离. 注射点位于闪烁计数值最高的那个圆柱中心附近. 自然在圆柱体之间，以及在圆柱体覆盖的区域之外也有药物.

请估计药物在影响区域中的分布.

数字单位为一次闪烁计数，或代表 4.753×10^{-13} 克分子多巴胺. 例如，表 1 中给出后排中间一个圆柱体的含药量是 28 353 个单位. 表 2 给出前排垂直截面数据.

表 1　后排垂直截面

164	442	1320	414	188
480	7022	14 411	5158	352
2091	23 027	28 353	13 138	681
789	21 260	20 921	11 731	727
213	1303	3765	1715	453

表 2　前排垂直截面

163	324	432	243	166
712	4055	6098	1048	232
2137	15 531	19 742	4785	330
444	11 431	14 960	3182	301
294	2061	1036	258	188

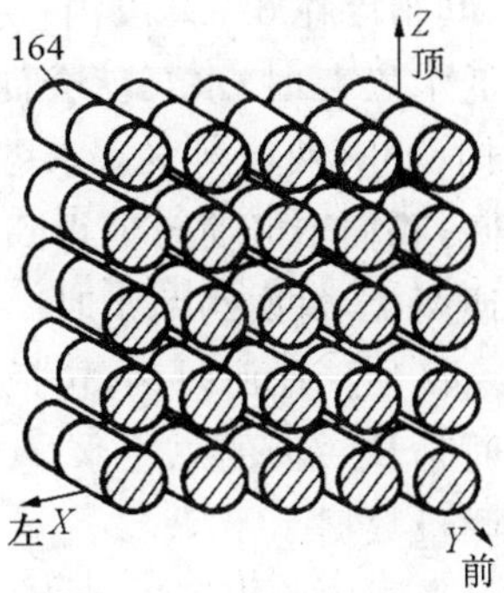

1990 问题 B　扫雪问题

地图中的实线表示 Maryland 州 Wicomico 县扫雪区内需要清扫的两车道县属公路，虚线表示州属高速路. 一场雪后，从地图上 * 号标记的两处地点以西各约 4 英里(mile)的两车库各派出一辆扫雪车. 找出利用两辆扫雪车清扫县属公路的有效方法，扫雪车可以通过州属高速路进出工作区.

假设扫雪车既不会发生故障也不会在任何地点滞留，交叉路口也无特殊扫雪要求.

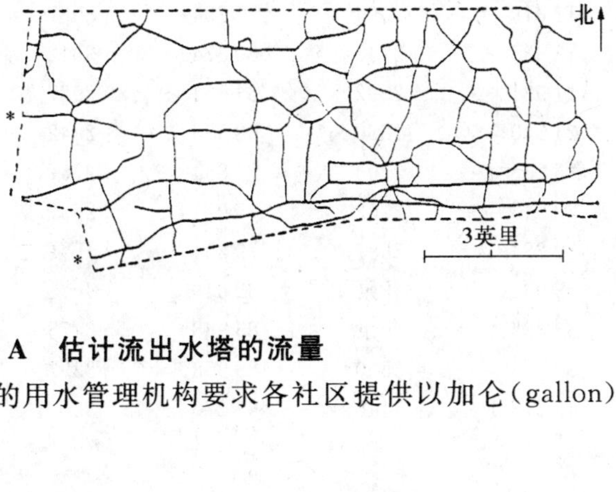

1991 问题 A　估计流出水塔的流量

某州的用水管理机构要求各社区提供以加仑(gallon)为单位的

每小时用水速率以及每天的总用水量.但很多地方并没有计量流入流出当地水塔水量的装置;因此,只能代之以每小时测量水塔中的水位,其精度在0.5%以内.更为重要的是,每当塔中水位降低至某一最低水位 L 时,水泵就会向塔内输水,直到水位达到某一最高水平 H 时为止,然而对泵入水塔的水量同样没有计量.因此,在水泵工作期间,我们不能简单地得到塔中水位与用水量的关系.水泵每天开动一或两次,每次约两小时.

试估计任何时刻,包括水泵开动期间,从水塔流出的流量 $f(t)$,同时估计一天的总用水量.附表给出的是来自某一小镇一天中的真实测量数据.

下表中给出了以秒为单位,从第一次测量开始的若干时刻,以及每一时刻以百分之一英尺为单位的塔中水位.例如,在开始测量后的3316秒,塔中水位为31.10英尺.水塔是一高40英尺,直径57英尺的正圆柱.通常当水位降至约27.00英尺时水泵开始工作,水位回升至35.50英尺时水泵停止.

某小镇某天水位

时间/s	水位/0.01 ft	时间/s	水位/0.01 ft
0	3175	46 636	3350
3316	3110	49 953	3260
6635	3054	53 936	3167
10 619	2994	57 254	3087
13 937	2947	60 574	3012
17 921	2892	64 554	2927
21 240	2850	68 535	2842
25 223	2795	71 854	2767
28 543	2752	75 021	2697
32 284	2697	79 254	开泵
35 932	开泵	82 649	开泵
39 332	开泵	85 968	3475
39 435	3550	89 953	3397
43 318	3445	93 270	3340

1991 问题 B　通信网络的最小生成树

两个通讯站间通讯线路的费用与线路长度成正比. 一组通讯站普通极小生成树的费用往往可以利用引入“虚设站”，再构造一新史坦纳(Steiner)树的方法予以降低. 这一方法最多可使费用降低 13.4%，即 $1-\sqrt{3}/2$. 此外，对于一个包括 n 个通信站的网络，为构造费用最低的史坦纳树，最多只需 $n-2$ 个虚设站. 下图所示是两个最简单的例子.

对于局部网络而言，往往必须使用沿坐标方向的折线距离或称“棋盘”距离，代替欧氏距离. 在这种度量下，两点间距离按下图所示方式计算.

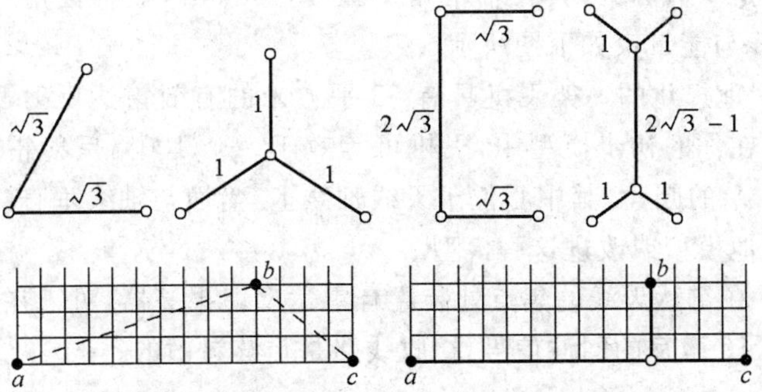

ab = 13, bc = 7, ac = 14

费用 = 20　　　　费用 = 17

假设你希望为一个包括 9 个通讯站的局部网络设计出费用最小的生成树，这些站的直角坐标是：

$a(0,15)$, $b(5,20)$, $c(16,24)$, $d(20,20)$, $e(33,25)$,
$f(23,11)$, $g(35,7)$, $h(25,0)$, $i(10,3)$.

限定使用沿坐标方向的折线距离，且“虚设站”必须位于格点上(即其坐标必须为整数). 每条线路的费用即由它的长度表示.

1. 对这一网络求出一极小费用树.

2. 假设每个站需费用 $d^{3/2}\cdot w$，此处 d = 该站的度. 若 $w=1.2$，求一极小费用树.

3. 试将此问题推广.

1992 问题 A　空中交通管制雷达的功率问题

你需要为一大城市的机场确定空中交通管制雷达的发射功率. 机场管理部门希望兼顾安全与经济,使雷达发射功率最小. 管理部门限定使用现有的天线和接收线路进行操作. 唯一可考虑的选择是使发射装置升级,以使雷达更强. 你要回答的问题是:为保证能探测到距离 100 千米处的标准客机,以瓦特(watt)为单位,雷达必须有多大的发射功率.

技术说明:

a. 雷达天线是一焦距为 1 米的旋转抛物面的一部分,它在顶点处切平面上的投影是一长轴 6 米,短轴 2 米的椭圆. 从焦点发出的主能量束是一椭圆锥,其长轴锥角 1 弧度(radian),短轴锥角 50 毫弧度. 天线与能量束如下图所示.

b. 理想化的一架飞机具有 75 平方米的有效雷达反射截面,这意味着在你的初步模型中,飞机可等效于一个 100% 反射雷达波的 75 平方米的圆盘,其中心位于天线轴线上,盘面与轴线垂直. 你可以考虑其他模型或改进这一模型.

c. 在雷达天线的焦点处装置有雷达反馈报警器,对于在该点强度达到 10 微瓦的回波信号,接收线路是足够灵敏的.

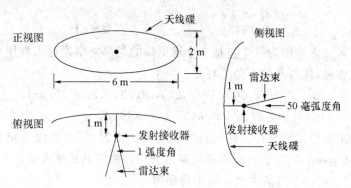

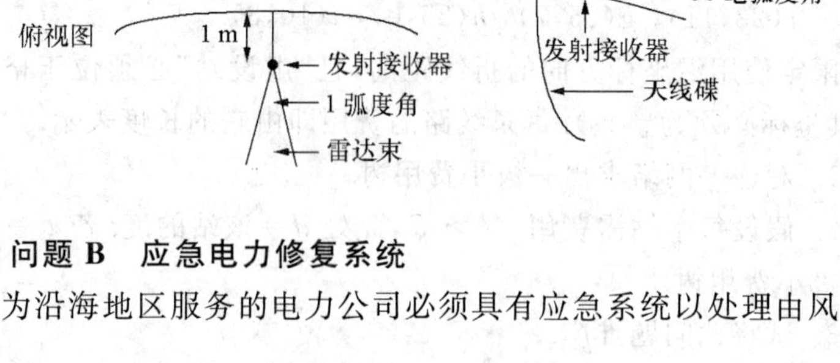

1992 问题 B　应急电力修复系统

为沿海地区服务的电力公司必须具有应急系统以处理由风暴引

起的电力供应中断.这样的系统要求从输入数据之中可以估计修复所需的时间和费用,还要求能以客观的准则判断由电力中断所造成的损失价值.过去“虚设电力公司”(以下缩写为 HECO)在处理风暴断电时由于缺乏区分轻重缓急的方案,曾经遭受过传媒的批评.

假设你是 HECO 的顾问,HECO 具有一个从用户要求服务的电话实时地输入信息的计算机数据库,它包括以下内容:

报修时间;需求者类型;估计受影响人数;地点(x,y).

维修班调度所位于(0,0)及(40,40)处,两个坐标 x 与 y 均以英里为单位.HECO 的服务范围是$-65<x<65$ 和$-50<y<50$,这是一个具有极好道路网的、很大的都市化地区.维修班只在上班与下班时必须回到调度所.公司的政策是,如果断电机构是铁路或医院,则只要有维修班可派便立即处理,其他情况均需等待暴风雨离开这一地区后才开始修复.

HECO 雇用你来制定所需的客观准则,并利用表 2 所给的维修能力为表 1 列出的暴风雨后的修复要求安排一工作时间表.请注意,第一个电话是凌晨 4 点 20 分收到的,而暴风雨离开此地区的时间是清晨 6 点.还要注意,很多断电事故是在当日迟得多的时候才报告的.

表 1　风暴后的修复要求

时间 (a.m)	位置	类型	受影响人数	估计修复时间 (一班所需小时)
4:20	(−10,30)	事业(有线电视)	?	6
5:30	(3,3)	住宅	20	7
5:35	(20,5)	事业(医院)	240	8
5:55	(−10,5)	事业(铁路系统)	25 工人 75000 乘客	5
6:00		解除警报,风暴离开,维修班可以派出		
6:05	(3,30)	住宅	45	2
6:06	(5,20)	区域*	2000	7
6:08	(60,45)	住宅	?	9
6:09	(1,10)	政府(市政厅)	?	7

（续表）

时间 (a. m)	位置	类型	受影响人数	估计修复时间（一班所需小时）
6:15	(5,20)	事业(购物中心)	200 工人	5
6:20	(5,－15)	政府部门(消防部门)	15 工人	3
6:20	(12,18)	住宅	350	6
6:22	(7,10)	区域*	400	12
6:25	(－1,19)	工业(报业公司)	190	10
6:40	(－20,－19)	工业(工厂)	395	7
6:55	(－1,30)	区域*	?	6
7:00	(－20,30)	政府(中学)	1200 学生	3
7:00	(40,20)	政府(小学)	1700	7
7:00	(7,－20)	商业(饭店)	25	12
7:00	(8,－23)	政府(警察局,监狱)	125	7
7:05	(25,15)	政府(小学)	1900	5
7:10	(－10,－10)	住宅	?	9
7:10	(－1,2)	政府(学院)	3000	8
7:10	(8,－25)	工业(计算机制造)	450 工人	5
7:10	(18,55)	住宅	350	10
7:20	(7,35)	区域*	400	9
7:45	(20,0)	住宅	800	5
7:50	(－6,30)	事业(医院)	300	5
8:15	(10,40)	事业(几家商店)	50	6
8:20	(15,－25)	政府(交通灯)	?	3
8:35	(－20,－35)	事业(银行)	20	5
8:50	(47,30)	住宅	40	?
9:50	(55,50)	住宅	?	12
10:30	(－18,－35)	住宅	10	10
10:30	(－1,50)	事业(市中心)	150	5
10:35	(－7,－8)	事业(机场)	350 工人	4
10:50	(5,－25)	政府(消防部门)	15	5
11:30	(8,20)	区域*	300	12

* 区域表示两个或多于两个不同类型的组合

表 2 关于维修班的说明

- 调度所位于(0,0)和(40,40).
- 每个班由三名熟练工人组成.
- 维修班只在上下班时向调度所报告,
- 维修班的全部工作时间均按排定的计划完成所分配的各项工作,一般说来,维修班将按常规执行他们的任务.在风暴离开该区域前,他们只能因紧急情况派出.
- 维修班每班工作 8 小时.
- 每个调度所指挥 6 个维修班.
- 维修班每天最多加一班,加班领取正常工资的一倍半.

为了自身需要,HECO 要求得到一份技术报告,还希望得到一份以非专业语言写就的“执行摘要”,用以提供给新闻界.进而,他们也欢迎对未来的建议.为决定你的有不同优先考虑的工作安排系统,你还必须有一些附加假设,详述这些假设.你可能希望今后能得到更多的有关资料,如果是这样,请详述希望得到什么信息.

1993 问题 A 加速餐厅垃圾堆肥的生成

一家注重生态环境的学校餐厅利用微生物将顾客没吃完的食物转化成堆肥.每天餐厅将吃剩的食物调配成生料,再将它们与厨房中鲜嫩生菜的垃圾和少量碎报纸混合.并把所得的混合物用来培养真菌和土壤细菌,这些微生物将把生料,青菜和纸片消化分解成堆肥.鲜嫩的青菜为培养真菌提供氧气,而碎纸则吸收过量的水分.然而有时所培养的真菌显得不能或不肯把顾客剩下的饭菜都消化成堆肥;餐厅并未因培养的真菌胃口不好而责备厨师长.餐厅已经接到许多大量购买堆肥的请求,因此正在研究增加堆肥生产的办法.由于无力营建一套新的堆肥设施,因此餐厅致力于寻求促进所培养真菌活力的方法,例如优化培养真菌的环境(现在的条件大约是温度为 120°,湿度为 100%),或者优化培养真菌的混合物配比,或者同时二者共用.

请决定在用于培养真菌的混合物中生料,青菜和纸片的比例与所培养真菌将混合物转化为堆肥的速率间是否存在某种关系.如果认为不存在任何关系，请说明理由；反之，请决定混合物的何种比例将促进所培养真菌的活力.

除了按照竞赛指南中所规定的格式提供一份技术报告外，请为餐厅经理准备一份用非专业语言写成的一页纸长的实施建议.

下表给出分别存放在不同箱子中的不同配比混合物的组成，每种成分均以磅为单位，同时给出了这些混合物用于真菌培养的日期，以及完全转化为堆肥的日期.

堆肥有关数据

生料（磅）	青菜（磅）	纸（磅）	加入培养基日期	生成堆肥日期
86	31	0	90,7,13	90,8,10
112	79	0	90,7,17	90,8,13
71	21	0	90,7,24	90,8,20
203	82	0	90,7,27	90,8,22
79	28	0	90,8,10	90,9,12
105	52	0	90,8,13	90,9,18
121	15	0	90,8,20	90,9,24
110	32	0	90,8,22	90,10,8
82	44	9	91,4,30	91,6,18
57	60	6	91,5,2	91,6,20
77	51	7	91,5,7	91,6,25
52	38	6	91,5,10	91,6,28

1993 问题 B　倒煤台的操作方案

Aspen-Boulder 煤矿公司运营包括一大型倒煤台在内的装载设施，当空的运煤列车到达时，从倒煤台往上装煤. 一列标准煤车需 3 小时装满，而倒煤台的容量是 1.5 列标准煤车. 每天，铁路部门向此装载设施发送三列标准煤车，这些列车可在当地时间上午 5 点到下午 8 点间的任何时刻到达. 每列车有三辆机车. 如果一列车到达后未能及时装载，处于闲置等待状态，铁道部门要征收一种称为滞期费的特别费用，每小时每辆机车 5000 美元. 此外，每周星期四上午 11 点到下午 1 点间有一列大容量列车到达,这种特殊列车有五辆机车,其装载量为两列标准煤车.一个装煤工作班需用 6 小时从煤矿直接运煤把空的倒煤台装满,这一工作班的费用,包括设备费在内,每小时 9000 美元.为加快装煤速度,可以调用第二个工作班并运行另一倒煤台装载设施,然而费用为每小时 12 000 美元.出于安全原因,在向倒煤台装煤期间,不得同时装载列车.每当由于往倒煤台装煤而使列车装载中断时,就要征收滞期费.

煤矿公司经营部门请你们确定为运行倒煤台每年所预期的开支,你们的分析应包括下述考虑:

• 何时需调用第二个工作班?

• 预期每月要支出多少滞期费?

• 如果标准煤车可以准确地按计划时间到达,什么样的日程安排可使装载费用最少?

• 可否利用增加第三个每小时费用 12 000 美元的装载工作班降低年运行支出?

• 该倒煤台能否每天再装载第四列标准煤车?

1994 问题 A　混凝土地板的设计

美国住房和城市发展部(HUD)正在考虑建造从私人住宅到大型公寓的各种不同大小的住房.他们主要关心的是降低居住者的经常性花费,特别是取暖和制冷的费用.建房地区气候温和,全年气温变化适度.

利用特殊技术,HUD 的工程师可以建造不需要依靠对流,即无须依靠打开门窗以调节室温的住房.住房是单层的,仅用混凝土板作为地基.你已经受聘作为顾问来分析混凝土地板中的温度变化,以确定是否地板表面上的平均温度一年中均可保持在给定的舒适范围内.如果可能,什么样的形状与多大尺寸的地板可以做到这一点?

第一部分　地板温度

在下表给出的每日环境温度变化下,考虑混凝土地板的温度变化.假定最高温度发生在正午,而最低温度出现在午夜.设仅考虑辐射，请判定可否设计混凝土板使得地板表面平均温度保持在给定的舒适范围内．最初可以假设，热量仅通过暴露在外的混凝土板四周传入传出房间，而地板的上下底面是绝热的．请评价这些假设是否适当以及它们的灵敏性．如果你找不到满足下表中所给条件的解答，那么能否提出一组代替下表中所给的条件，并找到满足这些条件的设计方案？

以华氏温标为单位的每日温度变化

环境温度		舒适温度	
最高	85°F	最高	76°F
最低	60°F	最低	65°F

第二部分　房屋温度

分析初步假设是否合乎实际，并将这一分析推广于对单层房屋内温度变化的研究．室温能够保持在舒适范围之内吗？

第三部分　造价

请提出一个设计方案，这一方案既考虑到建造房屋的限制条件和费用，又考虑到 HUD 降低甚至不需要取暖和制冷费用的设计目标．

1994 问题 B　通讯网络

在你的公司中每日信息是各部门共享的，这些信息包括前一天的销售统计和当前的生产调度等．尽快得到这些信息是重要的．假设使用通讯网络将数据块（文件）从一台计算机传向另一台．作为一个例子，考虑图 1 所示的模型．

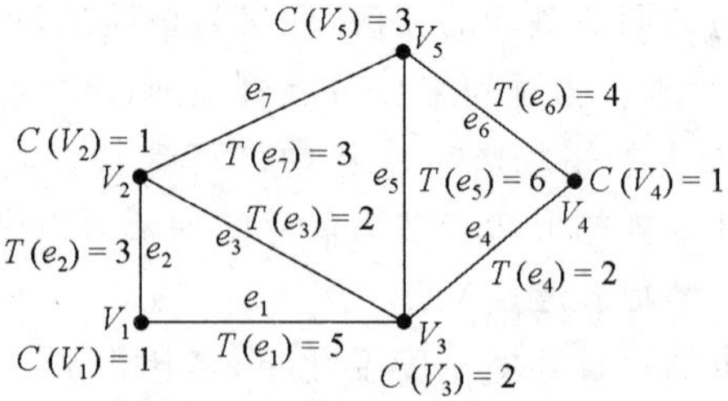

图 1　文件传输网络实例

顶点 $V_1, V_2, \cdots, V_m$ 表示计算机，边 $e_1, e_2, \cdots, e_n$ 表示在边的两个端点所代表的计算机间所要传输的文件. $T(e_x)$是传输文件 e_x 所需的时间，$C(V_y)$表示计算机 V_y 同时传输文件的能力. 在传输一个文件的全部时间内，与这一传输有关的两台计算机将完全被占用. $C(V_y)=1$ 表示计算机 V_y 每次只能传输一个文件.

我们感兴趣的问题是制定一个以某种最优方式实现的传输时间表，使完成全部传输的时间最短. 这一最小总传输时间英文称为 makespan. 请为你的公司考虑下面三种情况：

情况 A

你的公司有 28 个部门，每个部门有一台计算机，每台计算机由图 2 中的一个结点表示. 每天有由图 2 中的边所表示的 27 个文件需要传输. 对这一网络，对一切 x, y，$T(e_x)=1$，$C(V_y)=1$. 对此网络找出最优传输时间表与相应的最小总传输时间，你能向主管人员证明对于所给出的网络，你的总传输时间的确最优吗？叙述你的解法. 对一般情况，即对任意的 $T(e_x)$，$C(V_y)$和任意网络结构，你的方法适用吗？

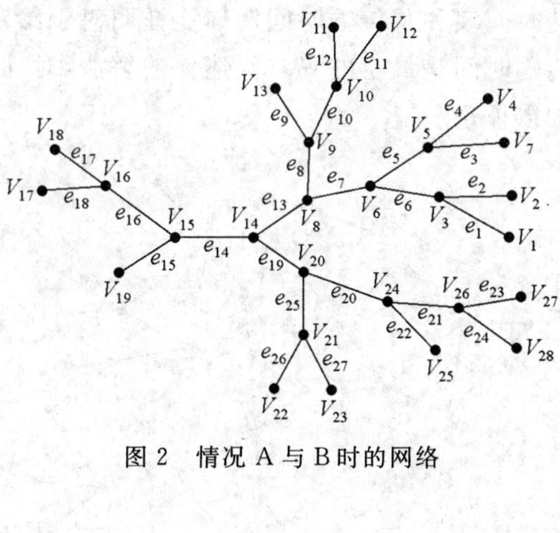

图 2　情况 A 与 B 时的网络

情况 B

假定你的公司改变了对数据传输的要求. 现在你必须对同样的基本网络(仍见图 2)，考虑传输类型与大小不同的一些文件. 它们所

需的传输时间 $T(e_x)$如表 1 所示. 对一切 y,仍然假设 $C(V_y)=1$. 对这一新的网络找出最优传输时间表与相应的最小总传输时间. 你能证明对这一新网络你的总传输时间的确最小吗？叙述你的解法,它适用于一般情况吗？对任何特殊的或意外的结果加以评论.

表 1　情况 B 的文件传输时间

x	1	2	3	4	5	6	7	8	9	10
$T(e_x)$	3.0	4.1	4.0	7.0	1.0	8.0	3.2	2.4	5.0	8.0
x	11	12	13	14	15	16	17	18	19	20
$T(e_x)$	1.0	4.4	9.0	3.2	2.1	8.0	3.6	4.5	7.0	7.0
x	21	22	23	24	25	26	27			
$T(e_x)$	9.0	4.2	4.4	5.0	7.0	9.0	1.2			

情况 C

你的公司正在考虑扩大,如果这一设想实现,每天就会有一些新的文件(图中的边)需要传输. 公司的扩展也包括计算机系统的升级. 28 个部门中的某些将会得到新的计算机,这些计算机一次可以处理不止一个文件. 所有这些变化均由图 3 和表 2 与表 3 表明. 你能给出什么样的最佳时间表和总传输时间？你能证明对于给定的网络,你所得到的总传输时间是最小的吗？叙述你的解法,对任何特殊的或意外的结果加以评论.

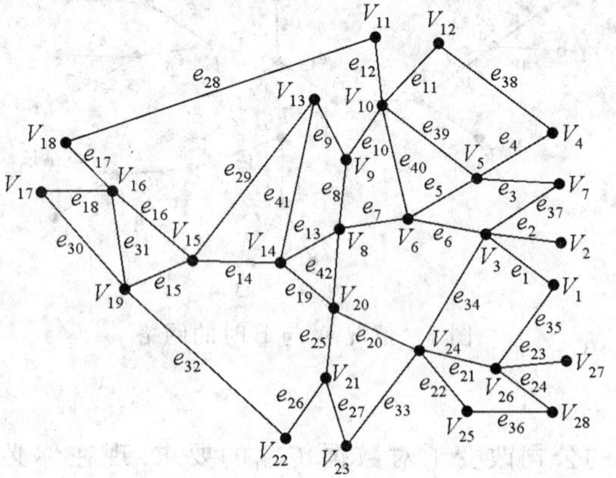

图 3　情况 C 的网络

表 2　情况 C 增加的文件所需传输时间

x	28	29	30	31	32	33	34	35
$T(e_x)$	6.0	1.1	5.2	4.1	4.0	7.0	2.4	9.0
x	36	37	38	39	40	41	42	
$T(e_x)$	3.7	6.3	6.6	5.1	7.1	3.0	6.1	

表 3　情况 C 的计算机容量

y	1	2	3	4	5	6	7	8	9	10
$T(V_y)$	2	2	1	1	1	1	1	1	2	3
y	11	12	13	14	15	16	17	18	19	20
$C(V_y)$	1	1	1	2	1	2	1	1	1	1
y	21	22	23	24	25	26	27	28		
$C(V_y)$	1	2	1	1	1	2	1	1		

1995 问题 A　一条螺旋线

这里提出的问题是协助一家小的生物技术公司设计一个数学算法,以便“实时地”确定空间中处于一般位置的一条螺旋线与一平面的所有交点,同时对算法给予证明,编制程序,并加以测试.

用于计算机辅助几何设计(CAGD)的类似程序使工程师们能够看到他们的设计物与一平面相截时截口的形状,这些设计既可是喷气式飞机发动机,也可以是汽车悬挂装置,还可以是医疗器械.此外,工程师们还可在平面截口上利用不同颜色或等值线展示诸如气流,应力,或者温度等各种量的分布.进而工程师们还可以穿过整个物体快速扫描这样的一些平面截口,从而得到物体以及物体对运动,受力和受热反应的三维可视图像.为了得到这样的结果,计算机程序必须以足够快的速度和精度,确定观察平面和设计物每一部分所有交点的位置.一般而言,“方程解算器”原则上可以计算这样的交点,然而对于特定的问题,可以证明专门方法比通用方法更快更有效.特别是用于计算机辅助几何设计的通用软件对于完成实时计算而言,可以证明是太慢了,或者说对于这一公司所发明的精致的医疗器械而言是过大了.上述考虑导致该公司提出以下问题.

问题: 设计一个方法用以计算空间中任意位置(任意地点任意

取向)的一条螺线与一个平面的所有交点,并对方法加以证明及编制程序.

一段螺旋线可以代表多种可能的物体,例如,一个螺旋状悬置弹簧,或者化学或医疗设备中的一段管道.

所以要对算法从理论上加以证明原因在于必须从几个不同观点对解进行检验.这一检验可以是对算法各部分的数学证明,也可以通过利用已知例子对编制出的程序进行测试来完成.这样的论证与检测是政府医政部门所要求的.

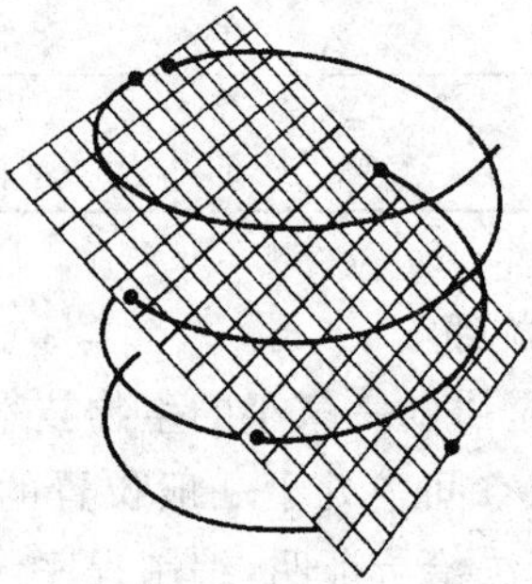

1995 问题 B　Aluacha Balaclava 学院

Aluacha Balaclava 学院新聘任了一位院长.教员的年薪增长问题已迫使前任院长辞职,因此新院长首先考虑的问题必须是制定一个公正合理的年薪增长办法.作为制定过程的第一步,她聘请你所在的队为顾问,设计一个年薪增长方案,它应反映下列情况和原则;

情况

教员职位分四级.按照从低到高的顺序是:讲师,助理教授,副教授和教授.具有博士学位者受聘为教员时起始职位为助理教授.正在攻读博士学位的教员受聘为讲师,并在其获得学位时自动晋升为助理教授.在副教授职位上服务七年和七年以上的教员,可以申请晋升为教授.是否晋升由院长依据教授会的推荐决定,对此你无须考虑.

教员年薪所覆盖的时间是从每年九月到次年六月的 10 个月时

间. 增薪永远自九月初生效. 可用于加薪的经费每年不同,而且一般只有在下一年三月才能知道.

没有教学经验的讲师这年的起薪是 27000 美元,而助理教授为 32000 美元. 教员受聘时,他在其他学校的教学资历可以被承认,但最多不超过七年.

原则

• 无论何年,只要经费允许,所有教员均应加薪.

• 教员应从晋升中真正得到好处. 如果一教员在最短的可能时间获得晋升,其增加的收入大致应相当七年(不晋升)的正常增薪.

• 按时晋升(每七年或八年晋升一级)并从教 25 年及 25 年以上者退休时的年薪大致应相当新受聘博士起薪的两倍.

• 具有同样职位的教员,教龄长者年薪应高于短者. 但随着时间的推移,年资的影响应逐渐缩小. 换言之,如果两个教员有同样职位,随着时间流逝,他们的年薪应当越来越接近.

方案

首先,不考虑生活费用上涨设计一个工资体制,然后再来考虑生活费用的增加. 这一方案的最终目的是设计一种办法,使得在不降低任何现有教员年薪的条件下,所有人的工资向着你所建议的体制过渡. 现有教员的年薪,职位和教龄列于下表中. 对认为将会使你的工资体制得到改进的任何细节加以讨论.

现有教员的教龄、职位和年薪

编号	教龄	职位	年薪	编号	教龄	职位	年薪
1	4	副教授	54000	2	19	助理教授	43508
3	20	助理教授	39072	4	11	教授	53900
5	15	教授	44206	6	17	助理教授	37538
7	23	教授	48844	8	10	助理教授	32841
9	7	副教授	49981	10	20	副教授	42549
11	18	副教授	42649	12	19	教授	60087
13	15	副教授	38002	14	4	助理教授	30000
15	34	教授	60576	16	28	助理教授	44562

（续表）

编号	教龄	职位	年薪	编号	教龄	职位	年薪
17	9	助理教授	30893	18	22	副教授	46351
19	21	副教授	50979	20	20	助理教授	48000
21	4	助理教授	32500	22	14	副教授	38462
23	23	教授	53500	24	21	副教授	42488
25	20	副教授	43892	26	5	助理教授	35330
27	19	副教授	41147	28	15	助理教授	34040
29	18	教授	48944	30	7	助理教授	30128
31	5	助理教授	35330	32	6	副教授	35942
33	8	教授	57295	34	10	助理教授	36991
35	23	教授	60576	36	20	副教授	48926
37	9	教授	57956	38	32	副教授	52214
39	15	助理教授	39259	40	22	副教授	43672
41	6	讲师	45500	42	5	副教授	52262
43	5	副教授	57170	44	16	助理教授	36958
45	23	助理教授	37538	46	9	教授	58974
47	8	教授	49971	48	23	教授	62742
49	39	副教授	52058	50	4	讲师	26500
51	5	助理教授	33130	52	46	教授	59749
53	4	副教授	37954	54	19	教授	45833
55	6	副教授	35270	56	6	副教授	43037
57	20	教授	59755	58	21	教授	57797
59	4	副教授	53500	60	6	助理教授	32319
61	17	助理教授	35668	62	20	教授	59333
63	4	助理教授	30500	64	16	副教授	41352
65	15	教授	43264	66	20	教授	50935
67	6	助理教授	45365	68	6	副教授	35941
69	6	助理教授	49134	70	4	助理教授	29500
71	4	助理教授	30186	72	7	助理教授	32400
73	12	副教授	44501	74	2	助理教授	31900
75	1	副教授	62500	76	1	助理教授	34500
77	16	副教授	40637	78	4	副教授	35500
79	21	教授	50521	80	12	助理教授	35158

（续表）

编号	教龄	职位	年薪	编号	教龄	职位	年薪
81	4	讲师	28500	82	16	教授	46930
83	24	教授	55811	84	6	助理教授	30128
85	16	教授	46090	86	5	助理教授	28570
87	19	教授	44612	88	17	助理教授	36313
89	6	助理教授	33479	90	14	副教授	38624
91	5	助理教授	32210	92	9	副教授	48500
93	4	助理教授	35150	94	25	教授	50583
95	23	教授	60800	96	17	助理教授	38464
97	4	助理教授	39500	98	3	助理教授	52000
99	24	教授	56922	100	2	教授	78500
101	20	教授	52345	102	9	助理教授	35798
103	24	助理教授	43925	104	6	副教授	35270
105	14	教授	49472	106	19	副教授	42215
107	12	助理教授	40427	108	10	助理教授	37021
109	18	副教授	44166	110	21	副教授	46157
111	8	助理教授	32500	112	19	副教授	40785
113	10	副教授	38698	114	5	助理教授	31170
115	1	讲师	26161	116	22	教授	47974
117	10	副教授	37793	118	7	助理教授	38117
119	26	教授	62370	120	20	副教授	51991
121	1	助理教授	31500	122	8	副教授	35941
123	14	副教授	39294	124	23	副教授	51991
125	1	助理教授	30000	126	15	助理教授	34638
127	20	副教授	56836	128	6	讲师	35451
129	10	助理教授	32756	130	14	助理教授	32922
131	12	副教授	36451	132	1	助理教授	30000
133	17	教授	48134	134	6	助理教授	40436
135	2	副教授	54500	136	4	副教授	55000
137	5	助理教授	32210	138	21	副教授	43160
139	2	助理教授	32000	140	7	助理教授	36300
141	9	副教授	38624	142	21	教授	49687
143	22	教授	49972	144	7	副教授	46155

（续表）

编号	教龄	职位	年薪	编号	教龄	职位	年薪
145	12	助理教授	37159	146	9	助理教授	32500
147	3	助理教授	31500	148	13	讲师	31276
149	6	助理教授	33378	150	19	教授	45780
151	4	教授	70500	152	27	教授	59327
153	9	副教授	37954	154	5	副教授	36612
155	2	助理教授	29500	156	3	教授	66500
157	17	助理教授	36378	158	5	副教授	46770
159	22	助理教授	42772	160	6	助理教授	31160
161	17	助理教授	39072	162	20	助理教授	42970
163	2	教授	85500	164	20	助理教授	49302
165	21	副教授	43054	166	21	教授	49948
167	5	教授	50810	168	19	副教授	51378
169	18	副教授	41267	170	18	助理教授	42176
171	23	教授	51571	172	12	教授	46500
173	6	助理教授	35798	174	7	助理教授	42256
175	23	副教授	46315	176	22	教授	48280
177	3	助理教授	55500	178	15	副教授	39265
179	4	助理教授	29500	180	21	副教授	48359
181	23	教授	48844	182	1	助理教授	31000
183	6	助理教授	32923	184	2	讲师	27700
185	16	教授	40748	186	24	副教授	44715
187	9	副教授	37389	188	28	教授	51064
189	19	讲师	34265	190	22	教授	49756
191	19	助理教授	36958	192	16	助理教授	34550
193	22	教授	50576	194	5	助理教授	32210
195	2	助理教授	28500	196	12	副教授	41178
197	22	教授	53836	198	19	副教授	43519
199	4	助理教授	32000	200	18	副教授	40089
201	23	教授	52403	202	21	教授	59234
203	22	教授	51898	204	26	副教授	47047

院长希望得到一份可遵照执行的详细的工资体制计划,还要求一份以明晰语言写成的,对这一模型及其假设,优缺点和预期结果给予概括介绍的执行要点,以便提交董事会和全体教员.

1996 问题 A　环境噪声场

在全世界的海洋中存在一个环境噪声场.地震扰动,洋面上的船舶,以及海洋中的哺乳动物是这个场不同频率范围的噪声源.我们希望研究如何利用这一环境噪声去探测运动着的大型物体,例如位于洋面之下的潜艇.假设潜艇不发出固有噪声,试研究一种方法,仅利用由测量环境噪声场变化所得到的信息,探测出一条运动着的潜艇,并判断它的速度,大小和运动方向.从仅具有一个固定频率和振幅的噪声开始.

1996 问题 B　竞赛试卷的评阅方法

为决定一个竞赛,例如数学模型竞赛的优胜者,一般说来必须评阅极大数量的答卷.假设有 $P=100$ 份答卷,由 J 个阅卷人组成的小组进行评阅.竞赛基金限制了评阅小组的人数和阅卷时间.例如当 $P=100$ 时,$J=8$ 是典型情况.

理想的做法是每个阅卷人阅读每份答卷,并排定它们的名次,但试卷的数量过大,不允许这样做.替代的办法是进行几轮筛选,在每一轮中,每个评阅人只阅读一定数量的答卷并给出它们的成绩.然后利用某种筛选方案来减少继续考虑的答卷数.如果答卷已排了顺序,那么每个评阅人列在后 30% 的将被淘汰.然而,如果评阅人没有排名,而是对答卷打了分数(例如,从 1 到 100 分),那么所有低于某一分数线的答卷将被排除.

全部保留下来的答卷将回到评阅人手中,上述过程将被重复.我们所关心的问题是每个评阅人所读的答卷总数必须大大小于 P.当仅剩下 W 份答卷时评阅过程终止.剩下的是优胜者.一般 $P=100$ 时,$W=3$.

你的任务是利用名次,分数和其他方法的组合,确定一个筛选方案，利用这一方案，最后的 W 份答卷将包括在“最好”的 $2W$ 份答卷内（所谓“最好”是假设存在一个所有评阅人都同意的绝对名次）. 例如，由你的方法选出的前三份答卷应当全部来自“最好”的六份答卷. 在所有这样的方法中，希望给出每个阅卷人阅读答卷数量最少的一个.

请注意当采用数字评分方法时出现系统偏差的可能性. 例如，对一组特定的答卷，一个评阅人给的平均分为 70，而另一个则可能给 80. 你将如何调整所给出的方案以考虑竞赛参数（P，J 和 W）的变化.

1997 问题 A *Velociraptor* 问题

拉丁文学名 *Velociraptor mongoliensis* 的古生物是一种肉食恐龙，生活在距今 7500 万年前的地质时代白垩纪晚期. 古生物学家认为，这种恐龙是穷追不舍的猎手，而且是成双或成群出动捕猎的. 然而，我们无法像观察现代肉食哺乳动物那样，实地考察恐龙在荒野中的捕食活动. 一组古生物学家和你的小组联系，请你们协助模拟 *Velociraptor* 的捕猎方式，并希望将你们的结果与生物学家研究狮，虎及类似肉食动物所得到的野外资料加以对比.

成年的 *Velociraptor* 平均身长 3 米，臀高 0.5 米，体重约 45 千克. 据估计，它能以每小时 60 千米的极高速度，连续奔跑差不多 15 秒. 在如此猛烈的奔跑之后，野兽需要停下来，以使其肌肉中积聚的乳酸得以恢复.

设 *Velociraptor* 的捕食对象是另一种以拉丁文 *Thescelosaurus neglectus* 命名的古生物，这是与 *Velociraptor* 大小差不多的一种草食二足动物. *Thescelosaurus* 化石的生物力学分析表明，它可以每小时 50 千米的速度长时间奔跑.

第一部分 若 *Velociraptor* 是单独进行狩猎的，设计一数学模型，用以描述一只 *Velociraptor* 偷偷接近和追逐一只 *Thescelosaurus* 的捕食策略，以及被捕食者的逃避方式. 假设 *Thescelosaurus* 必能发现距其 15 米范围内的 *Velociraptor*，当地形和天气有利时，则可感知更大范围内的捕食者(最远距离可达 50 米). 此外,由于身体结构与力量的原因,当以全速奔跑时,*Velociraptor* 具有一有限的转弯半径,这一半径估计是其臀高的三倍. 另一方面,*Thescelosaurus* 是非常灵活的,转弯半径为 0.5 米.

第二部分 更为实际的是假设 *Velociraptor* 成对进行捕猎,设计一新模型,描写两只 *Velociraptor* 接近与追逐一只 *Thescelosaurus* 的策略和被追逐者的逃避方案,利用上一部份给出的其他假设及条件.

1997 问题 B 便于充分讨论的混合分组方案

为讨论重要课题,特别是讨论长期计划,召开小组会正在成为一种流行的做法. 一般认为,大组不利于充分讨论,一个有地位或有能力的参加者,往往控制和引导了讨论进程. 因此,在召开公司理事会时,在全体会议之前,理事们先在小组会中讨论各项议题. 这些小组会仍有被少数人控制的危险,为减少这种可能,一般将小组会划分为几段,每段会议由不同的成员组成讨论组.

一家名为 An Tostal Corparation 的公司将召开有 29 位理事出席的一次会议,29 人中有 9 人是公司雇员. 会议将开一整天,上午时间分为三段,下午分为四段,每段 45 分钟,从上午 9 点到下午 4 点每逢整点开始一段,中午 12 点为工作餐时间. 上午每段时间分六组讨论,每组由一名公司高级职员主持,这 6 名职员不是理事会成员. 由此,每名职员将依次主持三组讨论. 这些高级职员不参加下午的会议,下午每段时间分四组.

公司总裁希望得到一份每段会议理事会成员的分组表,这一分组应使所有成员尽可能地混合. 理想的分组方案是,每一位理事与任何其他一位理事同在一个小组讨论的次数应当相同,而且要使在不同段会议中,同在一组的成员数最少. 分组方案还应满足以下准则:

1. 在上午的各段时间,任何一名理事不应在同一高级职员主持下参加两次讨论.

2. 在任何一组中,作为公司雇员的理事人数都必须合乎比例.

给出一份包括1～9号在公司任职的理事，10～29号理事及高级职员1～6号的分组名单，说明这一分组在何种程度上满足上述要求. 由于某些理事可能在最后时刻通知不能出席会议，而某些事先未安排者又可能来到，因此希望有一个算法，使得秘书能在每段会议前及时发布调整分组名单的通知. 更为理想的是，这一算法也可用于今后的会议，它可处理不同类型的参加者出席不同级别会议的情况.

1998 问题 A　磁共振成像扫描仪

在工业以及医学诊断中，一种称为磁共振成像仪(MRI)的装置对诸如人脑这样的三维物体进行扫描，得到以三维阵列形式表达的像点测量结果. 对每一个像点用一个数指示一颜色或灰度等级，它是被扫描物体在该像点局部一小区域中含水量的编码表示. 例如，0可以指示用黑色显示高水含量(脑室，血管)，128指示用灰色显示中等程度的含水量(脑核与灰质)，而255则指示用白色显示低水密度(由有髓轴突构成的富含类脂物的白质). 这样的MRI扫描仪还包括一个设备，可在屏幕上显示整个三维阵列的任何水平或垂直切面(这些切面平行于三维笛卡儿坐标系的任何一个轴). 然而，显示整个倾斜平面的算法是有专利权的. 现在的算法对于可能选择的角度与参数有所限制，而且仅仅安装在负担沉重的专用工作站上，它缺乏在形成切面图像前输入标记点的能力，且这一算法有使像点间原来清晰的边界模糊和羽状化的趋向.

一个能够安装在个人计算机上的更为可靠、更为灵活的算法对于以下方面将是有用的.

(1) 设计损伤最小的治疗方案.

(2) 校准MRI设备.

(3) 研究空间取向倾斜的构造，例如动物尸体组织切片的研究.

(4) 精确地绘制出任意角度的脑图截面.

为了设计这样一个算法，假设可以得到任何一个像点的位置及相应的数值，而无须从扫描仪收集的原始资料出发.

问题

设计一个算法，使之可以给出三维点阵与空间任意取向平面相截时截面上的图形，且尽可能接近原有的灰度值，同时对此算法加以检验.

数据集

典型的数据集由一 3 维数组 A 构成，其元素 $A(i,j,k)$ 表示被测物体在点 $(x,y,z)_{ijk}$ 处的密度. 典型情况下，$A(i,j,k)$ 的取值范围可以从 0 到 255. 在多数应用中，数据集是很大的.

参赛者应设计一组数据以检验和说明其算法. 这组数据应反映出在医疗诊断中可能发生的令人感兴趣的情况. 参赛者也应指出数据集的何种特点会限制算法的有效性.

摘要

所给算法必须能够产生三维点阵与空间任意平面相截的截面图像. 平面在空间中可以有任意的取向和位置(此平面可能不通过某些或全部数据点). 算法结果应是被扫描物体在所选平面上密度分布的模式.

1998 问题 B　分数的贬值

背景

A Better Class(ABC)学院的一些院级管理人员被学生成绩的评定问题所困扰. 平均说来，ABC 的教员们一向打分较松(现在所给的平均分是 A_)，这使得无法对好的和中等的学生加以区分. 然而，某项十分丰厚的奖学金仅限于资助占总数 10%的最优秀学生，因此，需要对学生排定名次.

教务长的想法是在每一课程中将每个学生与其他学生加以比较，运用由此得到的信息构造一个排名顺序. 例如，某个学生在一门课程中成绩为 A，而在同一课程中所有学生都得 A，那么就此课而言这个学生仅仅属于"中等". 反之，如果一个学生得到了课程中唯一的 A，那么，他显然处在"中等之上"水平. 综合从几门不同课程所得到的信息，使得可以把所有学院的学生按照以 10%划分的等级顺序

(最优秀的10%,其次的10%,等等)排序.

问题

假设学生成绩是按照($A+$,A,$A-$,$B+$,…)这样的方式给出的,教务长的想法能否实现?

如果学生成绩是按照(A,B,C,…)的方式给出的,教务长的想法能否实现?

能否有其他方案给出所希望的排名?

需要关心的是,个别一门课程的成绩能否使很多学生按10%划分的等级顺序变化.这种情况能发生吗?

数据

参赛各队应设计出一组数据用以检验和说明各自的算法.并应使数据能够反映出算法有效性受到限制的情况.